地質時代区分 単位(Ma： 100万年前)		主なできごと
0 —	第四紀 —2.588— 鮮新世 —5.33—	北半球で氷床形成(氷期–間氷期サイクルが始まる) アフリカに人類誕生 東アフリカ大地溝帯の形成 アジアモンスーンの強化 ヒト科出現
5 — 新第三紀		
10 —		
15 —	中新世	日本海の形成
20 —		
25 —	—23.03—	ヒマラヤ山脈上昇開始 紅海の断裂の形成
30 — 新生代	漸新世	ドレーク海峡の成立 南極氷床の成立 (現在に続く新生代氷河時代の開始)
35 —	—33.9—	
40 —		太平洋プレートの移動方向の変化
45 — 古第三紀	始新世	
50 —		インド–ユーラシアの衝突開始 暁新世/始新世温暖化極大事件
55 —	—56.0—	北大西洋拡大
60 —	暁新世	陸上哺乳類の大移動 海面低下により地中海が内陸化
65 —	—66.0—	K/T 巨大隕石衝突 恐竜の絶滅
	白亜紀	

地質時代区分 単位(Ma： 100万年前)		古地磁気年代	人類紀(鮮新世以降)の人類の変遷
0 —	完新世(0.0117)		
	0.0117	正磁極期 ブルン	新人(現代人)の出現
		0.78	旧人(ネアンデルタール)の出現 (北京原人)
1 — 第四紀 従来の第四紀	更新世	マツヤマ(松山)逆磁極期	氷期–間氷期サイクルの10万年周期が始まる ホモ・エレクトス (原人) (ジャワ原人)
2 —	(1.81) ジェラシアン期		ホモ・ハビリス(原人) (*Homo*属)
	2.588	2.588	氷期–間氷期の4.1万年周期が始まる
3 — 新第三紀	鮮新世	ガウス正磁極期 3.60	アウストラロピテクス属 (猿人)
4 —		ギルバート逆磁極期	ラミダス猿人
5 —	5.33 中新世	5.89	アフリカで人類(猿人)誕生

古地磁気の陰影は正磁極を示す

地球惑星科学入門

在田一則・竹下 徹・見延庄士郎・渡部重十　編著

北海道大学出版会

いろいろな時代の化石（北海道大学総合博物館所蔵）。（A）カンブリア紀の示準化石である三葉虫 *Redlichia chinensis*。中国四川省産。長さ約 3.5 cm。（B）ジュラ紀の示準化石であるアンモナイト *Dactylioceras* sp. 英国ウィットビー産。径約 10 cm。（C）第四紀の示準化石であるマンモス *Mammuthus primigenius* の臼歯。北海道襟裳岬産。約 13 cm。（D）白亜紀後期の恐竜ニッポノサウルス（日本竜）*Nipponosaurus sachalinensis*。サハリン（旧樺太豊栄郡川上村）産。体長約 4.1 m。（E）新第三紀中新世の哺乳類デスモスチルス *Desmostylus hesperus*。サハリン（旧樺太敷香町）産。体長約 2.8 m。

北海道の特徴的な鉱物（北海道大学総合博物館所蔵）。（A）自然金（Au）。千歳市，千歳鉱山産。（B）自然硫黄（S）。斜里町，知床硫黄山産。（C）加納輝石（MgMn^{2+}Si$_2$O$_6$）。淡紅褐色。熊石町産。（D）手稲石（CuTeO$_3$・2H$_2$O）。藍青色，緑青色は変質部。札幌市，手稲鉱山産。

口絵 1　2011年3月11日15時55分宮城県名取市海岸を襲った東北地方太平洋沖地震による大津波は防潮林をなぎ倒し家屋をのみ込んだ(提供：共同通信社)．東北地方太平洋沖地震(余震を含む)による死亡者は 15,889 名，行方不明者は 2,597 名に達した (2014年11月10日現在)．

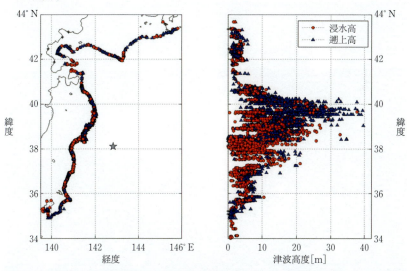

口絵 2　東北地方太平洋沖地震による津波の観測地点(左)と津波高(右：浸水高および遡上高)の分布(東北地方太平洋沖地震津波合同調査グループ，2011 による)．
赤丸：浸水高(津波が内陸を遡上した途中に残された津波痕跡の高さ)，青三角：遡上高(津波が内陸を遡上した限界の高さ)，☆印：震央の位置．東北地域を中心に，津波痕跡高が 10 m を超える地域が南北に約 530 km, 20 m を超える地域も約 200 km と，非常に大きな津波が広範囲に襲った．大船渡市綾里湾では 40.1 m の津波遡上高が観測され，これは明治三陸津波の記録を上回る．

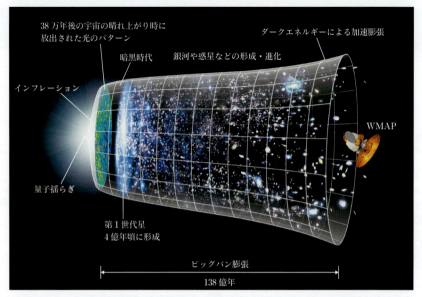

口絵 3 WMAP の観察結果から得られた宇宙の時空進化の模式図 (NASA/WMAP Science Team のホームページより)。円筒状の横の広がりは宇宙の誕生(左端)から現在(右端)にいたる時間の経過を，縦方向の広がりは各時間での宇宙の大きさ(地平線)を模式的に表す。

口絵 4 ハッブル望遠鏡が見た衝突している遠方銀河団 (Chandra X-ray Observatory ホームページより)。赤色部分(X 線分布域)は二つの銀河団の衝突によって温度が数千万 K となったガス領域。青色部分は重力レンズ効果の解析から得られたダークマターの分布域。広がった円形や楕円状に光っているものは銀河。十字をともなっているものは天の川銀河内の星(恒星)。

口絵 5　南極上空で発生したオーロラ（撮影：佐藤光輝）

口絵 6　海と陸地と大気の惑星—地球（C. J. Hamilton のホームページより）。紅海は大地が裂けて，ヒマラヤ—チベットは大陸どうしが衝突してできた。ごく薄い大気が地球を包む。

口絵 7 海洋底地形図（American Geographical Society, 1974 より。原図は B. C. Heezen and M. Tharp）。地球全体に連なる中央海嶺は総延長 8 万 km を超える（図 4.4 参照）。

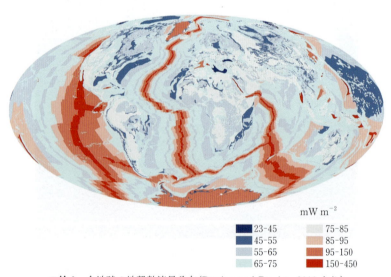

口絵 8 全地球の地殻熱流量分布（Davies and Davies, 2010 より）

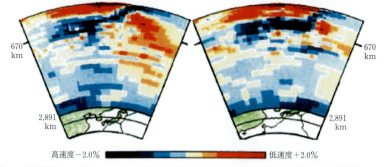

口絵9　地震波トモグラフィーによる東北地方(左)と九州の南(右)を通る東西断面でのマントルのP波速度分布(Fukao *et al.*, 1992より)。平均的速度からの偏差(%)を表す。アジア大陸下の670 km不連続面付近に広がる高速度領域(青色系)は沈み込む海洋プレート(スラブ)につながる。

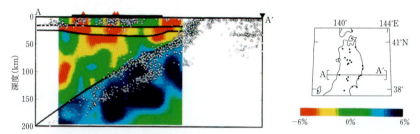

口絵10　東北地方の震源分布(白丸)とP波速度分布(長谷川・趙，1991より)。平均的速度からの偏差(%)を表す。火山直下に向かって地震波低速度(高温)部(赤色系)が深部から続くことに注意。また，沈み込む海洋プレート(スラブ)内には二重の深発地震面がある。

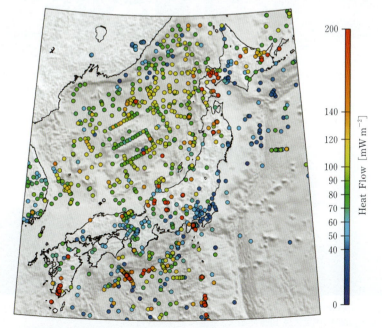

図11　日本周辺の地殻熱流量分布(田中ほか，2004による)。単位はmW m^{-2}。日本海は全体的に高熱流量であるが，中央部の大和堆や北大和堆付近は比較的低いことに注意。

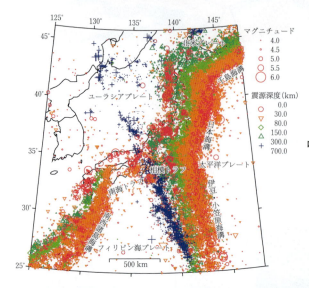

口絵12　日本周辺のテクトニクスと地震分布(地震活動解析システム(鶴岡, 1998)により, 高波鐵夫作成)。震源は海溝から大陸側へ深くなる。地震分布は国際地震センター・カタログ(1964年1月1日〜2006年12月31日, M≥3.5)にもとづく。

口絵13　プレート収束境界のアンデス山脈東縁(アルゼンチン)に見られる圧縮運動による地質構造(撮影:竹下 徹)。(A)中新世の砂岩(赤茶色)が衝上断層により第四紀の段丘礫層(灰色)に押し上がる。(B)中新世の砂岩の褶曲構造。

口絵14　(A)爆発的な火山噴火(有珠火山1977年噴火。提供:国際航業株式会社)。(B)静かな火山噴火(伊豆大島1986年噴火。撮影:白尾元理)。

口絵 15 オマーン オフィオライト（アラビア半島）に見られる地殻―マントル境界（撮影：宮下純夫）。下部のマントルのかんらん岩は斑れい岩に比べて塊状で優黒質。斑れい岩は層状構造が明瞭。

口絵 16 スペースシャトルから見たヒマラヤとチベット（©NASA）。左（南）はインドのガンジス平原。右（北）はチベット高原。約 5,000 万年前のインド亜大陸とユーラシア大陸の衝突の現場。インダス―ツァンポ縫合帯（赤線）は両大陸の衝突帯で，かつて両大陸の間にあったテチス海の海洋地殻岩石が点在している。

口絵 17　古原生代(左)と現生(右)のストロマトライト。左はカナダ・グレートスレーブ湖付近の約 19 億年前のストロマトライト群集の断面の露頭(有馬，1991 より)。右はオーストラリア西海岸シャーク湾に広がる現在の群集(撮影：堀口健雄)。ストロマトライトはシアノバクテリア(藍藻類)の光合成にともなう分泌物が形成した炭酸塩岩。シアノバクテリアは大気の酸素の供給源として重要な役割を果たした(Box 15.1 参照)。

口絵 18　2008 年岩手・宮城内陸地震で発生した宮城県荒砥沢ダム上流部の大規模地すべり(提供：国際航業株式会社)。末端部はダム貯水池に流入している。延長約 1,400 m，最大幅約 900 m，左上の滑落崖の最大落差は約 150 m である。

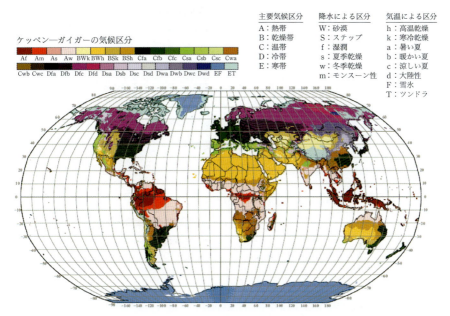

口絵 19 ケッペン―ガイガーの気候区分図（Kottek *et al*., 2006 より）

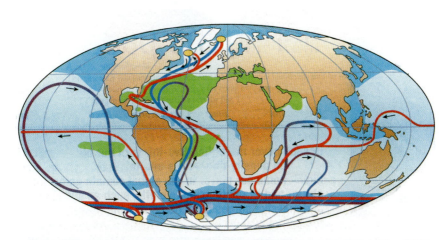

口絵 20 海洋コンベヤー・ベルト（全球熱塩循環）の模式図（Rahmstorf, 2002 より）。赤線は表層水，青線は深層水，紫線は低層水，黄色円は深層水形成海域を表す。緑色部は塩分が 36‰より大きく，青色部は 34‰より小さい。

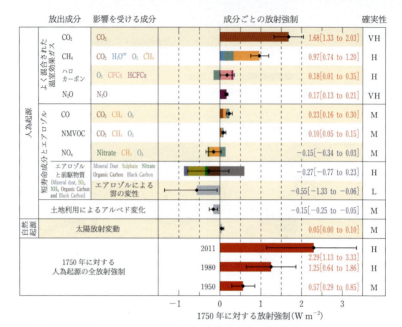

口絵 21　各種環境要因の変動により生じた放射強制（W m^{-2}）の見積り（IPCC, 2013 より）。基準年は 1750 年。右側の数字は環境要因（放出成分）ごとに評価した値で，赤字が正，青字が負。括弧内は誤差を考慮したときに真の値が取り得る値の範囲（信頼区間）を表し，人為起源の放出成分については，それにより影響を受ける成分が色分けされている。横線は誤差の見積り。右端欄は確実性の高さを表し，VH：非常に高い，H：高い，M：中程度，L：低い，を意味する。下部の赤色棒グラフは，人為起源の全環境要因を総合した放射強制を，1750 年を基準として，1950 年，1980 年，2011 年について示す。本文 339 頁参照。

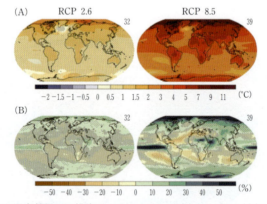

口絵 22　代表的な温室効果ガス排出シナリオ RCP2.6（左）と RCP8.5（右）にもとづいて予測される (A) 地球表面温度（℃）と (B) 降水量（%）の変動の全球分布（IPCC, 2013 より）。それぞれ，1986 年から 2005 年の平均値を基準とした 2081 年から 2100 年の平均値の増減で表す。RCP2.6 と RCP8.5 は，それぞれ，2012 年から 2100 年までの積算 CO_2 排出量（GtC；ギガトンを単位とする炭素換算質量）の平均値が 270 と 1,685，変動幅が 140〜410 と 1,415〜1,910 と設定された排出シナリオ。なお，RCP は Representative Concentration Pathways の略で，RCP に続く数字は，1750 年に対する 2100 年の放射強制を W m^{-2} で表した値。

第 2 版刊行にあたって

『地球惑星科学入門』初版は 2010 年 11 月に発行されました。その年 6 月には，2003 年 5 月に S 型小惑星イトカワ目指して打ち上げられた小惑星探査機「はやぶさ」が地球に帰還して，地球重力圏外の天体の表面のサンプルを持ち帰ることに世界で初めて成功しました。そして，2014 年の 11 月 12 日には，10 年間の宇宙の旅を終えた欧州宇宙機関(ESA)の彗星探査機「ロゼッタ」から切り離された着陸機「フィラエ」がチュリュモフ・ゲラシメンコ彗星に着陸しました。送られてきた鮮明な画像に世界は感動しました。さらに，同年 12 月 3 日には「はやぶさ」の後継機である小惑星探査機「はやぶさ 2」が C 型小惑星 1999 JU$_3$ を目指して飛び立ちました。

　これらの探査機は，惑星の起源物質である小惑星や彗星を調べることにより，太陽系の起源や進化過程を解明するとともに，地球を作る鉱物や海水，生命の原材料物質を探ることを目的にしています。

　一方，2011 年 3 月 11 日には，マグニチュード 9 の巨大地震(東北地方太平洋沖地震)が東北地方から関東地方を襲い，死者 15,889 名，行方不明者 2,598 名に達する大災害(東北大震災)となり，また，それに伴って福島第一原子力発電所による放射能汚染というわが国にとっては未曾有の大惨事が生じました。さらに，2014 年 8 月 20 日には集中豪雨による広島土砂災害(死者・行方不明者 74 名)，同年 9 月 27 日には御嶽山噴火災害(死者・行方不明者 57 名)，海外では 2013 年 8 月 11 日フィリピンを襲った観測史上例を見ない猛烈な台風により，死者約 6,200 名，行方不明者約 1,800 名の犠牲者が出ました。ともに現在もまだ復興には至っていません。

　これらは，本書『地球惑星科学入門』の二つの目的に関わる出来事です。大学の基礎教育・教養教育における地球惑星科学の教科書として編纂された本書の目的の一つは，私たちの地球・太陽系・宇宙の物質や構造，その変遷過程や成り立ちを理解する基礎を提供することです。「ロゼッタ」や「はやぶさ 2」により，地球の起源物質が明らかになれば，それは地球の起源，大

xii 第2版刊行にあたって

気・海洋の起源，大陸の起源，さらには生命の起源の理解に結びつきます。

　本書のもう一つの目的は，上記のような自然災害問題とともに，環境問題，資源問題など21世紀の人類的課題に深く関わっている地球惑星科学的背景を正しく理解することにより，それらによる被害をできるだけ少なくすることにあります。

　本書初版の出版当時は数年後には改訂版をと考えていましたが，4年で第2版を重ねることができたのは，多くの著者の方々や今回新しく加わっていただいた著者の皆さまのご協力の賜物です。

　本書第2版では，第4部に新たな章「銀河と恒星」を加え，各章にも適宜修正や新しい知見などを加えました。また，Box記事の内容を更新するとともに，新たなBoxを加えました。その結果，初版より24ページ増え，また内容的にもより充実したものになったと自負いたしております。

　大学初学年における全学教育や一般教育の教科書としてだけでなく，地球惑星科学分野や地球環境科学分野の学部学生の入門書，文系学生の教養書，さらに中学・高校教師の参考書として本書をご活用いただければ幸いです。

　北海道大学出版会の成田和男氏には第2版刊行の提案をいただき，全般にわたって多大なご協力をいただきました。ここに心からお礼を申し上げます。

　　2014年12月1日

　　　　　　　　　　　　　　　　　　　　　　　編集委員一同

は じ め に

　〝奇跡の惑星・地球〟，〝宇宙船地球号〟，〝かけがえのない地球(Only One Earth)〟というキーワードがあるが，これらは地球のみならず現在の私たちがおかれた立場をも如実に表している。21世紀は地球環境の時代であるといわれて久しいが，その傾向はますます明らかになりつつある。

　温暖化・乾燥化・酸性雨・地下水汚染・鉱害などの環境問題のみならず，自然災害問題(火山・地震・津波・地すべり)，地下資源問題(エネルギー資源・金属資源)，あるいは水資源問題など現在の人類的課題といわれるものの多くは地球に関わっている。約69億人の私たち宇宙船地球号の乗組員のそれぞれが，宇宙のなかのちっぽけな存在である地球で平和で満足した生活を続けていくためには地球の歴史と現状を知ることがきわめて重要なことは容易に理解できよう。

　たとえば，環境問題とくに地球温暖化問題では毎年観測史上初めてという温暖化傾向が報道されている。温室効果ガスである二酸化炭素の増加は，もともとは地球の長い営みのなかで生まれてきた生物の遺骸が石炭・石油など化石燃料として地中に眠っていたものを，私たち人間が産業革命以降の急速な工業化によって大量消費している結果である。また，4つのプレートがせめぎあうプレート沈み込み帯に位置するわが国では，地震災害や地震にともなう津波災害，火山噴火，さらに地すべり災害はいわば宿命的ともいえる。しかし，他方では火山はさまざまな地下資源を産み出し，日本はかつて黄金の国ジパングとヨーロッパに伝えられ，江戸時代には世界の銀産出の1/3を占めていたといわれる。マグマ活動の恵みであるいろいろな金属資源は近代社会を支えているが，化石燃料とともにそれらの将来の枯渇問題が危惧されている。いっぽう，日本列島はアジアモンスーン地域に位置するとともに，台風の通路ともなっている。梅雨や冬の豪雪は豊葦原の瑞穂の国の稲作文化を育んできたが，水害や地すべりなどの災害をももたらしてきた。

　地球がどのような歴史をたどってきたか，また現在の活動がどのようにし

xiv　はじめに

て起こっているかを理解することは，災害を完全には予知できないまでも，被害を少なくする(減災)には有効といえる。各種の自然災害を予知しようとする研究は盛んに行われているが，複雑な自然現象の予知は現状では困難といわざるをえない。災害国日本に生きる私たちとしては，自然が引き起こす現象(脅威)を正しく理解し，被害をより効果的に軽減することが必要である。

　地球科学は地球に関する科学であり，地球の内部から表層部までの岩石圏，そこに接する水圏，そして両者をおおう大気圏と宇宙空間の物質の性質と運動過程，さらに形成過程を研究する自然科学の一分野である。しかし，地球を知るためには地球がその一員である太陽惑星系について知ることも必須である。7年間60億kmの旅を終えて2010年6月に地球に帰還した小惑星探査機「はやぶさ」は日本中に感動を与えたが，小惑星イトカワで採集したかもしれない回収カプセルの内容物が注目されている。それはその物質が地球あるいは太陽系の起源を探る鍵となるかもしれないからである。このように，今や地球を知るためには太陽系のほかの天体との比較研究は必要不可欠となっている。本書を「地球惑星科学入門」とする所以である。

　33章からなる本書は，第Ⅰ部「固体地球の構造と変動」，第Ⅱ部「地球の歴史と環境の変遷」，第Ⅲ部「大気・海洋・陸水」，第Ⅳ部「宇宙と惑星」と地球惑星科学の広い分野を網羅しており，北海道大学の関連分野の教員43名が執筆にあたっている。本書は地球惑星科学を初めて学習する大学初年時における全学教育あるいは一般教育の教科書としてだけではなく，地球惑星科学分野や地球環境科学分野の学部学生の入門書，あるいは文系学生の教養書ともなりうるように企画された。本書によって地球惑星科学の基礎を学び，上にのべた21世紀の諸課題を理解し，それらを解決する道を模索する手がかりとしていただければ望外の喜びである。

　本書の上梓にあたっては，北海道大学出版会の成田和男氏には企画から編集まで多くのご教示と献身的なご協力をいただいた。また校正にあたっては添田之美氏と田中恭子氏にお世話になった。ここに明記して感謝申し上げる。

　　2010年9月1日

編集委員一同

目　次

口　絵　i
第2版刊行にあたって　xi
はじめに　xiii

第Ⅰ部　固体地球の構造と変動

第1章　地球の形と重力，地磁気，地殻熱流量　3

1. 地球の形　3
2. 地球の重力　7
3. 地　磁　気　11
4. 地殻熱流量　13

第2章　地球の内部構造と構成物質　15

1. 物理状態と物質　15
2. どうやって調べるか　17
3. 地球内部の構造と構成物質の概観　20
4. 地球内部での物質の動的な挙動とその進化　23

第3章　地球を作る鉱物と岩石　25

1. 鉱物とは何か　25
2. 珪酸塩鉱物の分類　26
3. 鉱物の多形　27
4. 固　溶　体　29
5. リソスフェアを作る岩石　30
　　成因の異なる3種類の岩石タイプ　30／火成岩・堆積岩・変成岩の特
　　徴　32

xvi　目　次

　　　Box 3.1　生物が作る鉱物　34

第4章　大陸移動とプレートテクトニクス　35

　　1. 大陸移動説の誕生と終焉　35

　　2. 海洋学および古地磁気学と海洋底拡大説―大陸移動説の復活　37

　　3. プレートテクトニクス―プレート境界の3つの型　40

　　　　発散境界　40／収束境界　43／トランスフォーム断層境界　44

　　4. 日本周辺のプレートの分布　45

　　　Box 4.1　プルームテクトニクスとホットスポット　47

　　　Box 4.2　日本海の成立　48

第5章　海洋地殻と大陸地殻　49

　　1. 海洋地殻と大陸地殻　49

　　2. 海洋地殻の地震学的構造と地質学的構造　50

　　3. オフィオライトモデルと海洋地殻の形成　52

　　4. 大陸地殻の形成―玄武岩質地殻の再溶融と島弧・大陸の衝突・合体　53

　　5. 反射法・屈折法による地殻構造探査　56

第6章　地震はどこで，なぜ起こるか？　59

　　1. 地震とは「断層が急に動く」こと　59

　　2. 地震から出る波　61

　　3. 地震発生の原因，大きさと場所　63

　　4. 断層運動，そして地球のエネルギーとしての地震　66

　　　Box 6.1　地震学の始まり―ミルンとユーイング，そして大森　69

　　　Box 6.2　緊急地震速報　70

第7章　日本列島付近で生じる地震と地震津波災害・地震予知　71

　　1. 海溝型地震と地震予知　71

　　2. 活断層および内陸型地震と地殻変動の観測　75

　　3. 地震津波災害　79

目　次　xvii

Box 7.1　2011 年 3 月 11 日東北地方太平洋沖地震　83

Box 7.2　異常震域と宇津モデル　84

第 8 章　火山活動はどこで，なぜ起こるか？　85

1. マグマとは　85
2. 火山活動が起こる場　86
3. 日本列島の火山活動とその特徴　88
4. マグマの発生と上昇　90

   マントルかんらん岩の部分溶融とマグマの発生　90／マグマの発生メ
   カニズム　92／マグマの上昇　92
5. マグマの組成変化と火山深部の構造　93

   マグマの分化　93／火山深部の構造　95

   Box 8.1　地球深部の化石　マントル捕獲岩　96

第 9 章　火山噴火と火山災害・噴火予知　97

1. 火山噴火の機構と様式　97

   火山噴火のメカニズム　97／爆発的噴火と噴出物　98／非爆発的噴火
   と噴出物　100／マグマ水蒸気噴火　101
2. 火山とその構造　101

   火山の種類と構造　101／日本の活火山　102
3. 火山災害　102

   火山災害の種類と特徴　102／火山活動の恵みと火山との共存　105
4. 火山噴火予知と減災　106

   噴火予知の手法と課題　106／ハザードマップ　107

第 II 部　地球の歴史と環境の変遷

第 10 章　河川の働きと地形形成　111

1. 河川の下刻作用と地形形成　111

xviii 目　次

2. 河川地形　112

3. 河川による侵食・運搬・堆積　115

4. 河川洪水　117

5. 風化と土壌の形成　118

6. 海洋への土砂流出　119

第11章　堆積作用と堆積岩および変成岩　121

1. 堆積岩の形成—堆積作用と続成作用　121

風化作用　122／侵食作用　123／運搬作用　124／堆積作用(狭義)　124／続成作用　125

2. 堆積岩の種類　125

3. いろいろな堆積環境とその岩石　127

4. 地層と層序学—地史の編年　128

層序区分と地層の対比　128／地層や岩石の相互関係　129／化石年代（相対年代）　130

5. 変成作用　132

Box 11.1　付 加 体　134

第12章　ランドスライド　135

1. ランドスライドと人間社会　135

2. ランドスライドとは　137

3. ランドスライドの分類　138

運動様式による区分　138／移動体の規模と移動速度　139／斜面を作る物質　139／発生場所　140

4. ランドスライドの原因　140

5. ランドスライドの例　141

内陸地震による地すべり　141／岩盤崩壊　142／土石流　142／山体崩壊　144

Box 12.1　間隙水圧　146

目　次　xix

第 13 章　地球エネルギー資源　147

1. 堆積岩中の有機物の熟成作用　147

　　堆積物有機物　147／ケロジェン　148

2. 石　　　油　150

　　石油の組成　150／石油の起源と成因　150

3. 天然ガス　152

　　天然ガスの起源　152／天然ガスの産状　152

4. 新しい石油資源—非在来型石油資源　153

5. 石　　　炭　154

　　石炭の起源と堆積環境　154／石炭化作用　155

6. 核エネルギー　156

7. 地熱エネルギー　157

8. エネルギー資源の将来　158

第 14 章　金属鉱物資源と社会　161

1. 鉱物資源　161

　　天然資源　161／地殻における元素存在度　162

2. 金属鉱床はどこでどのようにしてできるか　164

　　金属鉱床のできる場所　164／金属鉱床の種類とそのでき方　166

3. 限りある資源　171

4. 鉱山と環境問題　173

第 15 章　地球の誕生と大気・海洋の起源　175

1. 冥王代の地球　175

2. 地球の形成過程　178

3. 大気・海洋の起源　180

4. 生命の起源　182

　Box 15.1　大気酸素の形成　184

xx　目　次

第 16 章　地球環境の変遷と生物進化　185

1. 現在は過去を解く鍵である　185
2. 化石の研究法　186
3. 地球環境の激変と生物の大量絶滅　187
4. 古　生　代　188

　　無脊椎動物の海　188／陸上植物の出現と進化　189／魚類と両生類の
　　進化　190／古生代の気候　191

5. 中　生　代　191

　　爬虫類の時代　192／中生代の海生生物　193／ジュラ紀・白亜紀の温
　　室世界　194

6. 新　生　代　194

　　哺乳類の時代　194／新生代における寒冷化　194

7. 大陸移動と造山運動　195
   Box 16.1　統合国際深海掘削計画(IODP)　197
   Box 16.2　化石鉱脈　198

第 17 章　人類進化と第四紀の環境　199

1. 第四紀の区分　199
2. 人類の出現と進化　200

　　人類の誕生　200／現代人の祖先　202

3. 気候変化と環境　204

　　気候変動を示す指標　205／氷期・間氷期サイクル　205／気候変動の
　　メカニズム　207／そのほかの気候変動　209

4. 環境の変化と人類のインパクト　209
   Box 17.1　安定同位体と地球科学　212
   Box 17.2　放射年代測定法　213

目　次　xxi

第Ⅲ部　大気・海洋・陸水

第18章　大気の構造と地球の熱収支　217

1. 大気とは　217
2. 地球大気の鉛直構造　218
3. 大気の組成　220
4. 太陽放射と地球放射　221
5. 大気と地球表面の熱収支　224
6. 温室効果　226
Box 18.1　全球凍結状態と暴走温室状態　228

第19章　地球大気の循環　229

1. 大気・海洋が担う南北熱輸送の役割　229
2. 低緯度と中高緯度で実体を異にする大気の子午面循環　230
3. 対流圏と成層圏にみられるジェット気流　233
4. 高層天気図の定常と異常　234
5. 地上天気図にみられる温帯低気圧の役割　236
Box 19.1　世界の気候の特色　238

第20章　大気の運動の基礎　239

1. 気圧(静水圧平衡)　239
2. 地球の自転とコリオリ力　242
3. 地衡風バランス　244
4. 数値予報　246

第21章　大気の熱力学と雲・降水形成過程　249

1. 雲の定義と種類　249
2. 空気中に含まれる水蒸気量　250
3. 気温の高度変化　252

xxii 目　次

　4. 気層の安定性と断熱変化　　252

　5. 雲粒の成長過程　　253

　　純粋水滴の飽和水蒸気圧　253／雲凝結核の役割　254

　6. 雨粒の形成　　255

　　衝突・併合過程　255／雨粒の形と粒径分布　256

　7. 雪結晶と雪粒子　　257

　Box 21.1　雲内の気温　　259

　Box 21.2　雪のレプリカ作り(雪結晶の永久保存法)　　260

第 22 章　天気を支配する諸現象　　261

　1. 高気圧と気団　　261

　　シベリア気団　262／小笠原気団　262／オホーツク海気団　262

　2. 温帯低気圧　　262

　3. 前　　線　　263

　4. 台　　風　　267

　5. 寒気吹き出し　　268

　6. 気象観測手法　　269

第 23 章　海洋の組成と構造　　271

　1. 海洋の区分　　271

　2. 海水の構成要素　　273

　3. 水温・塩分と密度　　275

　4. 海洋コンベヤー・ベルト　　277

　Box 23.1　「燃える氷」メタンハイドレート—未来のエネルギー資源？　　282

第 24 章　海洋の循環　　283

　1. 海流の分布と地衡流　　283

　2. 海洋風成循環の力学　　287

　　エクマン吹送流　287／β 効果と海洋風成循環　288

　3. 深層の循環(熱塩循環)　　291

目　次 xxiii

第25章　海洋の観測と潮汐　293

1. 海洋の観測　293

海洋観測の歴史　293／水温・塩分の観測　294／流速の観測　295

2. 海洋の潮汐　298

第26章　地球と陸域の水循環　303

1. 地球の水循環と河川流出の役割　303
2. 降水の地形効果と流域の水循環　305
3. 降雨に対する河川流出　309
4. 地下水の動き　311

Box 26.1　世界の水資源　314

第27章　氷河と氷河時代　315

1. 氷河とは　315
2. 氷河の質量収支　317
3. 氷河の流動　318
4. 氷河の変動　319
5. 氷河時代の発見　319
6. 氷期・間氷期における氷河変動　321
7. 氷期・間氷期サイクルの原因　323

第28章　大気海洋相互作用とエル・ニーニョ，モンスーン　325

1. 熱帯太平洋における大気と海洋―ウォーカー循環と熱帯海面水温　325
2. エル・ニーニョ　328
3. エル・ニーニョと全地球規模の気候環境の変動との関わり　331
4. モンスーン　333

Box 28.1　大気海洋変動の時間スケールでの概観―とくに10年スケール変動　336

xxiv 目　次

第 29 章　地球環境変動と水圏・気圏の変化　337

1. 地球温暖化のメカニズムと将来予測　337
2. 炭素循環　341
3. 地球温暖化の影響　342
4. Geo-engineering　344
5. 成層圏オゾン破壊　345
6. 対流圏汚染　348
Box 29.1　地球温暖化懐疑論に対する考え方　350

第 IV 部　宇宙と惑星

第 30 章　宇宙とその進化　353

1. はじめに　353
2. 宇宙論の理論的展開　354
3. 宇宙論の観測的展開とビッグバン宇宙モデル　354
4. 宇宙の動力学と宇宙を構成する物質　357
5. 現在の宇宙論　359
6. まとめと今後の課題　361
Box 30.1　宇宙の距離梯子と Ia 型超新星　362

第 31 章　銀河・恒星　363

1. 銀河とは　363
　銀河の特徴　365
2. 我々の銀河(銀河系)　365
3. 星(恒星)の性質　367
　星の構造と進化　367／星間ガスと星形成　369
4. 銀河の形成　369
5. 銀河の進化　372

目　次　xxv

 6. 銀河・星研究の課題　　373

第 32 章　太陽系の成り立ちと運動　　375

 1. 惑星の視運動　　375

 2. ケプラーの法則　　376

 3. 太陽系の家族　　378

  惑星　378／太陽系小天体　379

 4. 太陽系の起源　　382

 Box 32.1　ケプラーの法則　　384

 Box 32.2　日本の惑星探査「はやぶさ」と「はやぶさ 2」　　385

第 33 章　惑星と衛星　　387

 1. 惑星の大気と表層環境　　387

  惑星大気の組成　387／惑星表面の熱収支　389／惑星大気の循環
  389

 2. 惑星の内部構造とテクトニクス　　393

  内部構造の手がかり　393／地球型惑星と月　394／木星型惑星と天王
  星型惑星　398／月以外の衛星と冥王星　399

第 34 章　太陽と宇宙空間　　403

 1. 太陽の電磁放射　　403

 2. 太陽面現象　　405

  粒状斑(白斑)　405／黒点　406／プロミネンス(紅炎)　407／フレア
  408

 3. 太 陽 風　　409

 4. 磁気圏の形成　　410

 5. オーロラ　　412

引用文献　　415
索　引　　423
執筆者一覧　　445

第 I 部

固体地球の構造と変動

地球は約46億年前に太陽惑星系の一員として誕生したが，誕生時の微惑星および隕石の集積エネルギーによって地球の大部分はいったん溶融したと考えられている。その後，溶融した均質な地球において重力分化や化学分化が繰り返され，地球は多層構造を持つ現在の姿へと変化してきた。現在の地球は金属と岩石からなる固体地球とその外側をおおう水圏と大気圏を含む流体地球からなる。

固体地球科学は，地球惑星科学においては古典的な分野であるが，1950年から1960年代にかけて登場したプレートテクトニクス理論によって，〝静的〟地球観から〝動的〟地球観へとコペルニクス的転回を遂げ，固体地球のいろいろな現象を統一的に説明できるようになった。現在では，プレートテクトニクスに加えて，地球内部の変動を説明するプルームテクトニクスの見方を取り入れて発展しつつある。全9章からなる第I部「固体地球の構造と変動」では，地球深部から表層部までの構造とその構成物質およびプレート運動にともなう火山活動・地震活動や造山運動などの地殻変動について学ぶ。

以下に，各章の内容を概観する。第1章「地球の形と重力，地磁気，地殻熱流量」では地球の形，重力，地磁気および地殻熱流量といった地球表面で観測できる情報から地球内部ダイナミクスについての情報が得られることを学ぶ。第2章「地球の内部構造と構成物質」では，地球の内部構造と構成物質が地球内部を通過してきた地震波の解析と高温高圧実験により推定されてきたことを学ぶ。第3章「地球を作る鉱物と岩石」では，地球とくに私たちに身近な地殻を構成する鉱物と岩石について，造岩鉱物の構造や構成元素，岩石の組織や分類およびそれらが形成される場について学ぶ。第4章「大陸移動とプレートテクトニクス」では，プレートテクトニクスはどのように発見されるにいたったか，その経緯について学ぶほか，地球表層部変動がプレート境界変動として捉えられることを学ぶ。第5章「海洋地殻と大陸地殻」は固体地球表層の私たちの生存基盤である地殻の構造と構成および形成過程を紹介する。第6章「地震はどこで，なぜ起こるか？」および第7章「日本列島付近で生じる地震と地震津波災害・地震予知」はともに地震を扱うが，第6章では地震発生の原因，地震波および地震のエネルギーについて基礎的なことを，第7章では，島弧-海溝系で海溝型地震や内陸型地震によって引き起こされる地震災害や津波災害，さらには地震予知について学ぶ。第8章「火山活動はどこで，なぜ起こるか？」および第9章「火山噴火と火山災害・噴火予知」はともに火山を扱い，第8章では火山活動が地球表層の限られた場で起こる原因およびマグマの分化を，第9章では火山噴火の機構や様式および火山の恵みや噴火予知・防災について学ぶ。

地球の形と重力，地磁気，地殻熱流量

第*1*章

　地球の形と重力，地磁気，地殻熱流量は，地球を惑星の一つとしてみたときの
もっとも基礎的な観測データである。この章では，地球の形や重力を扱う測地学
の基礎概念を学ぶとともに，地球の形や重力場，地磁気，地殻熱流量の様子につ
いて紹介する。地磁気も，重力と同様にポテンシャル場から得られるものである
が，重力とは異なる様相を示すことも学ぶ。

キーワード
アイソスタシー，緯度・経度，宇宙測地学，ジオイド，重力，重力異常，世界測
地系，双極子磁場，測量(三角，三辺，水準)，ダイナモ作用，楕円体高，地殻熱
流量，地球楕円体，地磁気，地磁気永年変化，地磁気逆転，標高，伏角，偏角，
ポテンシャル

1. 地球の形

　人工衛星から撮像された地球を見たことがない読者は今どきおられないだ
ろうから，地球がほぼ丸い形をしていることはよくご存知であろう。地球が
本当に球ならば，半径を与えれば大きさが決まる。地球を球であるとして，
最初に半径を決めたのは紀元前 230 年頃のエラトステネス(Eratosthenes)であ
る。エジプトのアレキサンドリアとシエネが同じ経度上にあるとして，太陽
の南中高度の違いから緯度の違いを求め，2 地点間の距離を歩測によって求
めることで，半径 7,365 km という値を得た。

　実際の地球や惑星の形は球として表現できるほど単純ではない。それでも，
ある程度単純に数学的な表現ができると都合がよい。そこでまずは，ある天
体をもっともよく近似できる回転楕円体(図1.1)が用いられる。地球の形状
をよく近似できる数値が与えられた回転楕円体をとくに**地球楕円体**と呼ぶ。
式で表すと

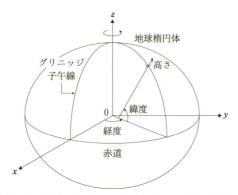

図 1.1 地球楕円体と緯度・経度。図中の「高さ」は楕円体高(後述)である。

$$\frac{x^2+y^2}{a^2}+\frac{z^2}{b^2}=1 \tag{1.1}$$

であり，赤道半径が a，極半径が b である。極半径 b が赤道半径 a に比べて小さければ小さいほど，楕円体は扁平になる。扁平の度合いを表す量が**扁平率** f (flattening)で，二つの半径 a と b から次のように定義される。

$$f=\frac{a-b}{a} \tag{1.2}$$

地球の場合，およそ $a=6{,}378$ km，$b=6{,}357$ km で扁平率 f はおよそ 1/300 である。現在では当たり前のように知られているこの事実も，17 世紀末から 18 世紀初頭には赤道方向に膨らんでいるとするニュートンと極方向に膨らんでいるとするカッシーニ父子の間で大論争となっていた。1700 年フランス学士院が，赤道に近い南米のエクアドルと高緯度地点としての北欧のラップランドでの緯度差 1° の子午線の長さを実測することで，ニュートンの考えが正しいことで決着がついた。余談になるが，1 m の長さのもともとの定義は子午線にそった北極から赤道までの長さの 1/1,000 万であり，これも当時のフランス学士院による測量がもとになっている。

地球楕円体は緯度と経度の決定のために不可欠である。通常，緯度といえば，図 1.1 で定義されたような角度のことで，測地緯度(あるいは地理緯度)と呼ぶ(地球中心を通るように定義された場合は地心緯度と呼ぶ)。**緯度・経度**の測定は，

従来は天文観測にもとづくものだった。技術的な詳細を省いて簡単に紹介しておくと，**緯度**はその場所での天の北極(北極星)と地平面とのなす角を測定する。**経度**は，イギリスのグリニッジ天文台跡を通る子午線を経度 0° と決めて，ここでいくつかの時計を同期させ，その時計をどこか別の場所へ持ち帰る。23 時間 56 分で 360° 自転することを利用して，ある星が南中する時刻を正確に測れば，別の場所の経度がわかる。経緯度原点においてこのような天文観測で経緯度を決めて，そこを基点として**三辺測量**や**三角測量**を地上で繰り返すことで，全国各地の緯度・経度を測定していた。

図 1.1 では楕円体の中心が地球の中心(重心)と一致しているように示してあるが，実は過去の測地測量技術にはそのことを実証できるほどの精度はなかった。しかし 1957 年の旧ソ連によるスプートニク打ち上げ以降，人工衛星の利用が通信や測位などさまざまな分野で急速に発達した。人工衛星は地球の重力がその基本的な原動力であり，地球の重心を中心(厳密には焦点)とした軌道上を運動している。したがって，人工衛星の位置(軌道)を決定する座標系の中心も，地球重心に一致させるのが自然である。いったん，人工衛星の位置を地球重心座標で決定できれば，地表の位置も地球重心に準拠した座標で表すことができる。人工衛星を用いることで，一つの国内だけで閉じた測量ではなく，全地球に共通の基準で測量することができるようになった。現在，それを実現しているのが米国の **GPS**(Global Positioning System)で，カーナビゲーションシステムに利用されているほか，その高精度を生かして地震火山活動モニターのための地殻変動連続観測にも利用されている(図 9.7)。GPS 以外に，日本は準天頂衛星システム QZSS，ロシアは GLONASS，欧州は Galileo，中国は北斗(Beidou)といった具合に各国が衛星測位システムを開発・運用し始めており，これらを総称して **GNSS**(Global Navigation Satellite System)と呼ぶ。人工衛星の利用以外にも，宇宙空間における固定点ともいえる準星を利用した**超長基線電波干渉法**(VLBI, Very Long Baseline Interferometry)によっても，全地球的なスケールでの測量が可能になった。これらの宇宙測地技術を用いて地球の形や重力およびそれらの時間変化を観測・解釈する学問分野を**宇宙測地学**と呼ぶ。

全地球的な空間スケールでの地球や惑星の形は回転楕円体でよく近似でき

る。より日常的な感覚でいう地球の形といえば，地表面の凸凹や山岳地帯の起伏である。このような細かな形は回転楕円体では表現しきれない。そこで「高さ」の出番である。社会的によく利用される高さは**標高**である。日本一高い富士山の標高は 3,776 m であり，基準となる 0 m は東京湾での**平均海水面**として決められている。より具体的には，東京にある日本水準原点(千代田区平河町)の鉛直直下 24.3900 m(2011 年の東北地方太平洋沖地震の影響で 2011 年 10 月に 24.4140 m から変更)のところに東京湾の平均海水面を陸に延長した面があると定められている。「平均海水面」と「鉛直直下」をそれぞれ物理学用語で言い換えると，「**等重力ポテンシャル面**の一つ」と「**重力ベクトル**の向き」となる。**重力**とはベクトル量で，地球の全質量からの**万有引力**と自転にともなう**遠心力**との合力であり，重力ポテンシャルの勾配(r で微分)として得られる(図 1.2)。

　幾何学的には重力ベクトルと等重力ポテンシャル面は直交している(図 1.3)。コップのなかの静止している水面が重力と直交していることは明らかであり，この水面は家でも観測できる等重力ポテンシャル面の一つである。等重力ポテンシャル面は無数に存在するが，それら等重力ポテンシャル面のうち「平均海水面に一致する等重力ポテンシャル面」のことをとくに**ジオイド**と呼ぶ。**標高**(地表の高さ)とはジオイドを基準とした高さである(図 1.5)。実際の標高測定はやや複雑である。水準測量によってジオイド面から水準儀で等重力ポテンシャル面を決めながら二点間の高さの差(比高)を繰り返し測

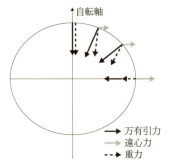

図 1.2　重力は万有引力ベクトルと遠心力ベクトルの和である。

図 1.3　重力ベクトル(矢印)はジオイド(等重力ポテンシャル面の一つ)に直交する。地下に異常に高密度な物体があると，そちら向きに重力ベクトルは変化し，それに応じてジオイド面も歪む。

定すると，求まる高さは測定経路に依存してしまう．水準儀が定める水平面が重力分布の不均一のために空間的にも変化するためである．重力ポテンシャルの差は測定経路に依存しないので，標高は，その点とジオイド上での重力ポテンシャルの差を，その間の平均重力で割った値で定義される．

2. 地球の重力

　地表における重力値は，緯度による遠心力の効果の違いとともに地下の質量分布によっても変化するので，周囲に比べて重いものが近くにあればそちらに重力ベクトルが向く．その結果ジオイドの形も変化する(図1.3)．全地球的にみても，ジオイドの形は平坦なものではなく，最大で200 m程の高低差があることがわかっている(図1.4)．なお，図1.4のジオイド高の分布は全地球の質量分布の積分値として観測されているもので，すべて図1.3のような地下浅部の質量分布異常で単純に説明できているわけではない．ジオイド高はプレートの沈み込みやマントル対流パターンを反映すると考えて，地震波トモグラフィー(図2.6)の結果とあわせて，マントルの粘性構造を推定する研究もある．

　地表の高さを表現するためには，必ずしもジオイドを基準にしなくてもよい．図1.5に，地表とジオイドと地球楕円体の関係を示す．地球楕円体からジオイドまでの高さを**ジオイド高**，楕円体面を基準とした地表面の高さを**楕

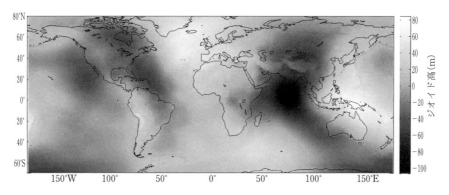

図1.4　ジオイド高(単位は m)の分布．EGM 96 モデルによる．

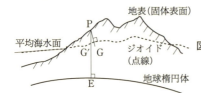

図1.5　地表・ジオイド・地球楕円体の関係。標高はPG，楕円体高はPE，ジオイド高はG'Eである。鉛直線偏差とは図の角度EPGである。海域ではジオイドは平均海水面にほぼ一致する。

円体高と呼び，両者の差が標高にほぼ等しくなっている。ほぼ，と断るのは，前述のように場所によってはジオイド面が歪んでいて重力ベクトルの方向と楕円体に直交するベクトルとが平行ではないためである。この角度の違いを**鉛直線偏差**と呼ぶ(図1.5)。

　鉛直線偏差は一様な質量分布を持つ楕円体から外れた地下の異常な質量分布によって生ずるであろうとの考えから，ヒマラヤ山脈の麓では山体の持つ大きな質量による引力のために約20秒角ほどの鉛直線偏差が予測された。ところが，実際に測定された値はわずか3秒角ほどであった。この事実を説明するために考えられたのが**アイソスタシー**説である。アイソスタシー説には二つのモデルがあって，同じ密度の物質が山の高いところほど地下深くまで根を持っているエアリー・ハイスカネン　モデル(図1.6A)と根の深さは一定で山の高さに応じて物質の密度が変わるプラット・ヘイフォード　モデル(図1.6B)がある。地震波速度の分布からは大陸地殻の方が海洋地殻に比べて厚いことが知られており(図5.1A)，エアリー・ハイスカネン　モデルの方が一見もっともらしそうである。しかし，プレートテクトニクスにおけるリソスフェアとアセノスフェアの概念(第2，4章参照)にはプラット・ヘイフォード　モデルが近いようにもみえ，現実はその中間的なものなのであろう。また，そもそもアイソスタシーの概念は重力と浮力という鉛直方向の力のバランスだけにもとづいたもので，重力と浮力以外の力が顕著に働くプレート境界(たとえば，ヒマラヤの隆起)あるいはスカンジナビア半島のような後氷期回復(氷床の融解によるアイソスタシー回復が原因の隆起)が起きているところでは成立しないものである。

　2002年から日本で採用されている世界測地系としてのGRS80(Geodetic Reference System 1980)には，宇宙測地技術にもとづいて計測された極半径と

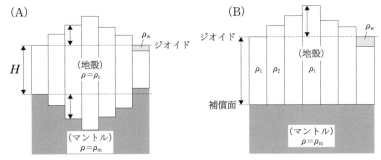

図 1.6 アイソスタシーの二つのモデル。(A)エアリー・ハイスカネン モデル。(B)プラット・ヘイフォード モデル。(A)では，一定の密度 ρ_c の地殻が平均的な厚さ H を持っていて，山の高いところほど地殻の根は深い，とする。(B)では，地殻の密度が空間的に異なっており，山の高いところは密度が低く ($\rho_1 > \rho_2 > \cdots\cdots > \rho_i$)，地殻の根の深さはどこでも一定である，とする。$\rho_m$ と ρ_w はそれぞれマントル物質と海水の密度。

赤道半径のほかに，自転角速度や地球の全質量などもあわせて定義されている。この数値にもとづいて地球楕円体表面での各緯度における重力値も厳密に計算できる。これを**正規重力**と呼ぶ。地表の重力値は，遠心力の緯度依存性を除けば，その点の(全地球を含めた)周囲の質量分布の積分なので，正規重力からのズレは広い意味で**重力異常**である。しかし，地表の重力測定点と地球楕円体とでは，そもそも高さが違う。宇宙空間では無重力になるように，地表近傍でも高さが違えば重力値も違い，それは十分に測定検出可能なので，地表での重力測定値から地下の質量分布異常を反映した重力異常を見出すためには，さらにいくつかの補正(**重力補正**)が必要になる。

もっとも基本的な重力補正は，**フリーエア補正**と呼ばれる補正で，地表近傍の自由空間(岩石の密度は考慮されていない)での重力の鉛直勾配(フリーエア勾配という)の値 0.3086 mgal m^{-1} (重力の単位には Galileo Galilei にちなんで gal (ガル)が用いられ，$1\,\mathrm{cm\,s^{-2}} = 1\,\mathrm{gal}$ である。)を重力測定点での高さにもとづいて補正する。測定点での標高がわかれば，ジオイド面での値はフリーエア勾配によって減少している分を測定値に補正(この場合は足し算)してジオイドでの重力値が得られる。このジオイド面での重力値と正規重力値の差を**フリーエア異常**と呼ぶ。この定義からもわかるように，正規重力とフリーエア補正された重力値には，まだジオイド高の分だけ高さの違いがあり，地形や地球内

部の密度の違いもまったく補正されていない。その結果，フリーエア異常は楕円体からの差としての地形や地球内部の質量分布の情報がすべて含まれる。標高の高いところほど大きな異常値となる傾向がある。地形による効果を含まない地下の密度の異常だけを反映する重力異常は，**ブーゲー異常**と呼ばれる(図1.7)。これは，フリーエア異常にさらに自由空間ではない地殻の平均的密度を考慮した補正(**ブーゲー補正**)と地形起伏の効果の補正(**地形補正**)を加えて得られる。

上で述べた重力異常は，空間的な重力変化で，数 mgal 程度の大きさである。一方，潮汐現象をはじめ，地震火山活動などによる地球内部での質量分布変化や地表付近での大気圧や陸水分布の変化などによって，重力は時間的にも変化している。重力の時間変化の大きさは，いわゆる重力異常に比べてはるかに小さい。それでも，近年の測地技術の進歩は数 μgal から ngal の

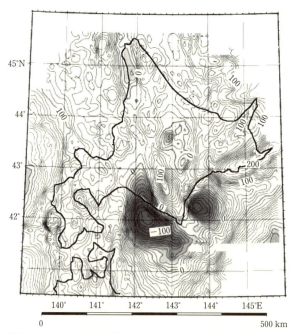

図 1.7 北海道周辺のブーゲー異常(植田，2005 をもとに作成)。単位は mgal。灰色部はマイナス。

第1章　地球の形と重力，地磁気，地殻熱流量　　11

レベルの変化の検出を可能としてきており，従来は知られていなかった地球の新たな姿を明らかにしつつある。

3. 地 磁 気

　重力も**地磁気**(地球の作る磁場)も，その原因のほとんどは地球の内部にある。重力は地球上どこでもほぼ下向きなのに地磁気はなぜ北向きなのだろうか。重力には地球の自転にともなう遠心力も含まれるが，主に正の質量だけを持った地球本体の万有引力である。磁気の場合は重力と異なり，正と負(NとS)の磁気を帯びたもの(磁荷)は独立して存在せず，必ず**双極子**と呼ばれるペアを形成する。棒磁石はN極とS極がペアになった双極子である。地球の磁場は地球の中心に南北においた(現在は北がS極で南がN極)巨大な双極子(棒磁石)が作る磁場(**双極子磁場**という)で近似できる(図1.8)。その結果，N極(南)から輪を描いてS極(北)へゆく磁場ができ，そのなかにおいた小さな磁石のN極が北を向くのである。

　地球中心においた双極子がつくる磁場のポテンシャル W は，緯度を θ，地球中心からの距離を r，地球の半径を R として

$$W = \frac{R^3}{r^2} g_{10} \sin\theta \tag{1.3}$$

となる。ここで g_{10} は双極子の大きさを示す量(現在は負)である。磁場は W を空間座標で偏微分することによって得られる。

　一般に磁石は北を向くというが，磁場が水平なのは赤道だけである。北半球では磁場には地表面に対して下向き，南半球では上向きの成分が加わる。この水平からの角度は**伏角**という(図1.9)。

　磁場は極地方で強く，赤道地方のおよそ倍になる。日本周辺での磁場の強さ(磁束密度)は 45,000〜50,000 nT(ナノテスラ)程度である(1 A の電流が流れる導線から 1 m 離れたところにできる磁束密度がおよそ 100 nT である)。

　地磁気の大部分は双極子磁場によるものである。しかし，実際には地磁気の北極(双極子の方向が地表と交わる点)は地理的北極からややずれており，また，双極子で表しきれない複雑な**非双極子磁場**も重なっている。そのため地球上

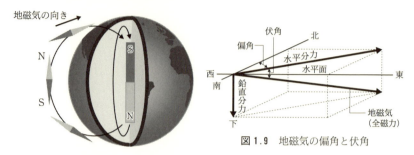

図1.8 地磁気は地球中心に置いた巨大な棒磁石(双極子)の作る磁場として近似される。

図1.9 地磁気の偏角と伏角

の場所によって磁場が北向きから西や東へ数度(場所によっては数十度も)ずれる(図1.10)。札幌付近で磁石の針がさす方向は地理上の北から西におよそ9度ずれている。このずれの角度のことを地磁気の**偏角**という(図1.9)。

　次は時間変化について考えよう。地球の重力場は時間変化するものの、その量はきわめて小さい。一方、大気や海洋の状態は時間単位で変化する。地磁気の変わり方はそれらの中間である。西に6度という現在の東京での偏角は200年前の江戸時代ではほぼゼロ、それ以前の偏角は東に振れていた。このような変化を**地磁気永年変化**と呼ぶ。また地磁気の双極子はN極とS極が入れ替わることがある。すると磁石の針は、南を指すことになる。このような**地磁気逆転**は地球の歴史のなかで頻繁に起こってきた(図4.2)。

　永年変化するのは方向だけではなく、地磁気の強さ(全磁力)も変化する。ここ200年の間、地磁気双極子の大きさ(式1.3のg_{10})が徐々に小さくなってきている。この割合で減っていくとあと2,000年ほどで地磁気がなくなってしまう。現在の地磁気強度の減少を新たな地磁気逆転の始まりと考える人もいるが、過去にこの程度の状態からもとの強さに立ち直った例もあるので確定的なことはいえない。

　地磁気がこのように激しい変化を示すのは、地球内部で地磁気を作り出しているのがマントルのような固体部分ではなく、金属でできた地球の中心核の外側の溶けた部分(外核)だからである(2.3節参照)。外核のなかの対流と電流、および地磁気本体が複雑に作用しあって磁気双極子が自律的に維持され

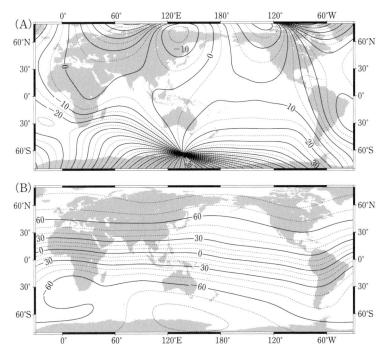

図 1.10 地磁気の偏角 (A) と伏角 (B) の分布。偏角は東を，伏角は下を正とする。札幌周辺では偏角は西に約9度，伏角は下向き約57度である。

ることを地球の**ダイナモ作用**と呼ぶ。ダイナモ作用は地球特有のものではなく，比較的大きな金属核を持つ水星や木星にも固有の磁場があり(33.2節参照)，火星にもはるか昔ダイナモが働いていた痕跡がある。流体核を持つ天体にダイナモ作用が働くためには，天体が自転していること(対流にともなう渦が自転軸の向きに整列する)，次に中心が熱くて外が冷たいという構造になっている(流体核で熱対流が生じる)ことが必要である。固有の重力を持たない星はないが，これらの条件がそろわない天体は固有の磁場を持たない。

4. 地殻熱流量

地殻熱流量は，地球内部の熱的な状態や温度分布を知るためのもっとも基

14 第 I 部 固体地球の構造と変動

本的な地上観測量で，地表面あるいは海底面の単位面積当りに地下から単位時間に流出してくる熱量，すなわち $J\,m^{-2}\,s^{-1} = W\,m^{-2}$ で表される。典型的には，$40 \sim 100\,mW\,m^{-2}$ である。陸上でも海底でも，熱流が熱伝導によるものとして，温度勾配を測定し，別途求めたその場の熱伝導率をかけることで熱流量が求められている。陸上の場合は，地表付近の温度の日変化や季節変化の影響が大きいので，数百 m 以深の掘削坑内での温度分布を測定する必要がある。一方，海底付近ではそのような大きな温度変化がないので，堆積物中に温度センサーを突き刺して，温度勾配を求めている。その結果，世界的に見れば，海域での熱流量の方が偏りなく観測されている。

　地殻熱流量の全球分布を見ると(口絵8)，中央海嶺にそってもっとも高い値を示し，海嶺から離れるにしたがって低くなる。また，海域の方が概して陸域よりも高い値を示している。これらの観測事実は，中央海嶺で新しく生まれた海洋プレートが時間とともに冷却される過程としてモデル化することが可能である(第4章参照)。熱流量データ以外に，時間とともに冷却され重くなるプレートの水深の観測データとも比較され，多くの研究がなされてきた。

　日本列島周辺の地殻熱流量分布は，東北日本弧の海溝部で低く，火山フロント(8.3節参照)で高い値を示すなど，大局的には年代の古い冷えたプレートの沈み込みや火山活動の影響を反映した分布になっている(口絵11)。ただし，隣接した観測点で大きな違いやばらつきがあることも珍しくない。データのばらつきは，地表へ流出する熱が，熱伝導によるものだけでなく，火山のマグマの影響や地下水の循環など，ローカルな現象の影響を受けているものと考えられる。

[練習問題1]　地球の半径を r，全質量を M，万有引力定数を G，自転角速度を ω，緯度を ϕ として，重力ポテンシャル Φ を

$$\Phi = -\frac{GM}{r} - \frac{1}{2}\,\omega^2 r^2 cos^2\phi$$

と表す。重力 g の式を導け。

[練習問題2]　標高，楕円体高，ジオイドの関係を簡単に説明せよ。

[練習問題3]　地球磁場のポテンシャル W (式1.3)を空間座標(r と θ)で偏微分して，磁場の上向き成分 F_r と北向き成分 F_θ を求めよ。

15

地球の内部構造と構成物質

第*2*章

　地球内部の情報を得ることは現在の技術をもってしてもきわめて難しい。それ
は，半径約 6,370 km の大部分が直接にはアクセスできないからである。海洋・
大気ばかりか，探査機を近くに飛ばせば各種の観測が可能な月やほかの惑星の表
面の研究に比べても，困難な状況にある。にもかかわらず，地震波の伝搬などか
ら，地球内部の構造はかなり詳細に推定できるようになった。また，地球深部と
同じ高圧高温下での室内実験が技術的に可能になるにつれて，その構成物質の物
質科学的な解明も飛躍的に発展した。最近では，地球内部の構造に留まらず，そ
の動的な挙動も解明すべく，物理量の観測と物質科学的研究は進歩が続いている。
この章ではその基本的な原理と，最新の解明結果の一端を解説する。

キーワード
アセノスフェア(低速度層)，圧力，核，高温高圧実験，相転移，地震波トモグラ
フィー，自由振動，走時曲線，地殻，パイロライト，表面波，ペロブスカイト構
造，マントル，密度，リソスフェア，MORB，PREM

1. 物理状態と物質

　「地球のなかはどうなっているか？」を考えるとき，「状態や性質」と「物
質」という二つのことが問題になる。前者は地球内部の**圧力・温度・強度**な
どであり，どのような化学組成と構造を持つ物質で構成されているかが後者
の問題である。

　直接に触らずとも X 線などで人体内部の状態を調べられるように，地球
内部の状態も地表面での地震・地磁気・重力・地殻熱流量などの観測から推
定できる。最近では，地球内部を貫通するニュートリノやミューオンなどの
素粒子の流量を測定し，まったく新しい視点から地球内部構造を探る試みも
始まっている。地磁気や重力のデータ(第1章参照)は浅い構造に大きく影響
されるが，**地震波**は波として地球内部を伝搬し，かつ広い周波数帯域(周期

16 第Ⅰ部 固体地球の構造と変動

0.1秒程度から数時間まで)が利用可能なので，地球の表面から中心にいたるかなり微細な構造までも調べることが可能である。たとえば，地球中心部の**核**の存在が初めてわかったのは，地震計の発明(Box 6.1)と改良・普及の後まもなくの1920年頃になってからである。地震波速度以外の物理量は間接的にしかわからず，たとえば深部での温度分布の推定値は今でも大きな誤差がある。一方，地震の発生分布やそれらの断層運動タイプを調べることで，沈み込むプレートの構造や応力状態も推定できるようになった(6.3節，7.1節参照)。

　地球内部の地震波の速度構造がわかっても，それを構成する物質が明らかにならなければ，実態がわかったとはいえない。構成物質についてはそれらの化学組成と液体か固体か，固体ならばその結晶構造はどうかが問題になる。個々の物質の化学組成と結晶構造については次節や第3章で述べるとして，ここでは地球全体の化学組成について考えてみる。

　原始地球は，コンドライト隕石と呼ばれる未分化な石質隕石と同様の組成を持つ微惑星の集積によって形成されたと考えられており(15.2節参照)，Mgや Si などの難揮発性元素に関しては，そうした隕石の化学組成に近いと推定されている(表2.1)。しかし，H・He・O・C・N・Ne などの揮発性元素に関しては，隕石や微惑星の衝突や集積，あるいは地球誕生時の最終段階で起こったとされるマグマオーシャンの過程で部分的に失われたと考えられる(15.2節参照)。その後の分化作用のため，地球全体の化学組成は均質ではな

表2.1　各種岩石の化学組成

	C1コンドライト*	パイロライト*	MORB**
SiO_2	33.3 wt%	45.2 wt%	50.4 wt%
TiO_2	——	0.7	0.6
Al_2O_3	2.4	3.5	16.1
Cr_2O_3	——	0.4	——
FeO	35.5	8.0	7.7
MgO	23.5	37.5	10.5
CaO	2.3	3.1	13.1
Na_2O	1.1	0.6	1.9
K_2O	——	0.1	0.1
NiO	1.9	0.2	——

*Ringwood, 1966；**Green *et al.*, 1979 より

く，核・マントル・地殻からなる層状構造をしている(図2.3)。

　地殻のうち，**大陸地殻**上部は主に SiO_2 成分が約 70 wt％を占める花崗岩質の岩石からなり，**海洋地殻**は中央海嶺で生成する玄武岩(**MORB**：Mid-Oceanic Ridge Basalt；表2.1)で主に構成される(第15章参照)。一方，**マントル**の化学組成については，Ringwood(1966)の提唱するかんらん岩と玄武岩を混ぜ合わせた**パイロライト**と呼ばれる仮想的な岩石(表2.1)からなるとの考えを支持する研究者が多いが，地震波速度の急増する遷移層(第3節)はエクロジャイトと呼ばれる岩石(MORB組成)からなるとの見方もある。

　核の化学組成については，推定される大きな**密度**と鉄質隕石などの情報から，主として鉄とニッケルの合金からなり，それに少量の軽元素が混じっていると考えられている(第3節)。

2. どうやって調べるか

　地球内部を伝わる地震波(実体波)にはP波(縦波)とS波(横波：速度はP波より遅い)の2種類がある(6.2節参照)。さらに，地表面にそって水平方向のみに伝搬する**表面波**と呼ばれる周期や波長のより大きな波がある。P波やS波については，震源から観測点まで伝わる時間(**走時**と呼ぶ)，すなわち記録上では波がやってくる時刻を測定する。地球内部では，深さとともに圧力が高くなると物質の結晶構造もより密になり，P波もS波も一般に速度が増大する。すると，地震波は光の屈折のスネルの法則にしたがって下に凸の経路を進み(図2.1)，図2.2のように走時と震源からの距離は比例しない。そこで，観測される走時と距離の関係を説明できるように，地震波速度(P波とS波ごと)の深さ分布のモデルを求めていく。さらに，地球内部には，第3節で触れるように，速度が不連続的に変化する境界面がいくつか存在し，そこで反射または境界面にそって伝搬する地震波を観測することで，その深さや速度などの変化量をさらに正確に推定できる。図2.2には，P波やS波の2つの走時の曲線以外に何本かの曲線が見られ，これらの反射などに対応したsP，ScS，PKPなどの名前が付けられている。

　一方，水平方向のみに伝搬する表面波は，観測点がまばらな海洋地域など

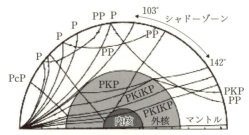

図 2.1 地球内部を伝搬する P 波の伝搬経路(波線)と核によるシャドーゾーン(Kennett, 2001 をもとに作成)。

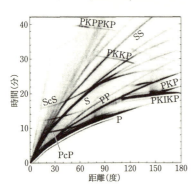

図 2.2 1964～1987 年の浅い地震の世界地震観測網でのさまざまな地震波の到着時間(Shearer, 2009 をもとに作成)。P 波や S 波の他に ScS などと呼ばれる境界面などで反射した何本かの曲線も見られる。一つの地震についてある一つの観測点で読み取れる到達時間を，一つの点として記入している。それぞれの地震波は 1 本の曲線にほぼまとまるが，若干のばらつきがある。これは地球内部の速度分布の不均質性によるもので，このばらつきを用いたのが地震波トモグラフィーである(第 4 節)。

についても，地震波速度構造の推定に有効である。長い周期の波はより深くまで振動し，深い領域(速度が大)まで平均した速度で水平方向に伝搬するので，周期によってその速度が異なる(分散と呼ぶ)。よって，周期ごとの表面波の速度の測定から，伝搬した領域の速度の深さ分布を推定できる。大きな地震では周期が数分以上の表面波も常時観測され，その波長は 1,000 km を超える。つまり，地球と同程度になり，地球全体が振動することに対応する。楽器や鐘のように，地球全体が特定の周期のみで振動する現象を地球の**自由振動**と呼ぶ。周期がもっとも長い自由振動は約 54 分である。弦が硬いと高音が出るように，これらの周期の測定から地球の硬さにあたる地震波速度の深さ分布が推定できる。P・S 波，表面波，自由振動のすべてを用いて，今では地球内部の地震波速度の標準モデルが作られている(図 2.3 には，その一例の **PREM** を示す)。

　一方，地球内部を構成する物質そのものを調べる方法としては，ボーリン

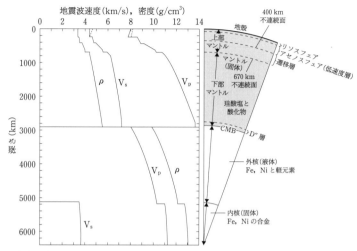

図 2.3 地球の層構造(右)と最近の標準モデルの一つである PREM による地球内部における Vp(P 波速度)，Vs(S 波速度)および ρ(密度)分布．CMB は核・マントル境界．(Dziewonski and Anderson, 1981 をもとに作図)．

グ(掘削)や地下深くから地表に急速に上昇してきたマグマ中の捕獲岩(Box 8.1 参照)を調べる方法，さらにはダイヤモンドなどの地下深所からもたらされた鉱物中の包有物を調べる方法などがある．しかし，近年は地球深部の高温高圧状態を実験室で再現する**高温高圧実験**が盛んになってきた．今日，地球深部の構成物質を推定する物質科学的根拠の多くは，これらの高温高圧実験によっているといっても過言ではない．

静的な圧力を発生するために現在使われている代表的な高温高圧装置としては，ピストンシリンダー装置，マルチアンビルセル装置，ダイヤモンドアンビルセル装置(図 2.4)などがある．高圧を発生させる原理はどれも同じであるが，ダイヤモンドアンビルセル装置でいうと，ダイヤモンドの広い底面に力をかけることで狭い先端の面に高い圧力を発生させることができる．またダイヤモンドアンビルセル装置では，試料にのみ吸収される波長のレーザーを照射することで，試料を高温にする．

これらの装置による高温高圧の発生は，ピストンシリンダー装置では約 3 GPa(G は 10^9，3 GPa は約 3 万気圧)，2,000 K(上部マントルの上部に相当)，マ

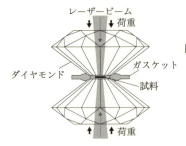

図 2.4 ダイヤモンドアンビルセル装置。高圧がダイヤモンドの狭い先端の面に発生する。高温発生は，ダイヤモンドを通過し試料にのみ吸収される特別な波長のレーザーの照射によって行う。ガスケットは普通金属からなり，ここにあけた穴（直径約 30〜150 μm）に試料が保持される。

ルチアンビルセル装置では約 90 GPa，3,000 K（下部マントルの中部に相当），ダイヤモンドアンビルセル装置では約 360 GPa，6,000 K（地球の中心に相当）に達しており，その到達温度・圧力は日々更新されている。

3. 地球内部の構造と構成物質の概観

前節で解説した手法から推定された地球の内部構造とそれを構成する物質の概略を図 2.3 にまとめる。また，現在推定されている**核**より浅い部分の構成鉱物を，図 2.5 に示す。

地球表層部の**地殻**は大陸と海洋では大きく異なっている（第 15 章参照）。地殻の下側（マントル）では P 波速度が約 $6\,\mathrm{km\,s^{-1}}$ から $8\,\mathrm{km\,s^{-1}}$ に急激に増加するので，震央が遠い場合はここを通る波は地殻内を通る波よりも早く到着する（図 5.5）。1909 年にクロアチアのモホロビチッチ（A. Mohorovičić）がこの波を見つけたので，地殻とマントルの境界を**モホロビチッチ不連続面（モホ面）**と呼ぶ。

プレートテクトニクスにより，力学的には地殻とモホ面の下の**マントル最上部**は変形のしにくい一体のものとみなされ，あわせて**リソスフェア**と呼ばれる（図 2.3，5.1A）。SiO_2 に富む地殻と異なり，マントル最上部は $(Mg, Fe)_2SiO_4$ 組成のかんらん石が主要構成鉱物であり，$(Mg, Fe)SiO_3$ や $Ca(Mg, Fe)Si_2O_6$ 組成の輝石とやや複雑な組成のざくろ石（メージャーライト）が共存する（図 2.5）。

深さ約 100 km から下では地震波速度が最大で約 10% 低下する厚さ

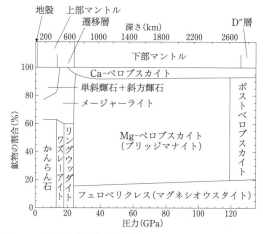

図 2.5 地球内部の物質構成（Hirose, 2006 を一部改変）。岩石の組成がパイロライトの場合。

100〜200 km の領域が存在する。この部分は**アセノスフェア**または**低速度層**と呼ばれ（図 2.3）、力学的にはその上のリソスフェアに比べて流動しやすい（4.3 節参照）。地震波が低速で流動しやすい理由は、この深さでは温度が主要構成鉱物であるかんらん石の融点に近いため部分溶融している（図 7.4 参照）とか、含水量が多いためとかの説があるが、いまだはっきりしない。この深さでは S 波（横波）の振動方向が鉛直方向よりも水平方向の方が速度が数％大きいという異方性の存在が、多くの研究から示唆されている。主要構成物質のかんらん石が流動する際に、結晶方位が一定の方向に並ぶ性質に起因すると考えられている。低速度層は海洋地域では明瞭なのに対して、クラトンなどの古い大陸地殻地域（5.4 節参照）ではほとんど認められないなど、大きな地域性もある。

　低速度層より深い領域では、地震波速度が急激に増加する不連続面がいくつかある。深さ 400 km と 670 km が代表的で、とくに 670 km の面は明瞭であり、ここまでを**上部マントル**と呼び、その下の**下部マントル**と区別する（図 2.3, 2.5）。深さ 400 km と 670 km の間を**遷移層**という。これらの不連続面は構成する鉱物の**相転移**に対応すると考えられ（図 2.5）、深さ 400 km の不連続面はかんらん石が変形スピネル構造のワズレーアイトに相転移する深さ

22　第Ⅰ部　固体地球の構造と変動

に対応し，深さ 670 km の不連続面は，ワズレーアイトからさらに相転移したスピネル構造のリングウッダイトが**ペロブスカイト構造の Mg–ペロブスカイト**（(Mg, Fe)SiO₃：最近ブリッジマナイトという鉱物名がついた）と岩塩構造のフェロペリクレス（(Mg, Fe)O：かつてマグネシオウスタイトと呼ばれた）に分解反応する深さに対応すると考えられている。遷移層の地震波速度の急増（図 2.3）には，ワズレーアイトからリングウッダイトへの相転移が関わっている可能性が高い。このように，最新の研究は，観測にもとづく地震波速度の不連続面と物質科学的な実験にもとづく鉱物の相転移がよく対応していることを示している。なお，深発地震は上部マントルまででしか起こらないことが知られている（6.3 節参照）。

　深さ 670 km から**核・マントル境界**（Core-Mantle Boundary より **CMB** と呼ぶ）までの下部マントルには顕著な不連続面はなく，ここを通過する地震波形は乱れが少ない。深さ 2,890 km の CMB は，地震波の非常に強い反射波が観測され，幅も非常に薄い第一級の境界である。その上のマントルの底の厚さ約 200 km には地域的にも変動の大きい不均質な層が存在し，**D″層**（D-double-prime）と呼ばれる。D″層の上面には不連続面が示唆されることから，D″層は最近の高圧実験で見い出された Mg–ペロブスカイトの高圧相である**ポストペロブスカイト相**（図 2.5）からなる可能性がある。

　P 波速度は CMB で下方に向かって 13.7 km s⁻¹ から 8.1 km s⁻¹ へと急激に減少し，震央距離が 103〜142 度の領域には P 波が直接届かない**シャドーゾーン**が観測されることから（図 2.1），**核**の存在が見い出された。地球の平均密度（5.5 g cm⁻³）や慣性モーメントから推定される核の密度（10 g cm⁻³ 以上）は，マントル物質（5 g cm⁻³ 前後）よりもはるかに大きく，また S 波（固体だけに伝搬）が観測されないことより，外核は溶融した Fe と Ni の合金と考えられる。ただし，衝撃波などを用いた核と同じ条件の高圧高温下での実験では，Fe-Ni 合金は密度が地震波による推定値より 1〜2 g cm⁻³ ほど大きく，P 波速度が逆に 10％程度小さくなることより，核には密度を下げ地震波速度を上げる軽元素が含まれると考えられる。これまで C・H・Si・O・S・Mg などの元素が候補として提案されてきたが，まだ決着はついていない。

　内核は，P 波速度が外核より不連続に約 5％大きくなる境界面の存在から

提案された。特別な自由振動の観測から推定された図2.3のS波速度のように，内核は固体であると考えられている。観測される地震波速度と密度をFeなどの高圧高温実験の結果と比較すると，内核もFe-Ni合金と考えられているが，わずかの軽元素を含む可能性がある。

4. 地球内部での物質の動的な挙動とその進化

これまでは深さ方向に変化する地球の成層構造のみに注目してきたが，近年の地震観測網の発展により，水平方向の変化も含む3次元的な内部構造が検出できるようになってきた。研究の対象が従来の静的な構造から，プレート運動・マントル対流・地球の起源と進化などの動的な描像に大きく移行してきている。地震データを用いて3次元的な内部構造を求める研究は，X線などで人体内部のイメージを求める医療技術(X線トモグラフィーなど)と似ているので**地震波トモグラフィー**と呼ばれ，今では地球全体から火山や断層など局所的な構造の研究まで広く用いられている。ここでは走時データを用いた簡単な例でその原理を説明する(図2.6)。もし地球が完全な成層構造(速度が深さのみによる)ならば，多くの観測点で走時(たとえば，P波の

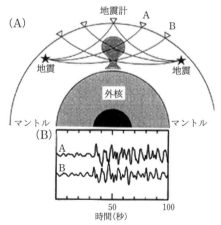

図 2.6 地震波トモグラフィーの原理(Kennett, 2002をもとに作成)。速度の遅い領域(陰)を通る波Aは，そうでない波Bに比べて，遅れて観測点に到着する。

24 第 I 部 固体地球の構造と変動

到達時刻）を測定すると，震源からの距離が同じ観測点の走時は，同一になるはずである。しかし，図 2.2 のように実際はばらつく。これは水平方向にも速度の変動があって，高速度の領域を通ってきた地震波は平均よりも早く観測点に到達し，逆に低速度の領域を通ってきた波は遅く到達するからである（図 2.6）。多くの震源と観測点の組み合わせからさまざまな方向・領域の経路ごとの走時のずれを測定すれば，小さい領域ごとの速度の大小を決定できる。日本列島付近の沈み込み帯でのマントルにおける 3 次元的 P 波速度分布の例を口絵 9 に示す。ここでは沈み込む海洋プレート（スラブという）がより高速度（より低温）の領域として認められ，さらに 670 km 不連続面でスラブの沈み込みが止まり水平に曲がるなど，場所によりさまざまな形態が見える。また日本列島の火山活動に関係する高温すなわち低速度の領域がそのスラブの上側にくさび状に広がっている（マントルウェッジという，口絵 10 参照）。マントル内の動的振る舞いや沈み込み帯の成長・進化の議論に，このような研究は重要である。

　沈み込み帯において，200 km 以上の深さで起こる深発地震の原因については，いまだによくわかっていない。なぜなら，この深さになると，岩石は高温となるため，地殻内の地震のような脆性破壊は起こらないからである。深発地震に対しては一時，かんらん石が変形スピネル相に相転移する際にできる断層破断面が原因であるとの説が取り上げられたが，いまだに確立された説明は得られていない。今後，物質科学的に明らかにしなければならない問題である。

[練習問題1]　P 波の方が S 波よりも，走時を用いた測定の精度は高い，つまり P 波の速度構造の方が詳しく求まっている。このことは，観測データのどのような性質によるか。一方，表面波や自由振動の研究からは，逆に S 波の速度構造の方がより正確に求まる。どうしてか。
[練習問題2]　かんらん石が変形スピネル相に変わる時の温度—圧力図における相境界の温度勾配は正である。沈み込むプレート内の温度はまわりのマントルより低いとすると，プレート内のかんらん石と変形スピネル相の相境界は，まわりのマントルの相境界に比べてどうなるか。また，そのとき，沈み込むプレートにはどのような力が働くか。
[練習問題3]　外核は液体で内核は固体だと考えられている。地震データのどのような性質から，このことがわかるか。また，外核が液体，内核が固体ということは，核物質の融点の圧力（深さ）による融解曲線が，地温勾配とどのような関係にあることを意味するか。

25

地球を作る鉱物と岩石

第<i>3</i>章────────────────────────────

地球の地殻とマントルは岩石でできている。岩石は鉱物の集合体である。マントル深部は化学的に比較的均質であるため，岩石を構成する鉱物は数種に限られる。一方，地球表層部のリソスフェアは，地表から地下およそ 70～150 km までの地殻とマントル最上部からなる部分で，主に珪酸塩鉱物からなるさまざまな鉱物の組み合わせを持った多様な岩石でできている。これは，マグマの生成，マグマからの鉱物の晶出，地表および地表近くでの鉱物と大気・水との反応，変成作用，鉱化作用，風化作用や堆積作用など，鉱物とそれらからなる岩石が生成し，経験してきた過程の多様性を反映している。この章では，どのような鉱物が存在し，岩石がどのような鉱物の組み合わせによってできているのかを知ることは，その鉱物や岩石が過去にどのような変遷をたどり今そこにあるのかを理解する出発点であることを述べる。

キーワード
火成岩，珪酸塩鉱物，結晶，鉱物，固溶体，造岩鉱物，堆積岩，多形，地殻，中央海嶺，島弧-海溝系(沈み込み帯)，端成分，変成岩，マグマ，リソスフェア，SiO_4 四面体，SiO_6 八面体

1. 鉱物とは何か

鉱物は，金・銀・銅・鉄などの金属資源やダイヤモンドをはじめとする宝石への関心と結びつき，昔から人類を魅了してきた。しかし，それだけでなく，鉱物は地球やほかの惑星を構成する物質の物理化学的な最小単位であり，その物理的・化学的な性質を知ることは，地球やほかの惑星で起こる地学現象の素過程を知るために重要である。

鉱物は，かつては，生物が関与しない自然過程で形成された，化学組成がある範囲で一定な無機質の**結晶**(結晶は原子が規則正しく 3 次元的に周期的配列している物質であり，そのような周期性を持たない物質は**非晶質物質**と呼ばれる)として定義されてきた。しかし，この定義では，液体である自然

26   第 I 部   固体地球の構造と変動

表 3.1   化学組成による鉱物の分類とその例

元素鉱物	自然金[Au]，ダイヤモンド[C]
珪酸塩鉱物	図 3.2 に示す
酸化鉱物	赤鉄鉱[Fe$_2$O$_3$]，コランダム[Al$_2$O$_3$]（宝石はルビーやサファイア）
水酸化鉱物	ギブサイト[γ-Al(OH)$_3$]，針鉄鉱[α-FeOOH]
硫化鉱物	黄銅鉱[CuFeS$_2$]，閃亜鉛鉱[(Zn，Fe)S]
ハロゲン化鉱物	岩塩[NaCl]，蛍石[CaF$_2$]
炭酸塩鉱物	方解石[CaCO$_3$]，あられ石[CaCO$_3$]
硫酸塩鉱物	石膏[CaSO$_4$・2H$_2$O]，重晶石[BaSO$_4$]
燐酸塩鉱物	燐灰石[Ca$_5$(PO$_4$)$_3$(F，Cl，OH)]，トルコ石[Cu(Al，Fe)$_6$(OH)$_8$ (PO$_4$)$_4$・4H$_2$O]

水銀，貝やサンゴ骨格および人の骨を形成する方解石・あられ石・燐灰石，非晶質であるオパールなど多くの物質が，鉱物から除外されてしまうことになる。そこで近年では，鉱物を自然界で産出するすべての無機物（あるいは有機物も含んで単に物質）というように広くとらえる考え方が一般的となってきている（Box 3.1 参照）。さらに，人工ダイヤモンドのような人工鉱物もある。

　地殻や**マントル**の岩石は，元素単体からなる**元素鉱物・珪酸塩鉱物・酸化鉱物・硫化鉱物・炭酸塩鉱物・燐酸塩鉱物**などからなるが（表 3.1），SiO$_2$ を主成分とする珪酸塩鉱物の占める割合が圧倒的に多い。したがって，地殻を作る元素では O と Si が全体の約 3/4（重量比）を占め，残りは Al，Fe，Ca，Na，K，Mg などである（表 14.3）。珪酸塩鉱物のなかでも，かんらん石・輝石・角閃石・雲母・長石・石英は地殻の岩石の約 87％（体積比）を構成している。このような地殻やマントルの岩石を構成する主な鉱物を**造岩鉱物**という。現在知られている鉱物種が 4,000 種とも 5,000 種ともいわれるなかで，造岩鉱物がたかだか数十種であるのは，地球の化学組成が大局的には比較的均質であり，岩石の成因が温度や圧力などの物理化学的条件と時間をパラメータとした熱力学にコントロールされていることを示している。

2. 珪酸塩鉱物の分類

　地殻に産出する珪酸塩鉱物では，珪素原子 1 個が酸素原子 4 個に正四面体的に配位された **SiO$_4$ 四面体**が結晶構造の基本単位である（図 3.1A）。この SiO$_4$ 四面体が頂点の酸素を共有して鎖状あるいは網目状につながったり，

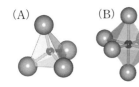

図3.1 (A) SiO_4 四面体と (B) SiO_6 八面体。多面体の中心の黒丸は珪素原子、頂点の灰丸は酸素原子を示す。四面体の珪素原子と酸素原子の距離は約 1.6Å ($1Å = 0.1\,nm = 10^{-10}\,m$)。

三次元的なネットワークを作ったりしている。珪酸塩鉱物は、このような SiO_4 四面体の結合様式の違いによって分類することができる(図3.2)。色や硬さ(モース硬度)などとともに鉱物鑑定の重要な指標となる鉱物の外形やへき開(特定の方向に割れやすい性質)は、このような珪酸塩鉱物の結晶構造を反映している。しかし近年の研究の進展で、下部マントル(図2.3, 2.5)の珪酸塩鉱物は **SiO_6 八面体**(図3.1B)が結晶構造の基本単位となっていることがわかってきている。

3. 鉱物の多形

鉱物のなかには、化学組成は同じであるが、結晶構造が異なるものが少なくない。この現象あるいはそれらの鉱物の関係を**多形(同質異像)**という。鉱物の多形は、鉱物の結晶構造が化学組成だけでなく、鉱物の成長した環境の温度や圧力など物理的条件にもよることを意味している。多形関係にある代表的な鉱物には、炭素 C からなるダイヤモンドとグラファイト(石墨)、SiO_2 からなる石英とその高圧相であるコーサイトやスティショバイト、珪酸アルミニウム鉱物 Al_2SiO_5 である藍晶石・紅柱石・珪線石などがある。普通、ダイヤモンドはマントル内の 150 km 以深の高圧高温環境で生成し、地下浅部の環境では石墨が安定である(図3.3)。しかし、キンバーライト(マントル深部を起源とするアルカリ元素に富む超苦鉄質の噴出岩)中のダイヤモンドは、爆発的なマグマの噴出にともない猛烈な勢いで地表に運ばれたため、石墨に転移する間がなくダイヤモンドのまま地表に到達したと考えられている。また、スティショバイトのような下部マントルに存在する珪酸塩鉱物は、石英のように SiO_4 四面体ではなく、SiO_6 八面体を結晶構造の基本単位としていると推定されている。珪酸アルミニウム鉱物 Al_2SiO_5 は変成岩

28 第Ⅰ部 固体地球の構造と変動

結合様式	特徴	理想的な外形	代表的鉱物とその化学組成		色と比重
	各 SiO_4 四面体は別の SiO_4 四面体から孤立しており1個も頂点を共有しない。	短柱状	かんらん石 $(Mg, Fe)_2SiO_4$		無色〜オリーブ色〜黒色 (3.3〜4.4)
	SiO_4 四面体が一次元の方向に連なり単鎖を作っている。	長柱状	輝石	斜方輝石 $(Mg, Fe)SiO_3$	無色〜緑色〜黒色 (3.2〜3.6)
		短柱状		単斜輝石 $(Ca, Mg, Fe)_2Si_2O_6$	無色〜緑色〜黒色 (3.2〜3.3)
	SiO_4 四面体が一次元の方向に連なった単鎖が二重に結合した二重鎖を作っている。	長柱状, 繊維状	角閃石 $A_{0〜1}B_2C_5D_8O_{22}(OH)_2$		無色〜緑色〜黒色 (3.0〜3.6)
	SiO_4 四面体が2次元的に連なり層構造を作っている。	板状, 葉片状	雲母	黒雲母 $K(Mg, Fe)_3AlSi_3O_{10}(OH)_2$	褐色〜黒色 (2.8〜3.2)
				白雲母 $KAl_2AlSi_3O_{10}(OH)_2$	無色〜白色 (時に黄色やピンク色) (2.8〜2.9)
	SiO_4 四面体(長石の場合 SiO_4 四面体または AlO_4 四面体)が各頂点を共有して, 3次元的ネットワーク構造を作っている。	短柱状〜板状	長石	斜長石 $(Na, Ca)(Al, Si)_2Si_2O_8$	無色〜白色 (2.6〜2.8)
				アルカリ長石 $(K, Na)AlSi_3O_8$	無色〜白色〜ピンク色 (2.5〜2.6)
		六角柱状	石英 SiO_2		無色 (2.7)

図 3.2 SiO_4 四面体の結合様式による珪酸塩鉱物の分類表。

カッコ内の原子は互いに置換しあう。角閃石はさまざまな原子を固溶し, 化学式 $A_{0〜1}B_2C_5D_8O_{22}(OH)_2$ で, $A=Na$, K, Ca, $B=Ca$, Na, Mg, Fe^{2+}, Mn, $C=Mg$, Fe^{2+}, Fe^{3+}, Al, Ti, Mn, Cr, Li, Zn, $D=Si$, Al である。角閃石や黒雲母の OH は一部が F に置換される。鉱物の色は化学組成によって大きく変わり, Mg と Fe が置換しあう固溶体の場合, 一般には Fe の固溶量が増加するにつれ, 無色→緑色→黒色に変化する。各鉱物の比重は American Geological Institute (2006)より。

第3章 地球を作る鉱物と岩石　29

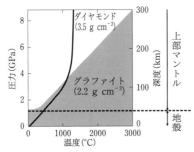

図 3.3 ダイヤモンドとグラファイトの安定領域。曲線は地球内部の温度と圧力の変化。カッコ内は密度

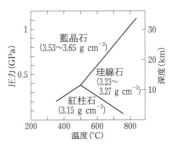

図 3.4 珪酸アルミニウム鉱物 Al_2SiO_5 の多形の安定領域。カッコ内は密度

に産出する鉱物であるが，前述の3つの多形の産状から変成作用の温度・圧力条件を推定することができる(図3.4)。

4. 固溶体

鉱物を構造だけでなく化学組成から調べることも重要である。ほとんどすべての鉱物は固溶体を形成している。**固溶体**とは基本的な結晶構造を変えないまま，構成する原子の置換によってある範囲にわたって化学組成が連続的に変化する結晶相である。かつての鉱物の定義にあった「ある範囲で化学組成が一定」というのは，この固溶による化学組成の幅を許容した範囲での均質を意味する。固溶は，鉱物全体としての電荷の中性を保ち，イオン半径がほぼ等しい原子が組みになって置換して生ずる。かんらん石では Mg_2SiO_4 と Fe_2SiO_4 の Mg^{2+} と Fe^{2+} の電荷が等しく，イオン半径もほとんど等しいことから，両者は任意の割合での固溶が可能である(図3.5)。このときフォ

図 3.5 かんらん石固溶体の結晶構造。かんらん石固溶体の結晶構造を SiO_4 四面体と $(Mg^{2+}, Fe^{2+})O_6$ 八面体で模式的に描いた。Mg^{2+} と Fe^{2+} は電荷が等しく，イオン半径もほぼ等しいため，SiO_4 四面体をつなぐ八面体の位置をそれぞれのイオンが自由な割合で占めることができる。

図 3.6 長石の固溶体。斜長石では $Na^+ + Si^{4+} \Leftrightarrow Ca^{2+} + Al^{3+}$ の置換、アルカリ長石では $Na^+ \Leftrightarrow K^+$ の置換が起こることで固溶体を形成する。アルカリ長石の固溶範囲が高温ほど広がる理由は、Na^+ と K^+ のイオン半径が大きく違うため温度が高くないと置換が起こりにくいためである。

ルステライト（Mg_2SiO_4）とファヤライト（Fe_2SiO_4）の成分は，固溶範囲の両端であるという意味で**端成分**と呼ばれる。また，固溶体を表すとき，たとえばフォルステライト成分90%，ファヤライト成分10%のかんらん石の化学式を（$Mg_{0.9}, Fe_{0.1})_2SiO_4$ と表記することがある。長石では，曹長石（アルバイト，$NaAlSi_3O_8$）と灰長石（アノーサイト，$CaAl_2Si_2O_8$）を端成分とする連続的な固溶体を形成し，斜長石と呼ばれる（図3.6）。また，曹長石はカリ長石（$KAlSi_3O_8$）との間にも固溶体を作り，アルカリ長石と呼ばれる（図3.6）。アルカリ長石の固溶範囲は温度が高いほど広くなる。アルカリ長石の例のように，固溶体の化学組成は，鉱物の成長した温度や圧力などの環境に依存するため，その鉱物の生成した場に関する重要な情報をもたらす（図3.6）。

5. リソスフェアを作る岩石

5.1　成因の異なる3種類の岩石タイプ

リソスフェアを構成している地殻やマントル最上部を作っている岩石は，でき方（成因）の違いによって3種類の岩石タイプ（火成岩・堆積岩・変成岩）に大別され，それらは成因的に相互に関連している（図3.7）。**火成岩**は，地下深部の上部マントルや地殻下部で発生した高温のマグマが上部の地殻に貫入したり，地上に噴出して冷えて固化した岩石である（第8章参照）。高温のマグマが地表や海底に噴出すると，大気や海水によって急激に冷やされて固結し，**火山岩**（噴出岩ともいう）ができる。また，地下深所でできたマグマが上昇する途中で長期間停滞して**マグマ溜り**を作ると，マグマはゆっくり冷や

されて結晶が大きく成長し，粗粒な**深成岩**になる。**堆積岩**は，陸地の侵食や海底斜面の崩壊によって生じた土砂が河川や海底谷を流れ，水中に堆積してできた岩石である(第11章参照)。**変成岩**は，既存の岩石がより高温高圧の地下深所に運び込まれ，その場の温度・圧力条件のもとで再結晶(変成)してできた岩石である(第11章参照)。これらの3種類の岩石の地殻における存在量比(体積比)を図3.8に示す。

図3.9に，**島弧-海溝系(沈み込み帯)**において3つのタイプの岩石(火成岩・堆積岩・変成岩)がどこでどのように作られるかを模式的に示す。

マグマが発生する場所は，主に**中央海嶺**や島弧-海溝系(沈み込み帯)あるいは大陸の**地溝帯(リフトバレー)**など，地震や火山活動が活発に起こっている**変動帯**である(第8章参照)。中央海嶺はプレートの発散境界で，海洋プレートの岩石が生産されるところである(第4,5章参照)。そこでは，海嶺軸にそって無数の海底火山が並び，地球最大規模のマグマ活動が起こっている。海嶺軸の直下にはマグマ溜りがあり，これが長い地質時代を通じて活動し，玄武岩・斑れい岩やかんらん岩などの火成岩を作っている(図4.5)。また，海洋プレートが大陸側に沈み込む島弧-海溝系でも活発なマグマ活動が起こる(図3.9)。沈み込む海洋プレート(スラブという)の上位のマントルウェッジのかんらん岩が部分融解して玄武岩質マグマができ，それが上昇して島弧地殻下部に加わって(付加という)，地殻を成長させる(第8章参照)。一方，島弧では地温勾配が高く，下部地殻の玄武岩質岩石の大規模な部分融解によって安山岩質〜流紋岩質マグマが作られることもある(図3.9, 11.7)。

図3.7 火成岩・堆積岩・変成岩の相互関係

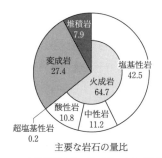
図3.8 大陸地殻を作る岩石種の割合(体積%)

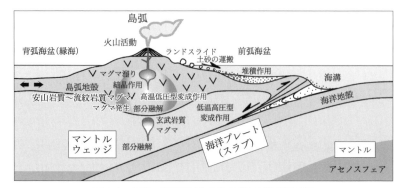

図 3.9　島弧−海溝系(沈み込み帯)の模式断面図

5.2　火成岩・堆積岩・変成岩の特徴

　火成岩，堆積岩および変成岩はそれぞれでき方が違っているので，みた目でもそれぞれ異なる特徴を持っている。

火成岩：上記のように高温のマグマが冷えて固まった岩石であり，マグマの冷却速度の違いによって火山岩と深成岩に大別される。**火山岩**(噴出岩)は，肉眼で識別可能な大きさの自形の**斑晶鉱物**と肉眼では識別できないほどに細粒な結晶や非晶質の**火山ガラス**からなる基質(**石基**という)からできており，**斑状組織**を示す(図3.10)。この組織は，高温のマグマが火口から噴出したときに，すでに晶出していた結晶はそのまま自形の斑晶になり，噴出時に液相だった部分が地表の大気や海水によって急冷されて火山ガラスや微細結晶に固化して石基となったものである。一方，**深成岩**は，地下のマグマ溜りでマグマが徐冷されてできた火成岩なので，結晶は十分に時間をかけて大きく成長している。そのために，深成岩は特徴的に粒ぞろいの粗粒結晶からなる**粗粒等粒状組織**を示す(図3.10)。

　火成岩の分類は上記のようにマグマの冷却速度の違いによるほか，マグマの化学組成の違いによっても分類される。たとえば，SiO$_2$重量%の違いによって，超塩基性岩(超苦鉄質岩ともいう)・塩基性岩(苦鉄質岩)・中性岩(中間質岩)・酸性岩(珪長質岩)に区分される(図3.10)。

　地球の変動帯では，地域ごとに異なる性質を持ったマグマが活動し，それぞれに特徴的で多彩な火山活動が知られている(第8章参照)。その結果として，地球には多様な火成岩が存在する。

堆積岩：岩塊や土砂などの砕屑物が固まってできる砕屑岩，化石が固まって

できる生物岩，化学作用によってできる化学的沈殿岩，および火山噴出物が固まってできる火山砕屑岩がある．詳しくは第11章で述べる．

変成岩：温度や圧力の高い地下深部で，既存の火成岩や堆積岩あるいは変成岩そのものが高温・高圧で安定な鉱物からなる各種の変成岩に再結晶する．詳しくは第11章で述べる．

[練習問題1] 鉱物の多形の産状からその鉱物を含む岩石のどのような情報を推定することができるか，具体的例とともに考えよ．
[練習問題2] リソスフェアを作っている火成岩・堆積岩・変成岩はそれぞれどこでどのように生成されるか．島弧-海溝系でのでき方を考えよ．
[練習問題3] 深成岩と火山岩の組織の特徴について述べ，そのような特徴が生じる理由について考えよ．

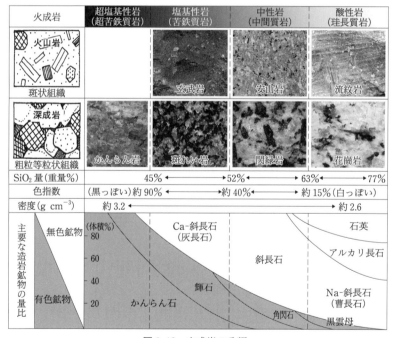

図 3.10 火成岩の分類．
超塩基性岩に相当する火山岩(噴出岩)にはキンバーライトや先カンブリア時代のコマチアイトという岩石があるが，特殊なので示していない．色指数とは岩石全体に対する有色鉱物(かんらん石・輝石・角閃石・黒雲母)の割合(面積比)である．酸性岩は SiO_2 量がより少ない(63〜70%)デイサイト(火山岩)・花崗閃緑岩(深成岩)と SiO_2 量がより多い(70〜77%)流紋岩(火山岩)・花崗岩(深成岩)に細分することがある．

Box 3.1　生物が作る鉱物

　本文中にも述べられているように，鉱物の中には生命活動の結果作られるものが存在する。たとえば，人間の歯は水酸燐灰石であるし，ウニの棘は方解石からできている。さらに，植物においても，イネには非晶質のシリカ(SiO_2)が濃集することが知られている。このような鉱物を総称して生体鉱物(あるいはバイオミネラル)と呼び，生命体が関与する鉱物形成をバイオミネラリゼーションという。その研究は，地球科学のみならず，物質科学や生命科学の垣根を越えた学際分野として注目を集めている。

　生体鉱物には，美しく複雑な構造を持つものが多く，古くから多くの人々を魅了してきた。「個体発生は系統発生を繰り返す」の言葉で有名なドイツの生物学者ヘッケル(E. Haeckel)もその一人で，放散虫(オパール殻，図16.1B)や，有孔虫(方解石殻，図16.1D)などのスケッチを数多く残している(図：左)。その中には想像の部分も含まれているようではあるが，生物の作る鉱物の形がいかに多様であるかを示すものとして興味深い。さらに，円石藻(図16.1C)の外骨格(ココリスという)も方解石からできているが，図(右)に示すような驚くほど精緻な構造を持っている。このような，無機的な成長過程では形成しえないような構造は，組織内に存在する有機物と無機物の相互作用で生み出されており，多くの場合，身を護ったり，体を支えたりといった，生物活動にとって不可欠な機能を反映していると考えられる。そのため材料科学の分野では，有機-無機融合材料として注目され，生物に倣った材料開発(バイオミメティクス)の研究が盛んに行われている。

　さらに，生体鉱物で興味深いのが，鉱物多形の問題である。上に述べたように，有孔虫やココリスは方解石からできているが，これは炭酸カルシウム($CaCO_3$)の多形の一つである。その一方で，同じ炭酸カルシウムでも，サンゴは別の多形であるあられ石からできており，二枚貝の貝殻にいたっては，方解石の部分とあられ石の部分がともに存在する。これら二つの多形の中で，生物が生きている環境でもっとも安定な鉱物は方解石である。一方，あられ石はより高い圧力下において安定であるため，あられ石を使って骨格を作る生物が多いのは，とても不思議に思われる。このような，「生物はどのようにして鉱物相を作り分けているのか？」という問題は，100年以上にわたって研究者を悩ませ続けてきたが，その本質は今でもよくわかっていない。近年，このような鉱物は直接形成するのではなく，非晶質相など別の状態を経由して形成しているのではないかという指摘が大きな注目を集めるなど，観察・実験・計算機シミュレーションの最先端の技術を駆使したホットな議論が現在も続いている。このほかにも，生体鉱物形成におよぼす生物の役割や，進化や環境との関わりなど，解明すべき問題は多く残されており，今後の進展が期待される。

図　ヘッケルによる放散虫のスケッチ(左：Haeckel, 1904より)とココリスの成長ユニット(右：Young et al., 1999より)。スケールはともに図16.1を参照

大陸移動とプレートテクトニクス

第*4*章────────────────

プレートテクトニクスは，1950 年代後半から 1960 年代前半にかけて登場し，その後，地震，火山および造山運動などの地球浅部(リソスフェア：地殻〜マントル最上部)の変動を統一的に説明することを可能にした画期的な学説である。今日，プレートテクトニクス説は，ほとんど証明された学説として広く地球科学者に受け入れられているが，その確立までには紆余曲折があった。本章では，プレートテクトニクス説が誕生し，確立されていくまでの道程を概観するとともに，プレートテクトニクスの基本である 3 つのプレート境界について学ぶ。

キーワード
アセノスフェア，海洋底拡大説，極移動曲線，古地磁気学，縞状磁気異常，収束境界，大陸移動説，中央海嶺，島弧─海溝系，トランスフォーム断層，発散境界，パンゲア，氷礫岩，プルームテクトニクス，プレートテクトニクス，ホットスポット，リソスフェア

1. 大陸移動説の誕生と終焉

ドイツ，ベルリン生まれのウェゲナー(A. Wegener)は気象学者であったが，生涯を通じて 4 度グリーンランドの探検に赴いた。彼は，大西洋によって隔てられている南米東岸とアフリカ西岸の海岸線が見事に一致することから，これらの大陸はもともと合体していたと推測した。さらに彼は，北米・ユーラシア・南極・インド・オーストラリアも含めて，すべての大陸はかつて一つの超大陸**パンゲア**を構成していたが，その後，分裂・移動したと主張して**大陸移動説**を提唱した(図 4.1)。パンゲアのうち，北半球および南半球に広がっていた大陸は，それぞれローラシア大陸およびゴンドワナ大陸と呼ばれている(図 4.1A，16.7 節参照)。

大陸移動説を主張する際，ウェゲナーは海岸線の一致のほかに複数の証拠を挙げている。一つは，現在分裂している**ゴンドワナ大陸**に共通に認められ

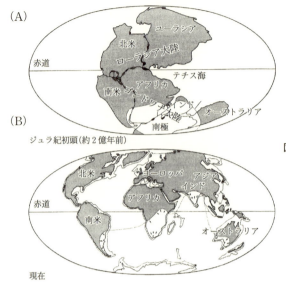

図 4.1 ウェゲナーによる大陸移動説。(A)は約2億年前のジュラ紀初頭。ローラシア大陸とゴンドワナ大陸を合わせた一つの超大陸をパンゲアと呼ぶ。(B)は現在の大陸配置を示す。小矢印を含む白い部分は石炭紀の氷床跡で，小矢印は氷床の流動方向を示す。

る古生代ペルム紀(約3億年前)の陸生動植物化石で，とくに裸子植物とシダ植物の中間型と考えられている**グロッソプテリス**は有名である。また，彼は，後に約20億年前と年代測定された西アフリカの楯状地(大陸内部に西洋楯を伏せたように広大にひろがる低平な地域で，先カンブリア時代の岩石からなる安定地塊)がブラジルの楯状地に酷似していると述べているほか，現在，北大西洋を挟んで北米アパラチア山脈・西アフリカ西岸・ニューファンドランド・イギリス・グリーンランド・スカンジナビア西岸に分布している古生代造山帯は，パンゲア分裂以前には一つの連続した造山帯であったと主張した。さらに，ウェゲナーは，現在は分裂しているゴンドワナ大陸の各地に分布している古生代後半(石炭紀～ペルム紀)の氷河堆積物(**氷礫岩**：11.3節参照)が，大陸移動の重要な証拠であると考えた。なぜなら，これらの石炭紀の氷礫岩は，現在は赤道付近の熱帯地域であるインドやアフリカ南部にも分布するが(図4.1B)，かつて南極地域で形成されたものが現在の位置に移動したと解釈すると，一つの巨大な氷河(氷床)として復元されるからである(図4.1A)。さらに，現在北半球の高緯度地域にある北米東部，ヨーロッパおよびシベリアは，石炭紀には赤道付近に位置しており，熱帯気候下で石炭のも

とになった大型植物が大規模な沼地に繁茂するような場であったと考えられている(第16章参照)。したがって，これらの大陸は，古生代後半から現在にかけて大規模に北上したと解釈される。

　ウェゲナーの大陸移動説は今日でも大変魅力的であり説得性があるように思えるが，当時この説は一部の地質学者から支持されたものの，一部の地球物理学者にはまったく受け入れられず，猛反発を受けることになった。最大の理由は，大陸が海洋底の上を滑って移動することは，力学的に不可能と考えられたためである。この理由により，大陸移動説はウェゲナーの没後約25年間まったく顧られることはなかったが，次節で述べるようにこの説はまったく異なる学問分野からの支持を受けて復活することになるのである。

2. 海洋学および古地磁気学と海洋底拡大説―大陸移動説の復活

　第2次世界大戦後の米国では，海軍の助力を得て，最新のサイドスキャンソナーおよび音響測深機を用い，海底地形および水深の大規模な調査が開始された。その結果，広大な海洋の底は，主として水深4〜6kmの大洋底と呼ばれる平坦面から構成されるが，大洋底から比高2〜3kmの高さでそびえ立つ，長大な**中央海嶺**が地球を取りまいていることが明らかとなった(口絵7参照)。さらに，この中央海嶺の尾根部には**中軸谷**が，幅50km，深さ2kmの規模で発達していることも明らかとなった。後述するように，これらの中央海嶺の地形的特徴は，地球表層部における発散型プレート境界を特徴づけるものであり，海洋底拡大説の重要な証拠となった。さらに，中央海嶺とほぼ直交する方向には，幅50〜100km，長さが最大数千kmにおよぶ規模で，**断裂帯**(フラクチャーゾーン)と呼ばれる峰と谷からなる帯が無数に発達していることも明らかとなった(口絵7参照)。この一部は，後述するトランスフォーム断層に相当し，プレート境界の一つである。

　同時に，1950年代に米国では，磁力計を装備した船を用い，海洋底の地磁気(第1章参照)の観測が開始された。その結果判明した興味深い事実は，海洋底の岩石には現在の磁場と同じ向きに磁化した(正帯磁)部分と現在とは逆向きに磁化した(逆帯磁)部分が交互に分布する**縞状磁気異常**が認められる

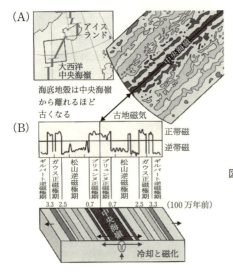

図4.2 (A)北大西洋の海底に残る縞状磁気異常(Heirtzler *et al.*, 1966による)と(B)地磁気極性年代尺度(Cox *et al.*, 1964; Doel and Dalrymple, 1966による)。各々の正磁極期は，周囲の逆磁極期よりも色の濃い部分として示されている。上図は実際の観測で，下図は模式図である。

ことである(図4.2)。1963年，ケンブリッジ大学の大学院生であったバイン(F. J. Vine)と指導教員のマシューズ(D. H. Matthews)は，ヘス(H. H. Hess)の提唱した**海洋底拡大説**と，当時明らかになりつつあった**地磁気逆転**(第1章参照)の時間間隔を組み合わせると，この縞状磁気異常の成因が見事に説明できることを示した。すなわち，縞状磁気異常は，中央海嶺で玄武岩マグマがたえず上昇して海底に噴出し，これが固化して次々と両側に移動して海洋底の岩石が形成される(海洋底の形成と拡大)とき(図4.5)，玄武岩が冷却の過程でその当時の地球磁場を獲得することにより形成される。ここで，玄武岩マグマ中には磁鉄鉱と呼ばれる磁性鉱物があり，この鉱物はキュリー温度(585℃)以上の温度では磁性を失っているが，それ以下の温度で徐々にその当時の地球磁場の方位に磁化する。玄武岩がいったん磁気を獲得すると，再び加熱されない限りほとんど磁気を失わないので，その当時の地球磁場が**残留磁気**(磁気の化石)として玄武岩中に保存される。地球磁場は，約10万～100万年あるいはそれ以上の間隔で地磁気極の逆転を繰り返しているので，海洋底拡大によって，正帯磁した海洋底と逆帯磁した海洋底が交互に繰り返される結果となる(図4.2)。さらに当時，放射年代(Box 17.2参照)を利用して現在から350万年前までの地磁気極性年代尺度が推定された(図4.2)。中央海嶺

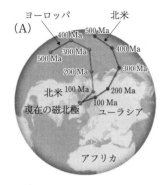 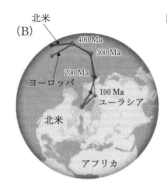

図 4.3 見かけの極移動曲線。(A)は現在の大陸配置に対して，(B)は大陸分布をパンゲア分裂以前の元の位置に戻して極移動を示した曲線。図中のヨーロッパと北米の曲線は両大陸のいろいろな時代の岩石を用いて決定された見かけの極移動曲線である。Ma は 100 万年前を示す。

からの距離をそこの海洋底の年代で割ることにより，アイスランド南方の大西洋中央海嶺(図 4.2)における海洋プレートの移動速度は 1 cm/年，したがって拡大速度が 2 cm/年であることが推定された。このようにして，海洋学から明らかになった海洋底の地形と**古地磁気学**から明らかになった縞状磁気異常は，ともに海洋底拡大説を強く支持する結果となった。海洋底拡大説が証明されたことにより，ウェゲナーの大陸移動説は蘇ったのである。

古地磁気学はさらに，大陸移動説の直接の証拠となった事実も明らかにした。1950 年代，大陸の岩石の古地磁気を研究していた研究者は，古地磁気から推定される過去 5 億年の地磁気極がどのように移動したのか，ヨーロッパおよび北米の岩石についてそれぞれ推定した(見かけの**極移動曲線**，図 4.3 A)。その結果，磁北極はともにハワイ南方の赤道付近から，それぞれ別の経路をたどって現在の位置へ北上したことが明らかとなった。この極移動は，実際に地磁気極が移動したのではなく，ウェゲナーが考えたように，ヨーロッパおよび北米が大陸移動によりこの期間に大きく北上したと考えればもっとも合理的に説明できる。さらに，大陸移動説を決定的に裏づけた事実は，ヨーロッパおよび北米の岩石から推定される見かけの極移動曲線が似かよってはいるが，約 30°経度方向に互いに隔たっているという事実である。二つの見かけの極移動曲線は，両大陸を想定される大陸移動前の元の位置に戻す，すなわち大西洋を閉じると見事に一致する(図 4.3B)。つまり，同じ時代に地球上に二つの磁北極が存在することは地球磁場の双極子モデル(1.3 節参照)に矛盾するので，この一致は，大陸移動説の妥当性を証明している。

40 第 I 部 固体地球の構造と変動

3. プレートテクトニクス—プレート境界の 3 つの型

1968 年までに，大陸移動説と海洋底拡大説は，**プレートテクトニクス**と呼ばれるより包括的な理論に統合された。プレートテクトニクスとは，地球の表層部は厚さ約 100 km の**リソスフェア**と呼ばれる 10 数枚の硬い**プレート**(岩板)からなり(図 4.4A)，これらが流動性の高い**アセノスフェア**と呼ばれる部分の上を互いに動いているという説である。第 2 章で述べているように，リソスフェアは地殻とマントル最上部からなり，アセノスフェアはその下位のマントル上部(低速度層)からなる(図 2.3)。したがって，リソスフェアとアセノスフェアの間は物質の違いで区分される境界(物質境界)ではなく，上部マントルのなかで岩石(かんらん岩)の強度が温度の上昇とともに急激に低下する境界(力学境界，第 2 章参照)である。

　プレートテクトニクスの考えでは，プレートの内部ではいちじるしい変動は起こらず，プレートの境界で火山活動や地震活動などの地殻変動が起こる。プレートの境界には，①**発散境界**，②**収束境界**，③**トランスフォーム断層境界**(横ずれ境界ともいう)の 3 つがある。これらは地球上の変動帯である。

3.1 発散境界

　すでに述べたように，中央海嶺では玄武岩やその下の斑れい岩からなる海洋地殻(第 5 章参照)が定常的に形成され，海洋底が両側に広がっていく。このように，プレート境界を境に隣り合うプレートが離れていく境界を**発散境界**と呼ぶ(図 4.5)。また，中央海嶺が周囲の海洋底から 2〜3 km も高まっている理由は，新しく形成された海洋地殻を含む海洋プレートは温度が高く，熱膨張により密度が低くなって浮力を受けるためである。海洋プレートは両側に離れていくにしたがって冷却されて重くなり，沈降するため海は深くなる。

　中央海嶺は海洋プレートが生産される場所であるが，拡大速度との関連でその実態には大きな多様性があることがわかっている。東太平洋海嶺のような拡大速度の速い海嶺ではマントルの部分溶融度(5.3 節，8.4 節参照)，つまりマグマの生産量が多く，海嶺下にマグマ溜りが定常的に存在してマントル

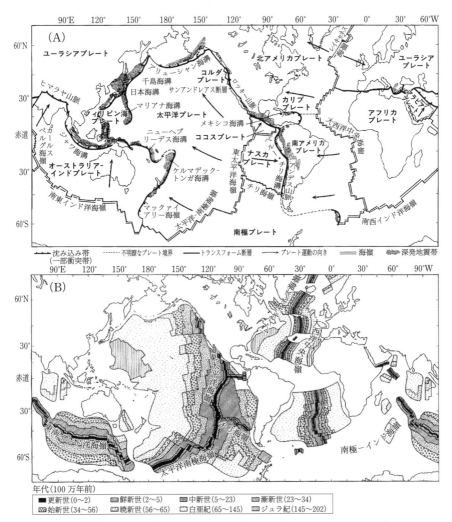

図 4.4 (A)世界のプレート分布(Dewey, 1972 をもとに作成)。アフリカを不動としたときの各プレートの運動を矢印で示した(口絵 7, 8 参照)。(B)海洋底の年代(Pitman *et al*., 1974 をもとに作成)。現在では海洋の空白部分のほとんども年代がわかっている。

の上に 6〜7 km の厚さを持った海洋地殻が形成される。一方，大西洋中央海嶺のような拡大速度の遅い海嶺ではマントルの部分溶融度が低く，時にはマグマの発生をほとんどともなわない。つまり海洋地殻がほとんど形成されず，蛇紋岩化したマントルが直接海底に露出するようなタイプの海洋プレー

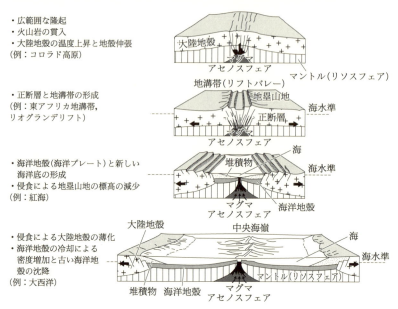

図 4.5 発散境界の発展過程。大陸地殻(大陸プレート)の分裂から海洋地殻(海洋プレート)形成の過程を示す。矢印は伸張の方向およびマグマの貫入を示す。

トになると考えられている(5.3節参照)。

1970年代前半までには,地球のほとんどの海洋底の年代が決定され,それにもとづき海洋プレートの移動速度が決定された(図4.4B)。図4.4Bをみるといくつか重要な事実にきづく。一つめは,大陸移動説から予想されるように,すべての海洋底は2億年前(ジュラ紀初期)以降に形成されていることである。二つめは,時代ごとに海洋底の幅が違うことでわかるように,拡大速度が時代とともに変化したことで,とくに,白亜紀に海洋底拡大速度がきわめて速かったことである。三つめは,太平洋の拡大速度が大西洋のそれに比べて2倍以上速いことである(練習問題3)。

発散境界は大陸プレート内にも存在する。図4.5に示すように,海洋底拡大は大陸の分裂に先行される。大陸の分裂は,大陸地殻に引張り力が働き,正断層(図7.1)の形成により地殻が伸張・薄化することによって生じるが,このとき地表には**地溝帯**(リフトバレー)が形成される。現在,この地溝帯が大規模に形成されている例として**東アフリカ地溝帯**が知られている。さらに,

地溝帯形成が進行すると大陸地殻(大陸プレート)は完全に分裂し, 海水が侵入するとともに, 海洋地殻(海洋プレート)の形成が始まる。現在の紅海は, 海洋底拡大の初期段階を示していると考えられている(図4.5)。

3.2 収束境界

発散境界で海洋プレートが生産され続けると, 地球は表面積が増えて膨張するであろうか? プレートテクトニクス説以前にはこのような説(地球膨張説)も存在したが, 実際は生産された新しいプレートの分だけ古いプレートが収束境界で消費され, 地球の半径は一定に保たれている。

収束境界でもっとも一般的に見られるものは, 海洋プレートが海溝から大陸プレートの下へ沈み込んでいる**沈み込み帯(島弧-海溝系,** 図3.9, 8.2)で, 沈み込みは海洋プレートが大陸プレートより密度が大きいために生じる。伊豆―小笠原 島弧-海溝系(図8.3)のように海洋プレートが海洋プレートの下へ沈み込む境界も存在するが, 以下に述べる収束境界の特徴は両者で大きくは変わらない。沈み込み帯は, **海溝の存在と海溝型地震**(7.1節参照), **火山活動**(第8章参照)で特徴づけられる。とくに, 火山活動は, 深さ約100 kmに沈み込んだ海洋プレートの上位のマントルウェッジのかんらん岩が大規模に部分溶融することによるが, マグマが地表に噴出して**火山フロント**(火山前線ともいう)を形成する(図3.9, 8.3)。一般に冷たい海洋プレートが大陸プレートの下に沈み込むことによって, なぜマグマ形成活動(火山活動)が生じるかは長年謎であった。今日では, マントルウェッジ中のコーナー流れにより熱いマントル物質が背弧側(火山フロントより大陸側)から上昇することと, 沈み込んだ堆積物や海洋地殻からの脱水がマントルかんらん岩の融点を下げるため(図8.4)と考えられている。沈み込み帯ではまた, 一部の海洋地殻や堆積物の大部分が大陸プレートに付加する(Box 11.1参照)ほか, 残りのものは海洋プレートに引きずられて深部に沈み込み, **変成作用を受ける**(11.5節参照)。

一つの興味深い事実は, 一般に沈み込み帯は, 巨大逆断層型地震に示されるように, 圧縮の応力場にあるが(図7.4B), 背弧側は地質時代を通じてときおり伸張(正断層形成)の応力場となり, 発散境界と同様に地溝帯ができて,

海洋底拡大が進行する場合があることである。このようにして形成された背弧地域の海洋を**背弧海盆**(図3.9)あるいは**縁海**と呼ぶ。日本海は，中新世の約2,000万〜1,500万年前に形成された典型的な縁海である(Box 4.2参照，練習問題1)。

　収束境界は多くの場合，海洋プレートが大陸プレートの下に沈み込むか(たとえば南米西岸)，あるいは海洋プレートが海洋プレートの下に沈み込むか(たとえば伊豆—小笠原 島弧-海溝系)のいずれかである。しかし，大陸プレートをともなう海洋プレートが大陸プレートの下に沈み込む場合，沈み込みが進行し海洋プレートが沈み込んでしまうと，大陸プレートが大陸プレートに衝突し始める。このような大陸-大陸衝突の典型例がインド亜大陸とアジア大陸との衝突である。インド亜大陸はその前面(北側)にテチス海(図4.1A)を持っていたが，この海洋プレートがアジア大陸の下に沈み込んでしまい，最終的には両大陸が衝突するに至った(図4.1B)。ヒマラヤ山脈はこの大陸衝突の産物である(5.4節参照)。現在ヒマラヤ山脈の山頂部にはかつてテチス海に堆積した堆積物(石灰質の堆積岩)が存在しており，きわめて大規模に山脈が隆起したことがわかる。

3.3　トランスフォーム断層境界

　すでに述べたように，中央海嶺の特徴の一つは，海嶺がそれと直交する無数の断裂帯に切られている事実である。断裂帯は，中央海嶺を変位させており，一見通常の**横ずれ断層**(図7.1)のように見えるが，それとは起源を異にする。すなわち，断裂帯は中央海嶺形成後にそれを切って形成されたものではなく，大陸分裂時に形成され，断裂帯に境される両プレート間の相対的な動きを調節している断層である。実際，図4.6に模式的に示したように，中央海嶺は見かけ上左ずれ変位しているにもかかわらず，中央海嶺に挟まれた

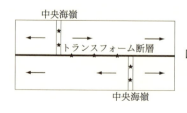

図 4.6　トランスフォーム断層。矢印および星印はプレートの移動方向および地震活動をそれぞれ示す。太線は断裂帯。

断裂帯にそっては，海洋底の反対方向の拡大によって右ずれ変位が進行し，それを示す地震も発生している．一方，中央海嶺に挟まれた部分の外側の断裂帯にそっては，断裂帯の両側の同じ海洋プレートが一体として移動しているため，断層活動は起こらない(図 4.6)．このように，中央海嶺(発散境界)が切れて連続していない場合は，それらをつなぐ断裂帯にそって横ずれ断層運動が生じ，この部分の断裂帯を**トランスフォーム断層**と呼ぶ．このほか，トランスフォーム断層には，海溝(収束境界)どうしをつなぐもの，中央海嶺と海溝をつなぐもの(練習問題 2)などがある．

4. 日本周辺のプレートの分布

日本列島(日本島弧)は収束境界に位置し，その前面に存在する海溝とともに典型的な島弧-海溝系を形成するが(図 3.9, 8.3)，ここでは複数のプレートがせめぎ合い，複雑な構造をなして分布する(図 4.7, 8.3)．まず，海洋プレートである太平洋プレートが東から西へ大陸プレートであるユーラシアプ

図 4.7 日本列島周辺のプレートの分布図．図 8.3 参照．

レートの下に沈み込んでいる．しかし，北海道および東北地方では，太平洋プレートは千島海溝および日本海溝から大陸プレートの下に沈み込んでいるが，本州中央部以南の海洋域では，太平洋プレートは伊豆―小笠原海溝から同じく海洋プレートであるフィリピン海プレートの下に沈み込み，海洋プレートが2階建て構造を作っている．そしてフィリピン海プレート自体も南海トラフから西南日本(ユーラシアプレート)の下に沈み込んでいる．また，伊豆―小笠原弧(図7.3)は太平洋プレートの沈み込みによりフィリピン海プレート東縁上に形成された火山弧であるが，北端の伊豆半島は本州弧(西南日本弧)と衝突し，沈み込み境界および中部～関東地方の地質構造を八の字状に屈曲させている(対曲構造という)．北海道および東北地方は，かつてユーラシアプレートに属すると考えられたが，近年では，北アメリカプレートに属すると考えられている(図4.7)．ユーラシアプレートと北アメリカプレートは，日本の反対側の北大西洋では発散境界である大西洋中央海嶺を境に互いに離れあう動きとなっている(図4.4A)．プレートは球面(地球)上でオイラー極を中心とする回転運動をしているので，球面上の2つのプレートの相対運動において，発散境界の反対側では収束する運動になる．この収束境界が，近年では北海道西方から日本海東縁(日本海東縁変動帯：図4.7)を通って糸魚川―静岡構造線につながると考えられ，1983年日本海中部地震や1993年北海道南西沖地震(図7.8)はこの収束運動に関連すると解釈された．しかし，この考えについては研究者の間で意見の一致を見ていない．

[練習問題1] 大陸が伸張するとなぜ沈降が生じて地溝帯が形成されるのか，日本海の形成を例にして考えてみよう．日本列島はもともとアジア大陸の一部を構成していたが，大陸伸張によりアジア大陸から引き裂かれて形成されたと考えられる．このとき，日本列島の背後で，いちじるしく引き伸ばされた部分が日本海となった．今，厚さ35 kmの大陸地殻が，大陸伸張により厚さ17.5 kmに薄化(元の長さの2倍に伸張)したとき，アイソスタシーにもとづき，大陸の沈降量(形成される海盆の深度)を計算せよ．ここで，大陸上面の初期標高は0 mで，地殻，上部マントルおよび海水の平均密度を，それぞれ2,850 kg m^{-3}，3,300 kg m^{-3}および1,000 kg m^{-3}とする．

[練習問題2] 中央海嶺と海溝をつなぐトランスフォーム断層の典型例として，北米

西岸のジュアンデフカ海嶺とカスカディア沈み込み帯をつなぐメンドシノ断層がある。下図にその様子を模式的に示す。なぜ，太線で示される境界は沈み込み境界となる必要があるのか，その理由を考察せよ。

[練習問題3] 図4.4Bの海洋底の年代から，太平洋の拡大速度は，大西洋のそれに比べて2倍以上速かったことがわかる。太平洋と大西洋の大きな違いは，太平洋の両岸では海洋プレートはユーラシア大陸や南米大陸の下に沈み込んでいる（活動的大陸縁：5.3節参照）のに対し，大西洋両側の大陸縁辺部では海洋プレートの沈み込みは生じていない（非活動的大陸縁：5.3節参照）ことである。この事実にもとづき，両海洋底の拡大速度がなぜ大きく異なるのか考察せよ。

Box 4.1　プルームテクトニクスとホットスポット

　プレートテクトニクス説は本章で述べたように地球表層部の変動，とくに地震・火山活動や地質時代の造山帯形成を統一的に説明することができる画期的な学説であった。プレートテクトニクスを可能にしているのはマントル内部の固体状態の対流（**マントル対流**という）で，その様式はマントルの粘性率に大きく依存する。地球は一つの熱機関でもあり，マントル対流により熱を外界に放出し，地球創成期のマグマオーシャンの時代（15.2節参照）から約46億年間，一方的に冷え続けている。地球内部の温度が高く，粘性率が低かった地球創成期には，地球内部では乱流の様式でマントル対流が生じていたと考えられ，それは**プルームテクトニクス**と呼ばれている。プルームには煙の意味があり，プルームテクトニクスは，いたるところに渦が発生しているような対流の様式を意味する。

　現在の地球の比較的表層部ではかなり冷却が進行し，プレートテクトニクスが優勢となっている。しかし，マントル深部では今なお十分冷却が進行しておらず，プルームテクトニクスが支配的であると考えられている。たとえば，マントル最深部には長期間固定された熱源があり，そこからホットプルームが立ち上がり，最終的にはプレートも突き破って地表に火成活動をもたらすと考えられている（**ホットスポット**，8.2節参照）。

　近年登場した地震波トモグラフィー（口絵9，2.4節参照）は，南太平洋やアフリカ大陸のマントル深部に地震波速度の遅い領域が，また，アジア大陸下には速い領域が存在することを描きだしている。これらの地震波速度の高低は，温度の違いによる岩石の弾性率と密度の違いに起因する。南太平洋下の地震波速度の遅い（したがって，温度の高い）領域はこの付近の顕著な高ジオイド領域（1.2節参照）ともよく対応しており，大規模なホットプルームの上昇を支持する（図）。一方，アフリカおよびアジア大陸下のマントル深部には，別のホットプルームとコールドプルームがそれぞれ存在していると推察される。コールドプルームとは周囲より温度の低い下降流を意味するが，最近の説では，コールドプルームの崩落がプルームテクトニクスを駆動すると考えられている。すなわち，超大陸の分裂は大規模なホットプルームの上昇によって引き起こされるが，分裂した大陸の周辺では沈み込み帯が形成され，それはやがてコールドプルームとなってマントル深部に戻っていく。しばらくしてコールドプルームは合体して大規模なコールドプルームに成長し，分裂した大陸は再びそれに吸い寄せられて集合・合体し，超大陸を形成する。しかし，最後には大規模なコールドプルームがマントル深部に崩落し，その反動でホットプルームが立ち上がりこのサイクルが繰り返される。

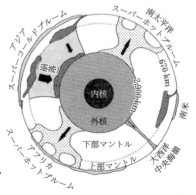

図　現在の地球内部に存在すると推察される大規模プルーム（矢印）を模式的に示した図（Maruyama, 1994 より）

Box 4.2　日本海の成立

　日本海中央部には，厚さ約 20 km の大陸性地殻をもつ大和堆(最浅部の水深約 200 m)がある(左図)。その北には日本海盆，南東には大和海盆，南西方には対馬海盆がある。日本海盆は海洋性地殻であるが，その厚さは約 12 km あり，通常の海洋地殻よりも厚い。大和海盆は大陸地殻と海洋地殻の中間的な特徴を示す。

　日本列島はかつて現在の沿海州と連続し，大陸縁の陸弧であったが，約 3,000 万〜1,500 万年前にかけて大陸から引き裂かれ，その間に日本海ができた。このことは，1970年代初期にプレートテクトニクスにもとづいて提唱されていたが，それが実証されたのは1980 年代の古地磁気学的研究や ODP による海洋底掘削(Box16.1 参照)によってであった。

　東北日本の火成岩類の放射年代測定や古地磁気測定により，東北日本は 2,200 万〜1,200 万年前に反時計回りに 50°ほど回転したことがわかった。また西南日本もほぼ同じ頃に時計回りに約 54°回転し，とくに 1,500 万年前頃が急速であった(右図)。いっぽう，海底掘削により，厚さ数百 m の海底堆積物の下には玄武岩があり，その放射年代は，日本海盆北部では約 23 Ma，大和海盆では約 20 Ma であることも明らかになった。

　これらを総合すると，日本海拡大のプロセスは次のように考えられる。新第三紀中新世に入ると，ユーラシア大陸東縁には引張り力が生じ，陥没帯ができ，その後北北東−南南西方向に伸びた地溝帯に海水が侵入して海ができ始めた。約 2,300 万年前から玄武岩の活動(海洋地殻の形成)があり，日本海は拡大した。しかし，海底の拡大は一様ではなく，東北日本は反時計回りに，南西日本は時計回りに回転しつつ開き，約 1,500 万年前には日本列島は中部地域を中心として逆 "く" の字に折れ曲がり，日本海は現在に近い形になった。日本海側に見られる黒鉱型鉱床は日本海拡大にともなうマグマ活動の産物である(14.2 節参照)。

　日本海拡大の原因については，ユーラシア大陸(大陸地殻)東縁の深部のマントルウェッジ部でマントル対流が生じ，それにより引張り力が働いたという考えが有力であるが，4,500 万年程前のインド亜大陸とユーラシア大陸の衝突がユーラシア大陸内に大規模なプレート内変形をもたらし，それが日本海拡大の引き金となったという考えもある。

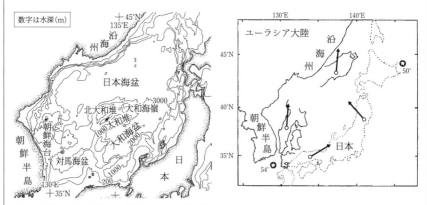

左：日本海の海底地形の概略。右：古地磁気データにもとづく 3,000 万〜2,000 万年前の東北日本と西南日本の位置(実線)。現在の日本(点線)の東北地方(北西向き)と中国地方(北東向き)の矢印はそれぞれの地方の 3,000 万〜2,000 万年前の岩石が示す古北磁極の平均的方向。東北地方と中国地方を☆印を基点にそれぞれ時計回りに 50°，反時計回りに 54 度回転させると，両地域の古北磁極の方向は北になる(Otofuji *et al.*, 1985 を一部改変)。

海洋地殻と大陸地殻

第5章

　地形的な海と陸はそれぞれ地球表面の70%と30%を占める。海と陸の下の地殻をそれぞれ構成する海洋地殻と大陸地殻はそれらのでき方が根本的に異なっており，また厚さや化学組成も大きく異なる。海洋地殻は地球誕生の頃($46\sim40$億年前)にいわゆるマグマオーシャンの冷却によって作られ，その後はプレート発散境界における海洋底拡大にともなって生まれ更新されている。一方，大陸地殻は地球形成初期にそのほとんどが形成されたという説と，時代とともにその体積が増加したとする説がある。大陸地殻は，太陽系惑星のなかで水がありプレート運動が存続した地球のみに形成され，その表面は進化した生物の活動の場となっている。

キーワード
オフィオライト，海洋地殻，花崗岩，活動的大陸縁，かんらん岩，玄武岩，地震波速度構造，蛇紋岩，大陸地殻，弾性波探査法，地殻の再溶融，中央海嶺，島弧の付加，斑れい岩，非活動的大陸縁，マグマの底付け，モホ面

1. 海洋地殻と大陸地殻

　第2，4章で述べたように，地球表層部の地殻とマントル最上部からなる，温度が低いため比較的硬い部分は**リソスフェア**と呼ばれる。リソスフェアの厚さは海洋底の下では一般に$50\sim100$ km，古い海洋底や大陸の下で普通$100\sim150$ km である。地球表面で見ると，リソスフェアは十数枚の**プレート**に分割されている(4.3節参照)。プレートには**海洋プレート**と**大陸プレート**があり，両者の違いは前者が**海洋地殻**を，後者が**大陸地殻**を持つことである(図 5.1A)。ここでいう海洋地殻と大陸地殻は地形的な海洋と大陸(陸地)に必ずしも対応していないことに注意する必要がある。地形的な海域と陸域は地球表面全体のそれぞれ70%と30%を占める(図 5.1B)。しかし，海洋地殻と大陸地殻は地球表層のそれぞれ60%と40%を占めており，大陸地殻(陸地の

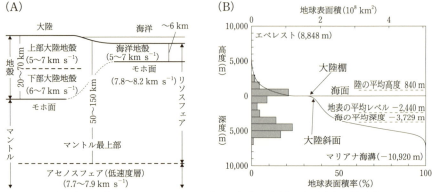

図 5.1 (A)大陸と海洋のリソスフェアの違い。数字は各層の地震波(P 波)速度と厚さ。大陸地殻は地域性が大きく，たとえば厚さは 20〜70 km と変化する。(B)陸の高度と海の深度の頻度分布(棒グラフ)といろいろな高度・深度での地表の累積面積(率)(曲線) (Sverdrup et al., 1942 をもとに作成)

岩石)が 10% 多くなっている。その理由は，海岸線から平均水深 4,000 m の海洋地殻からなる深海底にいたるまでの海底は，水深 200 m 程度までのきわめて緩傾斜(約 0.1°)の**大陸棚**とやや急な傾斜(3〜6°)を持つ**大陸斜面**より構成されており，大陸棚や一部の大陸斜面の岩石は大陸地殻の岩石から構成されているためである。大陸棚の形成は最終氷期最盛期(約 18,000 年前)の海面低下(第 27 章参照)に関連していると考えられている。実際，図 5.1B の陸の高度と海の深度を示すグラフは，高度 0〜1,000 m と深度 4,000〜5,000 m に極大値を持つ二つの正規分布を示し，前者の高度分布に属する部分は大陸地殻，後者のそれは海洋地殻からできている。したがって，海岸線から深さが約 2,000 m までの大陸棚と一部の大陸斜面は海洋地殻ではなく，大陸地殻の岩石からできているのである。

2. 海洋地殻の地震学的構造と地質学的構造

海洋プレートの上部を占める海洋地殻の**地震波速度構造**は，20 世紀中頃から海洋域で始まった後述の地震波(弾性波)による構造探査により明らかとなった。各地の海底で行われた地震探査結果から，海洋地殻を構成する岩層

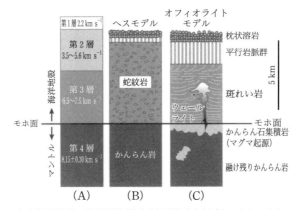

図 5.2 (A)海洋地殻の地震学的構造(地震波速度層序).(B),(C)それに対する二つの解釈.数字はP波速度を示す.

の地震波速度が汎地球的にほぼ似ていることが明らかとなり,各層の平均的な地震波速度にもとづいて,海洋地殻は第1層・第2層・第3層(以上は海洋地殻)とその下の第4層(マントル最上部)に分けられた(図5.2A).第1層は,P波速度がほぼ$2.2~\mathrm{km~s^{-1}}$,厚さが1km以下の深海底堆積層である.第2層は厚さ3km以下で,P波速度のばらつきが大変大きく($3.5\sim5.6$ $\mathrm{km~s^{-1}}$),上部は主に**玄武岩**質の枕状溶岩〜シート状溶岩,下部は主に玄武岩ないしドレライトの岩脈群からなっていると推定されている.第3層はほぼ4kmの厚さがあり,P波速度は$6.5\sim7.5~\mathrm{km~s^{-1}}$である.第3層の構成岩石については二つのモデルが提唱されている.一つは,海洋底拡大説提唱者の一人であるヘス(H.H.Hess)のモデル(図5.2B)である.このモデルによれば,第3層はマントル最上部を構成するかんらん岩が熱水循環によって変質した**蛇紋岩**である.もう一つは,**斑れい岩**で構成されるとする**オフィオライト**モデルである(図5.2C,第3節で詳述).オフィオライトモデルでは第2層と第3層全体がマグマの固結物である玄武岩や斑れい岩であるのに対して,ヘスモデルでは第2層のみがマグマ起源であり,第3層はマントルの**かんらん岩**起源である.

以上の厚さがほぼ6〜7kmの海洋地殻の下には,**モホ面**で境されてかんらん岩からなる**マントル最上部**(第4層)が存在する.マントル最上部のP

52　第Ⅰ部　固体地球の構造と変動

波速度(Pn速度と呼ぶ)は $8.15\pm0.30\,\mathrm{km\,s^{-1}}$ と同じかんらん岩でもばらつきがある。これは主にマントル最上部中の地震波速度異方性(地震波の伝わる方向によって速度が異なる性質)によるものと考えられている。

3. オフィオライトモデルと海洋地殻の形成

　総延長6万kmにわたって地球を取りまいている**中央海嶺**系(口絵7, 図4.4)は海洋プレートが生産される場所である。中央海嶺で生産された海洋プレートは両側へ水平方向に移動する。大西洋とその両岸の大陸との境界は, 沈み込み帯をともなわない**非活動的大陸縁**で火山活動や地震はほとんど起こっていない。このため, 大西洋は拡大した分だけ一方的に広くなる。一方, 太平洋のようにプレートの移動方向の先に沈み込み帯がある場合(**活動的大陸縁**), 海洋プレートはそこから再度マントル深部に戻っていく。このように中央海嶺と沈み込み帯は対になって大きな物質循環系を構成している(図8.2)。地球の火山活動の3分の2は海底の中央海嶺系で起こっており, 活発な火山活動が観察される沈み込み帯やホットスポットよりもはるかに活発である(表8.2)。

　海洋地殻は, マントルを構成するかんらん岩の部分溶融によって生じたマグマが海底に向かって上昇し, 中央海嶺の下で冷却され固化した火成岩(斑れい岩や玄武岩)からなる。マントル最上部の温度分布と構成岩石(かんらん岩)の溶融開始温度の関係にもとづくと, 通常の地温分布ではかんらん岩は溶融せず, マグマは発生しないことがわかる(図8.4)。しかしマントルが急速に断熱的に上昇すると, そのマントルかんらん岩は地温曲線を離れ, 無水溶融曲線を高温側に越え, マグマが発生する(図8.4のb)。発生したマグマは, 浅いところでは海水と接触して急冷し, 玄武岩質の枕状溶岩ないしはシート状溶岩になる。比較的深い場所で**マグマ溜り**を作って固結すると, 粗粒の結晶からなる斑れい岩となる。海洋底拡大にともなって海洋プレートが両側に移動すると, マグマ溜りの天井部分に海嶺軸に平行な割れ目がたくさんできる。その割れ目をマグマが満たすと**平行岩脈群**が形成される。

　過去のプレート境界にそって, オフィオライトという名前で呼ばれる一群

の岩石が露出していることがある。これは，薄い深海底堆積物の下に枕状溶岩層・平行岩脈群・斑れい岩の順で重なる厚さ6km程度の火成岩層の積み重なりと，その下のマグマ成分を放出した融け残りかんらん岩からなる。この岩石の重なり(**オフィオライト層序**という：図5.2C)は上述の海洋地殻の一般的イメージにきわめてよく似ている。そこで1970年代になって，地球科学者はこのオフィオライトこそが構造運動によって陸上に押し上げられた過去の海洋地殻・マントル最上部であると考えた(口絵15参照)。そして海洋域で観察された上述の第1層から第4層までの地震波速度層序(図5.2A)をこのオフィオライト層序に対応させた。

その後，海洋底の調査や深海底掘削が進展し，中央海嶺には多様性があり，海嶺における**海洋底拡大速度**が海嶺の深度や地形，発生するマグマの量や化学組成を支配することがわかってきた。つまり，拡大速度の速い(一般に年間8cm程度以上)中央海嶺では，相対的にマントルの部分溶融度が大きくなり(したがってマグマの生産量が多く)，厚さ6〜7kmのオフィオライトモデル的な岩石構成を持つ海洋地殻が形成される(図5.2C)。一方，拡大速度の遅い(年間1〜数cm)中央海嶺では，マントルの部分溶融度が小さい(マグマ生産量が少ない)海洋底拡大となり，このため，形成される海洋地殻は薄いか，あるいはまったくなく，水が加わり蛇紋岩化したマントルかんらん岩が海嶺軸上に直接露出することもある。この低速拡大の中央海嶺で生産される海洋地殻の断面は，ヘスモデルにきわめて近い(図5.2B)。

4. 大陸地殻の形成―玄武岩質地殻の再溶融と島弧・大陸の衝突・合体

大陸(島弧)地殻は，苦鉄質岩からなる比較的単調な岩石構成を示す海洋地殻とは異なり，構成岩石や化学組成は非常に多様である。大陸地殻は平均化学組成が花崗岩に近い上部地殻(花崗岩質地殻，SiO_2=63〜77 wt.%)と玄武岩に近い下部地殻(玄武岩質地殻，SiO_2=45〜52 wt.%)に分けられ(図5.1A)，平均化学組成は中間質岩(安山岩)の化学組成(SiO_2=53〜62 wt.%)の範囲にある。また，その厚さも多様で，伸張テクトニクスが進行中の紅海(4.3節参照)では約5km，北上するインド亜大陸による圧縮力を受けているチベット高原で

は70 kmに達し(後述)，平均30～40 kmである。本節では，大陸地殻はどのように形成され，発展してきたのかについて簡潔に述べる。

地球は46億年前に微惑星集積により形成されたとき大規模に溶融し，その後地球の層構造(地殻・マントル・核)が化学分化および重力分化により比較的短期間で形成されたと考えられている(15.2節参照)。原始大陸地殻は，このような初期地球内部での化学分化(結晶分化作用や**玄武岩質地殻の融解**など)により形成されたと考えられており，近年のU-Pb年代の研究によると，初期大陸地殻は40億年前頃には形成されている(15.1節参照)。

地球史を通しての大陸地殻の成長には，異なった意見が対立しており現在でも未解決である。一つの考えは，大陸地殻のほとんどは地球誕生期の数億年間に形成されたとするものであり，もう一つの考えは地球史を通して大陸地殻の体積は**造山運動**や島弧・大陸の衝突・合体(後述)により徐々に増えてきたとするものである。後者の説では，とくに30～25億年前に顕著に大陸地殻が成長したとされる。たとえば，北米大陸の放射年代分布(図5.3)を見ると，35億年前より古い年代を示す大陸地殻はわずかな面積を占めるにす

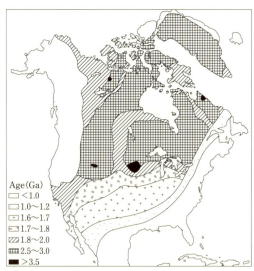

図5.3 大陸の成長(北米大陸の例)。放射年代測定法による大陸の年代をGa(10^9年前)で示す(Hoffman, 1988をもとに作成)。

ぎず，Superior クラトンなどの 30〜25 億年前の年代を示す大陸地殻が大きな面積を占めている。さらに，それより若い大陸地殻がより古い大陸地殻を取りまいて分布する。しかし，前者の説にもとづくならば，これらの若い放射年代は 35 億年前より古い大陸地殻がその後の造山運動によって若返った年代を示していることになる。なお，**クラトン**(楯状地とほぼ同義)とは，一般に大陸の内部に広がる，カンブリア紀より前に安定化しそれ以降造山運動をこうむっていない大陸地殻で，安定地塊あるいは剛塊とも呼ばれる。

収束プレート境界(4.3 節参照)である沈み込み帯や大陸-大陸衝突帯で起こる造山帯の**付加**は，一見大陸の成長をもたらしているように思える。しかし，**造山帯**を構成する岩石のほとんどは大陸が侵食されて形成された砕屑物を起源とするので，造山帯の付加自体は岩石のリサイクルにすぎず，大陸成長にほとんど貢献していない。一方，真に大陸を成長させている過程は，海洋プレートの沈み込みによって生じる島弧や陸弧の火成活動(8.2 節参照)で，マントルかんらん岩の部分溶融で形成された**マグマ**が島弧や陸弧の地殻最下部に付加(**底付け**という)する過程である(図8.6)。実際，活動的大陸縁(島弧・陸弧)では大規模に火成活動が生じて大陸が成長しているほか(アンデス山脈など)，造山帯のなかには地質時代に形成された**島弧**がしばしば含まれ，それらの付加が大陸成長に貢献している。

一方，海洋地殻が玄武岩や斑れい岩からなるのに対し，大陸地殻はなぜ平均的に安山岩の化学組成を持つにいたったのであろうか。その理由として，実際の島弧や陸弧においては，上部マントルでかんらん岩の部分溶融によってできた玄武岩質マグマは，地殻下部にすでに底付けされている玄武岩質岩を部分溶融させ(図8.6)，SiO_2 成分に富む流紋岩質マグマを生成し，さらに玄武岩質マグマがそれと混合して安山岩質マグマを作ることが考えられている(8.5 節参照)。今日では，これらの過程がもっとも重要な大陸地殻の形成過程と考えられており，伊豆−小笠原弧はこのような過程で大陸(島弧)成長が現在進行しているところとして注目されている(図5.4)。

ヒマラヤ山脈は，プレートにのって北上してきたインド亜大陸が，約 5,000 万年前以降ユーラシアプレートに衝突して形成されたと考えられている(口絵16 参照)。おそらく，北米大陸もこのような大陸や島弧の衝突・合体

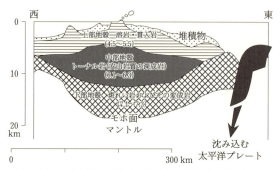

図 5.4 伊豆—小笠原弧の地殻構造の推定(巽，2003 より)。トーナル岩で構成される中部地殻が安山岩質な化学組成を持ち，地殻全体の平均化学組成も安山岩質である。数字は P 波速度($km\,s^{-1}$)。縮尺が水平と垂直で異なることに注意

が繰り返し生じて成長したと考えられる。巨大な山脈であるヒマラヤ山脈やチベット高原は通常より 2 倍の厚さの大陸地殻を持つが，その理由としてどのようなことが考えられるであろうか。これまでに提案された厚い大陸地殻を説明する説は，主として以下の二つである。一つは，大陸地殻が塑性変形により水平方向に短縮して厚化するという説である。もう一つの説は，インド亜大陸がユーラシア大陸の下に入り込んでいるとする説(大陸地殻の二重化)である。今日では，後者の説がもっともらしいことが弾性波探査により明らかになっている。

5. 反射法・屈折法による地殻構造探査

弾性波探査法(物理探査法の一種)は，火薬の爆発やエアガンによる発振によって発生する弾性波(地震波)を用い，それが地中や海中を伝わって，地表や海底の測定点に到着する時間(走時)を測定して，地下の地震波速度構造，密度や地震波速度の異なる境界(断層や岩層境界)の深さや形態を知る方法である。弾性波探査法には，断層や地層境界から反射してくる波を利用する**反射法**と，異なる地震波速度を持つ岩層境界面にそって伝わってくる波を利用する**屈折法**とがある(図5.5)。反射法では地震波の反射面までの往復走時が知れるだけで，構成岩石の地震波速度を直接知ることができない。そこで反

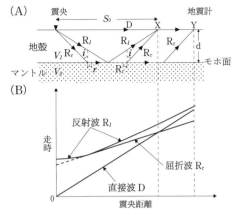

図 5.5 地殻およびマントルの2層構造における直接波(D), 反射波(R_l)および屈折波(R_r)の(A)伝播経路と(B)走時曲線。地殻とマントルでの地震波速度をそれぞれ V_1 および V_2($V_1 < V_2$), 地殻-マントル境界(モホ面)での屈折波の入射角および屈折角をそれぞれ i および r($=90°$)とする。

射面の深度を算出するためには, 境界面(反射面)から上の岩石の速度をほかの何らかの方法で求める必要がある。一方, 屈折法では境界面上下の岩石の速度と境界面の深度を知ることができる。

　反射法と屈折法は, ともにすべての測定点について震央からの距離と地震波の到着時間(走時)をプロットした図(走時曲線)を作る(図 5.5B)。実際の観測走時曲線から, ただちに一つの最適な速度構造を求めるのは容易ではなく, すべての観測走時を満足する最適モデルを求めることを試みる。このためにまず適当な速度構造モデルを仮定し, そのモデルから計算された走時(理論走時)と観測走時との残差ができるだけ小さくなるまでモデルパラメータの試行錯誤的修正を繰り返す。もっとも残差が小さくなったモデルが最適モデルとして採用される。

　図 5.6 は, 島弧-島弧衝突によって形成された日高山脈を横断する弾性波探査と既存の資料などで明らかになった日高山脈を含む北海道の東西地下構造断面である。日高山脈の地下約 23 km には下部地殻が魚の口のように西方に上下に裂けている構造が明らかになった。下部地殻の上部は地上で露出している日高主衝上断層(HMT)にそってめくれ上がって, 日高山脈を作っ

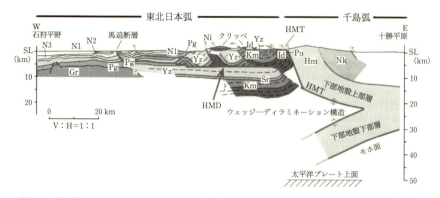

図 5.6 地震探査などにより明らかとなった日高山脈の深部構造 (伊藤谷生原図)。Nk：中の川層群 (白亜紀〜古第三紀の付加体堆積物), Hm：日高変成帯 (深成岩・変成岩), Po：ポロシリオフィオライト帯 (かつての海洋地殻岩石), Id：イドンナップ帯 (白亜紀〜古第三紀の付加体堆積物), Yz：蝦夷層群 (白亜紀の前弧海盆堆積物), Sr：空知層群 (ジュラ紀〜白亜紀の主に海洋地殻岩石), Km：神居古潭変成岩類 (高圧変成岩), Ni, Pg：古第三紀の地層, N1〜N3：新第三紀の地層, Gr：白亜紀花崗岩, HMT：日高主衝上断層, HMD：日高主デタッチメント断層

ている。一方，下部地殻の下部層は深部にもぐり込んで約 50 km の深さでその下を沈み込んでいる太平洋プレートの上面にぶつかっているようにみえる。このような構造はウェッジ–ディラミネーション構造 (楔–引きはがし構造) あるいは鰐口構造と呼ばれ，ヒマラヤやアルプスなどの**衝突型造山帯**あるいは先カンブリア地域の古い造山帯の地下深部にも知られている。

[練習問題 1] MgO-SiO_2-H_2O 系で，かんらん石が蛇紋石に変化するときの化学反応式を示し，その前後で体積と密度がどう変化するか，さらにこの変化からヘスモデルのモホ面は何を示しているのか考察せよ。

[練習問題 2] 太平洋のように移動方向に沈み込み帯がある場合，海洋プレートは沈み込んでマントル深部に戻っていく。沈み込み帯をともなわない大西洋では海洋域は拡大していくが，無限に広くなるわけではない。最終的にどのようになると考えられるか？

[練習問題 3] 図 15.5 のように，震央から走時曲線が折れ曲がる地点までの距離 (屈折波の方が直接波よりも早く到達するようになり始める地点までの距離) を S_0 とすると，地殻の厚さ d は以下の式で表されることを導け。ただし，地震波速度が異なる媒質を伝わる波は，スネルの法則 ($\sin i / \sin r = V_1 / V_2$) に従って屈折することを用い，ここでは屈折角 (r) が 90°であることに注意せよ。

$$d = \frac{S_0}{2}\sqrt{\frac{V_2-V_1}{V_2+V_1}}$$

地震はどこで，なぜ起こるか？

第*6*章————————————————————————————

　地震は地球だけでなく月でも起こっており（月震），ほかの多くの惑星でも起こっていると推定されている。しかし，地球の地震はおそらくエネルギー的にみてもきわめて大きく，火山の大噴火などのほかの自然現象に比べてもはるかに大きい。第2章では，地球の内部構造を調べる（月にも応用できる）「道具」として，伝搬する地震波が本質的な役割を果たしてきたことを示したが，本章ではそのような波を放出する地震はどうして，どこで，どのように起こるのかを考える。プレートテクトニクスとの関係（第4章）や自然災害としての地震（第7章）にも簡単にふれる。

キーワード
大森公式，強震動，緊急地震速報，地震モーメント，初動，震央，震源，震源域，震度，深発地震，走時，断層運動，プレート境界，マグニチュード，余震，レオロジー，P波（縦波），S波（横波）

1. 地震とは「断層が急に動く」こと

　このことが判明したのは，実はそれほど昔でない 1960 年頃である。数千年前に文明が始まって以来，人類は地震という現象をなかなか理解することができなかった。それは，大きな地震はきわめてまれにしか起こらず，いったん起きると，それは人間の日常生活では捉えられない大規模な現象だからである。しかも，揺れはほんの一瞬であり，ただちに終わってしまう。また，活断層（第7章参照）のように地表に現れる例は少数で，ほとんどは地下で起こる。一か所でも晴天なら毎晩繰り返し観測できる天体運行現象と比べて，最近までその正体がまったくわからなかったのも，驚くことではない。

　さらに，近代文明・科学が発達したヨーロッパでは，被害を起こす地震が南部のイタリアやギリシャでまれにあるだけで，研究対象とならなかったことも解明が遅れた一因である。歴史の不思議なめぐり合わせによって，近代

60   第 I 部   固体地球の構造と変動

的な地震の研究が 19 世紀末の日本で始まり（Box 6.1 参照），その歴史がわず
か 100 年あまりなのは，地球惑星科学のなかでもたいへん珍しい。

　ごく一部の例外を除いて，地震とは「断層が突然動く」現象である。近年
で国内最大級の 1891(明治 24)年の濃尾地震では大森ら(Box 6.1 参照)が地震後
に調査し，断層面を発見した。また，1995 年の兵庫県南部地震では淡路島
北西部の野島断層という活断層が最大で約 2 m 動いたことが確認された(第
7 章参照)。しかし，地表で明瞭な断層面とずれが確認される例はごく少数で，
ほとんどは地中のみでの**断層運動**である。地震波や地震前後の地殻変動の観
測の発達により(第 7 章参照)，地震にともなう断層運動はようやく捉えられ
るようになった。

　断層が突然発生するには固体であることが必要条件だが，地球内部の高い
温度・圧力下の固体(岩石)は，長い時間では液体のように流動してしまう。
力(正確には**応力**)をかけると変形するが，①直後は応力を保持し(応力を抜
くと元に戻るという弾性的な性質を持つ)，②徐々に変形の増大とともに固
体は応力を支えきれなくなって，弾性的な性質を失い(降伏という)，永久的
な変形が進行する(塑性変形と呼ぶ)，すなわち元に戻らなくなる。時間ス
ケールの違いによって①と②が起こりうる固体の性質は**レオロジー**と呼ばれ，
固体であるマントルが対流したり(Box 4.1 参照)，山体が盛り上がったり，地
層面が曲がったり(**褶曲**)する現象(第 11 章参照)を理解する鍵となる。岩石が
数十年から数万年間①の弾性変形の状態が保持された後，引き続き応力が加
わり，②の塑性変形の状態になる前に岩石の強度限界を超えて破壊されるの
が地震である。より地下深部の高温の領域では②の塑性変形の状態へ移行す
る時間スケールが短いために，破壊される前に流動してしまい，地震は起こ
らない。

　沈み込む海洋プレート(**スラブ**という)内部以外では，地震は深さ約 15
km より浅い地殻上部で主に発生する。大陸地殻では 100 m 深くなると温度
は約 2℃上がる(11.5 節参照)ので，地震が発生する下限の深さでは 300℃以上
となる。これより深い高温の領域では，花崗岩質の大陸地殻(5.4 節参照)は②
の塑性変形の領域にあり，地震は発生しない。

　応力が定常的に蓄積される原因は複雑だが，プレートの運動(第 4 章参照)

が支配的である。たとえば，中央海嶺では玄武岩質マグマが上昇して海洋プレートが生成され，水平方向の両側に1年に1〜数cm程度で拡大している。よって，正断層(図7.1)と呼ばれる断層運動による地震が起こる。また，北海道沖の千島海溝付近では，巨大地震がほぼ数十年ごとに同じ場所で繰り返し起きる。ここでのプレートの相対速度は年間約9cmであり，前回の地震の後からこの動きによる歪みや応力が時間とともに蓄積される。数m動く断層運動(巨大地震)で歪みや応力が一瞬のうちに開放されて地震が発生する。その後，次の地震への蓄積を再開する。

　最近，日本列島の深さ30km周辺で，普通の地震とは異なった震動源が発見された。「急な断層運動」はパルス状の地震波を一気に放出するが，この震動源は数分以上もだらだらと地震波を放出する。液体のマグマや水蒸気などの振動と関係する特殊な火山性の地震も，似た特徴を持つ。火山活動とは直接関係ない地殻深部のこの震動源は，沈み込むプレート上面から脱水した液体によりゆっくりした断層運動が起こるためと考えられている。

2. 地震から出る波

　固体では2種類の波が伝搬し，**縦波(P波：primary wave)**は**横波(S波：secondary wave)**よりも速い，つまり最初にやってくるP波は縦波だと，今では一般にもかなり知られている(図6.1)。しかし，地震記録の波群に，P波やS波のほかに，PP・ScS・PKPなどの記号(図2.2)が付けられていると，どうしてわかるのだろうかと誰でも不思議に思う。明治初期の科学者の間では実際に意見が割れたように(Box 6.1参照)，近くの地震では構造が非常に複雑な地殻を伝搬するため，地震波はいちじるしく乱されて孤立したP波やS波が存在できず，単一の記録から波の性質を調べることは現在でも難しい。これに対して，主に構造が比較的一様な地球深部を伝搬する場合は，観測される各種の波の性質が早くから正しく理解された。P波やS波の到達時刻の測定から地球内部の地震波速度構造を求める研究(2.2節参照)は，皮肉にも地球の反対側のような遠い地震の記録を用いて，20世紀初頭にまず始まった。やや遅れて地殻などの浅い構造が解明された。一方，大陸とは大きく異

なる海洋地殻の構造(図5.2)の解明は，海での観測が始まった20世紀半ばまで待たなくてはならなかった。

地震の観測では，地震が「どこで」「いつ」起こったかをまず求める。地球内部を伝搬する地震波の速度が一定ならば，波は**震源**から球面状に広がるので，地表面では震源の真上の点(**震央**と呼ぶ)から円形状に伝わる。P波とS波の到達時刻 T_p と T_s の差(S-P時間：**初期微動継続時間**，図6.1)と震源からの距離(震源距離 L)は経験的にほぼ比例する(係数は約 $8\,\mathrm{km\,s^{-1}}$ で，Box 5.1 の大森が発見)。P波とS波の速度の V_p と V_s が一定ならば，

$$T_p = L/V_p, \quad T_s = L/V_s \longrightarrow L = (T_s - T_p) \cdot (1/V_s - 1/V_p)^{-1}$$

という関係(**大森公式**)が得られ，地殻では V_p，V_s がそれぞれ約 $6\,\mathrm{km\,s^{-1}}$，約 $3.5\,\mathrm{km\,s^{-1}}$ なので，上式の右辺の比例係数 $(1/V_s - 1/V_p)^{-1}$ は大森が求めた値にほぼ等しくなる。

実際の地球では深さとともに地震波速度は増加する(図2.3)ので，P波，S波ともに球面状には広がらず，震源での発生時刻からの時間(**走時**)と震源か

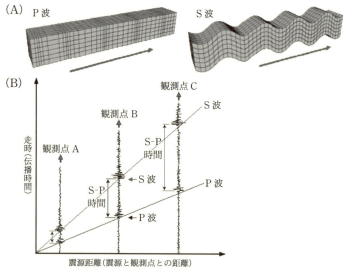

図6.1 (A)P波(縦波)とS波(横波)の伝搬と振動の様子。(B)震源からの距離とP波とS波の到着時間(走時)との関係(防災科学研究所ホームページより)

らの距離とは比例しない。しかし，速度を含む関数の積分形で表せるので，数値的に計算できる。つまり，P波などの到達時刻を4点以上の観測点で測定できれば，地震の位置（緯度・経度），深さ，発生時刻の4つの値を推定できる。地震波は下に凸の形で伝搬する(図2.1)ので，20 kmより浅い地震では，ほぼ鉛直下方に放出される地震波をどの観測点でも用いることになり，深さの推定値の精度は悪い。同様に，震源からある方向に観測点がないと(たとえば，海溝ぞいの地震は観測点がほとんど陸側しかない)，位置もあまり正確には決まらない。それでも，今の日本では数百点以上の観測点が常時稼働しており，日本列島周辺で発生する地震については相当な精度で求まるようになった。これを応用したのが，**緊急地震速報**(Box 6.2参照)である。

3. 地震発生の原因，大きさと場所

　もし地震がダイナマイト爆発のようであれば，震源から外側のすべての方向に同じように力がかかるので，どの方向でも同じ強さのP波のみが放出される。しかし，実際の地震ではS波が大きく観測され，また強さが方向によって変動する。放出されるP波やS波の強さや揺れの方向の分布が1960年代から正しく観測されたことで，地震は断層運動であると確立した。

　地表に断層運動が現れなくても，地震波形の観測から断層のタイプ(図7.1)を推定することができる。P波は震源から外側へ向かって押すか引くかの力によって起こされるので，断層の滑る方向やそれに直交する方向には放出されない(図6.2左)。そして，これら二つの方向で分割される4つのブロックについては，外側に押される領域と内側に引っ張られる領域に分かれる。前者はP波の最初の動き(**初動**という)が外向きで，観測されるP波の初動で地面が外側(地上側)へ押され，地面の上下成分では上に動く(図5.2右)。多数の観測点でP波の初動の向きが求まれば，それらは震源からの方向によって4つの領域に分かれ，断層面とすべりの方向を求めることができる。

　テレビなどで頻繁に速報される**震度**(7.3節参照)は，地震の大きさではなく，ある場所の揺れの強さを表す。地震の大きさは，震源の位置・時刻とともに速報される**マグニチュード** M で表示される。まれな巨大地震は M 8を超

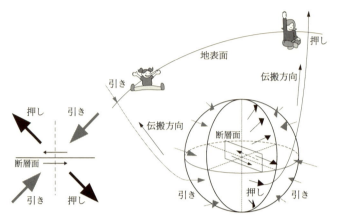

図 6.2 断層運動と方位による P 波の初動の押し引きの放出パターン

え，震源地域でかすかに体感される地震は M 3 程度である。周囲からの雑音が小さい地中に埋め込まれた高感度の地震計では，M 1 以下の非常に微小な地震も観測される。マグニチュードは地震の本質(断層運動)が不明だった 1930 年頃，当時の地震計で観測された最大振幅から経験的に考案された尺度である。しかし，振幅から地震の大きさを正しく換算するには，地震計の特性，震源からの距離，震源の深さ，途中の波の伝搬の状態，その場所の地盤などを正確に補正する必要がある。たとえば，地殻構造が異なる東日本と西日本で同じ換算式を適用すると，M の値に系統的な差が出てしまう。このように，用いる換算式によってマグニチュードは大きく変わってしまい，地震の大きさの大まかな目安でしかないと理解すべきである。

一方で，小さい地震は数多く発生することを，私たちは経験的に知っている。マグニチュードごとの発生頻度の統計的な研究は古くから行われており，最近の日本周辺での発生頻度の例を表 6.1 に示す。マグニチュードごとの発生数を $n(M)$ とすると，この発生数の対数と M とは一般に比例関係 $\log_{10} n(M) = a - bM$ になる。a と b は定数で，b の値は不思議なことにどの地域や期間，震源の深さでも，0.9 程度と同じである。つまり，マグニチュードが一つ小さくなると，発生数が 10 倍弱に増加する。

日本に暮らしていると何度となく地震を経験するが，それは世界的には例外であり，地震を一度も感じずに一生を送る国・地域の方がむしろ多い。地

表 6.1 日本周辺で 2002〜2006 年の 5 年間に発生したマグニチュード M 別の地震回数(気象庁による)

年＼M	2	3	4	5	6	7	8	計
2002	10,619	2,485	466	52	7	1	0	13,630
2003	14,446	3,558	713	100	14	2	1	18,834
2004	15,600	3,700	718	102	12	3	0	20,135
2005	13,663	3,866	674	77	14	3	0	18,297
2006	11,012	2,501	460	48	4	0	0	14,025
計	65,340	16,110	3,031	379	51	9	1	84,921

震は地球表層部を構成するプレートの境界にそって多く発生し，プレート内部ではほとんど起こらない(図 6.3)．中央海嶺や海溝にそって地震の活発な領域が帯状に分布しているのは，**プレート境界**だからである(図 4.4)．また，地震は深さ 15 km 以浅の地殻内で多く発生するが，例外として，海溝の海側から大陸側や島弧側に向かって斜めに深くなる帯状の深い地震の発生地帯(**深発地震面**)がある(口絵 10，12 参照)．沈み込む海洋プレート(**スラブ**という)は周囲のマントル物質(主にかんらん岩)とは異なる化学・鉱物組成であり(海洋地殻成分を含む)，周囲より低温なので，応力や歪みが蓄積し，破壊

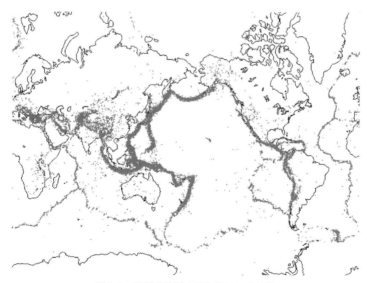

図 6.3 世界の地震の分布(1990〜2000)

66　第 I 部　固体地球の構造と変動

が可能な状態だからである。このような**深発地震**の発生領域は，深さ 670 km まで達しているところもある。この深さは上部マントルと下部マントルの境界に対応し，地震波速度も大きく変化することから，何らかの物質的・鉱物学的境界であると考えられている(670 km 不連続面：2.3 節参照)。

4. 断層運動，そして地球のエネルギーとしての地震

経験的に定義されたマグニチュード M に対して，地震が断層運動と判明した 1960 年代に，その大きさとして，断層の面積(長さと幅の積)S と両側のずれの差(すべり量という)D との積 DS に比例する**地震モーメント M_0** が考案された。断層の面積は**余震活動**の広がり(**震源域**)から推定できる(図 6.4, 7.1 節参照)。断層面の両側は反対方向に動くので，地震モーメントは「力」と「腕の長さ」を掛けた「てこ」における強さと同じ単位(以下，N m とする)である。観測される波形記録に震源からの距離や伝搬・地盤などの効果を適当に補正しても，M_0 は推定できる。

経験的に定義されるマグニチュード M と断層運動の大きさを表す地震モーメント M_0 との間にはおよそ $\log_{10}M_0 = 1.5\,M + 9.1$ の関係で対応することがわかった。$M\,6$ の地震では，M_0 は約 10^{18} N m で，平均的な断層の長さと幅，すべり量はそれぞれ約 10 km，5 km，50 cm である。世界で年 1 個程度発生する $M\,8$ の巨大地震では，M_0 は上式から $M\,6$ の地震の 1,000 倍の約 10^{21} N m で，断層の長さと幅，すべり量はそれぞれ 10 倍の約 100 km，50 km，5 m に対応する。2004 年 12 月にインド洋各地に大津波を引き起こしたスマトラ島沖地震(図 7.7)や 2011 年東北地方太平洋沖地震は，最近では桁外れに大きな例であり(Box 7.1 参照)，前者の断層の長さは 1,000 km 以上で，後者はすべり量が 100 m 近くに達している場所もあると推定されている(口絵 1，Box 7.1 参照)。地震波や地殻変動の大きさ，津波の規模などから M_0 は 10^{23} N m 前後と推定され，これに対応するマグニチュード M は 9 を超える。

現象の強さを一般的に表すと思われる「地震のエネルギー」の推定は難しい。それは，地震波として放出されるエネルギーに加えて，熱として散逸す

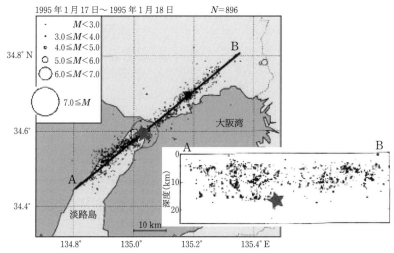

図 6.4　1995 年兵庫県南部地震の本震後の 24 時間内に発生した余震の分布(気象庁と防災科学研究所のホームページデータおよび Nakamura and Ando, 1996 をもとに作成)。挿入図は震源深度を示す A—B 断面。本震(★)を含む長さ約 50 km で深さ約 15 km のほぼ垂直な断層運動がわかる。

る量の見積もりが，研究者間でいまだに大きく異なるからである。さらに，スマトラ島沖地震などの巨大地震になると，人間や通常の地震計で感じる揺れのほかに，数日から数か月かけてゆっくりと変動する断層運動のエネルギーも相当にあることがわかっており，多様な断層運動の諸量を正確に見積もる必要がある。急な断層運動からの地震波の運動エネルギー E（単位 Joule）に限れば，観測される波形記録の速度の 2 乗に比例し，マグニチュード M とは先の地震モーメントと類似の $\log_{10}E=1.5\,M+4.8$ の関係に対応することがわかった。つまり M が 1 つ大きくなると，E は M_0 と同様に約 32 倍に増える。広島型原子爆弾のエネルギーは M 6 の地震に相当するので，M 8 の巨大地震ではその 1,000 倍の約 10^{17} J である。火山噴火にともなうエネルギーはマグマの熱エネルギーや噴出物の運動エネルギーなどから推定されるが(9.3 節参照)，大噴火の総エネルギーと上の値はほぼ同じで，一瞬で起こる地震のエネルギーの巨大さがわかる。

　これに対して，地震による災害(第 7 章参照)に深く関係する「大きさ」とは，主に震源近くで観測される強い揺れである。山崩れを起こしたり建物を

破壊する揺れとは、地面の変位や速度ではなく、力と等価の加速度である（図6.5）。激しい揺れ（加速度）も正しく記録できる**強震動計**は、この半世紀で開発・発展し、国内では1,000か所近くで設置されている。大きな地震モーメント M_0 と震源距離の近さが大加速度の必要条件だが、その場所の地盤にも強く依存する。さらに、地震時の断層の割れ方、たとえば断層面上でどちらの方向に破壊が進むかによっても、加速度は局所的に大きく変動することがわかってきた。2008年6月の岩手・宮城内陸地震は M 7程度の地震であったが、断層直上では 1,000 cm s^{-2} をはるかに超える加速度が観測された（図6.5、口絵18参照）。重力値（980 cm s^{-2}）より大きくジェットコースター上のような無重力状態だったので、地面に置かれた物体はどんなに重くても動いてしまう。ただし、大きな加速度でも一瞬ならば被害は少なく、強い揺れの継続時間との関係も重要であることもわかってきた。

このように、地震モーメント（マグニチュード）と震源からの距離という二つの値だけでは地震による揺れの強さは表現できず、大きな多様性こそが地

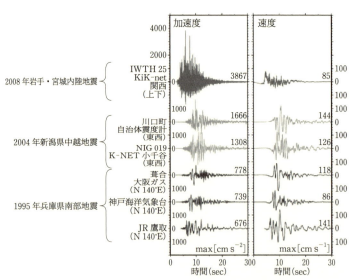

図 6.5 日本の地震による大きな揺れの最近の例（防災科学研究所ホームページデータをもとに作成）。数字は加速度（gal：cm s^{-2}）と速度（cm s^{-1}）の最大値。岩手・宮城内陸地震だけは上下成分で、そのほかは水平成分。

震の本質であり，その理解が学問的にも実用的にも残された課題である．

[練習問題1] 地下核実験あるいは真上から衝突する隕石からの衝撃によっても，地震波が発生する．どのような地震観測データから，通常の地震とこれらを区別することができるか．
[練習問題2] $M4$ の地震の地震モーメント，断層の大きさ，すべり量，そしてエネルギーは，それぞれどれくらいか．
[練習問題3] $M8$ の地震のエネルギーの大きさを，ほかの章で扱う最大級の火山噴火や台風，竜巻，あるいは地球全体の地殻熱流量や太陽からの毎日の日射エネルギーなどと比較せよ．

Box 6.1　地震学の始まり——ミルンとユーイング，そして大森

札幌農学校(北海道大学の前身)のクラーク博士と同様に，鉱山技師のミルン(John Milne, 1850〜1913)と物理学者・機械工学者のユーイング(James Alfred Ewing, 1855〜1935)は，欧米の最先端の学問導入のため，明治維新後の日本政府に招かれたお雇い外国人教師であった．彼らは母国の英国では知らなかった地震を，来日後に初めて体験し強い衝撃を受けた．これがきっかけとなり，自らの専門外であるが探究心に火がついた．ほどなく，地面の揺れを記録する器械，すなわち地震計を発明・完成させ，1881年3月8日に東京大学構内で世界初めての地震波形記録が得られた．二人は日本地震学会を創設し，近代的な地震研究が日本から世界に広がった．P波とS波のどちらが縦波か横波かについて，最初の記録が取れた時から二人の意見は食い違った．物理学者のユーイングは固体には2種類の波がある理論をすでに習得していたが，ミルンは観測データのみから客観的に結論を導こうとした．対照的な二人には，この例のほかにもいくつかのエピソードがある．ユーイングはわずか数年で英国に戻ったが，日本人(函館出身の堀川トネ)を妻としたミルンは約20年間滞在し，日本の地震学に多大な影響を残した．彼の一番の弟子であり優秀な継承者が大森房吉(1868〜1923)である．大森は現在の最新型とほぼ同じしくみの地震計の開発，余震発生頻度の特徴，震源の簡単かつ正確な決定方法(大森公式)など数多くの成果を出した．1910年の有珠山の噴火時には火山性地震の詳細な観測を初めて行った．一方で，関東地方の大地震の可能性を提言した自分の門下生を激しく批判したものの，海外渡航中の1923年9月1日に関東大地震が発生し，その一報を受けて失意のうちに帰国途上の船上で亡くなるという劇的な人生を歩んだ．

図　ユーイングが作製した世界初の地震計(1880年代のはじめ)と同じ型の地震計(明治期に製作・使用され，後に国立科学博物館で修復．)(国立科学博物館地震資料室ホームページより)．重りを水平からわずかに傾いた振り子にすることで揺れの周期を長くし，それよりずっと周期の短い(数秒以下)地震動が記録できる．

Box 6.2　緊急地震速報

　2007年10月1日から一般向けでは世界初となる地震警報システム「緊急地震速報」の発信が，気象庁を中心に開始された．約1,000か所の全国の観測点から波形記録が通信回線を通して常時気象庁に送られている．地震が発生すると揺れの小さいP波(初期微動)がまず来るので，震源に近い観測点順にP波の①到達時刻と②振幅が検出される．震源決定の原理(大森公式を改良したもの)から①より震源の位置・時刻が求まる．揺れは大きいがP波より遅いS波の到達時刻が各場所について推定できる．震源からの距離と②より，地震の大きさであるマグニチュード M も推定される．ある基準値以上の揺れが予想される場合に，揺れの大きいS波(主要動)が到達する前にこの警報を伝達することで，被害とりわけ人的災害を軽減できる．

　震源に近い点ではP波到達からS波到達までの時間がわずかなばかりか(大森公式より15 kmの震源距離で約2秒)，震源位置・時刻やマグニチュードの推定に使える観測点は少ない．P波を観測した点が増えるたびに，推定値が逐次改訂されるが，観測点の数がある程度ないと信用できない．よって，震源に近い点ではS波到達時刻を事前に伝えられない．

　このように被害が最大になる震源付近には役に立たないが，50 km程度より遠い大地震については，S波到達前に警報を発することが可能である．実際のデータは到着時刻も振幅もばらつきが大きいが，その特性を地震が発生するたびに蓄積すれば，より少ない観測点のデータから推定され，地震発生から短時間で発信される値の信頼性が徐々に向上していくことが期待される．

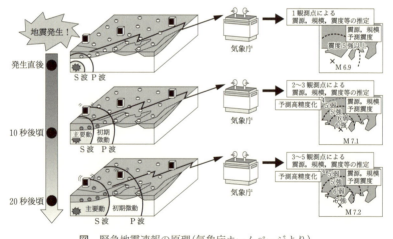

図　緊急地震速報の原理(気象庁ホームページより)

日本列島付近で生じる地震と地震津波災害・地震予知

第7章

　日本列島およびその周辺で生じている被害地震は，海溝型地震と内陸型地震に大別される。前者は後者に比べて規模が格段に大きいばかりか，再来周期がはるかに短い。しかし，内陸型地震は，日本列島内に多数存在している活断層と関係していることや，いわゆる直下型地震であるために，海溝型地震と同様に大きな注意が必要である。また，沿岸部では，強震動ばかりでなく，津波の防災にも注意を払う必要がある。地震・津波災害軽減のために，地震の発生予測は重要である。最近では，同程度の地震が繰り返し発生している地域について，どのくらい長い間最近地震が起こっていないかという観測に対してさまざまな統計モデルを適用し，その発生確率の予測が試みられている。

キーワード
海溝型地震，活断層，逆断層，強震動，空白域，再来周期，地震被害，震源域，震度，スラブ内地震，正断層，地表地震断層，津波，津波地震，トレンチ調査，内陸型地震，発生確率，表層地盤，横ずれ断層，歴史地震

1. 海溝型地震と地震予知

　日本列島が**変動帯**と呼ばれる所以は，火山噴火（第7，8章参照）ばかりでなく，地震が頻繁に生じているからである。第6章で学んだように，日本列島の地下で岩石はしばしば破壊され，**断層面**と呼ばれるシャープな面でずれ動くことにより数 Hz 以上の周波数の**地震波**（弾性波）を発生する。断層は，断層面にそうずれ方により**正断層・逆断層・横ずれ断層**の3つのタイプに区分されるが，どのタイプの断層になるかは地殻に働く応力（**圧縮力と引張り力**）の配置により決まる（図7.1）。ここで，圧縮力の方向に対し斜めに破断面（断層面）が生じ，圧縮力の断層面にそう分力（せん断応力）がずれを引き起こすことに注意されたい。また図7.1で，引張り力は見かけ上のもので実際には圧縮力よりも小さい圧縮力で，この方位に岩盤が伸張することを意味する。

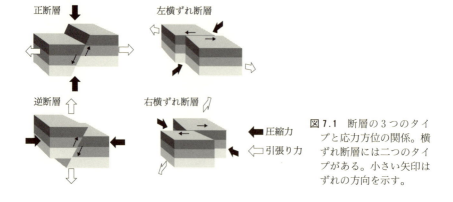

図7.1 断層の3つのタイプと応力方位の関係。横ずれ断層には二つのタイプがある。小さい矢印はずれの方向を示す。

　北海道から東北日本にかけて，**太平洋プレート**(海洋プレート)は千島海溝および日本海溝で**北アメリカプレート**(大陸プレート)の下に沈み込み(図4.7)，大地震を起こしている。一方，糸魚川-静岡構造線の南西では，中部地方から四国や九州(ユーラシアプレート)の下に，**フィリピン海プレート**(海洋プレート)が**南海トラフ**(浅い海溝)から沈み込み(図4.7)，活発な地震活動を引き起こしている(口絵12参照)。日本付近の海溝やトラフぞいで起こる大きな地震のほとんどは，海洋プレートが島弧の下に沈み込み始めるあたりで起きており(**海溝型地震**)，沿岸各地に大きな被害をもたらしてきた。海溝型地震は，海洋プレートが島弧や陸弧(大陸プレート)の下に沈み込もうとする力によってプレート間に歪みが蓄積していき，そこでの歪みが限界を超えたとき歪みを開放するために生じる**低角逆断層**型の地震である(図7.1, 7.4B)。なかでも日本海溝ぞいで起こった1896年明治三陸地震(M 8.5)は，各地の震度が小さいにもかかわらず，巨大な津波が発生し，2万人を超す犠牲者が出た。この地震は広範囲に食い違いを生じさせる大きな断層運動によって大津波を発生させたにもかかわらず，ゆれの卓越周期が人体に感じにくい非常にゆっくりした地震であったため，ほとんどの人が地震に気づかず，津波による大災害をもたらした。このように津波が大きく卓越した海溝型地震をとくに**津波地震**と呼ぶ。

　沈み込んでいる海洋プレート(**スラブ**という)は，海溝から沈み込む際に下方に曲げられるためにその上部ではほぼ水平な引張り力が卓越する。その結

第7章　日本列島付近で生じる地震と地震津波災害・地震予知　73

果，断層運動はその上盤側が重力によって断層面にそってずり落ちる**正断層**タイプの地震となる(図7.1，7.4B)。このタイプの地震の例として，1933年の昭和三陸沖地震(M 8.1)がある。一方，沈み込んだスラブ深部では逆にその曲げが元に戻るため，スラブ上部ではスラブに平行な圧縮力が卓越し，傾斜した断層面の上盤側が下盤側にずり上がる**逆断層**タイプの地震が生じる(図7.1，7.4B，**スラブ内地震**という)。さらに，その下位では引張り力による地震が生じ，スラブ内地震は**二重深発地震面**を形成している(口絵10参照)。

　さて，このような海溝型大地震の発生をあらかじめ知ることができれば，その被害は大きく軽減されるであろう。そこで重要となるのは，地震が「いつ」，「どこで」，「どのくらいの規模」で発生するかを実用的な精度で知ることである。海溝にそって起こる海溝型の大地震は，一度発生するとその海域ではおよそ数十〜百数十年の間大地震が起きないことが過去の地震資料からわかっている。ある地震発生域について，大地震を起こす能力(歪みが蓄積している)を持っていながら最近長い間大きな地震が起きていない場所を，**第1種の空白域**と呼ぶ。空白域では，近い将来大地震が起こる可能性が高いと考えられる。たとえば，かつて根室半島沖の地域は，過去に地震が生じた近隣の地域に対して取り残された未破壊の空白域として注目されていたが，そこに1973年根室半島沖地震(M 7.4)が発生した(図7.2)。さらに地震多発地帯のなかにぽっかりと穴の開いたような地震活動の低い地域がある場合がある。ふだんは小規模な地震が発生しているが，ある時期を境に地震が極端に少なくなる地域であり，地震活動が静穏化している地域である。このような空白域を**第2種の空白域**と呼び，大地震の空白域(第1種の空白域)と区別される。1952年十勝沖地震(M 8.2)，メキシコの1978年オアハカ地震(M 7.8)などの前には第2種の空白域が存在したといわれている。

　地震の発生間隔は一般には一定でなく，かなりばらついているために「いつ」を予測することはたいへん難しい。そのような場合，たとえば30年以内に地震が起こる可能性(**発生確率**)の大小を推定するために，ブラウン運動をともなう確率過程を表現する**BPT**(Brownian Passage Time)分布が用いられる。ある**震源域**(地震をもたらした破壊領域で，本震後に発生する**余震**の分布域とほぼ一致)に蓄積できる応力が一定とするならば，大きな地震の平均

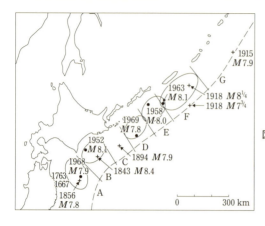

図 7.2 千島海溝ぞいの大地震の震源域分布(宇津, 1972 より)。1973 年根室半島沖地震の震源域(C)は 1894 年以来大きな地震が起こっていない空白域であった。

間隔が求まる。今後地震の発生が予想されている震源域は，周辺で発生する地震などの影響を受けて，そこでの応力が増加したり減少したりする。この応力の増減を 1 次元のブラウン運動と仮定し，地震発生間隔のばらつきがBPT 分布に従うとするモデルが **BPT モデル**である。さらに地震が発生する直前の応力がいつも等しく，大きい地震が起きると次の地震が起きるまで時間がかかるが，小さい地震だとすぐ起きやすいと考えたとき，次に来る地震の時間(**再来周期**)が予測可能になる。この種のモデルを**タイムプレディクタブル**(time-predictable)**モデル**と呼んでいる。十勝沖地震については，2003 年十勝沖地震(M 8.0)が発生する直前の 2003 年 1 月時点では 30 年確率は 66%であった。注目されている南海トラフで発生する地震の発生間隔はタイムプレディクタブルモデルを用いた場合に対し 88.2 年と算出された。これらは，ほぼ同じ領域で同じタイプの地震が周期的に発生する固有地震モデルにもとづいた発生確率の評価である。しかしながら，最近の南海トラフぞいに発生する地震の調査観測・研究によれば震源域や発生間隔が多様であることが明らかになってきた。将来的には地震の多様性を考慮したモデルで長期評価を行う必要がある。

2. 活断層および内陸型地震と地殻変動の観測

日本列島の内陸では，地殻の中上部(20 km 以浅)で活断層にそって地震波を発生する破壊が生じ，これを**内陸型地震**と呼んでいる。地殻の中上部でのみ地震が発生する理由については第 5 章を参照されたい。M 7 以上の内陸型地震の場合，地下で発生した断層面はしばしば地表まで到達し，地表に現れる(**地表地震断層**という，図7.3)。**活断層**は，第四紀後期すなわち最近数十万年間に活動を繰り返した断層で，今後も活動する可能性のある断層と定義されている。

海溝型地震と内陸型地震ではマグニチュード M と再来周期が異なる。両者の最大規模の地震を比較すると，海溝型地震の場合は M 8 クラスであるのに対し，内陸型地震の場合は M 7 クラスである。M が 1 大きくなると地震のエネルギーは約 32 倍となるので(6.4 節参照)，海溝型地震は内陸型地震に比べて圧倒的にエネルギーが大きいことがわかる。また大津波をともなうこともある。再来周期については，海溝型地震のそれは前述のように数十年〜百数十年であるのに対し，内陸型地震のそれは数千年〜数万年と見積もられている。しかし，内陸型地震は，6,436 人の死者を出した 1995 年 1 月の兵庫県南部地震(M 7.3)のように，大災害をともなう地震となる場合がある。

図 7.3 1927 年北丹後地震(M 7.3, 死者約 2,900 名)で出現した郷村断層(撮影：多田文男，島崎・松田，1994 より)。地表地震断層にそって道路が左横ずれ変位している。断層の位置は図 7.4A の⑩

76   第 I 部   固体地球の構造と変動

その理由は，内陸型地震が陸地の地殻の中上部で生じるためいわゆる直下型となり，人口密集地の地下で生じた場合には大災害を引き起こすからである。また，活断層は日本列島のなかに非常に多数存在しており，個々の活断層にそう地震の再来周期はきわめて長いのにもかかわらず，2004 年 10 月発生の新潟県中越地震（M 6.8）と 2007 年 7 月発生の新潟県中越沖地震（M 6.8）のように，近接した地域で短期間に繰り返し大地震が生じる可能性がある。

　日本列島では活断層がよく調べられている。活断層が第四紀以降に繰り返し動いた断層であることは，やはり第四紀のさまざまな時代に形成された地形（河川・尾根・河岸段丘など，練習問題 2 参照）を切断していることにより認定される。実際には，縮尺 25,000 分の 1 程度の地形図や空中写真で直線的な地形（**リニアメント**）を抽出し，その後，野外調査を実施し，活断層であることを認定する。日本列島の活断層の分布をみると，とくに中部地方と近畿地方に集中している（図 7.4A）。これらの地域の活断層には横ずれ断層が多いが，それらの延長方向と断層のずれの向きには規則性がある。横ずれ断層は垂直な断層面にそって岩盤が水平方向にずれ動く断層であるが，ずれが引き起こすモーメントによって**右横ずれ断層**と**左横ずれ断層**に区分される（図 7.1）。右横ずれ断層と左横ずれ断層は，それぞれ時計回りと反時計回りのモーメントを生じるずれを引き起こす断層と定義される。図 7.4A を見ると，これらの地域の断層には，中央構造線・野島断層・花折断層・跡津川断層などほぼ北東—南西方向の断層と，山崎断層・郷村断層・柳ヶ瀬断層・根尾谷断層・阿寺断層・糸魚川—静岡構造線など北西—南東方向の断層があることがわかる。前者の方向の断層では右ずれ，後者の方向の断層では左ずれの変位が第四紀を通じて生じていることが判明している。これらの事実は，中部・近畿地方が第四紀を通じて西北西—東南東方向の圧縮応力場にあったことを示しており，現在生じている内陸型地震の発生メカニズム解（図 6.2）から推定される応力方位とよく一致する。この西北西—東南東方向の圧縮応力場は，太平洋プレートおよびフィリピン海プレートがほぼこの方位で沈み込み，日本列島を押していることに起因する（図 7.4B）。

　これらの日本列島の活断層の活動度や再来周期は地球物理学的および地質学的手法により解析されつつあり，地震の長期的予測に活かされている。と

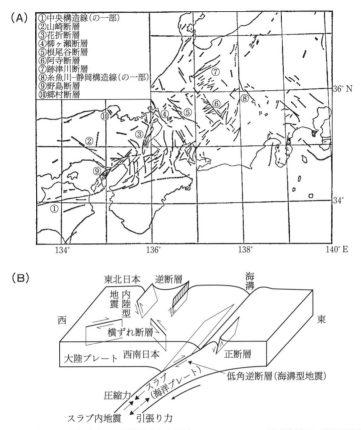

図 7.4 (A)中部・近畿地方の活断層分布図(松田ほか,1976 に野島断層と郷村断層を加筆)と(B)海洋プレート(スラブ)の沈み込みによる活断層形成モデル(島崎,1991 を一部改変)。東北日本では逆断層が,西南日本では横ずれ断層が卓越する。

くに,最近登場した GPS(Global Positioning System)を用いた観測により,高精度で日本列島内の歪速度分布を解析することが可能になり,新潟―神戸歪集中帯と呼ばれるいちじるしく短縮歪速度の高い地帯が明らかとなった(図7.5)。この歪集中帯と,近年生じた兵庫県南部地震(1995),新潟県中越地震(2004)および新潟県中越沖地震(2007)との関連は大きな注目を集めている。一方,地質学的には,活断層が形成年代のわかっている新旧の複数の河岸段丘を変位させているとき,それぞれの段丘のずれの大きさと段丘の形成年代

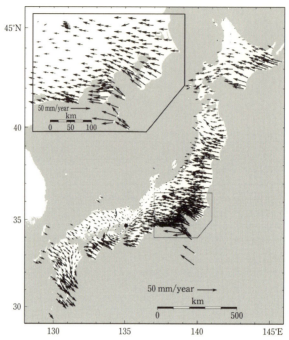

図 7.5 連続的な GPS 観測点における 1997 年 1 月〜1999 年 7 月の間の日本列島内の水平変位速度ベクトル(Sagiya *et al.*, 2000 より)。すべての変位速度ベクトルは，ユーラシアプレートの安定部分に対する相対的なものである。新潟(白丸)—神戸(黒丸)を通る線の東側では西向きの変位が顕著であるが，西側では急激に変位速度が小さくなっている。このため新潟—神戸を通る帯(新潟—神戸歪集中帯)で短縮歪速度が高くなっている。

から活断層にそう平均変位速度が求められる(練習問題 2)。最近では活断層が通過していると推定される平地部分を溝状に掘って露頭を人工的に作り，活断層にそう地層のずれが調べられている(**トレンチ調査**)。トレンチ調査を行い，地層の年代も同時に決定することにより，断層にそう平均変位速度や 1 回の地震での変位量が明らかとなり，断層活動の周期(地震の再来周期)が求まる。**活断層の活動度**は平均変位速度により，A 級(1〜10 m/1,000 年)，B 級(10 cm〜1 m/1,000 年)および C 級(1〜10 cm/1,000 年)に区分される。

海溝型地震の際には，**弾性反発**により海岸付近の土地が隆起する。このため，すでに形成されている海食台(11.1 節参照)は隆起して**海岸段丘**を形成する。たとえば，房総半島南端の館山では 4 段の幅広い海岸段丘が形成されて

第7章　日本列島付近で生じる地震と地震津波災害・地震予知　79

おり，**歴史地震**(古文書などの歴史的資料から発生が確認された地震)との対比がなされて大地震の再来周期や平均隆起速度が推定されている。

3. 地震津波災害

巨大地震が発生した場合，その被害の原因は地震により発生した**強震動**と**津波**の二つに分けることができる。基本的に強震動は，震源から出た地震波が地表付近で増幅されて作られ，家屋の倒壊・地すべり・落橋・道路の切断などの**地震被害**をおよぼす(口絵18)。強震動により発生した被害は古くから**震度**としてその程度を記録してきた。震度とは，人間が感じる揺れの度合いと強震動による被害状況をわかりやすく数値化したものである。最近では，地震計の一つである**震度計**によって測定された加速度と人間が感じる揺れおよび被害状況が相関するものと仮定し，測定加速度を**気象庁震度階級**(人間の感じ方や建物などのゆれ具合を基準に0から7までの階級に区分)に合わせることで震度を決定している(**計測震度**)。そのため，強震動の波が震度計に到達すると同時に震度が決まるしくみになっている。さらに，現在は，地震の発生直後に震源に近い地震計で観測されたデータを解析し，震源や地震の規模をただちに推定して，各地での主要動(S波)の到達時刻と震度の予測を発表するシステムが確立されている(**緊急地震速報**，Box 6.2 参照)。

強震動の発生原因はまず地震の規模(マグニチュード M)が大きいことや震源の距離がより近いことが主ではあるが，地表付近の地盤(**表層地盤**)構造の影響も大きい。たとえば，1995年兵庫県南部地震(図6.4)の場合，震度7の地域が神戸市の海側の平野ぞいに分布し，「震災の帯」といわれた(図7.6)。神戸市街地の地盤は六甲山系の硬い岩盤と，大阪湾ぞいに堆積した厚い堆積層(更新世の大阪層群)によっておおわれた細長い平野部により構成されている。そのため，地震波が軟らかい堆積層により増幅されたことが，平野部で被害を大きくした原因の一つとされた(図7.6)。さらに，山側の硬い岩盤と堆積層の境界で発生した表面波(地表にそって伝播する地震波)と下からの地震波の到達時刻が重なったために，帯状に被害の大きな地域が現われたとされている。このように，強震動の発生には表層地盤構造が大きく影響する。

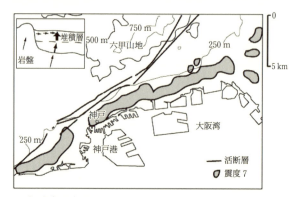

図7.6 1995年兵庫県南部地震の震度分布(藤井・纐纈, 2008をもとに作成)。建設省建築研究所(現(独)建築研究所)による震度7の地域では, 多くのところで木造家屋全壊率が30％以上になっている。活断層(太線)は震度7の地域より1〜2 kmほど山側にずれている。挿入図は地震波が軟かい堆積層により増幅されたことを示す。図6.4参照

現在では，詳細な表層地盤構造を入れた数値計算により巨大地震による強震動をある程度予測することができる。

さらに，地下水位の高い砂地盤は巨大地震による強震動で長時間揺すられることにより，砂の粒子同士のせん断応力が減少し，また間隙水圧(Box 12.1)が増加し，**液状化**(液体のように流動化する現象)が起こる。地盤の液状化が起こると，その上に建てられた構造物が傾いたり，転倒したりする。また地中に埋められた中空のマンホールは地面から上に出ることがある。1964年新潟地震では液状化により河畔のアパートが大きく傾き，ほぼ横倒しになった棟もあった。2011年東北地方太平洋沖地震の際は関東地方の埋め立て地や河川敷などでも液状化による大きな被害が発生した。

巨大地震の震源域が海の下に存在した場合，巨大地震の発生により海底が変形し，津波が発生する。2004年インドネシアのスマトラ島沖巨大地震(M 9.2)では巨大津波(高さは平均10 m，最大34 m)が発生し，インド洋沿岸の国々で25万人を超える死者を出した。このスマトラ島沖巨大地震の場合，震源域(図7.7)は長さ1,200 km，幅150 km程度におよび，その巨大な断層(すべり量は2〜20 m)が10分程度かけて破壊したとされている。震源域の上には深さ2〜4 kmの海が存在していた。海の深さに比べると震源域

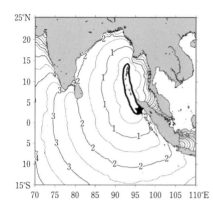

図 7.7　2004年スマトラ島沖巨大地震の震源域と津波到達時刻(Satake, 2007をもとに作成)。★は本震の震央，太線で囲まれた領域は震源域を示す。黒線は計算による津波第1波の到達時刻を示す(単位は時間)。

の長さや幅は非常に長い。その場合，断層の動きによる海底の上下変動はそのまま海面の上下変動となり，津波が発生する。発生した**津波**の波長は海の深さに比べて非常に長くなり，津波が伝播する速さは海の深さの平方根に比例することとなる($v=\sqrt{gd}$，g：重力加速度($9.8\,\mathrm{m\,s^{-2}}$)，d：水深)。たとえば，水深 4,000 m での津波伝播速度は $198\,\mathrm{m\,s^{-1}}$(時速約 712 km)になる(図 7.7)。深海を伝播する津波の波高は小さく，波長が長いため航行する船舶に被害をおよぼすことはない。しかし，海が浅くなるにつれて，波高が高く波長が短くなる。沿岸に達すると，ますます波高は高くなり陸上に遡上し，大きな被害をおよぼすこととなる。日本周辺では太平洋プレートやフィリピン海プレートの沈み込みにより，そのプレート境界で多くの海溝型大地震が発生してきた。図 7.8 に近年日本近海で発生した海溝型大地震の震源域を示す。これらの巨大地震はすべて海底下で発生したため，大津波をともない，それらの津波により日本沿岸はしばしば大きな被害をこうむってきた(口絵1)。2004年スマトラ島沖巨大地震による津波大災害が発生するまで，世界で地震津波災害をもっとも多くこうむってきたのは日本であった。現在では，詳細な海底および陸上の地形データがあれば，数値計算により巨大地震による津波浸水域をある程度予測することができる。また，巨大津波によって内陸に運ばれた津波堆積物を調べることによってかつての津波の規模や再来周期を推定する研究も行われている(図 11.3 B)。

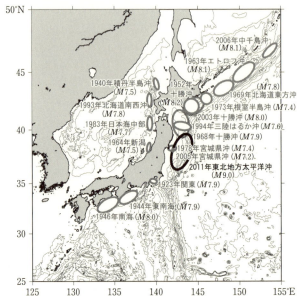

図7.8 20世紀以降日本近海で発生した海溝型大地震の震源域

[練習問題1] 繰り返し地震が発生する領域で,なぜ空白域が発生するのか,そのメカニズムについてどのようなことが考察できるだろうか。

[練習問題2] 四国東部の中央構造線右横ずれ活断層系について,6か所において断層に切られている河岸段丘の年代と断層による河川のずれの大きさが観測されている(下表,データはOkada, 1980による)。このデータについて右横ずれ変位量―年代のグラフを作成し,1〜4の地点のデータについて平均変位速度を求め,活断層にそう変位が蓄積されていくことを理解せよ。また,5および6地点のデータと1〜4の地点のデータを比較するとどのようなことが考察できるだろうか。

地点	右横ずれ変位量(m)	段丘の年代(年)
1	60	$8\sim9\times10^3$
2	200〜300	$<2.5\times10^4$
3	200+	3×10^4
4	350	$5\sim6\times10^4$
5	700〜800	$16\sim23\times10^4$
6	800±	$20\sim30\times10^4$

[練習問題3] 津波は普通,線形長波近似が成り立ち,位相速度は $\sqrt{gd}$ となり海の深さ d の平方根に比例することとなる(g は重力加速度(9.8 m s^{-2})である)。さらに地震波は数 km s^{-1} の速さで伝播する。このことから気象庁は震源が直下でなければ津波が到達する前に津波予報を出すことができる理由を説明せよ。

Box 7.1　2011年3月11日東北地方太平洋沖地震（口絵1参照）

　東北地方太平洋沖地震は，太平洋プレートが日本海溝にそって東北日本（北アメリカプレート）の下に沈み込むことにより発生する海溝型地震の一つである．20世紀以降に日本周辺で発生した海溝型地震の大まかな大きさは推定できるが（図7.8），この地震はそのなかで最大のものであり，これまでの古文書や津波堆積物の調査から過去1,500年間を遡っても，これを超える地震は知られていない．世界的にも，過去150年間では4番目の超巨大地震である．この地震をもたらした断層は長さ400km，幅200kmおよび，最大のすべり量は50〜80m程度と大きく，その規模を表す地震モーメントM_0は約$5×10^{22}$ Nmに達したとされ，マグニチュードMは9.0にあたる（6.4節参照）．

　太平洋プレートは日本海溝ぞいに年間9cmの速度で沈み込んでおり，上側の境界面にたまった歪みが解放されて，地震が発生する．最大50〜80m近くすべったので，この地震は1,000年近くため続けた歪みを一気に解放したと推定される．この地方の過去の大地震である869年の貞観地震が前回の地震に対応すると考えられるが，今回の地震との規模や特徴の類似性は詳しくはわかっていない．今回すべった断層域のうち，沿岸近くのやや深い部分では，1978年宮城県沖地震などM7.5クラスの地震が数十年ごとに発生していたことは以前からわかっていた（図7.8）．しかし，今回の地震のすべり量はそれらの地震の約200倍も大きく，海溝近くの浅い断層部分でとくに大きくすべった．浅くて強度の弱い地下で大きな歪みが1,000年にもわたりどうして蓄積していたかは解明されていない．

　一般に，すべりは震源から約3km s^{-1}の速さで断層面全体に拡がっていくので，M9を超える超巨大地震の断層面からは1分以上も振動が発生され続ける．しかし，陸地から離れていたため，この地震では地震動そのものによる被害は比較的少なかった．一方，巨大な断層運動で長時間のゆっくりした揺れが遠方まで達し，関東地方の埋め立て地や河川敷などで「液状化」（7.3節参照）の被害が見られた．

　一般に，海溝型の超巨大地震は海溝付近の地下の浅い断層部分が大きくすべるため，海底面が大きく隆起・沈降して巨大な津波が発生する（7.3節参照）．この地震では，北は三陸海岸から南は福島・茨城県付近まで10mを超える大津波が押し寄せ，福島第1原子力発電所を含む多大な被害をもたらした．沿岸付近の地形の効果によって局所的には40mに達する津波になった可能性もある（口絵2）．海底での水圧測定から津波の高さを記録する装置（海底水圧計）が地震前に沖合に設置されていたので，急激な海底面の変動から大津波が発生された様子が観測された．このような海底での観測の強化は，今後の海溝型大地震の解明ばかりでなく，より正確で迅速な津波警報の改善につながるものと期待される．

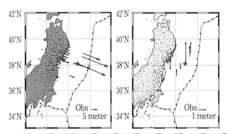

東北地方太平洋沖地震による地殻（地表面・海底面）変動量の分布（陸上変動データは国土地理院，海底変動データは海上保安庁による）．（左）水平方向の変動量．震央（★印）付近で東南東方向に最大24mの変動，陸上では牡鹿半島で東南東方向に最大5.3mの変動があった．（右）上下方向の変動量．震央付近で3mの隆起，牡鹿半島では1.2mの沈降があった．

Box 7.2 異常震域と宇津モデル

一つの地震による揺れの強さ(震度)が同じところを結んだ線を等震度線という(図A, B)。地震は地下の断層面から伝わってくる弾性波であるから、ある程度大きな地震の等震度線は長く伸びた楕円状になるのが一般的である。また、震度の分布は表層地盤の軟弱により局所的な違いがあるが、震央からの距離(震央距離)が近いほど震度は大きく、離れると小さくなるのが普通である(図A)。しかし、日本周辺では、図Bのように、広域的にみると、震央から遠いほど震度が大きくなる震度分布(異常震域という)が見られることがある。とくに、深発地震の場合に北海道から関東地方にかけてよく観察されるこの異常震域の現象は1920年代から知られていたが、その原因としていろいろな考えがあった。

宇津徳治(1966)は、日本付近で起こった大きい地震(多くは $M\,7$ 以上)の震度分布を解析した結果、島弧の火山フロントの内側(大陸側)のマントル最上部(現在の考えでは、マントルウェッジに相当)は、深発地震面にそう部分(現在の考えでは、沈み込む海洋プレートに相当)に比べて、地震波速度が遅く、地震波が吸収されやすい性質を持つ(低速度領域)とし、島弧の深部構造として図Cのようなモデルを提唱した(宇津モデルという)。

図Cにおいて、大陸に近い500 kmを超える深度に震源を持つ地震波が地上の観測点(A, B, C)にいたる経路を考えてみる。観測点Aへの地震波は、周囲よりも温度が低く地震波速度も速い、また地震波が吸収されにくい海洋プレート内を通過するため、その伝搬距離はほかよりも長いが、弾性エネルギーがあまり吸収されないまま観測点Aに届く。一方、観測点Cへの地震波は、地震波速度が遅く地震波が吸収されやすいマントルウェッジ部分を通過するため弾性エネルギーが途中で吸収され、伝搬距離は短いが、震度は小さくなる。観測点Bでは中間の震度となる。このように、異常震域の問題は宇津モデルでうまく説明できる。

島弧(日本列島)下の上部マントルの構造を明らかにした宇津モデルは、プレートテクトニクス説の確立以前のものであり、その後のプレートテクトニクスの発展に多大な貢献をした。

なお、図7.2に示す根室半島沖の第1種地震空白域の指摘も宇津であった。

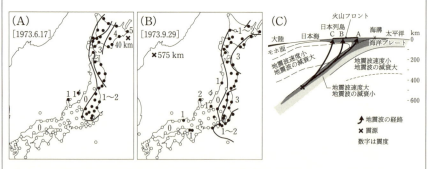

図A 1973年根室半島沖地震($M\,7.4$, 図7.2)の震度分布。異常震域を示さない。
図B 1973年日本海北西部($M\,7.8$)の震度分布。異常震域を示す。
図C 宇津モデルと地震波の伝わり方(宇津, 1971をもとに作成)。口絵10を参照。

火山活動はどこで，なぜ起こるか？

第8章

　　火山活動は地球上どこでも起こるわけではなく，ある特定のテクトニクス場で起こる。そこでは深部からのマントル内の上昇流や水などの揮発性成分の影響により，上部マントルかんらん岩が部分溶融することでマグマが発生する。マグマは周囲の岩石との密度差による浮力で上昇するが，上昇過程で周囲の岩石の密度不連続面などで停滞する。上昇および停滞過程で，マグマは冷却による結晶分化作用や周囲の岩石との反応などによる分化作用を受け，その化学組成が変化する。

キーワード
火山フロント，岩石の溶融曲線，揮発性成分，結晶分化作用，減圧溶融，混成作用，沈み込み帯，中央海嶺，島弧・陸弧，部分溶融，ホットスポット，本源マグマ，マグマ，マグマ混合，マグマ溜り，マグマの分化

1. マグマとは

　この章では火山活動について考えるが，まず火山活動を引き起こすマグマについて説明しよう。**マグマ**とは岩石が溶融してできたものであり，液体だけでなく鉱物結晶を含むことが一般的である。マグマもそれが固結した火成岩(深成岩と火山岩)と同様に多様であり(第3章参照)，マグマ中の SiO_2 の量(重量%)によって玄武岩質マグマ(45〜52%)，安山岩質マグマ(52〜63%)，デイサイト質マグマ(63〜70%)および流紋岩質マグマ(70〜77%)に分類される(表8.1, 図3.9)。ただし，火山岩(深成岩も)はマグマが冷却する際に，H_2O・CO_2・H_2S などの**揮発性成分**が脱ガスによって失われているので，厳密には火山岩に数%以下の揮発性成分を加えたものがマグマになる。

　マグマは化学組成だけでなく，温度・粘性・密度などもマグマの種類によって異なる。一般的に，玄武岩質になるほどマグマは高温(1,100℃以上)で，粘性は低く密度は大きくなる。SiO_2 量が増えると，温度が低く高粘性にな

86 第Ⅰ部 固体地球の構造と変動

表8.1 火山岩の化学組成(都城・久城, 1977；青木, 1978 などをもとに作成)。マグマの化学組成はこれらの成分に揮発性成分を加えたものになる。組成は wt.%で表す。揮発成分のH_2O を除いた全体を100%に再計算してある。

化学成分	玄武岩 (中央海嶺型)	玄武岩 (ホットスポット型)	玄武岩	安山岩	安山岩	デイサイト	流紋岩
			(島弧・陸弧型)				
SiO_2	50.18	51.07	51.64	55.61	62.69	68.73	73.13
TiO_2	1.59	2.80	0.87	0.94	0.89	0.69	0.20
Al_2O_3	15.63	13.27	18.87	17.73	15.99	15.69	13.70
Fe_2O_3	1.40	2.04	3.26	3.23	3.13	2.35	1.48
FeO	8.50	9.15	6.82	6.29	4.40	2.48	1.23
MnO	0.17	0.14	0.14	0.15	0.14	0.10	0.06
MgO	8.59	8.05	5.16	3.96	2.14	1.17	0.15
CaO	10.86	10.60	10.74	8.89	6.07	4.40	0.58
Na_2O	2.77	2.18	2.11	2.61	3.53	3.25	4.31
K_2O	0.17	0.43	0.29	0.46	0.81	1.01	5.11
P_2O_5	0.14	0.27	0.10	0.13	0.21	0.13	0.05
合 計	100.00	100.00	100.00	100.00	100.00	100.00	100.00

り密度は低下する。流紋岩質マグマでは温度は 800℃前後が普通である。

2. 火山活動が起こる場

　火山は現在の地球上のどこにでも分布しているわけではない。その分布は地球上のプレートの配置や運動と密接に関係しており，主として次の3つの場所(テクトニクス場)である(図8.1, 2)。まずプレートが生産されているプレート発散境界の**中央海嶺**(第4, 5章参照)である。そこでは海嶺軸(拡大軸)にそって火山活動が活発で，大西洋や太平洋の中央海嶺がその代表である。次にプレート収束境界である**沈み込み帯**(第3, 4, 6章参照)では，その上盤側に**島弧**や**陸弧**(大陸縁辺部)があり，そこにも火山が多数分布している。日本列島や千島列島などの島弧，北米および中・南米大陸の太平洋側の陸弧の多数の火山がその例である。一方，プレート内でも火山が点在しており，これらは**ホットスポット**火山と呼ばれる(図8.1, 図8.2)。太平洋ではハワイ諸島(太平洋プレート)やガラパゴス諸島(ナスカプレート)，大西洋ではカナリア諸島(アフリカプレート)などがそれに当り，アメリカ合衆国中西部(北アメリ

カプレート)のイエローストーン公園で続いている火山活動もホットスポットの活動と考えられている。この三つのテクトニクス場以外では，たとえばアフリカ大陸東部を南北に走る地溝帯(**東アフリカ地溝帯**，4.3節参照)では，現在，大陸の伸張により大地が裂けつつあり，そこではキリマンジャロやニイラゴンゴに代表されるような大型の火山が形成されている。

上記三つのテクトニクス場のなかでもとくにマグマの噴出量が多いのは中央海嶺であり，島弧や陸弧あるいはプレート内火山の倍以上である(表8.2)。

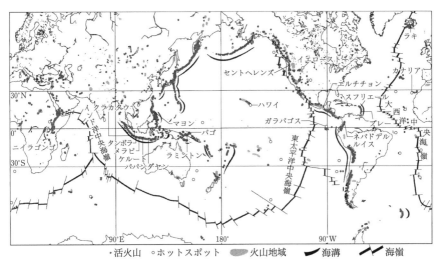

図 8.1 世界の火山分布。陸上や海洋島の火山以外に，中央海嶺にも火山が分布している。

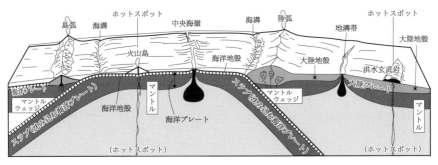

図 8.2 火山活動(マグマ発生)をもたらすテクトニクス場(中央海嶺・沈み込み帯(島弧・陸弧)・ホットスポット・地溝帯)

88 第 I 部 固体地球の構造と変動

表 8.2 テクトニクス場による火山活動(マグマ噴出率)の違い(勝井・中村, 1979 をもとに作成)

火山活動のタイプ	区　分	噴出率 (km³/年)	例
中央海嶺型	大洋底中央海嶺	4	東太平洋中央海嶺, 大西洋中央海嶺
	大陸地溝帯	0.006	東アフリカ地溝帯
	縁海	0.1	日本海, オホーツク海
ホットスポット型	火山島, 海山	1	ハワイ, ガラパゴス, アイスランド
	大陸洪水玄武岩	<0.1	デカン高原
島弧・陸弧型		0.75	日本列島(島弧), アンデス(陸弧)

中央海嶺は深海底のため, そこでの活発な火山活動は人目にふれることがなく目立たないが, 実は地球上でもっとも火山活動が盛んなところである(5.3節参照)。マグマのタイプでは中央海嶺やプレート内の火山では玄武岩質マグマが卓越するが, 島弧では玄武岩質マグマに加え安山岩質〜デイサイト質マグマも普通に噴出し, 大陸縁辺の陸弧では安山岩質〜流紋岩質マグマが卓越する。

3. 日本列島の火山活動とその特徴

日本は火山国といわれることが多いが, 火山の分布にはいちじるしい偏りがある(図8.3)。たとえば, 北海道から東北地方そして関東地方では, 太平洋側には西南北海道を除いて火山は分布しておらず, そこから内陸部に入ると多くの火山が分布するようになる。このように火山分布の太平洋側(海溝側)の境界は明瞭であり, 北海道から関東まで連続した境界線を描くことができる。これを**火山フロント**と呼ぶ(図8.3)。火山の数もマグマ噴出量も火山フロント付近で最大となり, 火山フロントから大陸側に向かうとともに急減する。北からみると, 火山フロントは千島海溝・日本海溝・伊豆—小笠原海溝・マリアナ海溝とほぼ平行に, 北海道・東北地方から関東地方および伊豆諸島をへてさらに南へと延びている。一方, 九州南方の島々から九州までにも火山フロントが認められる。これらは琉球海溝〜南海トラフ(浅い海溝)と平行に延びている。一方, 南海トラフが走る近畿地方や四国では火山が存

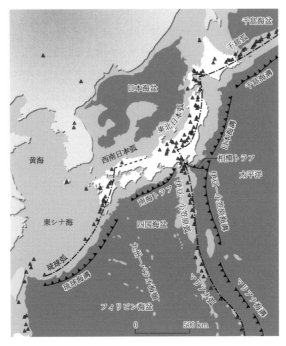

図 8.3 日本列島およびその周辺の活火山分布(▲)と海溝，および火山フロント (Schmincke, 2004 をもとに作成)。一点鎖線は火口フロントを示す。

在せず，中国地方では西部に大山(鳥取県)などが分布するだけである。火山フロントはほかの島弧や陸弧でも認められ，プレート収束境界(沈み込み帯)にともなう火山活動の特徴の一つである。

　北海道や東北〜関東〜中部地方にかけては，主として安山岩質マグマの活動によって形成された成層火山や溶岩ドームからなる火山が分布している(第9章参照)。北海道の大雪山，本州の蔵王山・浅間山・八ヶ岳がその代表である。富士山や岩手山などは例外的に玄武岩質マグマが主体の火山である。一方，伊豆諸島には伊豆大島や三宅島のように玄武岩質マグマ主体の成層火山が多い。九州でも霧島や桜島のように安山岩質マグマにより形成された火山が分布する。それらに加えて，九州ではデイサイト〜流紋岩質マグマが大量に噴出することによって形成されるカルデラ火山も分布することが特徴で

90　第Ⅰ部　固体地球の構造と変動

あり，阿蘇カルデラや鹿児島にある姶良カルデラなどがそれにあたる。カルデラ火山はそのほかに北海道や東北地方北部にも多くあり，北海道では屈斜路カルデラや支笏カルデラなど，東北では十和田カルデラなどが分布する。

　火山フロントが海溝と平行にあることは，火山活動がプレートの沈み込みと密接に関係していることを強く示唆する。具体的には，たとえば東北地方では火山フロントと海溝の距離はどこでもほぼ同じであることから，沈み込む海洋プレート（スラブという）がある深度以上に達した場合に，火山活動が起こると考えられる。その深度は，東北地方の場合は約 120 km，ほかの島弧の場合でもプレートが 100〜150 km の深さに到達するところの地表部が火山フロントとなっている。地震波トモグラフィー(2.4 節参照)による東北地方の東西断面(口絵 10 参照)を見ると，**マントルウェッジ**（陸側の地殻とスラブに夾まれたクサビ形状のマントル）の地震波速度の遅い領域(Box 7.2 参照)が，深部から浅部までスラブに平行に分布し，さらに火山深部のマントル最上部から地殻にかけての低速度領域へと連続している。このような低速度領域は周辺よりも温度が高いか，あるいは液相が少量存在することを示している。地震波トモグラフィーで示された断面は，島弧のマグマ発生とプレート沈み込みとの密接な関係を物語っている。一方，南海トラフは若い沈み込み帯であり，プレートが十分な深さまでまだ沈み込んでいない。そのため近畿〜中国地方で火山がほとんど存在しないと考えられる。

4. マグマの発生と上昇

4.1　マントルかんらん岩の部分溶融とマグマの発生

　地球上の火山を見ると，もっとも大量に存在するマグマは玄武岩質マグマである。その普遍性だけでなく，玄武岩質マグマの温度がもっとも高温であることや，玄武岩質マグマの結晶分化で安山岩質〜流紋岩質までの SiO_2 の多いマグマを生成することが可能なことから，多くの火山では玄武岩質マグマが最初に生じ(**本源マグマ**という)，その後のプロセスで組成が変化して多様なマグマが生じると考えられている。この**玄武岩質本源マグマ**は，マントル最上部を作っている**かんらん岩**が**部分溶融**して生じる。このことは玄武岩

質マグマがしばしばマントルのかんらん岩を**捕獲岩**(Box 8.1)として取り込んでくることや,火山深部の地球物理学的観測から推定されている。実際に,マントル最上部条件下の高温・高圧実験で,マントル最上部を構成するかんらん岩を部分溶融させて,玄武岩質マグマが生成されることが確認されている。

図 8.4 に海洋下の地殻〜マントル最上部の一般的な**地温曲線**とマントルを構成するかんらん岩の**溶融曲線**を示す。これによると,一般的には,マントルの温度はかんらん岩の無水のときの溶融開始温度より低く,かんらん岩は溶融しない。したがって,ある条件が整ったときにかんらん岩が溶融して玄武岩質マグマが生じることになる。これが,地球上で火山分布が偏在している理由である。かんらん岩が溶融するためには,ある深さの温度がその場所のかんらん岩の溶融開始温度より高くなることが必要となる。それには,次の3つのケースがある。①マントルのある場所が,圧力は一定のまま温度が上昇する(図 8.4 の a),②マントルのある部分が温度一定のまま急速に上昇・

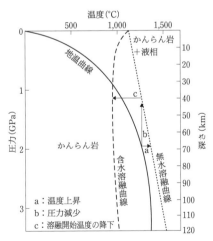

図 8.4 海洋下の地殻〜マントル最上部の地温曲線とかんらん岩の溶融曲線(Schmincke, 2004 をもとに作成)。マグマ発生(かんらん岩の部分溶融)には図中に示した a〜c の3つの場合がある。溶融曲線はかんらん岩の一部が融け始める(部分溶融開始の)温度であって,全部が融けるわけではないことに注意。かんらん岩に水が加わると,部分溶融温度はいちじるしく低下する。なお深さ 90 km 付近の温度は,無水溶融曲線に近いことに注意。

92　第Ⅰ部　固体地球の構造と変動

減圧(断熱減圧)する(図8.4のb)，③かんらん岩の融解曲線が低温側に移動する(図8.4のc)。ただし，①のケースは現実には起こりにくい。以下では②と③のケースでのマグマ発生について述べる。

4.2　マグマの発生メカニズム

　マグマが発生する条件について，先に述べた火山が分布する3つのテクトニクス場で考えてみよう。中央海嶺では，そこで形成された海洋プレートが海嶺軸に直角の方向に分かれて広がってゆくので，そこを埋めるように深部から高温のマントルが急速に上昇し，温度があまり下がらないまま減圧される(断熱減圧)。その時に図8.4のbの状態となり，上昇したかんらん岩が部分溶融してマグマが発生する。つまり，中央海嶺ではマントルかんらん岩が**減圧溶融**を起こしている。ホットスポット火山では，マントル深部，場合によってはコア―マントル境界付近から上昇流(**プルーム**という。Box 4.1参照)が生じており，マントルの浅い所で減圧溶融を起こし，マグマが発生する。

　一方，島弧や陸弧などの沈み込み帯では，プレートが深部に沈み込むことによって，その反流として深部から高温マントルが上昇すると考えられている。島弧の地震波トモグラフィー(口絵10参照)で捉えられた高温域が，その流れに対応するのであろう。そして減圧溶融によってマグマが発生する。しかし，沈み込み帯では単純な減圧溶融だけではなく，沈み込むプレート(スラブ)からもたらされる水の影響も無視できない。スラブは海水を取り込んでおり，その水が沈み込み帯深部の高温・高圧のもとでプレートから放出され，上側のマントルウェッジに加わる。一般に，岩石に水が加わると岩石の融点は低下するので，このプロセスで生じた含水かんらん岩では，図8.4のcで示されるように融点が低下してマグマが発生しやすくなる。

4.3　マグマの上昇

　かんらん岩の部分溶融で生じた玄武岩質マグマは，最初はかんらん岩の構成結晶の境界に薄く広がっているが，部分溶融の程度が高まると，しだいに集積してかんらん岩中にマグマのポケットが生じる。集積したマグマは，周囲のかんらん岩より軽いので浮力により上昇を開始する。上昇するマグマは，

第8章　火山活動はどこで，なぜ起こるか？　93

周囲の岩石の密度が大きく変化するような密度不連続面では上昇速度が変化する。たとえば，**モホ面**では地殻の方が上部マントルより密度が小さく，マグマとの密度差が小さくなるのでマグマの上昇速度は遅くなる。場合によっては，そのような密度不連続面でマグマは停滞し，**マグマ溜り**を形成する。一度停滞したマグマは何らかのプロセスで再び上昇を開始しなければならないが，そのプロセスについては次節で考えてみよう。

5. マグマの組成変化と火山深部の構造

5.1　マグマの分化

　マントルで生じた玄武岩質マグマは，上昇中あるいはマグマ溜りで停滞している間にさまざまなプロセスで化学組成が変化する。このプロセスを総称して**マグマの分化**と呼ぶ。まず温度低下によりマグマでは結晶作用が進行する。水が冷却して氷となる場合と異なり，多数の化学成分からなるマグマが冷却して結晶化する場合，生じる結晶（鉱物）は多種類であり，またそれら鉱物の化学組成はマグマ（の液相）の化学組成とは異なる。そのため結晶が生じると，結晶と共存する液相の化学組成は結晶生成以前の液相のそれとは異なることになる（図8.5）。生じた結晶はマグマの液相よりも重いことが一般的で，マグマ溜り中を重力により沈降する。あるいは結晶がマグマ溜りの壁から成長した場合，たとえばそのマグマ溜りに圧力が加わると，結晶と液相の分離が起こるかもしれない。このように，マグマ中の結晶と液相との分離が起こることで，マグマ（液相）の化学組成が変化するプロセスを**結晶分化作用**あるいは**分別結晶作用**と呼ぶ。このプロセスは実際の溶岩や深成岩体などで結晶の集積が起こっているのが観察されることなどから，天然でも普通に起こっていると考えられ，玄武岩質マグマから流紋岩質マグマまでの分化を引き起こしていると推測される。大規模な**層状分化貫入岩体**はこのようにしてできる。

　別のプロセスとしては，マグマがマグマ溜りの壁などの岩石を，マグマの熱によって部分的に溶融させることで，あるいは岩石そのものがマグマに取り込まれて部分的あるいはすべて溶融することによって，マグマの組成が変化することがある。この作用を**混成作用**あるいは**同化作用**という。岩石を取

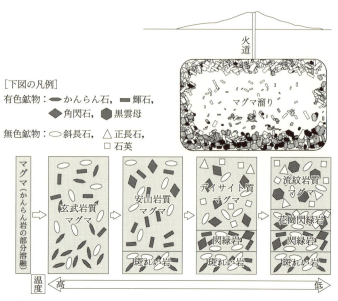

図 8.5 マグマ溜りにおける結晶分化作用。マグマ溜りでは周囲より冷却が進み，鉱物が晶出する（上図）。それらの鉱物はマグマの液相より重いので重力で沈降し，残った液相の化学組成はもともとのマグマとは異なるようになる。そのマグマから再び鉱物が晶出して液相と分離する。そのようなプロセスが進行することで，玄武岩質マグマから流紋岩質マグマまでが生成可能である（下図）。

り込む代わりに，あるマグマが別のマグマと混合することも頻繁に起こっていることも指摘されている。これを**マグマ混合**と呼ぶ。これらのプロセスによって多様なマグマができる。

分化によるマグマの多様性についての最近の研究によると，結晶分化よりも，マグマ混合や混成作用，あるいは**地殻の部分溶融**(5.4 節参照)によるデイサイト質～流紋岩質マグマの生成が重視されることが多い。とくに日本列島のように島弧としては地殻の厚い地域での火山活動では玄武岩が乏しく，安山岩あるいはデイサイト～流紋岩が卓越するが，このような地域ではマントルで発生し上昇した玄武岩質マグマが熱源となって，下部地殻を広範囲に部分溶融させて，デイサイト質～流紋岩質マグマを発生することが普通に起こっていると考えられている。このような地殻の部分溶融によって生じた SiO_2 に富むマグマに，玄武岩質マグマがマグマ混合して中間組成の安山岩

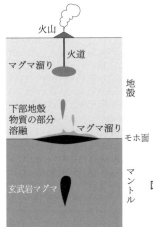

図 8.6 火山深部モデル（中田，2003 をもとに作成）。モホ面付近におけるマグマ溜りの形成と下部地殻物質（デイサイト質〜玄武岩質岩）の部分溶融を想定していることに注意。

〜デイサイトを作ると考えられる。

5.2 火山深部の構造

　火山の深部構造の推定模式図を図 8.6 に示す。すでに述べたように，浮力で上昇してきたマグマは最初にモホ面付近で停滞してマグマ溜りを作ると考えられている。マグマ溜りでは結晶分化作用などによりマグマの組成が変化する。その結果，マグマの密度が低下して浮力を再び獲得し，地殻中を上昇する。地殻の構造は複雑であるが，一般的に浅所ほど密度は小さい。したがって，上昇中のマグマは浮力を再び失って停滞することもある。しかし，上昇中あるいは停滞中の分化によってマグマは上昇を再開する。上昇と停滞を繰り返しながら，マグマは火山直下の浅所まで移動する。しかし，深さ数 km 程度まで上昇すると，周囲の岩石の密度はマグマより小さくなり，分化によってもマグマは浮力を獲得できず，マグマは最終的にマグマ溜りを形成して蓄積される。そのマグマ溜りから噴火にいたるには，分化以外のプロセスが必要となる。そのことについては次章で説明しよう。

[練習問題 1]　火山の分布とプレート配置との関係について述べよ。
[練習問題 2]　マントルが部分溶融する条件を述べよ。
[練習問題 3]　マグマの分化について，代表的な 3 つの作用を述べよ。

Box 8.1　地球深部の化石　マントル捕獲岩

　マントルは地球全体積の8割以上を占める巨大な岩体である。このマントルの実体を調べるために地震波速度や電気伝導度などを利用した物理的観測が盛んに行われている。ただ、このような間接的な観測だけではマントルの化学組成や動きを読み取ることは難しい。

　地球内部の諸情報を直接的に教えてくれるユニークな岩石がある。捕獲岩(xenolith)である(図1)。マグマが地球深部から上昇し地表へ噴出するにはその通り道(火道)を作らねばならない。つまり穴が開くわけである。その穴にもともとあった岩石や火道壁にあった岩石がマグマによって地表まで運び上げられたものが捕獲岩である(図2)。その岩石がマントル由来であると考えられる場合はマントル捕獲岩(mantle xenolith)と呼び、マントルの世界を直接見せてくれる試料として研究されている。ただし、マントル捕獲岩はどんな火山にも見られるわけではなく、むしろ珍しい存在である。マントル捕獲岩が地表までもたらされるために必要な条件を挙げると、まず、マントル捕獲岩を運び上げるマグマがマントル以深から上昇してくる必要がある。また、珪酸塩マグマとマントルの岩石(かんらん岩)の密度を比較すると、岩石の方が大きいため、マグマの上昇速度や粘性、マグマ溜りの有無などの条件によっては、マントル捕獲岩は地表まで上がって来れない。つまりマグマ溜りや火道の中で沈んでしまうのである。しかし、日本国内だけでもマントル捕獲岩の産地は10か所以上知られており、それぞれの産地直下のマントルの情報を教えてくれる。

　マントル捕獲岩からどのような情報が読み取られているのか紹介しよう。光学顕微鏡や電子顕微鏡を用いた鉱物の微細組織観察、および主要元素組成分析は一般的に行われており、他にも、同位体組成からマントルの不均質構造や生成年代が議論されることもある。また、元素の鉱物種間での分配が温度や圧力に依存することを利用して、マントル捕獲岩がマグマに捕獲される前に持っていた形成時の温度や圧力を推定する研究も行われている。とくに、推定された圧力はマントル捕獲岩が生成した深さを教えてくれるため、マントル捕獲岩の価値を転石レベルから大深度掘削試料レベルへと引き上げてくれる。生成深度が推定されたマントル捕獲岩から他の諸情報を抽出できれば、マントルの世界をさまざまな観点から三次元的に眺めることができるようになる。

　マントル捕獲岩にはもう一つ重要な情報が秘められている。それは時間軸である。物理的観測は現代の地球内部を探る上で重要であるが、時間軸を持たない。マントル捕獲岩は噴出した時代のマントルの情報を記録しているため、地球深部の化石といえる試料である。つまり、マントル捕獲岩が保持する生成深度や時間軸、化学組成などの諸情報をうまく組み合わせれば、マントルを四次元的に解析することが原理的に可能になるのである。

図1　かんらん岩の捕獲岩。白いところはかんらん石、暗色部は斜方輝石や単斜輝石、クロムスピネルで構成されている。秋田県男鹿市で採取。最大幅3 cm。

図2　地球深部から上昇するマグマによって地表まで運び上げられた岩石を捕獲岩という。

火山噴火と火山災害・噴火予知

第9章

マグマ溜りに蓄積されたマグマが上昇して噴火するためには，マグマ中に溶け込んでいた水などの揮発性成分の発泡・膨張が重要な役割を果たす。それだけではなく，噴火の様式も，揮発性成分がマグマからどのように抜け出すかという，脱ガスのしかたによって決まる。火口から放出される噴出物は溶岩流や火砕流など噴火様式に対応して多様であり，それら噴出物が火口周辺に堆積して火山体を構成する。人類は火山活動によってさまざまな恩恵を受けてきたが，また同時に火山災害をしばしば受けてきた。私たちは，科学による噴火予測だけではなく，火山災害を軽減するための努力を怠ってはならない。

キーワード
火砕流，火山災害，火山の恵み，火山噴火，火山噴火予知，活火山，揮発性成分，降下火砕物，爆発的噴火，ハザードマップ，非爆発的噴火，噴火規模，噴火様式，噴火予知，マグマ水蒸気噴火，マグマ溜り，溶岩流

1. 火山噴火の機構と様式

1.1 火山噴火のメカニズム

周囲の岩石との密度差による浮力を原動力として上昇するマグマは，最終的には深さ数 km で浮力を失って停滞し，**マグマ溜り**を形成する。このマグマ溜りから地表までのマグマの上昇や噴火に重要な役割を演じるのは，H_2O・CO_2・SO_2 などの**揮発性成分**である。揮発性成分は深部ではマグマ中の液相に溶け込んでいるが，低圧になると液相に溶け込めなくなり，発泡してガス相となる。ガスを含んだマグマは軽くなり，マグマ溜りから上昇を開始する。上昇が始まるとガスは膨張するだけでなく，圧力がさらに下がるので新たに発泡も起こる。このようにガス相の割合が急激に増加し，マグマの密度が急激に低下して上昇は加速される。

噴火様式がどのようなものになるかは，マグマからの揮発性成分の**脱ガス**

98 第 I 部 固体地球の構造と変動

のしかたによって決まる(図9.1)。このことはコーラの瓶の栓を抜くことを想像するとわかりやすいだろう。よく振った瓶の栓を勢いよく抜くと、コーラは勢いよく吹き出てしまう。同様に上昇中のマグマから急激に脱ガスが起こると、マグマはばらばらに破砕されて、膨張するガスとともに高速度で地表に到達して**爆発的な噴火**となる(図9.2A)。コーラを吹きこぼさないようにするには、栓をほんの少し開けて、瓶から炭酸ガスが抜けるのを待ってから、栓を全部あけるであろう。噴火の場合も同じで、上昇中のマグマから緩やかに脱ガスする、あるいはガスがマグマの通り道である**火道**から効果的に周囲に抜け出すと、マグマは液体状態のまま溶岩流として火口から流出する。これが**非爆発的噴火**である(図9.2B)。

　これらの噴火様式とは別に、放出されるマグマの量によって**噴火の規模**を議論することも多い。噴火の規模はさまざまであり、日本で起こった20世紀最大規模の1914年の桜島噴火で放出されたマグマの体積は約 1 km³ である。しかし、地球上の最大規模の噴火では 1 回の噴火で数百 km³ 以上のマグマが放出される。たとえば、4 万年前に支笏火山で起こった噴火では 200 km³ 以上のマグマが放出された。

1.2　爆発的噴火と噴出物

　爆発的噴火では放出されたマグマは大気中で急冷され、火山ガスとともに火口から吹き上げられる。この際に放出されるマグマの破片が固結したものを**火山砕屑物(火砕物)**という(11.1節参照)。火口から高速で放出されたマグマ片とガスは、周囲の大気を取り込んで噴煙を形成する。この際に取り込まれた大気は、マグマ片の熱で加熱され急激に膨張するために、噴煙は周囲の大気より軽くなり、浮力によって上昇し**噴煙柱**を形成する(図9.2A)。大規模な噴火では噴煙柱は高さ 10 km 以上の成層圏まで到達する。このように大規模な噴煙柱を形成するような噴火を**プリニー式噴火**と呼ぶ。

　噴煙柱は上空で浮力を失うと、水平方向に広がっていくが、一般には上空の偏西風(北半球では)などの風により流れ、重いものから順次降下して風下側の地表に堆積する。この堆積物を**降下火砕物**と呼ぶ。降下火砕物は火山の風下側に分布し、大規模な噴火では火山から数百 km、あるいはそれより遠

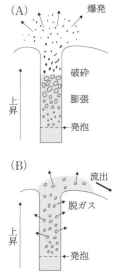

図9.1 噴火の発生機構(兼岡・井田,1997より)。(A)気泡の増大によって上昇途中でマグマが破砕されると爆発的な噴火が起こる。(B)脱ガスが十分に進むと，マグマは破砕をまぬがれ，溶岩流として噴出する。

図9.2 爆発的な噴火と静かな噴火。(A)有珠山1977年噴火(提供：国際航業株式会社)。噴煙柱は最大12 kmに達した。(B)伊豆大島1986年噴火(撮影：白尾元理)。山腹を静かに流れる溶岩流。(図9.5，口絵14参照)

方でも降下**火山灰層**として堆積する。1回の噴火による降下火砕物は，供給源の火山に近いほど層の厚さや火砕物の粒径が大きい。したがって，供給源がわからない堆積物でも，降下火砕物の層の厚さや粒径の変化を広域的に調べることで，供給源の火山をつきとめることができる。

　上昇する噴煙柱が何らかの原因で浮力を失い，崩壊・落下することがある。たとえば，噴火中に火口の壁の崩壊などによって火口が拡大し，噴煙柱の火口から立ち上がる速度が急減する場合などがその原因となる。崩壊した噴煙柱，つまり高温のマグマ片と火山ガスや取り込まれた大気の混合物は，位置エネルギーを運動エネルギーに変えて地表を高速で流れる。これが**火砕流**である。火砕流の本体はマグマ片が固結した岩片が主体の密度の大きい流れで

あるが，その本体から分離した高温の火山灰・火山ガスや取り込んだ大気からなる希薄な部分があり，灰かぐらと呼ばれる。灰かぐらは取り込んだ大気が膨張して軽くなり，噴煙柱のように「もくもく」と上昇することが多い（図9.3）。火砕流は噴煙柱の崩壊のほかに高温を保った溶岩流や溶岩ドームが崩壊して発生するが，噴煙柱崩壊タイプと比べてその規模はずっと小さい。

1.3 非爆発的噴火と噴出物

　非爆発的噴火では，火口からマグマがあふれ出たり，あるいは噴水のように吹き上がったマグマが落下して斜面を流下し，**溶岩流**として流れる。溶岩流はマグマの粘性・噴出率（単位時間当りの噴出量）や地形によって，その広がり方が決まる。溶岩の地表面での広がり（L）と厚み（H）の比率（H/L）が1/8より大きいものを**溶岩ドーム**，それ以下を**溶岩流**と呼ぶ。傾斜など地形が同じ場合，玄武岩質のように粘性が低いマグマでは薄い溶岩流となり，粘性が高いマグマでは厚い溶岩流や溶岩ドームとなる（図9.4）。溶岩流の表面と底面は急冷されて固結するが，流動性に富む溶岩流ではその固結した殻を突き破ってマグマが流れ出す。それを繰り返して溶岩流は前進する。流動性が乏しくなると，溶岩表層部の固結した殻は厚くなるが，高温の溶岩流内部は未固結で流動しているため，すぐに殻は破砕され破片状となる。流動中の溶岩流は，そのように形成された岩石片を表層部にのせたまま流れてゆく。

図9.3 長崎県雲仙普賢岳で発生した火砕流（撮影：中田節也）。灰かぐらを巻き上げて流れる。

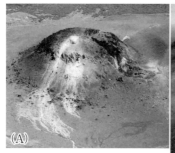

図9.4 (A)樽前山の溶岩ドーム(撮影：中川光弘)。図9.5参照。(B)パゴ火山(パプアニューギニア)の溶岩流(黒い部分)(撮影：吉本充宏)。図8.1参照

1.4 マグマ水蒸気噴火

マグマが上昇中に地下水や火口湖の水と接触することにより，あるいは浅海底での噴火によりマグマと海水が接触し，水が急激に気化・膨張することで爆発的な噴火を起こすことがある。これを**マグマ水蒸気噴火**という。マグマ物質に加えて，火口直下の浅所の基盤の岩石片を相当量放出することが一般的である。一方，マグマ自体が放出されない類似の噴火を**水蒸気噴火**という。マグマが放出される通常の噴火に先駆けて，あるいはその終盤にこれらのタイプの噴火が起こることも普通である。

2. 火山とその構造

2.1 火山の種類と構造

ほぼ同じ位置の火口から噴火を繰り返し，噴出物が火口周辺で厚く堆積することで火山が成長してゆく。降下火砕物が火口周辺に堆積すると，円錐形の山体と山頂に火口を持つ小火山が形成される。これを**火砕丘**と呼ぶ。これらは一般に小型の火山であることが多く，東伊豆にある大室山がその代表である。溶岩ドームによっても火山が構成される場合もある。昭和新山は1943〜1945年の噴火で形成された単一の溶岩ドームであるが，北海道東部のアトサヌプリ火山は多数の溶岩ドームからなる火山である。一方，長期に

わたりほぼ同じ火口から，降下火砕物を放出する噴火や，火砕流や溶岩流出をともなう噴火を繰り返すことで成長した火山を**成層火山**と呼ぶ。成層火山は一般的には大型であり，富士山や北海道の羊蹄山がその代表である。

火山活動によって，山ができるだけではなく，しばしば凹地を形成することがある。火口も火山噴火によってできる凹地であるが，通常は直径2 km以下である。ところが浅所のマグマ溜りから大量のマグマが一度に放出されると，地下にできた空洞を埋めるように地表面が大規模に陥没する。その大きさは噴出量と相関しており，直径数 km〜十 km を超える場合も珍しくない。これが**カルデラ**(スペイン語で大釜の意味)である。カルデラの周辺にはこのとき放出された火砕流堆積物が作る緩斜面の台地(**火砕流台地**)が広がっている。日本では過去10万年以内の噴火で作られたカルデラ火山が九州と北海道に分布している。

2.2　日本の活火山

火山という場合には，第四紀に活動した火山のことをいう場合が多いが，それらの火山を活動の状況および噴火の可能性から，活火山・休火山・死火山に分類したことがあった。しかし，現在ではその分類を用いることはない。気象庁では将来の噴火の可能性のある火山を監視する必要があるため，活火山とそのほかの火山の二つに大別している。**活火山**は過去1万年間に噴火の実績がある火山，あるいは現在噴気活動などが活発な火山としている。2011年末現在での日本の活火山は北方四島を含めて110ある(図9.5)。北海道では北方四島を除いて，18火山があり，そのなかでも北海道駒ケ岳・有珠山・樽前山・十勝岳・雌阿寒岳が最近100年間でも噴火を繰り返している。この活火山の数は今後の研究の進展によって増加する可能性がある。

3. 火山災害

3.1　火山災害の種類と特徴

火山噴火による災害には，火山噴出物によって直接的に人命や建物などの社会資本に被害をもたらす場合と，噴火後に飢饉や疫病などにより二次的に

第 9 章 火山噴火と火山災害・噴火予知　103

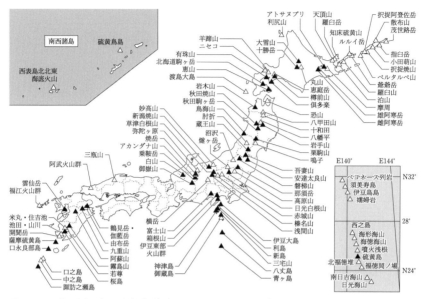

図 9.5　日本の活火山の分布(気象庁，2012 より)　▲は「火山防災のために監視・観測体制の充実が必要な火山」として火山噴火予知連絡会によって選定された 47 火山

誘発される場合がある。また山体が大規模に崩壊することで発生する**岩屑なだれ**や，降雨等により火山体斜面の堆積物が流下する**火山泥流**や土石流も大きな災害をもたらす(12.5 節参照)。最近 300 年間の主な火山災害では火砕流・岩屑なだれ・火山泥流による被害が大きい(表 9.1)。また，火砕流や岩屑なだれが海に流入したり，海底噴火によって津波が発生し，大きな災害をもたらすこともある。雲仙の 1792 年噴火では噴火活動にともなう地震で火山体が崩壊し，岩屑なだれが有明海に流入することで津波が発生して，とくに対岸の熊本県沿岸で大きな被害をもたらした(島原大変，肥後迷惑)。火山噴出物を大量に放出しなくても火山ガスにより人命や家畜・植生が失われることも多い。2000 年の三宅島噴火では，大量に放出された SO_2 ガスのために全島避難が長期にわたり大きな社会問題となった。また，19 世紀以前では火山噴火が原因の飢饉による被害が深刻であった。ただ世界的な支援が一般的になってきた最近では，飢饉による大きな被害は起こっていない。

　これまでの火山災害をみると，火砕流や火山泥流など地表を高速で流走す

104　第 I 部　固体地球の構造と変動

表 9.1　最近 300 年間の主な火山災害(Tilling, 1989 を一部修正)

火山名	国名	噴火年	死者数(人)	死亡原因
御嶽	日本	2014	63	噴石
雲仙	日本	1991	43	火砕流
ニオス湖	カメルーン	1986	1,700	火山ガス
ネバド・デル・ルイス	コロンビア	1985	>23,000	火山泥流
エルチチョン	メキシコ	1982	>2,000	火砕流
セントヘレンズ	アメリカ	1980	60	岩屑なだれ
ラミントン	パプアニューギニア	1951	2,940	火砕流
メラピ	インドネシア	1930	1,300	火砕流
ケルート	インドネシア	1919	5,110	火山泥流
スフリエール	セントビンセント	1902	1,560	火砕流
プレー	マルティニーク島(仏領)	1902	29,000	火砕流
クラカタウ	インドネシア	1883	36,420	津波
タンボラ	インドネシア	1815	80,000(1,200)	飢饉(火砕流)
マヨン	フィリピン	1814	1,200	火砕流
雲仙	日本	1792	15,190	岩屑なだれ・津波
ラキ	アイスランド	1783	9,340	飢饉
浅間	日本	1783	1,150	火砕流・火山泥流
パパンダヤン	インドネシア	1772	2,960	火砕流
渡島大島	日本	1741	1,471	津波

　る現象を要因とした深刻な災害が起こっていることが指摘できる。また，こ
れらの災害は日本・インドネシア・西インド諸島・アンデスなどの島弧や陸
弧の火山に集中している。その理由はこれらの火山の噴火がより爆発的なた
めである。一方，溶岩流はその流出速度が一般的に遅いために，それにより
人命が奪われることは稀である。
　火山災害の大きさは噴火の規模だけによるものではない。たとえば，有珠
山の 2000 年の噴火では人命の損失はなかったが，火口から放出された噴石
や降下火山灰，そして泥流によって家屋や道路などに大きな被害があった
(図9.6)。噴火そのものは，マグマ噴出量としては 0.001 km³ に満たない小
噴火であったが，火山(火口)と生活圏が接近しすぎていたために深刻な火山
災害をもたらした。さらに，2014 年 9 月の御嶽山噴火では，小規模の水蒸
気噴火であったにもかかわらず，火口近くに登山道があり，また登山シーズ
ンであったために，主として噴石の直撃により多くの犠牲者が出た。これら
のことは火山災害を軽減する手法を考える際のヒントを与えるとともに，そ

の困難さも同時に教えている。

20世紀最大といわれる1991年のピナトゥボ火山（フィリピン）噴火の熱エネルギーは$2×10^{19}$ J と推定されている。この値は日本の年間エネルギー消費量の半分を超える。この大噴火により放出された大量のエアロゾルや塵埃は成層圏に残留し，地球の気温が約0.5℃低下したといわれる。

3.2 火山活動の恵みと火山との共存

火山の場合，噴火災害のイメージが強調されがちになる。しかしながら，火山あるいはマグマ活動は人類に大きな**恵み**を与えていることを忘れてはいけない。火山と美しい湖や広大な火砕流台地などの景色，そして温泉などは人びとの憩いの場となっている。それだけではなく，火山灰などの火山噴出物は堆積直後には耕作に適さないが，その後の風化・土壌化作用により栄養分に富んだ大地に変化する。また頻繁な噴火によって土地は更新され，その

図9.6 有珠山2000年噴火とその被害。(A)金比羅山麓の噴火（撮影：陸上自衛隊）。(B)噴石による被害（撮影：岡田弘）。(C)火山泥流による被害（撮影：中川光弘）。(D)地殻変動による被害（撮影：中川光弘）

106 第 I 部　固体地球の構造と変動

生産性を保つ。地熱資源(13.7節参照)が火山からもたらされることは理解できるであろうが，金・銀・銅に代表される地下資源(第14章参照)の多くもマグマ活動によって作られていることも忘れてはいけない。火山の一生を考えた場合，噴火活動期は短く，それ以外は静穏な時期が続く。その間に私たち人類はじつに多くの恵みを火山から受けているのである。その恩恵に感謝しつつ，火山と共生してゆくことが大切である。

4. 火山噴火予知と減災

　火山噴火を防ぐことができない以上，来るべき噴火に備えて減災のための方策を講じることが重要である。そのためにはまず，噴火を予知するための研究や火山の観測が必要となる。さらに，防災施設の整備などのハード面や防災教育などのソフト面での対策が必要となる。それらの防災対応の指針となるのが**ハザードマップ**(災害予測図)である。ここでは噴火予知研究・観測とハザードマップについて説明しよう。

4.1　噴火予知の手法と課題
　火山噴火予知で大切なことは，噴火の時期・規模・様式を知ることである。このことは地震予知の場合とも共通するが，噴火予知の場合には噴火の推移予測も大切である。これらの噴火予知では，火山深部でのマグマの蓄積や移動を捉えることが重要で，そのために地震観測や地殻変動などの地球物理学的観測が重要となる(図9.7)。地震観測では，地震の震源分布や地震波形の解析によりマグマ溜りの位置や運動を捉えることが可能である。GPS (Global Positioning System)による観測に代表されるような地殻変動観測では，広域的な地殻変動を捉えることにより，火山深部のマグマ溜りの位置やその大きさを見積もることができる。さらに地殻変動の連続観測を行うことにより，マグマの移動を捉えることが試みられている。このほかに重力や電磁気的観測，あるいは火山ガスの分析による手法も広く実施されている。これらに加え，最近では人工衛星による噴火の監視や地殻変動の観測も行われるようになった。これらの手法により遠隔地の火山の観測が飛躍的に進歩した。

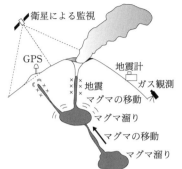

図 9.7 火山の監視

火山の周辺に居住地がない場合は，住民への火山災害を考慮する必要はない。しかしそのような場合でも，2010年4月のアイスランドの火山噴火による長期の空港閉鎖にみられるように，火山噴火で舞い上がった火山灰が上空を飛ぶ飛行機のエンジンに深刻な影響を与え，大事故につながる可能性がある。

一方で短期的噴火予知だけではなく，数年〜数十年あるいはより長期で考えた場合の噴火の可能性を議論する中長期的噴火予測も大切である。この予測は長期的な都市計画あるいは社会資本の整備などに不可欠だからである。そのためには，現在のマグマの挙動を検出することに重点をおく地球物理学的手法だけではなく，地質学的手法により**噴火履歴**や過去の噴火様式，さらにその推移を明らかにし，過去の活動実績から確率論的に将来予測を行うことが重要となる。それだけではなく，最近では過去の噴火の噴出物を物質科学的に解析して，マグマの組成の変化を知ることで，マグマの将来の発達過程を推定することも試みられている。

4.2 ハザードマップ

ハザードマップは，将来起こりうる災害についてその影響がおよぶ範囲を災害要因ごとに地図上に示したものである。火山噴火の場合，将来の噴火の規模や様式を科学的に推定することは，現時点では不可能である。そこで，火山の噴火履歴から将来起こりうる噴火を選択し，その噴出物の分布を示した災害実績図を作る。そして災害要因ごとに地図上に示し，ハザードマップを作成する。ハザードマップのユーザーは，災害対応を行う自治体や地域住

108　第Ⅰ部　固体地球の構造と変動

図 9.8　有珠山のハザードマップ（有珠山火山防災マップ，2002 より）

民である．自治体向けには，ハザードマップに砂防ダムなど防災施設，避難の際の援助に必要な病院や介護施設，さらに道路などの交通網なども地図上に示す．地域住民や観光客などの訪問者向けには，避難施設や役場などの緊急連絡先，あるいは避難時の携行品や注意事項を示す必要がある．この住民向けのハザードマップをとくに広報マップとも呼び，これが私たちの目にふれるマップとなる（図9.8）．このマップをもとに防災や避難のための施設の整備に代表されるハード面，あるいは防災計画や災害復興計画の立案や住民への防災教育活動などのソフト面での防災対策が行われている．現在の日本では，38の活火山のハザードマップが作成されている．

［練習問題1］　火山噴火が爆発的になる要因とそのメカニズムを答えよ．
［練習問題2］　噴火を予測するにあたりどのような観測研究が必要か考えよ．
［練習問題3］　災害の規模が大きくなりやすい噴火現象を挙げよ．また，災害の影響がおよぶ範囲を予測した地図をなんと呼ぶか答えよ．

第II部

地球の歴史と環境の変遷

地球は約46億年前の誕生以来，初期の隕石集積にともなう外部からのエネルギーを除くと，おもに内部のエネルギーにより均質系から多層系へ，単調から複雑へと不可逆的な歴史をたどって，生命を生み，現在の人類の出現にいたっている。しかし，地球のこのような変遷をもたらしたエネルギーは地球内部のエネルギーだけではない。地球表層の地形形成や生物の進化と多様性の形成には，外部のエネルギーつまり太陽エネルギーに起因する第Ⅲ部で述べる大気と海洋の運動が大きく関わっており，岩石圏・水圏・大気圏・生物圏の相互作用の結果である。

　固体地球の内部構造や構成物質，プレート運動に起因する地震・火山活動などの機構を学んだ第Ⅰ部を受けて，全8章からなる第Ⅱ部「地球の歴史と環境の変遷」では，地球初期における原始大気・原始海洋の誕生から私たちが生きている現在を含む地質時代である第四紀までの時間の流れをたどり，地球表層部の形成と変遷および生物進化，さらに自然災害や地球資源について学ぶ。

　以下に各章の内容を簡単に紹介する。第10章「河川の働きと地形形成」では〝水惑星〟地球の特徴である水（河川）による地形形成の過程を紹介する。第11章「堆積作用と堆積岩および変成岩」では河川の侵食作用の産物であり，私たちにもっとも身近である堆積物（岩）の形成と地層の歴史性，さらに変成岩について学ぶ。第12章「ランドスライド」では太陽エネルギーと地球重力による自然現象の一つであるが，そこに人間がいると災害となる地すべりなどの自然災害について解説する。第13章「地球エネルギー資源」と第14章「金属鉱物資源と社会」では，私たちの生活の基盤であり，地球の長い歴史のなかで作られ，現在私たちが急速に消費している再生不可能なエネルギー資源と金属資源の形成機構をそれらの将来の問題とともに述べる。第15章「地球の誕生と大気・海洋の起源」では地球初期の核・マントル・地殻・海洋・大気への分化過程について学ぶ。第16章「地球環境の変遷と生物進化」と第17章「人類進化と第四紀の環境」では，地球の最大の特徴である生物の発生・進化（多様化）と，生物と地球環境の相互作用，とくに地質時代のなかではもっとも短かい時代であるが，ヒトが進化した時代である第四紀について理解していただく。

河川の働きと地形形成

第*10*章──────────────────────────

地上に降った降水の約60%は水蒸気として大気へ戻り，約38%が河川によって海洋へ流出する。河川水の量は陸域にある水全体のわずか0.003%にすぎない。しかし，その輸送量が大きいことによって河川水は陸域の水収支に重要な役割を果たしている。河川が水の大きな輸送力を持つということは，同時に河川は大地を侵食し，砕屑物を運搬する作用が大きいことを意味する。河川は降水とともに大地の彫刻家である。この章では，河川が持つ侵食・運搬・堆積作用の原理，この作用が長期間継続することによる地形の進化，および河川の強い流れが引き起こす洪水災害について述べる。さらに，河川による海洋への土砂流出の分布を示し，近年，土砂流出が人為的影響を強く受けていることを述べる。

キーワード
地形進化，蛇行，土壌，土砂流出，下刻作用，源頭部，氾濫原，淵，河岸段丘，河川洪水，瀬，扇状地，侵食，自然堤防，水系網，堆積，淘汰作用，運搬

1. 河川の下刻作用と地形形成

図10.1は，米国の地理学者デイヴィス(W. M. Davis)によって提唱された，河川による侵食作用で地形が進化する過程を示す。河川による侵食は，川幅を広げようとする**側方侵食**と川底を掘り下げようとする**下方侵食**からなり，後者をとくに**下刻作用**という。図10.1では，地形は断層運動(地殻変動)による隆起を初期段階として，河川の下刻作用によって幼年期・壮年期・老年期へと進化するが，この過程の時間スケールは千万年〜億年のオーダーと考えられる。しかし，実際には地形はさまざまな地殻変動によって不規則に変化しうる。日本では，活発な地殻変動とモンスーンによる多量降水のため壮年期の地形が発達しており，降雨や融雪の際に山腹(山の斜面)の土砂が削られ，これが河川に集まって下流に輸送され，平地で堆積して**扇状地**を作る。たとえば，札幌の**豊平川扇状地**は豊平川による土砂の運搬と堆積の作用で形

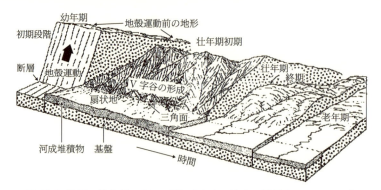

図 10.1 地形の進化(Strahler, 1954 をもとに作成。原図は W.M. Davis)

成され，札幌市街地の南部〜中部はこの扇状地の上に発達している。

2. 河川地形

図10.2は，河川の水系網を表す模式図である。山体斜面での湧水によって河川(1次河川)が発生し，それより上流の**谷頭部**(0次谷)と1次河川を総称して**源頭部**という。1次河川が合流して2次河川を作るが，こうした上流部は川底(**河床**という)がステップ・プール構造を持つ場合が多い(図10.3)。中流部になると河川は**蛇行**し始め，図10.4にように，河道(河川流路)は交互に**瀬**と**淵**を持つようになる。瀬では流れが速く，淵では流れが遅い。このため，運ばれる土砂は流れが弱くなりはじめる淵の上流で堆積しやすくなり，これより下流方向へ**砂州**(ポイント・バー)を形成するようになる(図10.4)。蛇

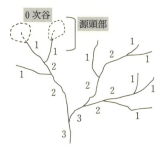

図 10.2 河川の水系網(3次河川の場合)

図 10.3 ステップとプールの河床が交互に現れる源頭部の川(札幌市,豊平川)

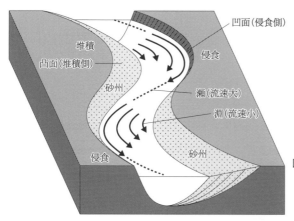

図 10.4 蛇行河川の流路構造と砂州(ポイント・バー)の形成(Pipkin et al., 2005 をもとに作成)

行する川のまわりには土砂の堆積で**自然堤防**が作られ，洪水時に川が増水すると自然堤防を越えて水が氾濫し**氾濫原**を形成する(図10.5)。このとき氾濫原に堆積する土砂は粒径が細かく，結果として，河床や川のまわりは図10.5に示すように粒径の異なる土砂が堆積する。図10.5では，河床から氾濫原に向かって横方向に土砂の粒径が小さくなっており，川の流れによるこうした土砂の粒度の選別作用を**淘汰作用**または**分級作用**という(11.1節参照)。

さらに下流では，河道はさらに激しく蛇行するようになり，洪水のたびに流路が変化して河道の一部が取り残され，**三日月湖**が形成される。この湖は

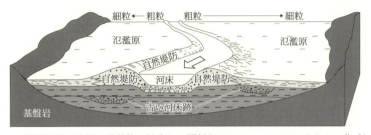

図10.5 蛇行河川の地形と堆積物の粒度との関係（Pipkin *et al.*, 2005をもとに作成）。粒子の粗い堆積物は流速の大きい流路に堆積し，粒子の細かいシルトや粘土は自然堤防を越える越流により運ばれ，流速が衰える自然堤防付近や氾濫原に堆積する。

河跡湖とも呼ばれ，北海道・石狩川の中流部〜下流部に多くみられる（図10.6）。

　河床面が掘り下げられると，氾濫原が平坦面として高いところにとり残される。下刻作用が進み，河床面が平衡面（**侵食基準面**：一般には海水面）に近づくと，河川は側方侵食が活発になり，再び自然堤防と氾濫原をつくるようになる。そのとき，以前の氾濫原の一部が段丘面となり，新しい氾濫原との境界に段丘崖を形成する。その後，土地が隆起するか海水面が低下すると，新たな侵食基準面が生まれ，これに対する河川の下刻作用と側方侵食が起こる。以上が繰り返されることで，新旧の**段丘面**と**段丘崖**からなる**河岸段丘**地

図10.6 石狩川の三日月湖（滝川市付近）

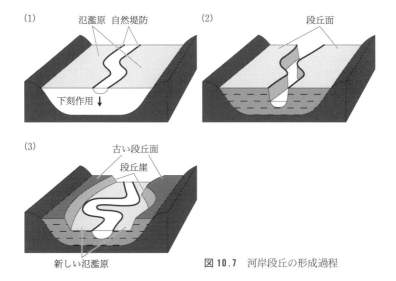

図 10.7　河岸段丘の形成過程

図 10.8　信濃川にみられる河岸段丘

形ができる(図 10.7，10.8)。

3. 河川による侵食・運搬・堆積

図 10.9 は，河川における土砂粒子の輸送形態を示す．一般に，礫のように大きな粒子は河床上を滑ったり転がったり(**滑動**および**転動**という)しなが

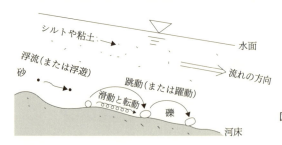

図 10.9　河川における土砂の運搬形態

ら移動し，これより細かい砂粒子は，河床上を飛び跳ねるように**跳動**(または**躍動**)したり，河床に接することなく**浮流**(または**浮遊**)状態で移動する。上流で降雨や融雪があると，河川は増水して濁るようになる。これは，河床にたまっていた土砂が侵食されたこと，および上流の斜面から細かい土壌粒子が流路へ流入したためである。斜面で侵食された土砂は細かい粒子が多く，主にシルトや粘土からなる。この際，土壌中の有機物もともに川へ流入する。

もっとも粗い礫(巨礫)から細かい粘土の粒子まで，大きさによる土砂の分類は表 10.1 のとおりである。ここで，ϕ(ファイ)の値は $\phi = -\log_2 d$ (d：粒径，mm)で定義されるファイ・スケールという粒子の大きさを表す単位である。ϕ 値を使うと，土砂の分類境界を整数で表すことができる。

図 10.10 は，河床が礫～粘土の粒子からなる場合，川の流速の変化によって，これらの粒子がどのように振る舞うかを表したものである。運搬されている粒子は，粒径が大きいほど速く沈降・堆積しようとするので，C の領域では，流速が減少するにしたがい大きな粒子から河床に堆積しようという境界(Ⅱの線)が描ける。流れがこの境界より速いなら，それぞれの粒子は堆積せず運搬され続ける(B の領域)。一方，河床に堆積している粒子が流速の増大で侵食され運搬される場合(A の領域)，直径 0.25 mm 程度の砂粒子がもっとも侵食されやすい(Ⅰの線)。これは，この直径より小さければ，大きな

表 10.1　粒径による土砂の分類

	巨礫	大礫	中礫	小礫	砂	シルト	粘土
粒径(mm)	>256	64.0 ～256	4.0 ～64.0	2.0 ～4.0	0.0625 ～2.0	0.00391 ～0.0625	<0.00391
ϕ	<−8	−8～−6	−6～−2	−2～−1	−1～4	4～8	>8

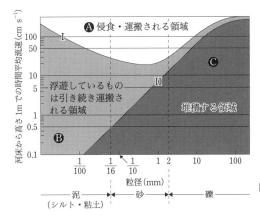

図 10.10　川の平均流速と土砂粒子の振る舞いとの関係

礫などの影に存在して流れの影響を直接受けにくいこと，この直径より大きければ，この粒子を動かすためにはより大きな流速が必要になるためである．

4. 河川洪水

上流で多量の降雨があった場合，ある地点の河川の流量は時間とともに急激に増大し，降雨が止む頃に流量はピークを迎え，この後しだいに減少するという変化を示す(図 26.6)．降雨が続くと，上流の流域斜面の土壌中で雨水の浸透が活発になり，透水性の悪い基盤との境界で地下水流が形成され，河道に向かって流下する．この流れが河道周辺に集中すると，地下水面が地上を越え，地表流が同時に発生するようになる．これらの流れが，降雨に対して応答の早い直接流出(26.3節参照)を生じさせる一つの要因といわれる．

流量が増大し，河川の水位が図 10.5 に示す自然堤防を超えると，河川は氾濫して大きな洪水被害をもたらす(図 10.11)．増水時に堤防が決壊して市街地に河川水が流れ込むという洪水災害もある．このとき重要なのは，洪水時は水ばかりでなく土砂・流木・人工物なども運搬され堆積するということで，この土砂には流域の斜面を供給源とする泥が多く含まれる．このため，洪水後の復旧作業では，堆積した土砂・流木・人工物の除去作業が急務となる．

図 10.11 河川氾濫による洪水災害(北海道, 佐呂間別川)。2006 年 10 月 27 〜 29 日の間に 255 mm の雨量を記録した。

5. 風化と土壌の形成

　陸域の岩石は, 地形・気候・生物の条件に応じて機械的・化学的・生物学的作用による風化を受ける(11.1 節参照)。日本のように降水量の多い湿潤地域は, 化学的作用として加水分解による風化を受けやすい。また, 土壌表層では生物の生産と分解, および有機物に対する微生物(バクテリア, カビなど)や土壌動物(ミミズ, アリなど)の生物活動が盛んである。これらが岩石の機械的・化学的風化に加わることで, 初めて土壌が生成される。土壌が生成される時間は, 数万年単位といわれる。このことから, 土壌の生成因子として岩石・気候・地形・生物・時間の 5 因子があげられる。

　図 10.12 に, 森林地帯における一般的な土壌層の構造を示す。落ち葉などの有機物がまだ分解せずに残っている層を腐葉層(O 層)といい, その下に, 分解が進んで植物の根などが存在する有機層(A 層), A 層と C 層が混ざった B 層, 最下部の基盤岩(R 層)の風化物(岩屑)を含む無機層(C 層)が存在する。いわゆる土壌は O 〜 B 層の範囲であり, C 層を含めた全体を**レゴリス**という。森林を持つ流域の斜面で降雨があると, 先ず透水性のよい A 層で雨水が活発に降下浸透し, 次に B 層, C 層の順でしだいに透水性が悪くな

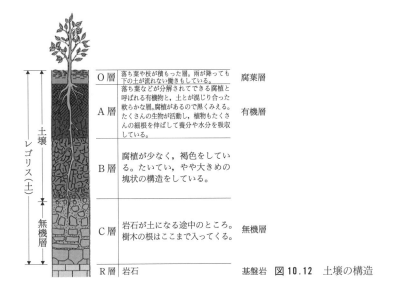

図 10.12 土壌の構造

るため側方浸透流として斜面方向に流下するようになる。レゴリスの下にさらに透水性の悪いR層があると，B～C層に地下水層(帯水層)ができ，これがR層との境界を滑りやすくして，いわゆる地すべりや土砂崩れが発生し，下流域に大きな土砂災害をもたらすことがある(第12章参照)。

6. 海洋への土砂流出

図 10.13 は，世界各地の河川によって土砂が浮遊状態で海洋へ運ばれる年間の浮遊土砂流出量，およびこの流出量を流域面積で割った浮遊土砂生産量である。これによると，世界中の河川(総流域面積 88.6×10^6 km²)が運ぶ土砂流出量は 19.0×10^9 ton/年で，年間の単位流域面積当りの土砂流出量は 214 ton/(km²・年)となる。つまり，流域の表土は平均して 11 cm/1,000 年の速さで侵食され，海に流出していることになる。ただし，表土のカサ密度(土壌粒子・空気・水を含めた密度)は，1,300 kg m^{-3} とする。図 10.13 を見ると，メコン河・黄河・長江(揚子江)のある東南アジア～東アジアで土砂流出量がきわめて高い。この高い流出量は，流域の表層に侵食されやすい土

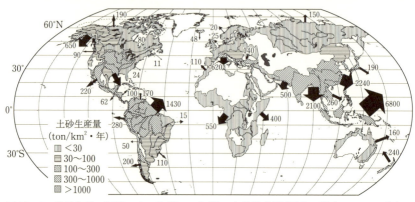

図 10.13 世界各地の河川による海洋への年間の土砂流出量(図中の数字：10^6 ton/年)および年間の単位流域面積当りの土砂生産量(Milliman and Farnsworth, 2011 をもとに作成)

壌層や風成層(レスあるいは黄土という)が厚く堆積していることに加えて，夏季のモンスーンによって流域に集中した降雨が生じることによる．インドネシアでは，近年の土地開発による森林伐採で土砂流出量は増加傾向にある．逆に，長江では 2003 年の三峡ダム建設により，土砂流出量が今後 100 年で現在の 50%以上減少するといわれ，黄河では温暖化による乾燥化や過剰揚水による**断流**(河道に水が存在しない状態)によって，土砂流出量は今後減少傾向にあると考えられる．なお，図 10.13 が作られた段階でもっとも土砂流出量が大きい河は，インド洋のベンガル湾に注ぐガンジス河/ブラマプトラ河で $2,100×10^6$ ton/年である．また，山岳氷河が存在するヒマラヤ〜チベット南部やアラスカ南部では 500〜1,000 ton/(km^2・年)の土砂生産量があり，アマゾン河流域 100〜500 ton/(km^2・年)よりも高い．これは，氷河の流動によって岩石が侵食され(氷食作用)，生産される土砂量が多いことを表す．なお，グリーンランドには氷床・氷河があるが，情報が不足しており空白域となっている．

［練習問題 1］ 身近な河川を取り上げ，その流路がどのような構造をとり，河床の表面にある堆積物がどのような粒子からなっているかを述べよ．
［練習問題 2］ 図 10.9 において，縦軸の流速が 30 cm s^{-1} のとき，礫・砂・シルトの粒子は，それぞれどのような振る舞いをするかを述べよ．

堆積作用と堆積岩および変成岩

第*11*章

　大陸地殻を作っている岩石のなかで，堆積岩が占める割合(体積比約8%)は火成岩(約65%)や変成岩(約27%)に比べると少ない。しかし，人びとが住んでいる平地(とくに海岸平野)の多くは未固結な堆積物やそれが固結した堆積岩からできている。海洋底も含めると，地球表面の90%は堆積物や堆積岩で占められているといわれている。現代社会に欠かせない石油・天然ガスや石炭も堆積岩中に胚胎する。堆積岩は地球史初期には存在しなかった。しかし，原始大気や原始海洋の形成により，地球表面では太陽エネルギーと重力による侵食・運搬・堆積の過程により堆積岩が作られ，火成岩・堆積岩・変成岩の岩石のサイクルに組み込まれていった。本章では，堆積作用や堆積岩の分類・形成過程について述べるとともに，地層の研究から成立した層序学や化石年代，さらに堆積岩などが地下深部で改変する変成作用についてもふれる。

キーワード
運搬作用，化石による地層同定の法則，化石年代，貫入関係，広域変成作用，砕屑物，再結晶作用，初源水平の法則，侵食作用，整合と不整合，接触変成作用，続成作用，堆積作用，断層関係，地層，地層累重の法則，風化作用，変成岩

1. 堆積岩の形成—堆積作用と続成作用

　地球表層部の岩石圏は，大気圏および水圏(水・氷)と接しており，岩石圏表面は風・雨・河川・氷河などにより常に侵食されている(図11.1)。風化や侵食によってできた岩屑や鉱物片などの**砕屑物**や火山噴出物(**火山砕屑物**とも呼び，広義の砕屑物に含める)などが大気や水などによって運ばれ，重力のもとで海や地表などに堆積したものを**堆積物**といい，それらが固結して岩石になったものを**堆積岩**という。堆積岩は，このように既存の岩石の砕屑物に由来するものが基本であるが，化学的沈殿物や生物遺骸などでできるものもある。そのため，堆積岩はそれらができた時代の地球表面のいろいろな情報を含んでおり，堆積岩の研究は，含まれる化石などにより地球の歴史を組

図 11.1 地球表層のいろいろな堆積環境における堆積物の形成

表 11.1 堆積環境（堆積場）による地層（堆積物）の分類（浜島書店編集部，2003 をもとに作成）

堆積の場所		地層（堆積岩）	堆積物
陸域	陸域	陸成層	風成層	砂漠・砂丘・レス（黄土）・火山灰層
			氷成層	氷礫土（ティル）・氷縞粘土
	水域		河成層	河川堆積物（三角州・扇状地堆積物）・段丘堆積物
			湖成層	湖底堆積物
沿岸域		沿岸成層	潟成層	潟堆積物・内湾堆積物
			海浜成層	沿岸堆積物・潮間帯堆積物
海域		海成層	浅海成層	大陸棚堆積物
			半深海成層	大陸斜面堆積物
			深海成層	深海堆積物

み立てるとともに，堆積岩の化学的性質・堆積構造・含有化石などを調べることによって，堆積岩が形成された時代の地球環境の解明にもつながる。

　火成岩や変成岩は一般に地下深部の高温・高圧の条件下で形成されるため，私たちは一部を除いてその形成過程を直接観察することはできない。しかし，堆積岩は地表でのさまざまな過程が関わっているので，場合によってはその過程を現行過程として直接観察できることもある（図 11.1）。

　堆積岩の形成過程は，堆積作用（広義）と続成作用に分けられる。広義の堆積作用は風化作用・侵食作用・運搬作用・堆積作用（狭義）からなる。

1.1 風化作用

　風化作用には一般に物理的（機械的）風化・化学的風化・生物活動による風化がある。物理的風化とは機械的破砕のことで，気温の変化が大きな役割を果たす。岩石は一般に数種の鉱物からできており，熱膨張率が異なる鉱物間

第11章 堆積作用と堆積岩および変成岩　123

では，気温変化により差別的膨張や収縮が生じて鉱物どうしの結合状態が弱まり，岩石にひびが入る。また，岩石の割れ目(節理という)や亀裂にしみ込んだ水は凍結すると膨張し(体積増加は約9％)，割れ目を押し広げて岩石を破砕する(凍結破砕という)。したがって，気温の日変化の大きい砂漠地域や高山地域は物理的風化が激しい。高山や高緯度の氷河周辺地域では，凍結破砕をともなう**周氷河作用**により，大量の岩屑や岩塊が形成される(27.1節参照)。

化学的風化は，岩石に接する大気や水によって，岩石の構成鉱物が酸化や炭酸塩化したり，あるいは溶解などで特定の化学成分が溶脱したり，長石類が加水分解によって粘土鉱物などに分解したりすることである。岩石の割れた面などが赤いサビ状になっているのは，岩石中の鉄が酸化して水酸化鉄ができているためである。熱帯気候下で不溶性の鉄やアルミニウムの水酸化物が残留してできるラテライト(14.2節参照)や近年問題になっている雨による野外の大理石彫像などの溶解($CaCO_3$(炭酸カルシウム：方解石)$+H_2O+CO_2 \rightarrow Ca(HCO_3)_2$(水溶性))などは溶脱や溶解の例である。溶脱されたNa^+やCa^{+2}などは河川で運ばれて海水の成分となる(23.2節参照)。

生物による風化とは，岩石の割れ目に伸びた植物の根が生長とともに割れ目を押し広げ，岩石を破砕する作用である。

なお，**粘土化作用**は熱水溶液などの変質作用によって岩石の構成鉱物が粘土鉱物に変わる作用(カオリン化作用など)で，風化作用とは区別される。

1.2　侵食作用

風雨あるいは流水や氷河などにより地球表層の岩石が削磨・削剥される過程を**侵食作用**という。その過程で大地はさまざまな地形を作る。風による侵食(風食という)の場合は，風自体よりも風で飛ばされる砂や礫による削磨作用が大きい。砂礫砂漠や風が強い海岸などにみられる三稜石は風食によって発達した面からなる独特な形をしている。水による侵食は，降雨(雨食)・河川水(河食)・海水(海食)・地下水(溶食)による。これらのなかでは，河川による侵食は地形形成の上でも重要であり，河床を削剥する下方侵食や河岸をえぐる側方侵食などがある(第10章参照)。河川の侵食力は主に河川の河床勾配と流量に左右され，勾配が急なほど，また流量が大きいほど大地は侵食さ

124　第II部　地球の歴史と環境の変遷

れ，運搬される土砂は増大し，深い河谷(V字谷)が形成される。

　海の波浪や潮流により海岸が侵食される海食も大きな侵食営力である。波浪は海岸の岩石を破砕し，潮流はその岩屑を運びさる。波浪による直接の打撃作用や海水による化学的溶解のほかに，嵐のときには含まれる砂礫による削磨作用もある。波浪の運動エネルギーは海面近くがもっとも大きく，一般に海面近くに形成される平坦な海食台(波食台)はそれを現している。なお，海食台が地震で隆起すると，海岸段丘を形成する(7.2節参照)。

　溶食は地下水などにより岩石が化学的に溶解されることである。地下水は一般にCO_2などの溶解成分を地表水よりも多く含んでおり，炭酸カルシウム(石灰岩や大理石)を溶解する。石灰岩地帯の鍾乳洞はその結果である。

　氷食は氷河の流動にともなう侵食作用で，氷河に含まれる岩屑により氷河の側面や下底の岩石が削剝・削磨され，U字谷や羊背岩など独特な地形を作る(第27章参照)。なお，日本の高山では現在明確な氷河は存在しないが，雪崩の常襲地帯では雪による侵食がみられ，雪食溝が形成される。

1.3　運搬作用

　風化・侵食作用によって作られた砕屑物は風・流水(河川や海流)・氷河などの運搬媒体と重力の作用によってさまざまな堆積場(図11.1，表11.1)まで運ばれる(**運搬作用**)。風や流水による運搬には浮流・跳動・滑動(転動)の様式がある(10.3節参照)。流水の場合には，そのほかに水中の溶存成分(各種イオン)として運ばれる溶流がある。第12章で扱うランドスライドも重力による物質移動であるが，通常は大気や水などの運搬媒体をともなわない点や急激に発生する点で，ここでの運搬作用とは区分される。

　火山噴火による火山灰(降下火砕物)は，大規模な場合は成層圏に達し，地球規模で運搬される(9.1節参照)。火山灰などの火山砕屑物の多くはマグマ起源であり火山岩ともいえるが，運搬され陸上あるいは水中で重力のもとで堆積するので，一般には堆積岩(火山砕屑岩あるいは火砕岩)として扱われる。

1.4　堆積作用(狭義)

　砕屑物を運ぶ媒体(大気・水・氷など)そのものあるいはそれらの運搬能力

第 11 章 堆積作用と堆積岩および変成岩 125

がなくなったとき，砕屑物の堆積が始まる。流水に運ばれる砕屑物は通常低い方へ移動し，一般に最終的には海に堆積することが多い。陸域の湖もその地域の堆積の場となる。河川が勾配の急な山地から平地に出て，河川の運搬能力が低下すると，運ばれてきた砂礫がそこで堆積し，**扇状地**が形成される。氷河末端にできる**モレーン**(氷堆石)は氷河という運搬媒体がなくなった例である(27.6 節参照)。表 11.1 にいろいろな堆積環境とその堆積物を示す。

　流水による運搬・堆積作用では，運ばれる砕屑物の粒度・形状・比重などの違いによる分別・集積作用(**淘汰作用**という，10.2 節参照)が働き，堆積岩の化学組成の多様性の一因となる。また，堆積作用にともなう斜交層理やソールマーク(底痕)などのさまざまな堆積構造は堆積環境の解明に役立つ。

1.5　続成作用

　砂礫や泥の堆積が進み，堆積物が厚くなると，時間の経過とともにその下部は上部の荷重によって圧縮され(**圧密作用**)，構成粒子は堆積物の体積が小さくなるように再配列し，粒子間の間隙は減少する。また，その間隙に含まれている水(**間隙水**)は絞り出され，さらに圧密される。一方，間隙水に溶けている各種イオンや鉱物粒子から溶け出した成分から方解石($CaCO_3$)・シリカ(SiO_2)などが粒子の間に新たに沈殿し，粒子どうしを固結させる。この作用は**セメント作用**(膠結作用ともいう)と呼ばれる。圧密作用とセメント作用からなる**続成作用**により堆積物は固化し，密度のより大きい堆積岩となる。一般に堆積物の埋没深度が数百 m 以上に達すると，熱や圧力の影響が現れ，続成作用が始まる。さらに埋没が進み，埋没深度が数 km 以上になると，しだいに変成作用の領域に入り，堆積岩は変成岩に変わっていく(後述)。

2. 堆積岩の種類

　堆積岩はその成因の違いにより，砕屑岩・生物岩・化学(的沈殿)岩・火山砕屑岩の 4 つに区分される(図 11.2)。

　砕屑岩は上述のように，地表に露出するいろいろな岩石が風化・侵食作用により破砕されてできた砕屑粒子からできており，砕屑粒子の大きさにより

礫岩・砂岩・泥岩などに区分される(図11.2)。それぞれは粒度によってさらに細分される。しかし，構成粒子がすべて同じ大きさであるわけではなく，たとえば，礫岩は粗粒な礫の間を細粒な砂や泥が埋めているのが普通である。

生物岩は生物遺骸(化石)が集まったもので，一般には $CaCO_3$ や SiO_2 からなる生物の硬組織(殻など)からなる(16.2節参照)。しかし，すべてが化石でできているわけではなく，堆積する場所の条件によって砂や泥などの砕屑物が交じっている。SiO_2 の殻を持つ放散虫や珪藻(図16.1)からなる**チャート**や**珪藻土**，$CaCO_3$ 主体のサンゴ類・有孔虫類などからなる**石灰岩**が代表である。**石炭**は植物に由来する炭質物からなる堆積岩である(13.5節参照)。

化学岩には，海水や湖水の蒸発残渣(**蒸発岩**という：岩塩・石膏・硬石膏・硼砂など)や海水に溶けていた物質が化学的に沈殿したもの(チャートや深海底のマンガン団塊(14.2節参照)など)がある。

火山砕屑岩(火砕岩ともいう)は構成物の粒径により細分される(図11.2)。

砕屑物	$\frac{1}{256}$ 泥	粘土／シルト	泥岩	粘土岩／シルト岩	頁岩
	$\frac{1}{16}$／$\frac{1}{8}$／$\frac{1}{4}$／$\frac{1}{2}$／1 砂	微粒／細粒／中粒／粗粒／極粗粒	砕屑岩	砂岩	
	2／4／64／256 礫 粒径(mm)	細礫／中礫／大礫／巨礫		礫岩	
生物の遺骸	$CaCO_3$…貝殻・紡錘虫・有孔虫・サンゴなど		生物岩	石灰岩・チョーク(白亜)	
	SiO_2…放散虫・珪藻の殻など			チャート・珪藻土	
	セルロース(植物)			石炭	
化学的堆積物	$CaCO_3$		化学岩	石灰岩	
	$CaMg(CO_3)_2$			苦灰岩	
	SiO_2			チャート・フリント	
	$NaCl$			岩塩	
	$CaSO_4 \cdot 2H_2O$			石膏	
火山砕屑物	2／64 粒径(mm)	火山灰／火山礫／火山岩塊	火山砕屑岩	凝灰岩／火山礫凝灰岩(基地：火山灰)／凝灰角礫岩(火山灰基地が多)／火山角礫岩(火山灰基地が少)	

図11.2 堆積物(左)・堆積岩(右)の分類(浜島書店編集部，2003をもとに作成)

3. いろいろな堆積環境とその岩石

堆積岩(砕屑岩)は，上記の侵食・運搬・堆積などの堆積作用と続成作用の結果形成される。したがって，堆積岩の性質(岩相)や堆積構造には，堆積岩形成当時の環境が反映されている。いくつかの特徴的な例を以下に紹介する。

モラッセ　高くなった山脈が侵食・削剥されてできた粗粒な砕屑物(礫岩など)が山麓に堆積したもので，山脈上昇を直接的に示す堆積物である。礫岩層などに含まれている礫の種類・大きさ・形状(円礫・角礫)などで礫を供給した後背地の山脈の上昇過程を推定できる。

タービダイト　大陸棚の縁に厚く堆積した陸源堆積物が自重あるいは地震などで崩壊し，大陸斜面を流れ下る海底地すべり(乱泥流)となって深海底へ運ばれ，海底扇状地などを作る堆積物である(図11.1)。下部の粗粒砂岩から上部の泥岩にいたる級化成層がよく発達する一連の特徴的な堆積構造を持つ(図11.3A)。海底地すべりは一般に繰り返し発生するので，厚い地層となる。

赤色砂岩　内陸の乾燥気候において形成される，酸化鉄により赤色を呈する砂岩。英国スコットランドを中心に分布するデボン紀の旧赤色砂岩は古生代中期のカレドニア造山運動の産物として有名である。

津波堆積物　巨大な津波は内陸低地を数km以上遡上し，押し波・引き波による独特の堆積構造や海底・海岸の礫や海生生物遺骸を内陸に運び込んで残す。地震(津波)は一般に繰り返し起こるので，このような津波堆積物を調べることにより古文書などに記録のない古い津波の様子がわかる。北海道東部の太平洋沿岸では，津波堆積物の調査により，過去約7,000年の間に巨大津波(地震)が400〜500年間隔で起こったことがわかっている(図11.3B)。

氷礫岩　氷河の侵食・運搬作用によって形成された，大小の角礫・亜角礫と細粒な粘土質堆積物が不規則に混在する氷河堆積物(氷礫土)が固結したもの。水や風による堆積物とは違い，淘汰が悪く成層していないのが特徴である。地質時代における氷河・氷床の分布や古環境を推定するのに役立つ。

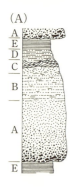

図11.3 (A)1枚のタービダイトにみられる砂岩・泥岩互層。A：級化成層部，B：平行葉理部，C：斜交葉理部，D：弱い平行葉理部，E：泥質部(均質)。1回の乱泥流で単層A〜単層Eが堆積するが，これらはいつもすべてが揃っているわけではない。全体の厚さは一般に数cm〜1mくらい。このセットが繰り返し，厚い地層になる。(B)北海道厚岸町の太平洋岸近くで見られる複数の津波堆積物層をはさむ露頭の写真(添田雄二氏提供)。泥炭層のなかに巨大津波に由来する砂層が8枚ある。挟在する火山灰層の年代などから，津波が400〜500年間隔で襲来したことがわかる。

4. 地層と層序学—地史の編年

4.1 層序区分と地層の対比

　堆積岩は地球の歴史アーカイブであり，地球史の時間目盛りとなる。砕屑物は一般に水中でゆっくり流されながら重力のもとで沈積し，最終的には海底などに水平に堆積して(これを**初源水平の法則**という)，比較的均質な砕屑物からなる地層(これを単層という)を作る。単層と単層の境界面を**層理面**という。沈降中に淘汰作用が働き，粒度の違いによって層状に堆積することが多い(図11.3A)。一般に，層状に積み重なった一連の堆積岩は，上位の地層は下位の地層よりも新しいという時間の概念を示しており，また，それらの分布の広がりには限りがある。このように，分布の時空的概念を含む堆積岩を**地層**という。地層(堆積岩)の積み重なりの順序を**層序**という。積み重なった地層を，岩石としての性質(岩相)や含まれている化石などをもとにまとめて，いくつかの単位に区分することを**層序区分**という。異なる地域の地層の同時代性を決めて(これを**地層の対比**という)，あちこちの地域の層序区分を

第 11 章　堆積作用と堆積岩および変成岩　129

統合すると広域的な層序区分を作ることができ，さらに地球規模の層序区分（地質年代表：前見返し）を作成することができる。

　層序区分や地層対比を行い，広域的な地史を組み立てるには，地層累重の法則と化石による地層同定の法則がその基礎になっている。**地層累重の法則**とは，一連の地層において上位の地層は下位の地層よりも新しいという原理で，17 世紀中頃にデンマークのステノ(N. Steno)が提唱し，19 世紀初めに地質学の父といわれるイギリスのスミス(W. Smith)がこの法則を確立した。さらに，スミスは土木技師としての経験から，遠く離れた地域の地層どうしをその岩質(岩石種)だけで対比することは困難であることを知り，ある地層にのみ含まれその上下の地層には産出しない特定の化石(示準化石あるいは標準化石という。後述)を利用して地層を対比する方法(**化石による地層同定の法則**)を見い出した(図 11.4)。この二つの原理により，地層を広域的に対比して地層の時空的相互関係を捉えることができるようになり，地層の形成順序を編む**層序学**が誕生した。地層を対比するには，示準化石を利用するほか，時代のわかっている特徴ある地層(**鍵層**という)を使う場合もある。とくに第四紀の地層では火山灰層が使われる。たとえば，約 4 万年の支笏火山(そのカルデラ跡が現在の支笏湖)の火山灰は北海道各地の新しい地層に挟まれており，4 万年前を示す鍵層(同時間面)として有効である。

4.2　地層や岩石の相互関係─地層や岩石の野外での産状

　層序学は層序区分ができる地層(堆積岩)に関わる分野であるが，岩石には堆積岩のほかにマグマ活動による火成岩や変成作用による変成岩も存在する(第 3, 5, 8 章参照)。地層や岩石の野外での産出状況や相互関係(整合・不整合・断層・貫入など)を**産状**という。

　整合・不整合　火山灰が陸上に降り積もる場合は地形面にそってそれにほぼ平行に堆積するが，砕屑物が水中で堆積するときは，一般的にはほぼ水平に堆積する。その堆積速度はいろいろであるが，おおむね時間的に連続して堆積する。このように上下の地層が連続的に堆積したとき，両者は**整合**であるという。一方，上下の地層の間に非常に長い時間的間隙(その期間の地層は欠如)があるとき，上下の地層は**不整合**であるといい，両者の境界面を**不**

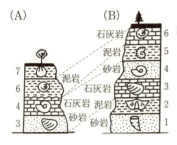

図11.4 遠く離れた地域の地層の対比(石井ほか,1982をもとに作成)。岩石種が違っても,化石(示準化石)が同じであれば,それを含む地層の時代は同じである。数字は古い順番で,同じ数字は同じ時代を示す。A地域では,地層5を欠いており,地層4と地層6の間に不整合(平行不整合)がある。両者の間の波線は不整合面を表す。

整合面という(図11.4)。地層の欠如はたまたまその間その地域で堆積がなかったこと(無堆積)による場合もあるが,一般的には,その間その地域が堆積場(海域)ではなく侵食場(陸域)であったことを示している。不整合面の上下の地層はともにほぼ平行に堆積していること(平行不整合という。図11.4)もあるが,一般には下位の地層はより急に傾斜したり,褶曲(口絵13参照)したりしていて,上位の若い地層と平行でないこと(傾斜不整合という)が多い。不整合の存在は,その地域が海域(堆積場)→隆起運動→陸域(侵食場)→(沈降運動)→海域(堆積場)と変化したことを示しており,地層欠如の大きな傾斜不整合は大規模な上昇・陸化(**地殻変動**)の証拠である(図11.5)。

断層・火成岩体の貫入　野外露頭において,地層や岩石が"切ったり,切られたり"の時間的前後関係を示す産状が観察できることがある(図11.6)。"切っている"方が時間的に後の,"切られている"方が前の地質現象である。図11.6において,花崗岩の岩体は地層①〜⑦を切っている(貫入している)。この場合,花崗岩体はまわりの地層①〜⑦と**貫入関係**にあるという。また,花崗岩体は地層⑤〜⑦とともに,断層Xによって切られている(断層関係)。一方,断層Xは不整合面によって切られている。

このように,地層や岩石の野外での相互関係(産状)を正確に観察することは,その地域の地史を編む上で重要である。

4.3　化石年代(相対年代)

地層の上下関係と古生物(化石)の発生・絶滅や進化をもとにした地球の地質時代区分は**化石年代**(地層の相対的新旧を与えるので**相対年代**ともいう)といい,古いほうから大きく**先カンブリア時代・古生代・中生代・新生代**に分

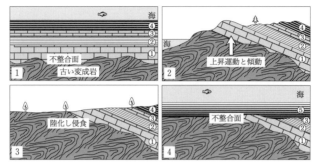

図11.5 不整合のでき方。1：褶曲している古い岩石(変成岩など)が陸上で侵食された後，沈降し，その上に地層①〜④が順次堆積した。2：それらが地殻変動により上昇・陸化した(その間に地層①〜④は傾斜した)。3：広域的に侵食・削剥され，侵食面(地表面)が形成。4：再び沈降して海域となり，侵食面(不整合面)の上に地層5が堆積した。

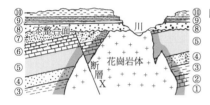

図11.6 断層関係・貫入関係・不整合関係を示す地質断面概念図(練習問題2参照)(斎藤，1988をもとに作成)。花崗岩体のまわりの地層(濃い灰色)は花崗岩マグマの熱により接触変成作用をこうむり，石灰岩は大理石(結晶質石灰岩)，砂岩や泥岩はホルンフェルスに変わっている。接触変成帯の幅はいろいろであるが，数百mから2〜5kmである。

けられる。代はそれぞれ紀という単位に分けられ，紀はさらに世に細分される(前見返し)。かつては，古生代より古い時代には化石はほとんど産出しないと考えられ，先カンブリア時代と一括された。しかし，**放射年代測定法**(Box 17.2参照)の出現により，先カンブリア時代は古いほうから**冥王代・始生代**(太古代ともいう)・**原生代**に分けられ，最近ではさまざまな微小化石やバクテリア化石が先カンブリア時代の地層から報告されている(第15章参照)。古生代・中生代・新生代は一括して顕生累代と呼ばれる。

時代区分に使われる，特定の時代の地層にのみ含まれる化石を**示準化石**(あるいは標準化石)という。示準化石には，産出数が多く，生存期間が短い(進化速度が速い)，またいろいろな環境に適応できる(広範に分布)生物が適している。三葉虫(古生代)・アンモナイトや恐竜(中生代)・ゾウやウマ(新生代)などが代表的な示準化石である。生物には一般にそれぞれに適した生息環境があるが，ある限定された環境で生存するものもある。そのような生

132 第II部 地球の歴史と環境の変遷

物が，死後その場所から遠くに運ばれずに埋没して化石化すると，その化石の産出により，それを含む地層の堆積環境(気温・水温・海水深度など)を知ることができる。このように，地層の堆積環境を知るのに有効な化石を**示相化石**という(16.2節参照)。暖かい浅い海に生息するサンゴはその代表である。

5. 変成作用

前述のように，埋没が進むと，堆積物は続成作用をへて変成作用の領域に入り，堆積岩は**変成岩**に変わっていく。ただし，変成岩の元の岩石(**原岩**という)は，堆積岩だけではなく火成岩や変成岩自身も含まれる。

地下では，深いほど温度や圧力は増加する。温度上昇の割合(**地温勾配**という：図8.4)は陸域の地殻では一般に $20 \sim 25\,^{\circ}\mathrm{C}\,\mathrm{km}^{-1}$ であるが，地域差が大きい。クラトンのような古い大陸地殻(図5.3)では $20\,^{\circ}\mathrm{C}\,\mathrm{km}^{-1}$ 程度であるが，日本のように火山活動の活発な島弧では，地熱地帯など局地的には $100\,^{\circ}\mathrm{C}\,\mathrm{km}^{-1}$ 以上のところもある。また，沈み込み帯では冷たい海洋プレートが沈み込んでいるため，$10\,^{\circ}\mathrm{C}\,\mathrm{km}^{-1}$ 程度と小さい。

一方，地下の圧力 P(地下深部では岩石も流動性を持つので，静水圧状態にあるとして，**静岩圧**あるいは**封圧**という)は $\mathrm{P}=\rho\mathrm{gd}$($\rho$：岩石の密度，g：重力加速度，d：深さ)で表される。地下 30 km(モホ面付近)の圧力は，地殻の平均密度を $2.7\,\mathrm{g}\,\mathrm{cm}^{-3}$ とすると，$\mathrm{P}=\rho\mathrm{gd}=2{,}700\,\mathrm{kg}\,\mathrm{m}^{-3}\times9.8\,\mathrm{m}\,\mathrm{s}^{-2}\times30\,\mathrm{km}=793.8\times10^{6}\,\mathrm{N}\,\mathrm{m}^{-2}=793.8\,\mathrm{MPa}\fallingdotseq7.9\,\mathrm{kb}$ となる。圧力の地域的な違いは地温ほど大きくはない。なぜなら，岩石の密度(ρ)の岩石種による違いはそんなに大きくはないからである(図3.10)。

変成作用とは，既存の岩石が地下深部の高温・高圧の条件下で，構成鉱物が相転移を起こしたり，鉱物どうしが化学反応を起こし，鉱物の種類や組織が変わること(**再結晶作用**)である。再結晶作用は少量の流体(主として高温状態の水)が介在するが，一般に固体どうしの反応であり，マグマ(液体)から鉱物(固体)が生じる結晶作用とは異なる。変成作用では，流体を媒体として物質が外部と出入りして岩石の化学組成が変化すること(**交代作用**という)もあるが，一般的には化学組成の変化は大きくはない。変成作用によって形

成される再結晶鉱物の種類は，主に原岩の化学組成と変成作用の温度・圧力条件によって決まる．したがって，原岩の化学組成が似た変成岩の鉱物を調べると，それらの変成岩ができた温度や圧力(深さ)の違いを推定できる．

変成作用の熱源としては，貫入してきたマグマによる局部的な熱と地温勾配に支配される広域的な熱がある．前者の貫入マグマ周辺の局所的な変成作用を**接触変成作用**といい，できた岩石を**接触変成岩**という(図11.6)．後者は**広域変成作用**および**広域変成岩**といい，プレート収束帯である沈み込み帯や大陸-大陸衝突帯にともなう，いわゆる**造山帯**に100 km以上にわたって帯状に分布し，**広域変成帯**を作る(図11.7)．広域変成作用では一般に深さに対応する静岩圧のほかにプレート運動による方向性のある力(**偏応力**)も働くので，再結晶鉱物はその偏応力に規制されて面状や線状に配列するため，広域変成岩は割れやすい片理面や線状構造と呼ばれる組織を持つ．広域変成岩は変成作用の温度の増加とともに，変成鉱物の種類や粒度あるいは組織が変化する．原岩が砂泥質堆積岩の場合は一般に，スレート(板状で極細粒，変成温度は200～300℃)→結晶片岩(板状で細粒～中粒，300～500℃)→片麻岩(縞状で粗粒，500～700℃)→グラニュライト(等粒状で粗粒，700～900℃)と変化する．一方，接触変成岩の生成温度はいろいろであるが，流体であるマグマによって静岩圧状態で再結晶するため，方向性のない均質な組織を持つ

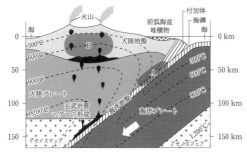

図11.7 沈み込み帯の地下等温線の分布と海洋プレートの沈み込みにともなう二つのタイプの広域変成作用．点線は地下等温線(推定)を表す．横軸は縦軸より2倍ほど拡大されていることに注意．海溝付近の地下の等温線は冷たい海洋プレートの沈み込みによって深部に引きずり込まれている．一方，島弧の地下ではマグマの影響によって地下等温線が上に凸形になっている．海洋プレートの沈み込みによって，付加体の岩石も深部に運ばれ，海洋地殻の岩石とともに変成作用をこうむる．そこでは，地下等温線が引きずり込まれているため，深さ(圧力)のわりには温度の低い広域変成作用(高圧・低温タイプ)をこうむり(図のA付近)，いろいろな結晶片岩ができる．一方，島弧(大陸プレート)の地下ではマグマの熱により地温勾配が大きく，深さのわりには温度の高い広域変成作用(低圧・高温タイプ)をこうむり(図のB付近)，結晶片岩や片麻岩ができる．また，深部では岩石が融けて，中間質-珪長質マグマができることもある．

変成岩(ホルンフェルスなど)ができる(図11.6)。広域変成岩では，片岩や片麻岩の岩石組織を解析することによって，変成作用時に広域的に働いていた力の方向がわかり，プレート運動の復元などに役立つ。

　地殻最下部では700～800℃の温度があり，水が存在すると岩石の溶融温度が下がるので，岩石が融け，マグマができることもある(5.4節参照)。

[練習問題1]　堆積岩の化学組成は火成岩のそれに比べると，はるかに変化に富む。それはなぜか，その理由を考えよ。

[練習問題2]　図11.6において，地層①の堆積から現地形面形成にいたる地史を順番に述べよ。断層Xはどういうタイプの断層か。

Box 11.1　付加体

付加体とは，海洋プレートが海溝から沈み込むとき，プレート上部の海洋地殻を作っている玄武岩・チャート・珪質泥岩が反対側の陸地(大陸・島弧)から運ばれてきた泥岩や砂岩とともに大陸プレートの前面や下側に押しつけられ付け加わってできる特殊な堆積物の集合(地質体)である(図：西村，2002(Isozaki et al., 1990)をもとに作成)。海洋地殻は，中央海嶺でのマグマ活動(8.2節参照)によってできたときは玄武岩とその下位の斑れい岩からできている(上図の右端)。プレートが移動するとともに，遠洋に生息している放散虫や有孔虫などの遺骸からなるチャートや石灰岩などの深海堆積物が玄武岩をおおってゆっくりと(1～2 mm/千年)堆積する。陸地に近づくと，これらをおおって半遠洋性の珪質泥岩が堆積し，さらに陸からの泥・砂層が重なる。このように，海溝付近での海洋地殻は，上位から下位へおおむね珪質泥岩・チャート(石灰岩)・玄武岩からできている。この海洋地殻(プレート)が海溝から沈み込むとき，海溝の大陸側にある大量の陸起源の泥岩・砂岩層(タービダイト)もともに沈み込む。その時，海洋地殻の内部に衝上断層が生じ，それによって海洋地殻が海洋プレートから剥ぎ取られ，陸側に押し付けられてそこに付け加わっていく(**付加作用**という)。このようにして，海溝の陸側には海洋起源の玄武岩・チャート(石灰岩)・珪質泥岩と陸起源の泥・砂岩層がいくつもの衝上断層によって繰り返す厚いクサビ状の積み重なり(地質体)ができる。これが付加体である。付加体は，このようにあとから移動してきたもの(新しい)がすでに付加しているもの(古い)の下にもぐり込むように付加するので，地層は一般に上位のものほど新しいという地層累重の法則とは矛盾する現象を呈する。

　日本列島は，約1,500万年前に日本海の拡大が終って大陸から分離するまで，古生代後半から第三紀を通じてユーラシア大陸の東縁にあった。そこでは海洋プレートが大陸側(西方)へ沈み込み，長期間にわたって付加体ができていた。したがって，日本列島の現在の地質は，大陸に近い日本海側の古い岩石に付加したペルム紀の付加体から，三畳紀～白亜紀前期の付加体，白亜紀後期～第三紀の付加体と太平洋側へ新しくなる複数の付加体のモザイクが基礎になっている。そこに白亜紀以降の花崗岩類が貫入し，さらに第三紀～第四紀の火山岩や堆積岩が加わってできている。このように，付加体は陸地(大陸・島弧)が成長するメカニズムの一つである。

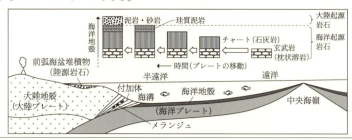

ランドスライド

第*12*章

ランドスライドは自然現象の一つであるが，人間社会に被害をもたらした場合に土砂災害と呼ばれる自然災害となる。ランドスライドは山地や丘陵の斜面を削剥し，岩塊や岩屑を河川へもたらすことによって，侵食・運搬・堆積のシステムに大きく関わる作用となる。ランドスライドは地形・地質・地下水条件などの内的要因（素因）と豪雨・融雪・火山・地震などの外的要因（誘因）とが重なって発生する。その現象は地すべり・土石流・崖崩れ・岩盤崩壊・表層クリープ・山体崩壊などに分類される。本章はランドスライドの分類およびそれらの成因について述べる。いくつかの土砂災害の実例にもふれる。

キーワード
崖崩れ，火山泥流，岩屑なだれ，岩盤崩壊，山体崩壊，自然災害，地すべり（狭義），地すべり移動体，すべり，土石流，土砂災害，表層クリープ，崩落，マスムーブメント，ランドスライド，流動

1. ランドスライドと人間社会

ランドスライド（landslide：広義の地すべり）は地球の表層で発生する自然現象の一つであるが，人間の生活空間でそれが起こった場合には**自然災害**となる。地すべり（狭義）・土石流・崖崩れ・岩屑なだれ・岩盤崩壊・表層クリープ・山体崩壊などを含むランドスライドは，土・砂や岩塊などが一体となって人間社会に襲いかかり，人命や財産に甚大な被害をもたらす。この点に注目して，これらに起因する災害を**土砂災害**と呼ぶ。

たとえば，道路沿いの斜面で岩盤が崩れると，道路や関連の施設だけではなく通行中の自動車や人にも被害をおよぼし，道路周辺の集落の人びとの生活にも大きな影響を与えることもある。北海道積丹半島の国道で 1996 年に起きた豊浜トンネルの岩盤崩壊はその典型例で，トンネルが破壊され，バス・乗用車の 20 名の人命が失われた。また，古平町や積丹町の住民は迂回

路がないために，新トンネルができるまで不便を強いられた。

しかし，ランドスライドは人間にとって害をもたらすだけのものではない。山地の急斜面が地すべり(狭義)によって大規模に滑動することによって，広い緩斜面や平坦面が形成され，さらに地中の硬い岩盤がほぐれて岩屑や土壌に変化するなど，滑動が終息し斜面が安定すると，そこは居住地や耕作地として利用できることになる。とくに，日本の山間地や山麓には，このようなところが多い。

札幌市手稲山(標高 1,023 m)の北東斜面は，数万年前に発生した地すべりにより山体が 500 m ほど滑落し，幅 1.5〜2 km・長さ 6.5 km ほどの地すべり移動体が緩斜面をなしている(図 12.1)。山頂直下の急斜面が滑落崖で，そこからずり落ちた岩盤が**地すべり移動体**を形成した。この地形を利用したスキー場は，急斜面をハイランドゾーン，緩斜面をオリンピアゾーンとして開発され，大勢のスキーヤーが訪れる。また，移動体末端の緩傾斜地(幅約 1.5 km)には宅地が開発され，多くの人が住んでいる。

地形を大きく改変する地すべりの面積は，北海道では丘陵や山地の面積の 8% ほどを占めており，地形の形成に重要な役割を担っている。また，地震によって発生した地すべりは，1923 年関東大地震では神奈川県内で丘陵や山地面積の 7%，2004 年新潟県中越地震では震央距離 8 km 以内のところで同じく 3% ほどの面積を占めている。このように，強い地震によって起こる地すべりは山地や丘陵をいっきに広く変化させることもある(口絵 18)。

図 12.1　手稲山の地すべり地形(提供：雨宮和夫氏)

2. ランドスライドとは

ランドスライドとは，斜面を構成する物質が斜面下方へ塊(mass)の状態で移動あるいは落下する現象で，**マスムーブメント**(mass movement)ともいう。斜面を構成する物質とは，斜面表面から移動が関与する深さまでに分布する岩盤・岩屑・土砂であり，植物・水・空気などが含まれる。塊の状態とは，岩塊一個の場合もあれば，土や砂・岩塊などが一体になってまとまっている場合もある。

ランドスライドには前述のように，地すべり(狭義)・土石流・崖崩れ・岩屑なだれ・岩盤崩壊・表層クリープ・山体崩壊などが含まれ，その現象の範囲は変動域・準変動域・非変動域に区分され，変動域はさらに発生域・移送域・堆積域に分けられる(図12.2)。

発生域は地すべり移動体が地山(非変動域)から分離されて地すべりが発生

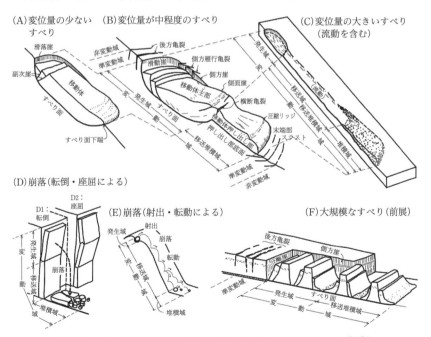

図 12.2 ランドスライドの名称と種類(大八木，2004b をもとに作成)

138 第II部 地球の歴史と環境の変遷

した場所で，堆積域は移動体が下方に押し出して移送域を通過し停止した場所である(図12.2C)。図12.2Bのように，移送域と堆積域が分離されていない場合は移送堆積域と呼ぶ。また，移動量が少ない地すべり移動体は発生域に留まり，移送域や堆積域がない(図12.2A)。移動量がより大きくなると移動体は移送域へ押し出し(図12.2B)，さらには長い移送域を下方へ流動して堆積域に堆積する(図12.2C)。

　山地で発生した地すべり(狭義)は，場合によっては，下方の移送域を通過し谷底まで到達したあと土石流となり，谷あいやさらに下流の扇状地まで流れ，泥流に変化することがある(図12.5)。

　準変動域は変動域の後方亀裂や末端部スラストなどの地すべり現象の影響を受けた場所で(図12.2B)，そこは変動が継続し拡大した時に変動域へ組み込まれることがある。

3. ランドスライドの分類

　ランドスライドは運動様式，移動体の規模と移動速度，斜面を作る物質構成，および発生場所の違いなどによって分類される。

3.1　運動様式による区分

　岩盤や岩屑・土砂が重力によって斜面を移動する様式には，すべり・流動・崩落がある。

　すべりは滑動とも呼ばれ，地中に形成されたすべり面にそって移動体がほぼ一体となって滑り下りる現象であり(図12.2A〜CおよびFの発生域の運動)，狭義の地すべりや斜面崩壊と呼ばれる**崖崩れ**の一種はこの様式である。**すべり面**は，堆積岩の層理面・変成岩の片理面・岩石の割れ目(節理)や亀裂・断層面や不整合面などの地盤や岩盤内部の不連続面やせん断面などの弱面がもととなって形成される。

　流動は斜面に形成された移動体が移送域などで，**岩屑なだれや土石流**などのような流動状態となるものである(図12.2C)。また，**表層クリープ**は斜面の地盤が広い範囲できわめてゆっくりと移動・変形する流動現象で，斜面に

たつ樹木の根付近の樹幹が曲がっていることから把握することができる。

崩落は斜面から分離した岩塊や土塊が空中を自由落下したり，斜面上を跳躍・転動する現象で，移送域における運動形態の一つである(図12.2D，E)。

このような運動様式は，一般にランドスライドの空間的区分により異なる(図12.2)。したがって，発生域ではどの様式で運動し，移送域や堆積域ではどの様式に変化したかを，空間的区別ごとに分けて表現する。つまり，発生域ではすべり(図12.2A)・転倒(図12.2D)・表層クリープ，移送・堆積域では崩落(図12.2D)や流動(図12.2C)がある。

転倒から崩落への変化は，次のように説明される。転倒は垂直あるいは急傾斜の亀裂などの弱面によって区切られた岩塊が前方へ傾斜し(図12.2D1)，座屈はその岩塊の中間が折れ曲がって破壊し前方へ移動してその下位部分が前傾する(図12.2D2)。発生域でのこれらの現象は限界を超えると岩塊の崩落を起こし，前面の平地に岩塊が落下して堆積する(堆積域)。このように転倒や座屈の発生は崖崩れに発展する前兆でもあり，大規模な崩落の場合は**岩盤崩壊**と呼ぶ。

大規模なすべりの一つである前展は，幅広い地すべり移動体が長距離にわたって多数のブロックに分かれて前方へ移動する現象である(図12.2F，口絵18参照)。その原因には，地震や局部的な岩盤破壊が引き金となる液状化(岩盤が液体状になる現象)の発生や上部岩盤の荷重によって斜面下方へ粘土のように流動(塑性流動という)することなどがある。

3.2 移動体の規模と移動速度

移動体の規模および移動速度を基準にすると(図12.3)，規模が小さく低速なものは表層クリープ，高速のものは崖崩れ，規模が大きく低速のものは地すべり(狭義)，高速のものは山体崩壊や土石流に分類される。

3.3 斜面を作る物質

風化・変質・破砕の程度により岩盤・風化岩・岩屑・粘性土・表土層に区分し，運動様式名称の先につけて「岩盤クリープ」，「岩屑すべり」などと呼ぶ。岩盤とは風化・熱水変質・破砕をあまり受けていない岩石であり，風化

速度		規模（幅, m） 30 m 10^{-1}　　10^0　　10　　10^2　　10^3　　10^4	
きわめて速い		小規模・高速	大規模・高速
非常に速い	— 5 m/秒 — 3 m/分	例：崖崩れ(崩落)	例：山体崩壊・土石流
速い	— 1.8 m/時		(崩落・すべり・流動)
中程度	— 5 m/日		
遅い	— 13 m/月	小規模・低速	大規模・低速
非常に遅い	— 1.6 m/年	例：表層クリープ(流動)	例：狭義の地すべり
極めて遅い	— 16 mm/年		(すべり・流動)

図 12.3 地すべり移動体の規模と移動速度によるランドスライド分類の例(大八木, 2004a をもとに作成)。カッコ内は主な運動様式

岩は風化や熱水変質，破砕を受けた岩石である。岩屑は岩塊・岩片や岩石の細片のほか，砂や粘土(径 2 mm 以下の砕屑物，図 11.2)などを少量含む。粘性土は砂や粘土などを 20%以上含む土砂で，表土層以外のものである。表土層は主に土壌(A 層と B 層：図 10.12)からなり，厚さは一般には 1 m 未満である。

3.4　発生場所

ランドスライドは陸上で起こるものとは限らず，ふだん見ることができない海底や湖底でも起こっており，乱泥流のように規模が非常に大きなものもまれではない(11.3 節参照)。このようなランドスライドは，海底ケーブルやパイプラインの切断，石油や天然ガスの海底掘削施設の被害，メタンハイドレート(Box 23.1 参照)の融解による大量のメタン放出，津波の発生などの大きな災害を引き起こすことがある。

4. ランドスライドの原因

地盤や岩盤の破壊は，自重などによる外力(せん断応力)が内部の弱面にそって作用し，その大きさが地盤や岩盤の強さ(せん断強度)を上回ったときに起こる。これを**せん断破壊**という。すなわち，せん断破壊はせん断応力の増加あるいはせん断強度の低下によって起こることになる。

斜面が長期にわたって不安定になる要因の主なものは，風化の進行によって地盤や岩盤のせん断強度が低下したり，侵食によって斜面下部が削りとら

れせん断応力が増加したりすることである。一方，短期的な現象では，地震による急激なせん断応力の増加や地下水位の上昇によるせん断強度の低下によって斜面が不安定になり，せん断破壊が発生することがある。

以上のような原因で地盤や岩盤のせん断破壊が斜面や崖で起こったときに，地形や地質の条件によってさまざまな種類のランドスライドが発生する。このようなランドスライドをもたらす地形・地質・地下水条件などの内的要因を**素因**といい，豪雨・融雪・火山活動・地震など地すべりなどを起こす直接の外的要因を**誘因**という。ダムの堪水や開発のために斜面を切るなどの人為的行為も誘因となることがある。

ランドスライドの一般的な進行過程は，先滑動期・漸移期・滑動期・消滅期に区分される。先滑動期とは斜面を不安定にする要因が地盤や岩盤に蓄積している時期で，風化などによる地盤強度の低下や，侵食による地形の急峻化などが起こる。漸移期とは，風化がさらに強まり，微小な亀裂が形成されたり，地下でクリープ運動が始まるなど，素因が形成される時期である。滑動期は地すべり移動体が断続的に滑動する期間で数万〜10万年にわたる。その後，移動体が侵食・削剥により消滅するまでに100万年にもおよぶ長い時間がかかると考えられている。

5. ランドスライドの例

5.1 内陸地震による地すべり

2008年岩手・宮城内陸地震によって発生した荒砥沢ダム上流の地すべりは，数万年前に発生した地すべりが地震の強震動によって再滑動したもので，内陸型地震(7.2節参照)が地表に大きな変動を起こすものであることを示した（口絵18参照）。その規模は延長約1,400 m，最大幅約900 m，深さ約150 m，滑落崖の最大落差は約150 mである。水平移動量は300 mを超えたところもあった。すべり面は平板状で，傾斜は下流側に数度程度と低角の前展タイプの地すべりである。この地すべりは面積100 haほどの林地や市道を破壊したほか，400万m³を超える土砂を荒砥沢ダムの貯水池に流入してダム機能を阻害したが，人的被害は発生しなかった。

5.2 岩盤崩壊

1996年の冬，積丹半島の国道229号豊浜トンネル坑口付近で発生した岩盤崩壊は，走行中のバス・自家用車を巻き込んで，犠牲者20名を出す悲惨な事故であった(図12.4)。

豊浜トンネルは，1,000万年ほど前に海底で形成された水中火砕岩を掘りぬいて作られた。崩壊の素因は岩盤内の割れ目と海崖脚部の波食窪(ノッチという)で，重力の作用，さらに風化作用などが加わって亀裂がしだいに大きく成長していたものとみられる。ついには，岩盤の重さを支えきれず亀裂が拡大(破壊が進行)し，ここを崩壊面として岩盤崩壊にいたったものと考えられる。崩壊規模は高さ70 m，幅50 m，厚さ13 mにおよび，体積11,000 m³，重さ27,000 tと推定されている。

崩壊の誘因は，岩盤の表面凍結により内部の地下水が崩壊面となった割れ目に高い水圧を発生させたことが主要因とみられた。しかし，それだけではなく，その3年前の1993年北海道南西沖地震(図7.8)の震動が一因であるという意見もある。

5.3 土石流

土石流は，集中豪雨などの大雨によって発生した斜面崩壊や地すべり(狭義)によって作られた岩塊や岩屑が互いに衝突して砕けながら谷に滑り落ち，

図12.4 1996年豊浜トンネル坑口付近の岩盤崩壊事故。点線部分が崩落した部分(株式会社自治タイムス社ホームページより)

そこで増水した水と交じり、流体となって高速($10 \sim 20 \mathrm{~m~s^{-1}}$)で谷底を流下するものである(図12.5)。また、谷を埋めたて河水を貯めた地すべり移動体が引き続く洪水で決壊し、土石流を発生させることもある。

土石流はさまざまな大きさの岩塊や岩屑が混じっているが、流れ下っている間に細かい岩屑は隙間から落ちていき、大きい岩塊は押し上げられ表面の速い流れに運ばれて先頭に集まっていく。このようにして、直径2〜3mもの岩塊が土石流の先頭を流れ、あとから続く岩屑や泥からなる流れとともに、谷底や谷壁の土砂や岩屑を取り込みながら増量し、土石流は成長する。土石流は、谷の勾配が10度以下になると、流動性が低下して減速し始め、およそ2〜3度のところで停止する。このようなところに、岩屑や砂礫が堆積して扇状地が形成される(図12.5)。

土石流は大雨や雪どけ水が誘因となって発生することが多いが、地震や地すべりで崩れた土砂によって起こることもある。また、火山噴火のあと、積もった火山灰が降雨によって流されて土石流(**火山泥流**という)となることもある(9.3節参照)。

日本では梅雨や台風の時期に毎年のように土石災害が発生する。とくに近年は集中豪雨が多発し、それが誘因となることが多い。2013年10月の台風で伊豆大島では24時間連続降水量が824 mmに達し、溶岩の上に堆積した厚さ1〜2mの火山灰層が広範囲に表層崩壊を起こし、崩壊土砂が大量の流木を含む泥流となって山麓の住宅地を襲い、死者行方不明者39名を出した。また、2014年8月の集中豪雨で広島市では3時間の降水量が200 mmを超え、風化したもろい花崗岩などからなる山腹が3×12 kmの範囲の約140か所で土石流を起こし、山沿いの住宅地で死者74名を出した(図12.6)。

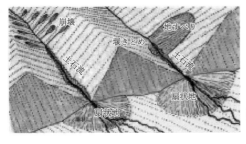

図 12.5 土石流の発生タイプ(国土防災技術株式会社, 2010 より)

図 12.6 2014年8月の広島市を襲った土石流。複数の谷で土石流と斜面崩壊が発生し、土砂はJR可部線まで達した(提供：国際航業株式会社・株式会社パスコ)

5.4 山体崩壊

　火山活動によって，山体が大規模に崩壊することがある。火山では噴火活動が開始してマグマが上昇すると，その圧力により山体が変形する。それだけではなく，マグマにより熱せられた地下の熱水や火山ガスの圧力でも同様の変形は起こりうる。このような変形が発生すると，火山体の脆い部分をすべり面として，短時間のうちに高速のすべりを起こす。あるいは噴火にともなう地震活動もすべりの引き金となる。このようなランドスライドを**山体崩壊**と呼ぶ(図 12.7)。

　火山では，噴火活動がない場合でも，熱水活動や噴気活動による変質作用によって山体内部に粘土鉱物などに富んだ部分が形成されていることがあり，そのようなところがすべり面となると考えられる。そしてすべりが始まると，火山内部を抑えていた圧力が急激に解放されるために，噴火が誘発されることもある。

　崩壊した山体物質は，重力エネルギーを運動エネルギーに変えて山腹を駆け下り，山麓に広がる(**岩屑なだれ**という)。運動中に破壊された大型の山体破片は傾斜変換点などで運動が停止し，破砕がいちじるしく細粒となった岩屑はさらに遠方まで流下する。大型破片は，長径が数〜100 mを超える場合

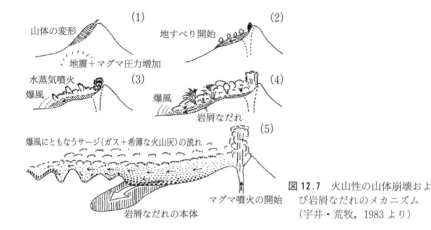

図 12.7 火山性の山体崩壊および岩屑なだれのメカニズム（宇井・荒牧，1983 より）

などさまざまで，小山が点在するように堆積することから**流れ山**と呼ばれている（図 12.8）。山体崩壊にともない山麓部に広がった流れ山を含む堆積物を**岩屑なだれ堆積物**と呼ぶ。1980 年のセントへレンズ火山（アメリカ）では，山体崩壊の過程が科学的に観測されたうえ，崩壊の瞬間がカメラマンにより連続的に撮影されたので，岩屑なだれの発生過程がよく理解された。

　日本の火山でも噴火にともなう山体崩壊は普通に起きており，一つの火山でも複数回発生することがある。また大規模な山体崩壊が起きると，火山周辺の地形や風景が劇的に変化するだけでなく深刻で複雑な災害を引き起こす。

　1640 年の北海道駒ケ岳では噴火にともない山体崩壊が起こり，岩屑なだれが太平洋（内浦湾）に流入して津波が発生し，対岸の伊達から有珠では 700 人あまりの犠牲者が出た。一方，南へ流れた岩屑なだれは河川をせきとめて，流れ山が小島として点在する美しい湖沼群を形成した（大沼国定公園）。

　1792 年の雲仙岳の噴火にともなう地震によってその側火山である眉山の山体崩壊が起こり，岩屑なだれが有明海に流入して津波が発生した。長崎県側（島原）では崩壊・津波により約 1 万人の死者，対岸の熊本県（肥後）でも犠牲者 5 千人ほどの災害となり，「島原大変，肥後迷惑」といわれた。

　1888 年の磐梯山噴火（福島県：図 12.8）では，水蒸気噴火を引き金として山体崩壊が起こり，山頂部の崩壊物質（1.2 km^3）が時速 80 km の岩屑なだれとなって 15 km 先まで到達し，谷をせきとめて桧原湖や五色沼などを作った。

図 12.8 1888 年福島県磐梯山噴火の山体崩壊。手前の大小の起伏は流れ山 (Sekiya and Kikuchi, 1889 によるスケッチ)

この岩屑なだれは土石流や爆風などをともない，死者行方不明 500 人以上，湖の湛水による全村移転，爆風に破壊された多数の家屋など，さまざまな被害を招いた。

[練習問題 1] ダム建設によって，ダム貯水池の周辺で地すべりが発生することがある。その理由を考えよ。
[練習問題 2] ランドスライドは地球表層部の変化過程の一つであり，人間にとっては災害をもたらすが，一方では恵みの部分もある。恵みの部分について考えよ。
[練習問題 3] 火山の山体崩壊がきわめて多数の人命を奪うことがある。その主要な原因について考えよ。

Box 12.1　間隙水圧

　未固結な土砂はもちろん一見緻密に見える岩石にも隙間がある。砂岩の砂粒子間には流体(一般には水，石油などのこともある)が存在していることがある。それを**間隙水**という。地下の圧密されている砂岩は砂粒間の接触圧力でその硬さ(せん断強度)を保っている。一方，間隙水の水圧は砂粒どうしをたがいに離すように作用する。砂岩のなかに割れ目があり，その割れ目にそって水が地表まで通じていれば，深さ dm にある砂岩の間隙水の圧力(間隙水圧という)はその場所の静水圧($\rho g d$)と同じである(単位は Pa)。ここで，ρ は水の密度($1,000\, \mathrm{kg\, m^{-3}}$)，g は重力加速度($9.8\, \mathrm{m\, s^{-2}}$)である。その砂岩層の上に不透水層があった場合，何かの理由で砂岩に水が加わると水は不透水層で遮断されるので，間隙水圧は増加する。その結果，砂粒を押しのける力は増大して砂岩の強度は減少し，岩石がせん断破壊することがある。たとえば，ダムに水が貯まると，周囲の岩盤に水が浸透し，間隙水圧が大きくなり，岩盤に地すべりが生ずることがある。また，地すべり地帯で大雨があった場合，地下に浸透した降水がすべり面の間隙水圧を高め，その結果抵抗力(せん断強度)が低下し，滑りやすくなって地すべりが発生する場合もある。

地球エネルギー資源

第13章

　石油・天然ガス・石炭などの化石燃料，放射性ウランを用いた核燃料，そして地熱，これらは代表的な地球エネルギー資源である。人類社会はこれらの地球エネルギー資源に支えられて発展を続けている。21世紀になって，人類は地球エネルギー資源の枯渇に直面しつつあるといわれている。しかし，人類の叡智を結集した技術革新と地球科学の進歩によって，非在来型石油資源などの新しい地球エネルギー資源が見い出され活用されつつある。

　本章では主力エネルギーである石油・天然ガス・石炭の産状や起源と成因，ウラン鉱床の形成機構，および地熱エネルギーの現状について解説するとともに，多様な非在来型石油資源を紹介する。また，地球エネルギー資源の現状と将来についてもふれる。

キーワード
核エネルギー，化石燃料，ケロジェン(起源説)，ジオポリマー，熟成作用，石炭，石炭系列，石油，石油根源岩，炭化水素，地熱エネルギー，天然ガス，濃縮ウラン，非在来型石油資源，ビトリナイト，ファンクレベレン図，埋蔵量，マセラル

1. 堆積岩中の有機物の熟成作用

1.1 堆積物有機物

　堆積物の埋没・沈降による続成作用(11.1節参照)にともなって，堆積物に含まれている有機物が主に温度と時間の影響を受けてしだいに変化していくことを**熟成作用**という。このような堆積物有機物の熟成作用が，石油・天然ガス・石炭などの**化石燃料**の形成に重要な役割を果たしている(図13.1)。堆積物中の有機物は，生物有機物(生体有機物・代謝産物など)に由来しているが，生物有機物と異なるいろいろな特徴がある。生物有機物を構成するタンパク質・炭水化物・脂質・リグニン類(樹木の繊維を作っている複雑な有機物)は**バイオポリマー**と呼ばれることがある。それに対して，堆積物中の巨

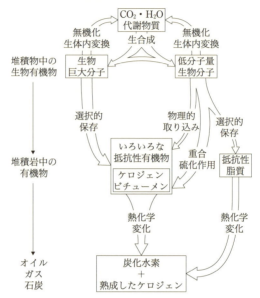

図13.1 堆積物中での生物有機物の変化(Tegelaar *et al.*, 1989 をもとに作成)

大分子化合物は**ジオポリマー**と呼ばれ，代表的なものに土壌有機物がある。

土壌有機物は一般に有機溶媒に不溶な暗色の**腐植物質**からなる。腐植物質はさらに，酸性・アルカリ性いずれの水溶液にも可溶な**フルボ酸**，酸性水溶液に不溶でアルカリ性水溶液に可溶な**フミン酸**，いずれの水溶液にも不溶な**フミン**に分類されている。一方，湖沼・海洋堆積物中の高分子有機物のうち，水溶液や有機溶媒に不溶なものをとくに**ケロジェン**(油 'kero' および生成 'gene' を意味するラテン語に由来)と呼んでいる。ここでは，土壌中のフミンも含めて，有機溶媒や水溶液に不溶な巨大分子化合物を広くケロジェンと呼ぶ。ケロジェンは地球でもっとも存在量の多い有機化合物である。炭素化合物としても，炭酸塩鉱物に次いで多い。通常，堆積物中の有機物の約90％はケロジェン，残りは有機溶媒に可溶な**ビチューメン**(タール状で，瀝青ともいう)からなる。

1.2 ケロジェン

ケロジェンは，変化しやすい生物有機物が化学的に縮重合したものやリグ

ニンのように分解作用に対して強い抵抗を示す生物組織(各種藻類の細胞壁，植物の角皮・根・種子・花粉・胞子など)からなる。

ケロジェンはそのCHO元素組成にもとづいて，**タイプⅠ・タイプⅡ・タイプⅢ・タイプⅣケロジェン**の4つに分類される(図13.2)。ケロジェンタイプは，起源生物の違い，生物分解作用や化学的分解作用の違い，運搬堆積過程での混合，ケロジェン形成後の二次的な酸化変質などと密接に関係している。堆積物の埋没深度が増すほど地温が増加し，堆積物有機物の熱化学的変化がより進行する。図13.2は**ファンクレベレン図**と呼ばれ，H/C原子比とO/C原子比にもとづくケロジェンタイプと起源有機物の違いによるCHO元素組成の変化を示す。地下深部でのケロジェンの熱化学反応によって石油や天然ガスが生成する。ケロジェンの主要な熱化学反応には**熱分解反応**(熱クラッキング)，環化反応，芳香族化反応などがある。

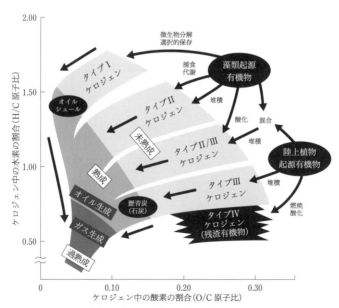

図13.2 ファンクレベレン図。H/C原子比とO/C原子比によるケロジェンの分類と起源物質の違いおよび熟成作用にともなう元素組成の変化を示す。

150　第II部　地球の歴史と環境の変遷

2. 石　　油

2.1　石油の組成

　石油は，常温で液体の**オイル**と気体の**ガス**に分けられる。粘性が大きく一見すると常温で固体に見える**天然アスファルト**も石油である。オイルのうち，比重が1より大きく，粘性が10^5mP(ポワズ：粘性の単位，1P＝0.1Pa s)以上のものを重質油と呼ぶ。また，比重が0.76以下，粘性が10mP以下のオイルは炭化水素(ガソリン成分)を主成分としており，**コンデンセート**と呼ばれる。コンデンセートは地下深部の温度圧力条件下ではガスとして挙動するが，地上の条件下では液化する。通常の原油は重質油とコンデンセートの間の比重を持っている。石油の主成分は**炭化水素**(飽和炭化水素と芳香族炭化水素)であり，通常約80％以上を占めている。そのほかの成分はレジン，アスファルテンと呼ばれるもので，酸素・窒素・硫黄を含む複雑な有機化合物からなる。

　石油の組成は起源有機物のケロジェンタイプや熟成度と密接に関係している。一般に，より水素に乏しいケロジェン(たとえばタイプIIIケロジェン)に由来する石油ほど芳香族炭化水素の割合が高い。また，熟成度が高いほど**熱分解反応**や芳香族化反応がより進行するので，炭素数の少ない短鎖炭化水素や芳香族炭化水素の割合が高くなる。また，貯留岩(後述)に集積後にも，熱分解・地層水への溶解・微生物による分解などによって石油組成が二次的に変質することがある。

2.2　石油の起源と成因

　石油を生成する堆積岩は**石油根源岩**と呼ばれ，一般に高い有機物濃度を持つ。主な石油根源岩は石灰岩・珪質頁岩・石炭などの生物起源堆積岩や有機物に富んだ黒色頁岩である。岩塩や石膏を含む蒸発岩(第11章参照)の場合もある。石油根源岩は一般に光合成による盛んな一次生産が長期間継続した堆積環境において形成される。植物プランクトンなどの一次生産者や動物プランクトンが石油の主要な起源生物であるが，陸上植物も重要な起源生物であ

る。地球史における生物進化(第16章参照)に応じて，地質時代によって主要な一次生産者が異なっているため，地質時代によって石油の主要な起源生物が異なっている。一方，ケロジェンの熟成作用によって石油(オイル・ガス)が生成し，石油鉱床が形成されるので，ケロジェンは石油の起源物質である。このような考えは**石油のケロジェン起源説**と呼ばれる。

　根源岩中で十分な量の石油が生成すると，根源岩からその一部が排出され，多孔質で浸透率の高い**キャリアーベッド**と呼ばれる地層へ移動する。これを一次移動という(図13.3)。一次移動を促す主要な営力は毛細管圧である。石油がキャリアーベッド中を移動し，**貯留岩**に集積するまでの移動は二次移動と呼ばれる(図13.3)。二次移動の主要な営力は浮力である。石油が集積する貯留構造は一般に多孔質な貯留岩とその上位の浸透率が低い**キャップロック**の組み合わせからなり，**石油トラップ**と呼ばれる(図13.3)。主な貯留岩は砂岩・礫岩・石灰岩であるが，亀裂が多く空隙に富む火成岩や火山砕屑岩のこともある。キャップロックは主に緻密な泥岩である。断層(断層粘土)が貯留岩中から石油の漏出を防ぐ働きをしていることもある(断層トラップ)。石油が地表に到達したものを**油徴**(油兆)という。

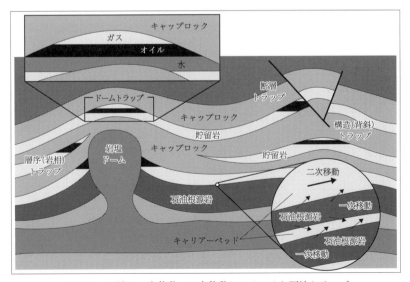

図 13.3 石油の一次移動，二次移動といろいろな石油トラップ

152　第Ⅱ部　地球の歴史と環境の変遷

3. 天然ガス

3.1　天然ガスの起源

　天然ガスは，地下に存在し地表条件下で気体である物質の総称であるが，通常はメタンやエタンなどの炭化水素を主成分とする可燃性ガスのことである。可燃性天然ガスは**非生物起源ガス**（無機起源ガス）と**生物起源ガス**（有機起源ガス）に大別される。非生物起源ガスは，地球創成期に地球内部に閉じ込められた始原的なメタンやそれが反応して生成したエタンやプロパンなどからなり，中央海嶺などの熱水活動の盛んな地域や火成岩体で検出されている。生物起源ガスは，微生物活動にともなって生成する**微生物起源ガス**と生物有機物の熱分解反応によって生成する**熱分解起源ガス**に大別される。微生物起源ガスは，メタン菌による炭素同位体分別と選択的なメタン生成のため，^{13}C に乏しくエタンやプロパンに比べてメタンが非常に多い。そのため，微生物起源メタンとも呼ばれる。一方，熱分解起源ガスではエタンやプロパンが多く，^{13}C も熱分解の起源有機物と同程度に富む。

3.2　天然ガスの産状

　天然ガスはほとんどメタンからなり，常温・常圧下で液化する成分がほとんどない**乾性ガス**とメタンを主成分としているが常温・常圧下で液化するペンタンやヘキサンなども十分含んでいる**湿性ガス**に区分される。水に溶解して産する天然ガスを**水溶性ガス**，オイルにともなって産出するものを**随伴ガス**と呼ぶ。随伴ガスは，地下の貯留層内でオイルに溶解していた溶解ガスがオイルと分離して最上部に存在していたガス（図13.3）と産出時に混合したものである。

　日本で最大規模の天然ガス田である北海道勇払ガス田や新潟県南長岡ガス田では，2012 年現在，熱分解性天然ガスが年間合計十数億 m³ ほど生産されている。日本の水溶性ガスはほとんどメタンからなり，主に微生物起源ガスである。日本全体では年間約 30 億 m³ の熱分解性天然ガスが生産されている。水溶性ガスをともなう地層水には高濃度のヨウ素が存在していることが

第 13 章　地球エネルギー資源　153

ある。千葉県の茂原ガス田では水溶性天然ガスとともに多量のヨウ素を産出
しており，国内産出量の約 90％を占めている。日本はチリに次いで世界第 2
位のヨウ素産出国である。

4. 新しい石油資源―非在来型石油資源

　石油の生成・移動・集積の諸過程をへて，自噴できるほどの高圧状態で地
下深部の貯留岩に存在する石油資源は**在来型石油資源**と呼ばれている。それ
以外に**非在来型石油資源**と呼ばれるいろいろな石油資源がある。代表的な非
在来型石油資源には，**オイルサンド・コールベッドメタン・シェールガス・
オイルシェール・メタンガスハイドレート**などがある。

　オイルサンドはかつて貯留岩に集積した石油が地殻変動にともなって貯留
岩ごと移動し，地上付近まで達したものである。主成分はオイルに含まれる
アスファルト様物質で，一般に高粘性のタール状ないし固体状で産する。
コールベッドメタンは，石炭中で生成したものの排出されずにそのまま石炭
内に残存しているメタンのことである。石炭は炭化水素の吸着効率が高いの
で，多量のメタンガスが石炭中に残存していることがある。シェールガスは，
有機物に富む頁岩（シェール）中で生成した炭化水素ガスがほとんど移動せず
に頁岩や亀裂のなかに残存しているものである。オイルシェールは脂肪族構
造によって特徴づけられるタイプ I ケロジェンにいちじるしく富む未熟成な
頁岩や泥岩である。オイルシェールから石油を得るには高温度でケロジェン
を熱分解する必要があるため，より多くのエネルギーが必要になる。メタン
ガスハイドレートは永久凍土地帯や海底下数百 m 程度の場所に存在する水
とメタンからなる氷状の固体物質である（Box 23.1 参照）。日本の排他的経済
水域（EEZ：海岸線から 200 海里以内の海域）内に膨大な量のガスハイド
レートが存在していると推定され，将来のエネルギー源として期待されてい
るが，採掘技術が確立していない。

　非在来型石油資源の開発には，在来型のものより多くのエネルギーと経費
が必要なため，これまであまり開発されていない。しかし，従来の石油資源
と異なり，世界各地に分散して存在し，在来型のものと同程度かそれ以上の

埋蔵量があると推定されており，技術革新にともなって今後盛んに研究開発が進められるものと考えられる。

5. 石　　炭

5.1　石炭の起源と堆積環境

石炭は石油とならぶ重要な化石エネルギー資源である。石炭は地質時代の主に陸上高等植物が堆積・埋没して形成されたもので，ほとんどが有機物からなる。石炭のように有機物にいちじるしく富んでいる堆積岩は有機質堆積岩と呼ばれ，図13.4のように分類されている。石炭は起源生物の違いから，主に陸上高等植物に由来している**腐植炭**と多量の藻類起源の有機物を含む**腐泥炭**に大別される（図13.4）。通常，石炭と呼ばれるものの多くは主に陸上高等植物に由来する腐植炭である。石炭の堆積層は湿地帯や泥炭地のような溶存酸素に乏しい堆積環境で形成されたものと考えられている。内陸の淡水性環境で形成された炭層は厚く，数〜数十m以上に達することがある。一方，海浜環境で形成されたものは薄く，数十cm〜1mほどの厚さで連続性がよい。石炭層の形成には海水準の上昇が重要な役割を果たしていることが多い。

世界の主要な石炭は主に古生代のデボン紀・石炭紀のヒカゲノカズラ類やトクサ類とペルム紀の裸子植物に由来している（16.4節参照）。しかし，日本や東南アジア，および中国の一部に分布する石炭は新生代の被子植物由来の有機物を多量に含んでいる。

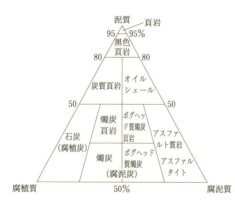

図13.4　有機質堆積岩の分類と名称（Pettijohn, 1975をもとに作成）

5.2 石炭化作用

岩石の鉱物に相当する石炭の構成単位は**マセラル**と呼ばれる。マセラルはビトリナイト・リプチナイト・イナーチナイトと呼ばれるマセラルグループに大別される(表13.1)。マセラルグループはさらに各種マセラルに分類される。

石炭の物理化学的特徴は熟成作用の進行にともなって変化するので，熟成度(石炭化度)の違いに応じた炭質区分が行われている(**石炭系列**という)。もっとも熟成度の低い石炭は泥炭(ピート)と呼ばれ，熟成度が高くなるにつれて，褐炭・亜瀝青炭・瀝青炭・無煙炭となる。この炭質区分は炭素濃度と揮発分(炭化水素などの揮発成分の量)にもとづいている。しかし，石炭は均質ではないので，同じ石炭でも場所によってマセラル組成が異なっており，異なる炭素濃度や揮発分を示す。そのため，特定のマセラルの変化に注目して石炭化度を評価することが行われている。そのもっとも代表的な指標が**ビトリナイト反射率**である。

ビトリナイトグループにはコリナイトとテリナイトと呼ばれる2種類のマセラルがある(表13.1)。ビトリナイト反射率は，そのうち植物の材に由来する均質なコリナイトの研磨鏡面における可視光反射率のことで，一般に R_0 (%)で示される。ビトリナイト反射率は石炭化度を評価する以外にも，石油根源岩の熟成度評価や堆積岩の熱史解析などに広く利用されている。石炭化

表 13.1 石炭マセラルとその起源

マセラルグループ	マセラル	起源
ビトリナイト	コリナイト	植物の材由来で，無組織
	テリナイト	植物の材由来で，組織を残す
リプチナイト (エクジナイト)	クチナイト レジナイト スポリナイト アルジナイト	角皮に由来 樹脂・ろうに由来 花粉・胞子に由来 藻類に由来
イナーチナイト	フジナイト セミフジナイト ミクリナイト マクリナイト スクレロチナイト	石炭化以前に木炭化 フジナイトとビトリナイトの中間 由来不明(細胞組織を持たない) 同上，基質をなす 菌核類に由来

度を示すそのほかの指標として，水分・発熱量・スポリナイト（胞子に由来するマセラル）の蛍光特性などがある．図13.5に石炭系列といろいろな石炭化度指標の関係を示す．無煙炭では粉末X線回折法によって結晶度の低いグラファイト（石墨）が検出されるようなる．グラファイトは堆積岩起源の変成岩に特徴的に認められるので，いちじるしく熟成度が高い無煙炭は変成炭と呼ばれることがある．

6. 核エネルギー

核エネルギーは原子核の分裂や融合の際に生じる熱エネルギーである．現在，核エネルギー資源として利用されているのは自然に核分裂する**ウラン235**（^{235}U）である．自然界に産するウランには^{234}U・^{235}U・^{238}Uの3種類の同位体（Box 17.1参照）が存在しているが，その99％以上が安定な^{238}Uであり，核分裂によってエネルギーを生じる^{235}Uはわずか0.7％ほどしか含まれていない．この濃度では効果的な連鎖反応が生じないため，天然ウランから^{235}Uを濃縮し，いわゆる**濃縮ウラン**として原子力発電に利用している．原子力発電は，温室効果ガスである二酸化炭素や酸性雨や光化学スモッグの原因とされる窒素酸化物（NO_x）・硫黄酸化物（SO_x）を排出しないなどの利点があるが，重大事故が起きたときの放射性物質による地球規模の被害，放射性廃棄物の処理問題，さらに原子炉の廃炉問題など負の面がある．

ウランは火成岩では苦鉄質岩よりも

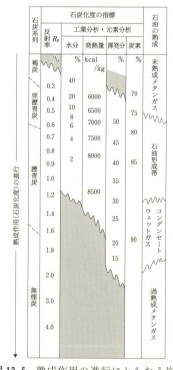

図13.5 熟成作用の進行にともなう炭質区分と石炭化度指標の変化（相原，1979をもとに作成）

珪長質岩に富む傾向があり，花崗岩には平均約 4 ppm のウランが含まれる。また，ウランは石炭や黒色頁岩のような有機物に富む堆積岩中にも比較的多く存在する。ウラン鉱床には，火成岩体そのものやマグマ活動にともなうスカルン鉱床や熱水性鉱床(14.2 節参照)によるものなどがあるが，主要なウラン鉱床の大部分は堆積鉱床である。溶存酸素や硫酸イオンを含む酸化的な地下水や熱水(14.2 節参照)が地下を移動すると，花崗岩などに含まれているウラン鉱物を錯イオン$(UO_2)^{2+}$ として溶解し，ウランに富む地下水や熱水ができる。還元的環境ではこのような水溶液から閃ウラン鉱(UO_2)・コフィナイト$(USiO_4)$・人形石$(CaU(PO_4)\cdot 2H_2O)$ などのウラン鉱物が沈積し，ウラン鉱床が形成される。堆積型のウラン鉱床の多くは炭質物や有機物を含む砂岩や礫岩などの透水性の堆積層中に形成される。堆積岩中に有機物があると，溶存酸素や硫酸イオンが消費され還元的な間隙水ができるからである。オーストラリア・カナダ・米国などの大規模な鉱床は，このようにして地下水や熱水に溶解したウランが移動・沈積して形成された。鳥取・岡山県境の人形峠や岐阜県東濃のウラン鉱床も同じタイプである。主要なウラン鉱物である閃ウラン鉱は，比重が約 10.5 と大きいため，ウランの風化残留鉱床を作る場合もある(14.2 節参照)。

7. 地熱エネルギー

地殻に存在する岩石には，^{235}U・^{232}Th・^{40}K などの放射性元素が含まれる。このような放射性元素の核分裂にともなう崩壊熱によって岩石そのものが熱を生成する。また，マントルで生成したマグマが地殻に大規模に貫入すると地殻が局所的に加熱され，高い**地殻熱流量**(1.4 節参照)を持つようになる。このような熱エネルギーを**地熱エネルギー**と呼ぶ。日本のようなマグマ活動が盛んな地域では大きな地熱エネルギーを活用することができる。地熱エネルギーは無尽蔵といえるほどあり，燃焼をともなわず，危険な廃棄物もないことから地球環境への負荷が少ないエネルギーである。地熱発電はすでに実用化されており，日本では，森(北海道)・澄川(秋田県)・松川(岩手県)・鬼首(宮城県)・柳津西山(福島県)・八丁原(大分県)・大霧(鹿児島県)など18か

158 第II部 地球の歴史と環境の変遷

所で地熱発電所が稼働している。2011年現在で，日本では合計約54万kW
の地熱発電が行われており，世界で第8位の発電量である。2013年現在，
北海道や北東北地方を中心に10件の新しい地熱発電プロジェクトが進行し
ている。

　地熱エネルギーは，地下の地熱貯留層中の熱水を熱の運搬媒体として活用
するものと，熱水をともなわない高温岩体そのものを活用する方法の二つに
大別される。現在は主に地熱貯留層中の熱水を利用して地熱発電が行われて
いる。高温岩体を掘削あるいは破壊し，人工的に水を循環させて岩体の熱を
抽出し利用することができれば，地熱エネルギーをさらに広い地域で活用で
きる。そのため，地下の高温条件下で使用できる耐腐食性をそなえた掘削金
属材料の開発が国際的に進められている。

8. エネルギー資源の将来

　石油・天然ガス・石炭・ウランの採鉱可能な**埋蔵量**（または資源量）の多い
国を表13.2に示す。地下資源は一般に地下深部に存在しているので，それ
らの探査技術や掘削技術，さらには製錬・回収技術の進歩や新たな鉱床の発
見によって実際に採鉱できる埋蔵量は変化する。石油・天然ガスの場合には，
地球における全存在量を原始埋蔵量といい，そのうち技術的・経済的に採取
が可能な埋蔵量を**可採埋蔵量**という。既生産量を含めた量を究極可採埋蔵量
と呼ぶ。残存可採埋蔵量は，すでに確認されている**確認可採埋蔵量**，技術革
新によって増加する埋蔵量成長，これから発見されると予想される未発見埋
蔵量に分けられる。表13.2に確認可採埋蔵量を示す。

　石油・天然ガス・石炭の2012年末における確認可採埋蔵量（R）はそれぞ
れ1兆6,689億バーレル（1バーレル＝約159*l*）・187.3兆m³・8,609億ト
ンである（BP統計2013年）。これからそれぞれの年間生産量（P）を用いて**可採
年数**（R/P）を求めると，石油は52.9年，天然ガスは55.7年，石炭は109年
となる。石油と天然ガスの可採年数は，両者の消費量が増えているにもかか
わらず過去20年間にわたってあまり変化していない。これは，石油や天然
ガスを埋蔵する堆積盆の評価技術・水平掘削技術・三次元地震探査システ

第13章　地球エネルギー資源　159

表 13.2　各国の原油・天然ガス・石炭・ウランの確認可採埋蔵量

順位	原油[1],[2]	(10億 t)	天然ガス[2]	(1兆 m³)	石炭[2]	(100万 t)	ウラン[3]	(1,000 t)
1	ベネズエラ	46.5	イラン	33.6	アメリカ合衆国	237,295	オーストラリア	1,179.0
2	サウジアラビア	36.5	ロシア	32.9	ロシア	157,010	アメリカ合衆国	472.1
3	カナダ	28.0	カタール	25.1	中国	114,500	カザフスタン	414.2
4	イラン	21.6	トルクメニスタン	17.5	オーストラリア	76,400	カナダ	387.4
5	イラク	20.2	アメリカ合衆国	8.5	インド	60,600	ニジェール	244.6
6	クウェート	14.0	サウジアラビア	8.2	ドイツ	40,699	南アフリカ	195.2
7	アラブ首長国連邦	13.0	アラブ首長国連邦	6.1	ウクライナ	33,873	ロシア	181.4
8	ロシア	11.9	ベネズエラ	5.6	カザフスタン	33,600	ブラジル	157.7
9	リビア	6.3	ナイジェリア	5.2	南アフリカ	30,156	ナミビア	157.0
10	ナイジェリア	5.0	アルジェリア	4.5	コロンビア	6,746	ウクライナ	142.4

[1]オイルサンド，ガスコンデンセート，天然液化ガスを含む。
[2]British Petroleum, 2013 による。
[3]United Nation, 2013 による。

ム・大水深石油開発システムなどの新しい技術によって，確認可採埋蔵量が
毎年増えているためである。また，これらの統計には非在来型石油資源であ
るコールベッドメタン・オイルシェール・シェールガス・ガスハイドレート
などは含まれていない。オイルサンドやコールベッドメタンはすでに重要な
化石燃料資源として開発が行われている。オイルサンドなどの超重質油はい
ずれも 1 兆バーレルほどの可採埋蔵量があると推定されており，前述した石
油の確認可採埋蔵量に匹敵する。オイルシェールの可採埋蔵量は原油換算約
3.5 兆バーレルと見積もられている。非在来型石油資源の開発は石油・天然
ガスの価格変動と密接に関係している。

　日本では 1970 年代に一次エネルギー（自然界に存在しているエネルギー）
の 70%以上を石油に依存していた時期があった。今後も化石燃料への依存
度が大きい傾向が続くものの，新エネルギー（太陽光・風力・地熱・バイオ
マスなど）が急速に普及しており，一次エネルギーの多様化が進行している。
高効率エネルギー変換・省エネルギー・再生可能な新エネルギーなどに関す
る技術革新も行われつつある。しかし，当面のベースエネルギーである化石
燃料資源には限りがあるので，エネルギー節約の生活様式を心がけることが
重要である。

160　第II部　地球の歴史と環境の変遷

[練習問題1]　下表は生物有機物とオイルシェール，石炭，石油のCHO重量%を示したものである。それぞれについてH/C原子比とO/C原子比を計算し，それぞれの記号を用いて図13.2中に示せ。

重量%で表した元素組成

		炭素	水素	酸素	その他	合計
炭水化物	◎	44	6	50	0	100
リグニン	○	63	4.6	32	0.4	100
タンパク質	□	53	7	22	18	100
脂質	△	76	12	12	0	100
オイルシェール	■	25	3.6	3.1	68.3	100
石炭	●	68	4.2	25	2.8	100
石油	▲	85	13	0.5	1.5	100

[練習問題2]　米国の新生代ロサンゼルス堆積盆地では海洋に堆積して形成された中新世の堆積岩がよい石油根源岩となっている。この石油根源岩のケロジェンはタイプII型であり，地下温度約115°Cで石油炭化水素を生成している。一方，フランスの中生代パリ堆積盆地ではジュラ紀の海成堆積岩が石油根源岩となっており，ケロジェンタイプはロサンゼルス堆積盆地の根源岩と同じタイプII型である。パリ堆積盆地では地下温度約70°Cで石油炭化水素の生成が開始している。

パリ堆積盆地のジュラ紀石油根源岩がロサンゼルス堆積盆地の中新世石油根源岩より低い温度で石油炭化水素を生成しているのはなぜか，150字程度で答えよ。

[練習問題3]　次の文章の空欄にあてはまる適切な数値を答えよ。有効数字を2桁とする。

大気圏外で太陽に垂直な$1 m^2$の面が，1秒間に受け取るエネルギーは1.37×10^3（$J m^{-2} s^{-1}$）で，これを太陽定数という。地球の表面積や雲などによる反射を考慮すると実際に地球表面に届くのは太陽定数の1/8ほどになる。このとき，太陽光発電のエネルギー変換効率を20%とすると$50 m^2$の面積で1日に発電できる電気エネルギーは約（　①　）（J/日）となる。石油の発熱量を約4.2×10^7 $J kg^{-1}$（＝約10,200 $kcal kg^{-1}$）とする。石油火力発電の熱効率を40%とすると，石油1kgが石油火力発電によって発生する電気エネルギーは（　②　）$J kg^{-1}$となる。石炭1kg当りの発熱量を2.5×10^7 $J kg^{-1}$（＝約6,000 $kcal kg^{-1}$）とする。石炭火力発電の熱効率が40%であれば，石炭火力発電によって発生する電気エネルギーは（　③　）$J kg^{-1}$となる。したがって，$50 m^2$の面積で1日当り発生する太陽光発電エネルギーは，石油火力発電における約（　④　）kgの石油，石炭火力発電における約（　⑤　）kgの石炭に相当している。

^{235}Uが発生する熱エネルギーは約9×10^{10} $J g^{-1}$である。原子力発電の熱効率を35%とすると，1gの^{235}Uが原子力発電によって発生する電気エネルギーは（　⑥　）$J g^{-1}$となる。このエネルギーは石油火力発電における約（　⑦　）kgの石油，石炭火力発電における約（　⑧　）kgの石炭にそれぞれ相当している。

第*14*章 ──────────────────

金属鉱物資源と社会

人類は旧石器時代から身のまわりの天然物質を生活に役立ててきた。そのなかで，鉱物資源は，化石燃料資源とともに，私たちの生活や近代産業などにとって必要不可欠な地下資源であり，人口の増加と生活の近代化によりそれらの消費量は急激に増加している。これらは再生不可能資源であるため，将来の枯渇が危惧されている。一方では，採掘・選鉱・製錬にともない重大な環境問題も招いている。私たちにとって，資源問題はエネルギー問題や食料問題，環境問題などとともに21世紀における最大の課題の一つである。本章では鉱物資源のうち金属資源について，各種の金属元素が濃集している鉱床にはどのようなタイプがあるのか，それらは地球のどのようなところで，どのようにして形成されるのかを学ぶ。また，金属資源の将来や資源開発がもたらす環境問題についてもふれる。

キーワード
足尾銅山鉱毒事件，火成鉱床，元素存在度，鉱液，鉱山排水，鉱床，鉱石，鉱物資源，再生不可能資源，資源の枯渇，堆積鉱床，超臨界水，天水，天然資源，都市鉱山，熱水，熱水性鉱床，品位，変動帯

1. 鉱物資源

1.1 天然資源

人間が生活に利用している天然の物質やエネルギーを**天然資源**という。天然資源には，鉱物資源・エネルギー資源・生物資源・水資源などがある。そのうち，鉱物資源やエネルギー資源のほとんどは地球の46億年の営みのなかで作り出されてきた**地下資源**であり，人間の時間スケールでは再生更新できない**再生不可能資源**である。一方，生物資源や水資源，風力・太陽光などのエネルギー資源は再生できる**再生可能資源**である。鉱物資源は，現在は地球に産するもの(地球資源)が採掘対象であるが，将来は月やほかの惑星を開発対象とする可能性もある。本章では鉱物資源を扱うが，石油・天然ガス・石炭などのエネルギー資源については第13章で扱う。

162　第II部　地球の歴史と環境の変遷

　鉱物資源は大きく金属資源と非金属資源に区分される。**非金属資源**とは，建築材料である花崗岩・安山岩・大理石(結晶質石灰岩)などの岩石類，陶磁器やレンガなどの原料である粘土類，装飾品であるダイヤモンド・ルビー・ヒスイなどの宝石・貴石などである。半導体シリコンの原料である珪石や研磨剤として使われるざくろ石やコランダム(宝石名はルビー・サファイヤ。現在の研磨剤のほとんどは人工品)も近代産業に欠かせない非金属鉱物資源である。土木・建築材料である土・砂・礫も非金属鉱物資源である。

　金属資源は鉱業的にはさらに鉄および非鉄金属資源に分類され，後者には，ベースメタル(卑金属：アルミニウム・銅・鉛・亜鉛・錫など)，レアメタル(希少金属：チタン・ニッケル・クロム・コバルト・タングステン・希土類元素・白金族元素など)，プレシャスメタル(貴金属：金・銀・白金)がある。これらは近代工業には欠かせないものであり，そのなかでもハイテク産業に不可欠なレアメタルは，その産出地域や産出量は限られ，各国にとってその確保は重要な問題ともなっており，国際問題にも繋がる。

　本章では，金属資源に関わる鉱床を扱う。

1.2　地殻における元素存在度

　周期表(裏見返し)では，金属元素は86種，非金属元素は14種である。一般に，金属イオンは陽イオンになりやすく，非金属元素は18族の希ガスを除き陰イオンになりやすい。これらの陽イオンと陰イオンが結びついて，有用元素(本章では人間生活に役立つ金属元素と一部の非金属元素をいう)を含むいろいろな鉱物を作っている。

　地球化学の創始者であるノルウェーのゴールドシュミット(V. M. Goldsch-midt)は，元素を地球化学的に親石元素(珪酸塩鉱物となる傾向が強い)・親鉄元素(金属あるいは酸化物となる傾向が強い)・親銅元素(硫化物となる傾向が強い)・親気元素(気相に取り込まれやすい)に分類した(表14.1)。ただし，いくつかの元素は温度・圧力・化学環境によって複数のグループに属する。第15章で述べるように，創成時の地球はコンドライト隕石が集積した均質な天体であったが，多数の隕石の衝突エネルギーによって溶融し(マグマオーシャン)，珪酸塩溶融体と鉄-ニッケル溶融体に分離し，重い後者が中

表 14.1 隕石中における分布にもとづく元素の地球化学的分類(Mason, 1966 より)

親鉄元素	親銅元素	親石元素	親気元素
Fe*1 Co*1 Ni*1	(Cu) Ag	Li Na K Rb Cs	(H) N (O)
Ru Rh Pd	Zn Cd Hg	Be Mg Ca Sr Ba	He Ne Ar Kr Xe
Os Ir Pt	Ga In Tl	B Al Sc Y La-Lu	
Au Re*2 Mo*2	(Ge) (Sn) Pb	Si Ti Zr Hf Th	
Ge*1 Sn*1 W*2	(As) (Sb) Bi	P V Nb Ta	
C*3 Cu*1 Ga*1	S Se Te	O Cr U	
Si*3 As*2 Sb*2	(Fe) Mo (Os)	H F Cl Br I	
	(Ru) (Rh) (Pd)	(Fe) Mn (Zn) (Ga)	

*1地殻では親銅元素および親石元素, *2地殻では親銅元素, *3地殻では親石元素

心部に沈んで核を形成した。珪酸塩溶融体はさらにマントルと地殻に分離し,現在の層状構造となった。この過程で Ni・Co・Au・Mo・W や白金族元素などの親鉄元素は核に取り込まれ,親石元素は地殻に多く濃集した。白金族元素が地殻ではきわめて少ないのはこのような過程のためである。

　地殻やマントルにおいて,元素は,自然鉄や自然金(砂金),自然水銀(常温で唯一の液体金属),ダイヤモンド(炭素)などは別として,単体(元素鉱物)として産出するのはごくまれである。有用元素は一般にはいろいろな鉱物に含まれ,それらの鉱物が集まって岩石を作っている。地殻を作っている岩石の主要構成鉱物(造岩鉱物という)のほとんどは珪酸塩鉱物である(3.1節参照)。しかし,金属元素などは上記の親鉄元素や親銅元素が多く,ほとんどは酸化鉱物・硫化鉱物・炭酸塩鉱物などとして岩石中に含まれている(表14.2)。たとえば,銅(Cu)は硫黄・酸素・炭素などと結合して,硫化鉱物である黄銅鉱($CuFeS_2$)・酸化鉱物である赤銅鉱(Cu_2O)・炭酸塩鉱物である孔雀石($Cu_2CO_3(OH)_2$)などを作る。このような有用元素を多く含む鉱物を**鉱石鉱物**といい,それらを主要な構成鉱物とする岩石を**鉱石**と呼ぶ。また,鉱石が多く含まれ,経済的にも採掘可能な部分(地質体)を**鉱床**と呼んでいる。どのくらい濃集すれば鉱石や鉱床として採掘されるかは,鉱石の**品位**(鉱石における有用元素の含有量で,通常 wt%や1t 当りの g 数で表す)のほか,鉱床の規模や立地条件,社会経済の状況により変わる。なお,鉱石中に含まれる経済的価値の低い部分(あるいは鉱物)を**脈石**(あるいは脈石鉱物)という。

　地球の表層部を構成する**地殻**は,陸域では平均 35 km,海域では約 6 km

164　第Ⅱ部　地球の歴史と環境の変遷

表14.2　主な鉱石鉱物(内田, 2008をもとに作成)。世界の生産量順

鉄(Fe)	赤鉄鉱[Fe_2O_3], 磁鉄鉱[Fe_3O_4], 褐鉄鉱[$FeO(OH)$]
アルミニウム(Al)	ギブサイト[$Al(OH)_3$], ダイアスポア[$AlOOH$]
銅(Cu)	黄銅鉱[$CuFeS_2$], 輝銅鉱[Cu_2S], 赤銅鉱[Cu_2O]
クローム(Cr)	クローム鉄鉱[$FeCr_2O_4$]
亜鉛(Zn)	閃亜鉛鉱[$(Zn, Fe)S$]
マンガン(Mn)	軟マンガン鉱[MnO_2], 菱マンガン鉱[$MnCO_3$]
鉛(Pb)	方鉛鉱[PbS]
ニッケル(Ni)	針ニッケル鉱[NiS], 紅砒ニッケル鉱[$NiAs$]
錫(Sn)	錫石[SnO_2]
モリブデン(Mo)	輝水鉛鉱[MoS_2]
希土類元素(REE)	モナズ石[$(Ce, La, Nd, Th)PO_4$], バストネス石[$(Ce, La)(CO_3)F$]
チタン(Ti)	ルチル[TiO_2], イルメナイト[$FeTiO_3$]
タングステン(W)	鉄マンガン重石[$(Fe, Mn)WO_4$], 灰重石[$CaWO_4$]
コバルト(Co)	輝コバルト鉱[$CoAsS$], 方砒コバルト鉱[$CoAs_2$]
銀(Ag)	自然銀[Ag], 輝銀鉱[Ag_2S], 濃紅銀鉱[Ag_3SbS_3]
金(Au)	自然金[Au], エレクトラム[Au, Ag]
水銀(Hg)	自然水銀[Hg], 辰砂[HgS]
白金(Pt)	自然白金[Pt]
ウラン(U)	閃ウラン鉱[UO_2]

の厚さがある(第5章参照)。地殻における主な元素や代表的な有用元素の存在度(濃度)を表14.3に示す。地殻のほぼ99%はO・Si・Al・Fe・Ca・Na・K・Mgのわずか8元素からなり, 残りの1%ほどがそのほかの元素である。金の存在度は0.002 ppmであり, 平均して岩石1,000 tのなかに金が2 g程度含まれている。一般的には, 鉱石1 tに20 gくらいの金が含まれていれば, その鉱床は採掘の対象となる。したがって, 金鉱床の金濃集度は地殻での存在度の約1万倍ということになる(表14.3)。現在の日本では唯一の大規模鉱山である鹿児島県の菱刈鉱山(後述の熱水性鉱脈型鉱床)の鉱石品位は平均して1 t当り40〜50 gといわれており, 地殻存在度の2万倍以上である。私たちの生活を支えている有用元素が地殻中でいかに少ないかがわかる。表14.3には, いくつかの元素について経済的に採掘可能な濃集度も示す。

2. 金属鉱床はどこでどのようにしてできるか

2.1　金属鉱床のできる場所

第 14 章　金属鉱物資源と社会　165

表 14.3　地殻における主な元素および有用元素の存在度

順位	元素	記号	存在度 (重量比)	経済的に採掘可能な濃集度[*1]	可採年数[*1,*2]
1	酸素	O	46.60%		
2	珪素	Si	27.72%		
3	アルミニウム	Al	8.13%	15〜30%	100〜192
4	鉄	Fe	5.11%	25〜30%	240
5	カルシウム	Ca	3.63%		
6	ナトリウム	Na	2.83%		
7	カリウム	K	2.59%		
8	マグネシウム	Mg	2.09%		
9	チタン	Ti	0.44%		
10	水素	H	0.14%		
12	マンガン	Mn	950 ppm	30%	34
21	クロム	Cr	100 ppm	30%	462
23	ニッケル	Ni	75 ppm	1〜1.5%	30
24	亜鉛	Zn	70 ppm	2.5〜5%	19
26	銅	Cu	55 ppm	0.3〜1%	39
30	コバルト	Co	25 ppm		60
37	鉛	Pb	13 ppm	2〜5%	17
49	錫	Sn	2.0 ppm	0.2〜1%	20
51	ウラン	U	1.8 ppm	0.18%	51
68	銀	Ag	0.07 ppm	0.01%	20
70	白金	Pt	0.01 ppm	3 ppm	
75	金	Au	0.002 ppm	8〜20 ppm	19

[*1] 技術的条件，社会経済状況により変化する。
[*2] USGS（米国地質調査所）ホームページなどをもとに作成。

　珪素やアルミニウム，鉄などを除き，地殻には有用元素は微量にしか存在しない（表 14.3）。地殻に散在する微量の有用元素を濃集する媒体は，深部では**マグマ**，比較的浅部ではマグマに関連する**熱水**（マグマによって加熱された海水や**天水**(地表水)も含む）である。マグマや熱水はまわりの岩石を融かしたり，それらと化学反応して岩石中の有用元素を溶かし，移動する。その後上昇して，冷却やそのほかの作用で有用元素がほかの元素とともに局所的に沈殿し，鉱石となる。したがって，堆積作用によって鉱石鉱物が二次的に濃集して鉱床ができる場合もあるが，ほとんどの鉱床はマグマや熱水の活動が活発なところで生成する。鉱物資源の分布が偏在している理由はここにある。

鉱床が形成されるのは，一般にマグマ活動の活発な発散プレート境界である**中央海嶺**や収束プレート境界である**沈み込み帯**(島弧-海溝系)などの**変動帯**(4.3節参照)である．図14.1に地球表層部におけるいろいろな鉱床の形成場を示す．中央海嶺ではマグマの活動により鉱床が形成されるが，それらの鉱床はプレートとともに移動して沈み込み帯で大陸や島弧に付加される．また，沈み込み帯では，海洋プレートの沈み込みにともなって島弧や陸弧(大陸縁辺部)のマグマ活動が活発であり(8.2節参照)，マグマや熱水の活動による鉱床ができる．島弧の大陸側(背弧海盆：図3.9, 14.1)でも，海底火山にともなう熱水活動による鉱床が形成される．ただし，現在採掘されている鉱床のほとんどは過去の地質時代に変動帯で形成されたものである．それらのうち，その後の地質過程によって，現在みられるような陸地の表層部付近にもたらされたものが採掘対象となっている(技術的制約やコストにより，一般的には深度約1,000 mより浅い部分)．

2.2　金属鉱床の種類とそのでき方

鉱床は，基本的に，有用元素を濃集して鉱床を形成する機構(成因)にもとづいて分類される(表14.4)．鉱石も岩石の一種であるため，鉱床の成因も岩石成因の3つのメカニズム(火成作用・堆積作用・変成作用)に対応している．以下では，変成作用にともなう変成鉱床については省略する．

(1) 火成鉱床

マントルあるいは地殻深部でできた岩石の溶融体である**マグマ**に含まれる

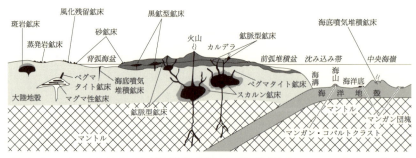

図14.1　いろいろな鉱床の形成場(島弧-海溝系の例)(久保田ほか，1995をもとに作成)

第 14 章　金属鉱物資源と社会　　167

表 14.4　鉱床の分類(内田，2008 をもとに作成)

火成鉱床	マグマ性鉱床	結晶分化型鉱床・マグマ不混和型鉱床
	ペグマタイト型鉱床	
	カーボナタイト型鉱床	
	熱水性鉱床	鉱脈型鉱床・海底噴気堆積鉱床
		斑岩鉱床・スカルン鉱床
堆積鉱床	機械的堆積鉱床	砂鉱床(漂砂鉱床)
	化学的堆積鉱床	縞状鉄鉱床・層状マンガン鉱床・マンガン団塊
	蒸発岩(エバポライト)鉱床	
	風化残留鉱床	
	有機的堆積鉱床	石油・天然ガス・石炭・燐鉱床など
変成鉱床	キースラーガー型鉱床・変成マンガン鉱床	

　微量な有用元素は，マグマが地殻内部や地表・海底で固結する時に鉱石鉱物に含まれ，各種の**火成鉱床**をもたらす。火成鉱床には，大別してマグマ性鉱床・ペグマタイト型鉱床・カーボナタイト型鉱床・熱水性鉱床がある。熱水性鉱床については次項で述べる。**マグマ性鉱床**はさらに結晶分化型鉱床とマグマ不混和型鉱床に分けられる。

　直径 100 km 近いあるいはそれ以上の大規模なマグマ溜りが地下深部でゆっくりと冷えるとき，**結晶分化作用**によって下部は早期に結晶した超苦鉄質〜苦鉄質深成岩，上部は珪長質深成岩からなる**層状分化貫入岩体**ができる(8.5 節参照)。この超苦鉄質〜苦鉄質深成岩の形成にともない，ニッケル鉱床やクロム鉱床ができる。また，白金族元素を含む鉱石がいっしょに沈殿することもある。このタイプは**結晶分化型鉱床**と呼ばれる。また，銅やニッケルに富む硫化物溶融体が不混和現象により珪酸塩溶融体マグマから分離し，固化して形成される鉱床(**マグマ不混和型鉱床**)もある。南アフリカには，このようにして生成した厚さ 1 m ほどの白金族元素や硫化物を含む層状鉱床があり，世界最大の白金供給源(ブッシュフェルト鉱床)として知られている。一方，温度が下がりマグマの結晶作用(固結)が進むと，残ったマグマ(残液)は SiO_2 が多くなり，それまで鉱物に取り込まれにくかった H_2O・Cl・F などの揮発性成分に富むようになる。そのような残液から晶出する石英・カリ

168 第II部 地球の歴史と環境の変遷

長石・黒雲母などの巨大結晶(時には1m以上にも達する)からなるペグマタイト(巨晶花崗岩)中にはそれまで鉱物に取り込まれなかった金属元素が沈殿して**ペグマタイト鉱床**ができることもある。ペグマタイト鉱床は希土類元素などのレアメタルの鉱床として重要である。さらに,長石や石英などはセラミックス原料や光学材料となり,また,トパーズやコランダムなどの宝石を産することもある。

特殊なカーボナタイトマグマに由来する方解石やドロマイトなどの炭酸塩鉱物を主要構成鉱物とする鉱床(**カーボナタイト鉱床**)は,希土類元素やニオブ,タンタルにいちじるしく富んでおり,注目されている。

(2) 熱水性鉱床

さらに温度が下がると,マグマ起源の有用元素やまわりの岩石との化学反応により溶かし込んだ有用元素を含む高温の熱水が上昇・冷却して,有用元素(金・銀・銅・鉛・亜鉛・タングステン・モリブデンなど)を含む鉱石鉱物を地下の割れ目や海底に沈殿させる。それが**熱水性鉱床**(火成鉱床の一つ)である。日本の多くの鉱山はこのタイプである。

水(H_2O)は常温常圧のもとでは,物理化学的性質がまったく異なる液体(水)と気体(水蒸気)の2つの状態(相)で存在するが,水の臨界温度(374°C,22.1MPa)以上では両者の区別がなく,溶解度の大きい液体と移動性にまさる気体の両方の性質を持つ**超臨界状態**にあり,その水(流体)を**超臨界水**という。

1979年東太平洋海嶺の北緯21度地点(図4.4参照)で,熱水が水深約2,600mの海底から噴出しているのが米国の深海潜水艇により目撃された。海底の煙突状の噴出孔(チムニーという)からは約350°Cの黒色の熱水(水圧のために流体)が噴出し,海水による冷却によって,まわりにはFe・Cu・Pb・Znの硫化物などが沈殿していた。まさに鉱床(**海底噴気堆積鉱床**)ができつつあるのである。このように,チムニーから噴き出す300°C以上の高温熱水が海水と交じり細かい懸濁物(硫化物)を生成し,黒色を呈するものを**ブラックスモーカー**,それより温度が低く硫黄や珪酸分の懸濁物からなる白色をなすものを**ホワイトスモーカー**と呼んでいる。海底の熱水噴気孔は,その後あちこちの中央海嶺軸や背弧海盆軸の周辺から見い出されており,そこでの熱

第 14 章　金属鉱物資源と社会　169

水のエネルギーや硫化水素によって生存する嫌気性生物の生態系は，酸素が少なかった原始地球における生命誕生の問題と関わり，近年注目されている。

　熱水による鉱床形成は地下でも起きている。マグマは最大 3〜4% 程度の水を含んでいる。一般的には，マグマから晶出する結晶(鉱物)には水は入りにくいので，マグマは結晶作用(固結)の進行や上昇による減圧とともに水に飽和し，水を分離し始める。そして，SO_2・H_2S・CO_2 などの揮発性成分や珪酸塩鉱物(岩石)に含まれなかった重金属に富む高温のマグマ水(熱水)が形成される。また，マグマの周囲の岩石は加熱されて脱水反応を起こし，その水がマグマに加わる。地下深部では，水溶液は高圧と高温のため，超臨界状態にある。マグマから分離した移動性と溶解性に富む超臨界水(熱水)は，岩石の割れ目を上昇する過程でまわりの岩石と反応して有用元素を溶かし込む。上昇・冷却した有用元素に富む熱水をとくに**鉱液**という。上昇する熱水(鉱液)は冷却やそのほかの作用で岩石の割れ目を埋めて熱水に含まれる物質を沈殿させる(**脈**という)。このようにして生成する鉱床が熱水性鉱床の一種である**鉱脈型鉱床**である。

　鉱脈型鉱床では，鉱石の種類とその形成温度には一定の関係があるが，沈殿する鉱石の種類は温度のほかに熱水の pH や硫黄分圧の違いにも左右される。札幌市の定山渓温泉奥の豊羽鉱山は多くの金属を含む特徴を持ち，多金属型鉱脈タイプの日本屈指の鉱山である。液晶パネルに欠かせないインジウムの産出量は世界一であったが，2006 年に休山した。

　熱水の起源はマグマ由来のマグマ水だけではない。海水や降水(天水)などの地表水が地下に浸透してマグマに熱せられたり，マグマ水と混合したりして熱水(鉱液)となることもしばしばある。地下で重金属を沈殿した熱水は，さらに地表に温泉として湧出することもある。

　珪長質〜中間質のマグマが地下浅部で固結してできる半深成岩(斑岩)の岩体頂部あるいはその周囲に大規模に生じる**斑岩鉱床**も熱水性鉱床の一種である。その代表である斑岩銅鉱床は，低品位(0.5〜1%)であるが大規模であるため露天採掘が行われ，世界の銅の半分以上を供給する重要な銅鉱床である。

　石灰岩は熱水と反応しやすく，とくに花崗岩体のまわりの石灰岩は花崗岩による**接触変成作用**(11.5節参照)をこうむるとともに，そこからの熱水と反

170　第II部　地球の歴史と環境の変遷

応していちじるしい物質交換を行い，**スカルン鉱床**と呼ばれる Fe・Cu・Zn・Pb・W・Sn・Mo・Au などの大規模鉱床を形成することがある。ニュートリノや陽子の研究施設スーパーカミオカンデで有名なかつての神岡鉱山(岐阜県)はこのタイプの鉱床で，日本最大の鉛・亜鉛鉱山であった。

　東北日本の日本海側には，かつて秋田県の小坂鉱山・花岡鉱山や島根県の石見銀山(2007年世界遺産に登録)などの Au・Ag・Cu・Pb・Zn を産する多くの鉱山があった。それらは，**黒鉱型鉱床**(多金属型塊状硫化物鉱床)と呼ばれ，約2,000万〜1,500万年前頃の**日本海拡大**(Box 4.2参照)にともなう1,500万〜1,300万年前の珪長質および苦鉄質の海底火山活動(熱水の海底噴出)に関連して生成した**海底噴気堆積鉱床**である。日本の代表的な銅鉱山であった愛媛県の別子鉱山に由来する別子型鉱床(キースラーガー型鉱床ともいう)は，苦鉄質マグマによる海底火山活動にともなう海底噴気堆積鉱床であるが，白亜紀における広域変成作用(三波川変成帯)により再結晶して高品位になっているため，**変成鉱床**に分類されることもある(表14.4)。

(3) 堆積鉱床

　地表の岩石や鉱床が風化・侵食・運搬による淘汰作用(第11章参照)を受けたり，天水や海水などによる化学的反応によって有用元素がある場所に濃集堆積したり，沈殿してできるのが**堆積鉱床**である。堆積鉱床には機械的堆積鉱床・化学的堆積鉱床・蒸発岩(エバポライト)鉱床・風化残留鉱床がある。第13章で扱う石油・天然ガスや石炭も堆積鉱床の一つである。

　機械的堆積鉱床は砂鉱床(漂砂鉱床ともいう)といい，風化・侵食によりできた岩片や鉱物片が風や水の淘汰作用により濃集し堆積した砂礫質の鉱床である。一般には，自然金・白金族鉱物・砂鉄・錫石・U-Th 鉱物・希土類元素鉱物・ダイヤモンドなど比重が大きく，化学的に安定な鉱物が砂礫層に集積して鉱床を作る。マレー半島の海成錫砂鉱床は有名である。

　化学的堆積鉱床は，海水や地表水に溶けていた有用元素が pH や溶解度などの環境の変化により沈殿したものである。鉄鉱石層とチャート層が幅数 mm 単位で互層している**縞状鉄鉱層**は，品位の高いものは Fe_2O_3 で 50 wt% 以上もあり，世界の鉄資源の大部分を占めている。この鉄鉱層は，25億〜18億年前に出現した**シアノバクテリア**(口絵17参照)**の光合成**によって放出

された酸素により海水に溶けていた Fe^{2+} が酸化され，鉄酸化バクテリアの作用によって水に溶けにくい Fe_2O_3 が沈殿し堆積したとされている(Box 15.1参照)。しかし，縞状鉄鉱層の膨大な量の Fe は海底噴気堆積鉱床と同様な形成過程で生成したとする考えもある。

　現在の海洋底でできつつある化学的堆積鉱床として，マンガン団塊やマンガンクラストがある。**マンガン団塊**は，大きさが1〜10 cm の同心円状の球状〜楕円状あるいは不定形の Mn・Fe 酸化物の塊で，少量の Cu・Co・Ni を含む。太平洋を中心に，世界中の水深3,000〜6,000 m の大洋底に存在が確認されている。海水に溶けている金属成分が海底で酸化し，生物遺骸などを核としてゆっくりと(100万年に数 mm)成長したものである。**マンガンクラスト**は，水深800〜3,000 m の**海山**の頂上や海山斜面の岩石をおおっている Mn・Fe 酸化物で，厚さは数 mm〜十数 cm である。コバルトを1 wt% 以上含むものもある。広い排他的経済水域(EEZ：海岸線から200海里以内の海域)を持つ日本周辺にも膨大な量が確認されており，今のところ採算性に問題があるが，将来は Ni・Co・Cu の有望な資源である。

　蒸発岩鉱床は，潟や内陸湖の水が蒸発し，その残渣物として岩塩・カリ岩塩・石膏などが析出し堆積したものである。岩塩層(鉱床)の厚いものは数百 m もある。石油トラップの一つである岩塩ドーム(図13.3)は，地下深部の岩塩層が上位の岩石との密度差による浮力によってドーム状に上昇したものである。**風化残留鉱床**は，岩石が風化された時に鉱物の一部の構成成分が溶脱されずに残ってできるもので，超苦鉄質岩の風化産物であるニッケル鉱床がある。熱帯地方の主に Fe や Al の酸化物や水酸化物からなる土壌(**ラテライト**)から Fe_2O_3 成分が溶脱されて，Al_2O_3 成分が多くなったものが Al の原料である**ボーキサイト**(Al_2O_3 含量〜60%)である。石灰岩起源の土壌であるテラロッサの粘土分が風化されて，Al_2O_3 成分が濃集するボーキサイトもある。第13章で述べたウラン鉱床も風化残留鉱床の一種である。

3. 限りある資源

　金属資源は，化石燃料資源とともに私たちの生活や産業などにとって必要

不可欠な地下資源であるが，人口の増加と生活の近代化によりそれらの消費量は急激に増加している(図14.2)。とくに13.7億人の人口を擁する中国は現在高度経済成長期にあり，各種金属の消費量が世界第1位となっている。たとえば，2013年度では，銅は世界消費量の40%，鉛は45%，亜鉛は44%，ニッケルは50%である。インドやブラジルなどの，人口が多く急速に発展しているほかの国々での消費の急激な上昇も考慮すると，将来の**資源の枯渇**は必至である。新鉱床の探査・開発に加えて，今後先進国を中心にして，有用元素の効率的な抽出技術の開発や資源の節約，省資源技術や代替物資の開発などとともに，再利用(リユース)やリサイクルなどを含む資源循環システムの構築が期待されている。最近では，**都市鉱山**(アーバンマイン)という言葉もあるが，テレビや携帯電話などの電子機器には金をはじめ各種のレアメタルが多く使われており，それらを新資源とみなした資源回収が注目されている。そこでは，熱水性多金属鉱床の開発で培われた日本の卓越した金属製錬・精錬技術の活用が期待されている。屑銅線1tを処理して新しい銅地金を得るのに要するエネルギーは，鉱石から製錬・精錬して銅地金1tを得るのに要するエネルギーの数分の一〜数十分の一といわれている。

　すでに述べたように，地下資源は地球上に均等には存在せず，特定の地域

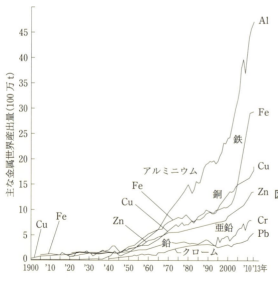

図14.2　主な金属の世界産出量の推移(USGS(米国地質調査所)ホームページ(2014)をもとに作成)。単位は100万t。ただし，鉄(鉄鉱石)は10億t。

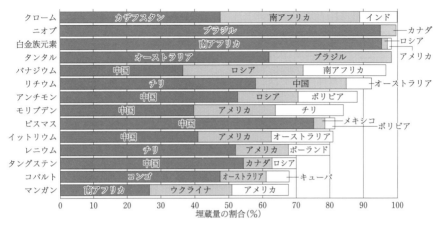

図 14.3 埋蔵量が上位 3 か国に集中している希少金属(USGS(米国地質調査所)ホームページ(2014)をもとに作成)

に偏在している。また，地下資源は一般に産出国と消費国が異なっていることが多い。なかでもレアメタルはとりわけ偏りが大きく(図14.3)，現在の産業にとって不可欠であるものの産出量は少なく，産出地が政情不安定な場合が多いため供給に不安定な面が強い。過去の戦争や地域紛争には石油やレアメタルなどの限られた資源をめぐって起こった例も多い。

4. 鉱山と環境問題

金属資源は我々にとってなくてはならないものであるが，鉱山の開発や操業はいちじるしい環境破壊(鉱害)をもたらす。したがって，その対策がきわめて重要である。地球は 46 億年前の誕生以来，まれに小惑星などの外来物に乱されることもあったが，基本的には太陽エネルギー以外は，地球自身のエネルギーにより自己変革を遂げ，長い時間の流れにおいて，人間の時間スケールでの範囲のなかで平衡状態を保ってきたといえる。それは，自然(地球)は自己修復性を持っており，ある程度の変化(負担)までは回復可能であるからである。しかし，人類の出現以来その事情が大きく変わってきた。人類は，自然環境に対してそれまでの生物にはない負荷やより急激な変化を与え始めたのである。鉱物資源開発を例にとると，紀元前 3,000 年頃の青銅器

174　第II部　地球の歴史と環境の変遷

時代には製錬用に大量の森林が伐採され，古代ギリシャでも金・銀・銅・鉛の採掘や製錬が盛んに行われたため，現在見られるようにギリシャには森林がほとんどなくなり，石灰岩の岩盤が剝き出しになったといわれている。産業革命以来の工業化社会や最近数十年間の急激な人口増加はそれに拍車をかけている。

　人類はかつて地表付近からいろいろな金属を手に入れていたが，しだいに地下深くに各種の鉱物資源を求めるようになった。地下資源は，長い時間をへた結果，通常は地下深部で安定な状態で存在している。それが，採掘により急激に常温常圧のもとで大気や水に晒される環境にもたらされる。たとえば，黄鉄鉱(FeS_2)などを含む硫化物鉱山では，採掘により黄鉄鉱は大気や水と接触して分解し，有害な重金属を含む硫酸酸性の**鉱山排水**を流出する。金属鉱業では，一般的には鉱床から採掘した鉱石を粉砕し，選鉱工程で鉱石鉱物とズリ(珪酸塩鉱物などの脈石鉱物)を選り分けて粗鉱とし，製錬作業(溶融下での酸化・還元反応)により金属を抽出し，さらに精錬して高純度の金属を得る。この選鉱過程で発生する膨大なズリ(硫化物なども含まれている)の処理が大きな問題となる。たとえば，金 1 kg を取り出すためにズリやスラグ(鉱滓：精錬後に残るカス)などの廃棄物が 1,360 t ほど出るといわれている。廃棄物のほとんどは産出国で発生し，産出国(輸出国)の自然を破壊する。製錬あるいは精錬時の鉱毒ガスを含む排煙の処理も問題である。栃木県渡良瀬川上流の足尾鉱山(熱水鉱床)は日本最大級の銅鉱山(一時は国内産出量の 1/4 を産出)であったが，排煙の鉱毒ガス(主成分 SO_2)や鉱山排水の鉱毒(Cu や Cd などの重金属イオンを含む)は付近や下流の自然環境や生活環境に深刻な被害をもたらした。1870 年代に始まる**足尾銅山鉱毒事件**は日本の鉱害(公害)問題の原点ともいわれている。

[練習問題 1]　岩石・鉱物・鉱石・鉱石鉱物・脈石・鉱床の区別を明確に述べよ。
[練習問題 2]　熱水とは何か，その特徴と鉱床形成における役割について述べよ。
[練習問題 3]　金属鉱山から得られる各種の金属元素は私たちの生活には不可欠であるが，一方では深刻な鉱害被害をもたす。よく知られている鉱害を 3 例ほどあげ，その原因と被害状況および対策について調べよ。

地球の誕生と大気・海洋の起源

第*15*章

　地球の歴史の解明は，地球および惑星の科学のもっとも大きな目標の一つである。とくに地球の歴史の出発点である地球の誕生は，宇宙において生命が誕生し進化することが可能な環境がいかに生まれたのかを明らかにするという意味で，宇宙の科学においてもたいへん重要なテーマである。とはいえ，はるかな遠い過去に起こった地球誕生の過程を探ることは決して容易ではない。この章では，地球の誕生の科学的な理解について，その一連の根拠を把握しつつ学ぶことにしよう。地球の誕生は，地球の「分化」，すなわち一様だった物質から，地球を形作る基本的な物質圏，つまり大気・海洋・地殻・マントル・核が分離した過程として捉えることができる。まず，これらの物質圏がいつどのように分化したのか，地質学および年代学から得られる証拠について学ぶ。そして，惑星形成の理論をもとに微惑星の集積による地球の形成と，その途上で起こった分化のしくみを把握する。さらに，そこから導かれる地球環境のもっとも初期の姿と生命の誕生について考察する。

キーワード
一次大気，化学化石，化学進化，核形成，原始海洋，原始大気，後期重爆撃，最初の生命，衝突クレータ，衝突脱ガス，小天体衝突，成層構造，二次大気，分化，保温効果，マグマオーシャン，冥王代，惑星集積

1. 冥王代の地球

　およそ46億年の長さにわたる地球史の最初の地質時代を**冥王代**と呼ぶ。この時代は地球の誕生から40億年前までの期間をさす(前見返しの地質年代表参照)。この年代を示す岩石や鉱物は非常にまれであり，地球史の最初の地質時代に闇の国の王の名が付けられているのは，その手がかりの少なさに由来する。冥王代は現在の地球の基本的なつくりがほぼできあがり，システムとしての地球の進化の初期条件が決まった時代である。第Ⅰ部で学んだように，地球は密度の高い金属鉄が中心部に，密度の低い珪酸塩鉱物や酸化物が

176 第Ⅱ部 地球の歴史と環境の変遷

その外側(岩石圏), そしてより密度の低い揮発性物質がさらにその外側(水圏・気圏)に配置された**成層構造**をしている。惑星を生んだ**原始太陽系星雲**(原始太陽を取りまくガスと塵の円盤：32.4節参照)では, これらの成層構造を作る物質は初め塵やガスの状態で一様に交ざりあっていた。したがって, 原始の地球で物質の大規模な分離が起こったと考えられる。このような天体内での物質の分離を**分化**と呼ぶ。

　これまでに発見されている**地球最古の鉱物**は, 西オーストラリア産の砕屑性ジルコン粒子で44億年前の年代を持つ。これらの古い鉱物粒子は, 含まれる微量元素の割合と酸素同位体の比率が現在の大陸地殻の持つ特徴と似ている。また, **最古の岩石**であるカナダ北西部の**アカスタ片麻岩**やグリーンランドのイスア地方の種々の岩石は40億〜38億年前の年代を持つが, それらには枕状溶岩(5.3節参照)や堆積岩が含まれている。これらの証拠から, 当時の地球には現在の**大陸地殻**に似た組成の地殻があり, そこで化学風化や侵食・堆積作用(11.1節参照)が起こっていた, つまり大気と海洋もすでに存在していたと推定される。

　マントルの岩石と未分化な隕石とのタングステン同位体比($^{182}W/^{184}W$)の比較から, 地球ではおよそ45億年前に**マントルと核の分化**が起こったと推定される。この方法では, 太陽系初期にしか存在しない短寿命放射性核種^{182}Hf(ハフニウム182, 半減期900万年)とその娘核種^{182}W(タングステン182)の組み合わせを利用する。Hfと異なって, Wは酸化されにくいため金属鉄に分配されやすく, 核が形成されると核に取り込まれマントルからほとんど取り除かれる。もしも^{182}Hfが消滅しないうちに核が形成されたとすると, その後の^{182}Hfの放射壊変によって, マントル中ではW同位体の中で^{182}Wの占める割合が高まる。この高まりの大きさからマントルと核の分化したタイミングを知ることができる。以上の証拠を総合すると, 地球の分化は現在も火成活動などを介してゆっくり進んでいるが, 大規模な分化は冥王代の初期, あるいは地球の形成と同時に速やかに起こったと結論できる。

　次節で述べるように, 地球はおよそ数千万年かけてほぼ現在の大きさになったと考えられるが, 冥王代の地球には小天体(小惑星・彗星)がまだ継続的に降り注いでいた。この地球形成がほぼ完了した後も続いた多数の小天体

の衝突を**後期重爆撃**という。月面には無数の**衝突クレータ**，すなわち小天体の衝突によって固体天体表面の物質が掘りかえされて生じた円形の凹地を観察することができる(図15.1)。月よりもサイズと重力の大きな地球には，より多数の小天体が衝突したはずである。月の岩石や土壌の年代分析から，これらの衝突は40億〜38億年前に盛んになった可能性が指摘されている。

　大気・海洋・地殻・マントルの分化や変動の駆動力として，**小天体衝突**が本質的な役割を果たしていたことが，冥王代から初期始生代にかけての大きな特徴である。月面には直径数百km以上の巨大な衝突クレータが多数残っており，私たちはそれらを月の海として肉眼で観察することができる(図33.9)。地球にもそれと同程度かさらに大規模なクレータを作るような衝突が数十回起こったと考えられ，衝突のたびに海はほぼすべて蒸発し，大量の衝突破片が全地球上に降り注いだ。地球ではその後も活発な地殻変動や風化・侵食が続いたために，当時作られた衝突クレータは完全に失われている。

　この時代は，太陽系が大変貌を遂げつつあり，現在の惑星配置へ向かって外惑星(木星およびその外側を公転する惑星)の軌道が大きく変化をしていた

図15.1 月面に残る無数のクレータ(NASAのホームページより)。最大のクレータは直径が80kmである。これらは今から40億〜38億年前の集中的な小天体衝突により形成されたと考えられている。その頃地球にも小天体の衝突が頻繁に起こったと考えられる。

178 第Ⅱ部　地球の歴史と環境の変遷

時期にあたる(32.4節参照)。移動する外惑星の重力で小惑星の軌道が乱され，それらの一部が地球や月に衝突するようになったため後期重爆撃が起きたと考えられている。

2. 地球の形成過程

　地球の形成は太陽系形成過程の一つの帰結である。太陽系形成過程については第32章でくわしく学ぶこととし，ここでは，原始太陽のまわりに多数の微惑星が円盤状に分布していた段階から地球の形成過程を説明しよう。

　直径数km〜数十kmの固体天体である微惑星は原始太陽を公転しながら，互いの重力で引きつけあって衝突・合体を繰り返して，惑星へと成長してゆく。この一連の過程を**惑星集積**という。惑星集積における衝突の運動エネルギー(集積エネルギー)は，衝突時に熱に変わる。この運動エネルギーの熱への変化を**エネルギーの解放**という。重力による加速があるため，その単位質量当りの集積エネルギーは惑星の成長とともに大きくなる。計算によると，そのエネルギーは地球の場合およそ1,000万 J kg^{-1}である。岩石の平均的な比熱はおよそ1,000 J kg^{-1} K^{-1}であるから，仮に解放エネルギーがすべて閉じ込められたとすれば10,000 Kもの温度上昇が起こることになる。岩石や金属鉄の融点は1,000〜2,000 Kなので，惑星集積の段階で，地球の物質の大部分は融解すると考えられる。

　もちろん，解放されたエネルギーはすべて閉じ込められるのではなく，宇宙空間へ放射エネルギーとして失われる(18.5節参照)。原始大気が存在するとその**保温効果**によって，地表が高温に保たれる。ちなみに，太陽放射と地球放射の収支がつりあった状態で，大気が存在すると地表温度が上昇する働きを**温室効果**という。形成期の地球のように，太陽放射に加えて集積エネルギーが重要な熱源となっている場合の同様の働きを，保温効果と呼んで区別する。また月や火星と同程度のサイズに成長した原始惑星が原始地球へ衝突(巨大衝突)する際には，大量のエネルギーが一挙に解放され，原始惑星はほとんど融けてしまう。こうして形成期の地球は全体が**マグマオーシャン**(マグマの海)におおわれた。

マグマオーシャンでは，密度差に応じた物質の**重力分離**が起こる（図15.2）。地球の材料物質，すなわち微惑星を作っていた物質のなかで，もっとも密度の高い金属鉄が地球の中心部に沈み，珪酸塩・酸化物からなるマントルと金属鉄からなる核が分化した。この過程を**核形成**と呼ぶ。核形成では酸化されやすい金属元素は主にマントルに分配され，酸化されにくい金属元素は金属鉄に合金として溶け込んで主に核に分配された。

金や白金などの貴金属は，酸化されにくく輝きを留めることから重宝されているが，マントルや地殻での平均濃度はたいへん低く希金属とも称される（表14.3）。これは，これらの元素が45億年前に核に移動してしまったためである（14.1節参照）。

マグマオーシャンが関わる重要な分化の過程のもう一つが，大気の形成である。

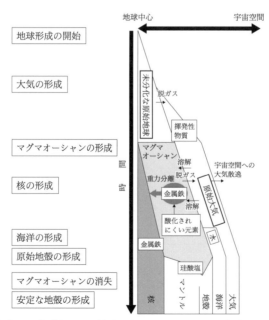

図15.2 地球初期の分化過程を示す模式図（Abe, 1993をもとに作成）。一連の分化は地球の成長とともに，数千万年かけて進んだと推定されている。

3. 大気・海洋の起源

惑星集積は初め原始太陽系星雲のなかで進む。そのため、原始惑星は H_2 と He を主成分とする**星雲ガス**を取り込んだ大気(**一次大気**という)を持っていたはずである。実際に、木星や土星はまず岩石と氷からできた大型の原始惑星に成長し、やがて星雲ガスを大量に引き寄せて、主にガスでできた惑星になった。しかし、質量の比較的小さな地球は重力が弱く、それほど大量の星雲ガスを引きつけられない。やがて太陽系から星雲ガスが消失するのと平行して、地球の一次大気は大部分が失われていった。地球が星雲ガスの大気(一次大気)を失った証拠としては、星雲ガスと比較して地球大気では軽い希ガス元素ほどいちじるしく不足していることが挙げられる(図15.3)。

現在地球の大気と海洋を作っている物質の大部分は、微惑星に取り込まれていた**揮発性物質**からもたらされた。実際に生き残った微惑星の破片と考えられる未分化な隕石には、含水鉱物や有機物などの状態で揮発性物質が含まれている。また彗星のような氷を含む微惑星も大気と海洋に揮発性物質を供

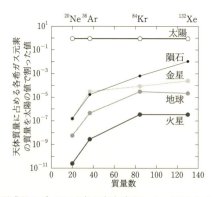

図15.3 太陽と地球型惑星の希ガス元素の存在度(Pepin, 1989をもとに作成)。参考のため原始太陽系星雲に漂っていた塵が集まり、その後の変化を受けなかったと考えられる隕石の希ガスの存在度も示す。地球を含む各惑星では、希ガスの大部分は大気中に存在している。太陽に比べて地球・金星・火星は希ガス元素に乏しく、それは原子量(質量数)の小さな希ガスほどいちじるしい。これは、地球が原始太陽系星雲ガス(太陽と同じ組成を持つガス)からできた一次大気を過去に失ったことを意味する。

給した。こうした固体成分に由来する大気を**二次大気**という。

　微惑星に含まれていた揮発性物質は原始地球への衝突時に熱せられて蒸発し，二次大気を形成してゆく。この衝突による気体の放出を**衝突脱ガス**という。衝突脱ガスは原始地球がおよそ月サイズまで成長すると起こり始め，成長につれて**原始大気**が厚くなってゆく。

　大気が地表で約 100 気圧以上に達するほど厚くなると保温効果が強まり，微惑星集積により原始地球の表面が融けてマグマオーシャンが形成される。マグマには気圧が加わると揮発性物質（気体成分）が溶解する性質がある。そのためマグマオーシャンへ気体成分が溶け込むようになって，原始大気がそれ以上厚くなるのを妨げるようになる。これが原始大気中の水蒸気量，すなわち後の原始海洋の質量を決めた可能性がある。金属鉄も揮発性成分を大量に溶かし込む性質がある。マグマオーシャンに溶解した揮発性成分の大部分は，マグマオーシャンが冷え固まってくると金属鉄へ溶け込み，核に移動した。

　やがて地球の周囲に微惑星がなくなり，微惑星の集積が止むと，集積エネルギーの供給がなくなって原始大気が冷え，大気中の水蒸気が凝結し，雨となって地表に降り注ぐ。この凝結の速さは原始大気から宇宙空間への放射冷却の割合に規定され，現在の熱帯地方での年間降水量と同程度の割合（数千mm/年）で降水が起こる。こうした降水が 1,000 年ほど続いて現在の総海水量に近い**原始海洋**が形成される。この過程をへてマグマオーシャンは表面が固化するが，内部が固結するにはさらに長い時間を要する。

　第 1 節でも触れたが，冥王代後期の地球には，最大でおよそ直径数百 km にも達する小天体が数十回衝突したと推定される。このような天体衝突では，衝突で生じた高温の放出物が地球の全表面に落下して，原始海洋の一部あるいはすべてを蒸発させたと考えられる。蒸発した水は再び凝結して，再び海洋を形成した。

　原始海洋の上に広がる原始大気は，初め主に H_2・CH_4・CO・N_2・H_2O からなっていたと考えられる。原始大気の組成について，従来は CO_2 と H_2O が主体だったとする説が有力視されてきたが，近年，大量の H_2・CH_4・CO を含む組成のほうがより合理的なことが明らかになりつつある。

182　第II部　地球の歴史と環境の変遷

これらの気体成分は，もともと微惑星に含まれていた水分や有機物が，高温の原始地球上で金属鉄や珪酸塩などと化学反応を起こすことで，原始大気に供給される。原始大気の組成は一定ではなく，軽い H_2 が宇宙空間へ逃げ，また H_2O を含む光化学反応($CH_4 + 2H_2O \rightarrow CO_2 + 4H_2$, $CO + H_2O \rightarrow CO_2 + H_2$，ただし実際には多数の素反応からなる)を通じて，$CH_4$ と CO から最終的に CO_2 が生じて大気に残される。その結果，大気はしだいに CO_2 と N_2 を主成分とするものに変化していった。しかし，冥王代の終わりになっても，H_2・CO・CH_4 が大気の重要な成分だった可能性もある。

　以上のような衝突脱ガスによる大気の形成の理解は，地球大気が地球史の非常に早い段階に分化していたことを示す証拠とつじつまが合っている。その証拠には第1節で学んだ最古の岩石と鉱物の化学的性質に加えて，大気とマントル間でのアルゴン同位体比($^{40}Ar/^{36}Ar$)の違いがある。この比は現在の大気ではおよそ300なのに対し，マントルでは数千〜数万と非常に高い。これはマントル中では ^{40}K(半減期13億年)が放射壊変して ^{40}Ar が生じているためだが，もしも地球内部からの Ar の放出が，数億年以上かけてゆっくり起きたとすると，大気の ^{40}Ar の割合はマントルの値にもっと近くなったはずである。つまり，Ar 同位体比は地球の歴史の初期に大気が形成していたことを示している。

4. 生命の起源

　生命活動の痕跡は，およそ39億年前までたどられる。それらには，**シアノバクテリア(藍藻)**に似た形状の微化石，あるいはそれに近縁の群集が浅海底に作ったと考えられる**ストロマトライト**(口絵17参照)の化石，生命活動によって生じたと考えられる化学構造や同位体組成を持った化合物(グラファイト(石墨)や炭化水素などで，**化学化石**と呼ばれる)がある。これらの痕跡から，生命の起源は冥王代にさかのぼると考えられる。

　私たちの日常経験では，生命は生命からしか生まれない。しかし，宇宙は原子や原子核ですらばらばらになってしまうきわめて高温の状態から始まった(第30章参照)のであるから，生命は宇宙の進化の過程のなかで生じたはず

である。この非生命から生命が組み立てられた一連の過程のことを**化学進化**と呼ぶ。

化学進化の過程については不明な点が多いが，少なくともその最終段階は原始の地球上で起こったと考えられる。それは，地球は液体の水が長期間安定に存在できる数少ない天体であるからである。生命活動は細胞内で起こる多岐にわたる化学反応によって支えられているが，それらは液体の水を媒質として起こっている。

生命の素材となる有機物は，原始の地球や星間雲で無機物から合成されたと考えられる。H_2・CH_4・N_2を含んだ原始大気では，太陽紫外線や宇宙線の働きでアミノ酸・ホルムアルデヒド・核酸塩基など生命の素材となる有機物が生じる。また星間雲でも同様に有機物が生じており，それらは塵や小天体に取り込まれて，地球にもたらされる。こうして原始の地球表層に有機物が蓄積し，それらが融合することによって**最初の生命**が誕生したと考えられている。

生命が誕生した場としては，主に液体の水からなる物質圏である海が有力視されているが，まだ不明な点が多い。近年は遺伝子の塩基配列の比較から細菌から高等生命にいたるまでの，生命の進化系統樹を描けるようになった。その結果によると，もっとも原始的な塩基配列を保持している種は，数十°C以上の高温の環境で繁殖する細菌類がほとんどである。このことから，生命が誕生したのは，海底の熱水噴出孔(14.2節参照)のような環境だったのではないかとする考えがある。このほかにも，厚い原始大気の温室効果によって，原始海洋全体が数十°C以上の高温だった可能性や，巨大な小天体の衝突によってたびたび地球表面が熱せられたため，高温に耐えることのできる生命体が生き残って，その後の全生物の祖先になったとする考えもある。

[練習問題1]　地球の分化はどのようなしくみで起こり，その結果どのような成層構造が形成されたか説明せよ。

[練習問題2]　地球大気と海洋が二次大気に由来すると考えられる理由はなにか。また，それが地球の歴史の初期に形成されたことを示す証拠はなにか説明せよ。

[練習問題3]　冥王代の地球に多数の小天体衝突があったことは何からわかるか。またそれは，大気海洋や初期の生命にどのような影響をもたらした可能性があるか説明せよ。

Box 15.1　大気酸素の形成

　地球の現在の大気組成は表33.1にあるように，体積比で窒素分子(N_2)が78.1%，酸素分子(O_2)が20.9%，アルゴン(Ar)が0.93%である．二酸化炭素(CO_2)は約0.036%(360 ppm)しかない．しかし，ほかの地球型惑星はCO_2がほとんどを占める(金星：96.5%，火星：95%)．ただし，地球の大気圧は1気圧であるが，金星は92気圧，火星は0.006気圧であることに注意すべきである．一方，現在の地球大気から生物起源のO_2を除き，堆積岩など岩石圏に含まれている炭素をCO_2として加えると，大気圧は70気圧くらいになり，そのうちCO_2は99%となる．

　第15章で述べたように，地球初期の大気は，地域内部からの脱ガスや微惑星の衝突による脱ガスによってできた二次大気で，CO_2が大部分を占めていた．大量にあったCO_2は，二次大気中のH_2Oが凝結してできた原始海洋に吸収され，さらに石灰岩($CaCO_3$)などの炭酸塩岩の形成に使われ，多くのCO_2は陸上の岩石として固定された．80気圧近くあった初期大気の大部分を占めていたCO_2は地球史をつうじてしだいに減少し，現在は1気圧大気中の約0.036%を占めるにすぎない．一方，窒素分圧は初期も現在もほとんど変わらない．

　地質学的な証拠は，遊離O_2は二十数億年前まではほとんどなく，そのころに急増したことを示している．たとえば，堆積性ウラン鉱床は23億年前より以前にのみ産出する．第12章で述べたように，ウラン鉱床を作る閃ウラン鉱(UO_2)は還元的環境で沈殿し形成されるが，酸素が存在すると運搬堆積過程でUO_2はすぐ酸化分解してしまうので，このことは23億年より前には地表にはO_2がなかったことを示している．11.3節でふれた赤色砂岩は大陸内部の土壌の鉄イオンが風化作用によって酸化され，赤鉄鉱(Fe_2O_3)を生じたもので，大気にO_2があることを示す．赤色砂岩の出現は二十数億年前以降といわれている．これら二つのことは今から二十数億年前までは大気中にUやFeを酸化させるほどのO_2はなかったことを示している．

　世界の鉄資源のほとんどを占め，産出年代が25億〜18億年前に限られる縞状鉄鉱層(14.2節参照)も始生代末期頃の大気O_2の急増(図参照)の証拠である．27億年前頃に出現した酸素発生型の光合成を行うラン藻類(シアノバクテリア)は，光合成によって海中にO_2を放出し，海水中の2価の鉄イオン(Fe^{2+})を酸化して赤鉄鉱(Fe_2O_3)を沈殿させ，縞状鉄鉱層を作った．ラン藻類の光合成にともなって分泌された物質が潮間帯や浅海の砂粒などの粒子を固着してできた炭酸塩岩がストロマトライトである(口絵17参照)．海中の鉄を酸化しつくした後，酸素は大気中に放出され，大気酸素濃度は徐々に増加し現在の濃度となった．

　遊離酸素を含む大気の誕生は，酸素代謝系による高効率エネルギー生産機構を持つ真核生物の誕生をもたらした．さらなる大気酸素の増加により，成層圏にオゾン(O_3)層が形成され，それによって生物にとっては有害な紫外線が遮られるようになった．これは，生物圏が陸上に広がる環境が整ったことを意味する．そして，4億7,000万年前(中期オルドビス紀)に藻類から陸上植物が生まれ，生物進化が新たな段階を迎えることになる．

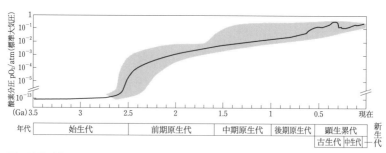

　図　地質時代における地球大気の酸素分圧の増加(Catling and Claire, 2005をもとに作成)．Gaは10億年前．

地球環境の変遷と生物進化

第*16*章

堆積物のなかに残されている古生物化石は，昔から人びとの関心を引きつけてきた。化石から過去の地球上に生息していた生物の形態・生態などやその生物群集が復元される。さらに，その生物が生息していた当時の環境・気候も復元が可能である。ただし，化石，とくに肉眼で観察できる化石が現れだすのは，約6億年前に堆積した地層からである。言いかえれば，約6億年前から生物の飛躍的な進化と拡散が地球上で起こったことを意味する。また，堆積物中の鉱物や化学物質の元素組成や同位体比からも，過去の地球環境や気候条件を復元することができる。化石や堆積物に保存された記録を読み解くことで，化石が顕著に現れる顕生累代(古生代・中生代・新生代)における，地球の環境・気候の変動と生物の進化の歴史がわかってきた。また，地球環境変動と生物進化の間の相互作用や，ともに影響しあって進化してきたという「共進化」という考え方も提示されている。

キーワード
温室世界，化石，カンブリアの大爆発，恐竜，顕生累代，古植物，古生物学，ゴンドワナ植物群，斉一説，示相化石，新生代における寒冷化，生物大量絶滅，脊椎動物の上陸，造山運動，パンゲア，バージェス動物群，微化石，陸上植物の進化

1. 現在は過去を解く鍵である

「現在は過去を解く鍵である」はハットン(J. Hutton)が唱え，ライエル(C. Lyell)が確立した**斉一説**と呼ばれる地質学的理論を表している。斉一説では，過去の地球上で起こった現象は，現在起こっている現象と同じ過程で説明できるとする。この理論はあたり前のように感じられるが，現在起こっている現象にもとづいて過去の現象を理解・解釈していくという基本ができて初めて，科学的な論証が可能になる。荒唐無稽なおとぎ話のような地球や生物の歴史が語られた時代もあった。しかし，この理論に従えば，現在の多くの科学的データから観測不可能な過去を復元・検証できるのである。また，斉一

説は地球科学の独特の論理体系を象徴的に示す考え方であるともいえる。地球科学では，現在において観測可能な'結果'から，始まりや現在にいたる過程を調べていくための方法や理論が整理されている。他方，物理学や化学は，始まりや過程に定められた条件から'結果'を調べる演繹的論理が基本となっているともいえる。過去を読み解く科学分野である地球科学は，斉一説の確立によって，近代科学に進歩したとも捉えられる。

2. 化石の研究法

化石とは，過去の生物の遺体あるいはその存在を示す遺跡が地層中に埋没・保存されたものである。化石のうち，生物体そのものが一部でも保存されたものを**体化石**という。体化石は軟らかい組織や部分がまれに残されたものがあるが，基本的には硬い組織である殻・骨・歯などが残ったものが多い。また，生物体が失われても岩石にその鋳型が残されているものを印象化石，生物体が石灰や珪酸などに置換されているものを鉱化化石（または置換化石）という。生体だけでなく，生物の足跡や巣穴などの**生痕化石**もある。さらに，堆積物中に保存された有機物成分を**化学化石**と呼ぶ場合もある（15.4節参照）。また，生物化石は，肉眼で形態がはっきりと観察できる大型化石ばかりでなく，顕微鏡観察で形態を判別できる微小な微化石がある。**微化石**のほとんどは植物・動物プランクトンの硬い組織が残された化石であり，**有孔虫**や円石藻の石灰殻や，**放散虫**や珪藻の珪酸殻などの化石が典型である（図16.1）。

化石の形態を現生生物と比較することにより，過去の生物体の全体像を復

図 16.1 植物・動物プランクトンの顕微鏡写真（撮影：高橋孝三，野崎義行，1994 より）。(A)珪藻（スケールバー：10 μm）。(B)放散虫（同：10 μm）。(C)円石藻（石灰質ナノプランクトンともいう。同：1 μm）。(D)浮遊性有孔虫（同：10 μm）

元することができる。また，化石の産状（産出している状況）や地層の種類や堆積構造を調べることにより，化石が堆積した環境や化石の保存状況を推定することができる（Box 16.2 参照）。

化石は昔からそれらを含む地層の時代（化石年代）を決めるために利用されてきた。古生代の三葉虫・中生代のアンモナイト・新生代のウマなどのように，ある特定の地質年代（前見返し参照）を示す化石を**示準化石**（あるいは**標準化石**）という（11.4 節参照）。また，化石はその生物が生息していた当時の環境や気候を復元する，つまり**示相化石**（11.4 節参照）としての利用は近年ますます重視され，さまざまな古環境・古気候復元法が開発されている。ある地層に含まれる微化石の属や種の内容から古環境の復元が行われる。また，ある特定種の微化石を構成する化学成分から古環境・古気候を復元することも行われている。たとえば，有孔虫の石灰殻の酸素同位体比から過去の海水温の年代変化が復元されている（Box 17.1 参照）。さらに，サンゴや樹木の化石に残された年輪を使って，年スケールの古気候変動を復元することもできる。

3. 地球環境の激変と生物の大量絶滅

顕生累代（古生代・中生代・新生代）において，短期間に生物が大量絶滅した時期が5回あることが知られていて，**5大絶滅事件**と呼ばれている（図16.2）。そのうち，古生代と中生代（ペルム紀と三畳紀）の境界（**P-T 境界**）と，中生代と新生代（白亜紀と古第三紀）の境界（**K-Pg 境界**）がとくに顕著で，その原因や具体的なできごとなどが調べられている。このような**生物大量絶滅**は，地球規模の急激な環境変化によって起こったと考えられている。しかも，その当時の地球環境に大きな外力が加わったことが引き金になって，環境激変が起こったと推定されている。P-T 境界絶滅は地球規模の巨大な火成活動の活発化，K-Pg 境界絶滅は巨大隕石の落下・衝突が引き金になったと考えられている。K-Pg 境界の巨大隕石の衝突説は，地球上にわずかしか存在しないイリジウムが K-Pg 境界層で検出されたことにもとづいている。また隕石の衝突によってできたと推定される地形がメキシコのユカタン半島付近で見つかって，その説の信憑性が増している。

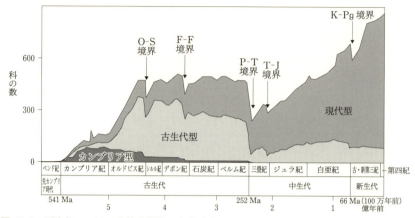

図 16.2 顕生代における生物多様性の年代変化(Sepkoski, 1989 をもとに作成)。オルドビス紀/シルル紀(O–S)・デボン紀後期のフラスヌ階/ファメヌ階(F–F)・ペルム紀/三畳紀(P–T)・三畳紀/ジュラ紀(T–J)・白亜紀/古第三紀(K–Pg)の各境界の5つの大量絶滅事件の時期を矢印で示した。カンブリア型・古生代型・現代型は動物群をさす。

　生物種は長い地質時代を通じて定常的に入れ替わり，発生・絶滅が繰り返される。しかし，生物が一度に大量絶滅する現象は明らかに地球史のなかでも特異的である。ただし，大量絶滅事件の後に生物相が大幅に変わっていることが重要であり，大量絶滅は多くの生物や生態系の進化を促進しているとも解釈される。たとえば，白亜紀末の大量絶滅の後には哺乳類が大進化した。

4. 古 生 代

　古生代は5億4,100万〜2億5,200万年前の時代で，前半(カンブリア紀・オルドビス紀・シルル紀)は海生無脊椎動物が栄え，陸上植物の出現により陸上に生態系が形成された。その後半(デボン紀・石炭紀・ペルム紀)は，脊椎動物の上陸や裸子植物の進化によって大陸の内陸域まで生態系が拡大し，大陸ごとの固有の生物種の進化が始まった。

4.1　無脊椎動物の海

　先カンブリア時代末期のベンド紀(エディアカラ紀ともいう)では，南オー

ストラリアのエディアカラ山地に由来して**エディアカラ動物群**と呼ばれる浅
海の海底に付着するタイプの多細胞生物(殻のない無脊椎動物)が出現してい
たが，その種類は50数種程度であった。しかし，カンブリア紀の地層から
は1万種以上の化石種が産出する。とくに，カナダのロッキー山脈に分布す
るバージェス頁岩層から産出する**バージェス動物群**が注目され，現在のどの
生物種と関連するのかわからない奇妙な形態をした古生物が復元されている。
バージェス動物群のなかには，節足動物の三葉虫や脊椎動物の祖先であるピ
カイアなども含まれている。このようにカンブリア紀において多種多様な生
物が急激に出現したことを「**カンブリアの大爆発**」と呼ぶこともある。

　オルドビス紀〜デボン紀は，クサリサンゴやハチノスサンゴが作るサンゴ
礁が発展し，腕足類やウミユリなどの多様な無脊椎動物が繁栄した。石炭
紀・ペルム紀では四射サンゴが礁を発達させ，海綿動物やフズリナ(紡錘虫)
が繁栄した。

4.2　陸上植物の出現と進化

　陸上植物が出現したのは約4億7,000万年前のオルドビス紀中期〜後期で，
断片化石から推定されている。最古の大型の陸上植物化石であるクックソニ
アは，シルル紀後期(約4億2,000万年前)の地層からみつかっている。初期
の植物は種子を作らないので，水際に植生を広げるだけであった。デボン紀
になると，最古の樹木であるアーケオプテリス(前裸子植物)が出現したが，
この植物も水際にのみ群生していたと考えられている。石炭紀には，ヒカゲ
ノカズラ類のリンボクやフウインボク，トクサ類であるロボクが水際に大森
林を形成し，その堆積が石炭鉱床のもとになった(13.5節参照)。また，デボ
ン紀後期には，原始的な種子(胚珠)を作る植物が現れている(図16.3A)。石
炭紀〜ペルム紀には裸子植物が出現し，種子によって大陸の内陸まで植生を
拡大することになった。とくに，古生代の代表的な裸子植物として，シダ種
子植物(現存しない裸子植物)である**グロッソプテリス**(図16.3B)が挙げられ
る。この植物を主とする植物化石群集は**ゴンドワナ植物群**と呼ばれ，オース
トラリア・アフリカ・南極・インド・南米のペルム紀の地層から発見され，
ゴンドワナ大陸の存在を示す一つの証拠とされている(4.1節参照)。一方，現

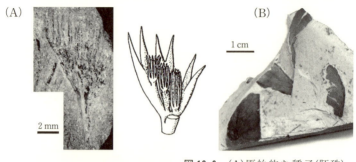

図 16.3 (A)原始的な種子(胚珠)である前胚珠の化石。左：モレスネチア化石(ベルギー，デボン紀ファメヌ階)。右：モレスネチアの前胚珠(スケッチ：中島睦子，西田，2001より)。(B)グロッソプテリス化石(オーストラリア，ペルム紀)。(C)イチョウ化石(中国，年代不詳)。撮影：沢田健

在の北米大陸やヨーロッパなどからなるローラシア大陸にも，コルダイテス(針葉樹類と近縁種)などから構成される独自の植物群が分布した。

4.3 魚類と両生類の進化

脊椎動物の最古の化石は顎を持たない無顎類と呼ばれる魚類の化石で，カンブリア紀の地層から発見されている。デボン紀前期に，甲冑魚のような硬い甲皮でおおわれた魚類や，サメの仲間の軟骨魚類，**シーラカンス**の仲間などが栄えた。シーラカンスは現在も生存しており，**遺存種**(生きた化石)として有名である(17.3節参照)。

デボン紀後期には，肺を持ち空気呼吸もできる硬骨魚類であるユーステノプテロンが現れた。そして，それより約1,000万年後に，初期両生類であるイクチオステガが出現した(図16.4)。イクチオステガは丈夫な四肢と骨格を持っているが，後肢がヒレのような形態でまだ水辺付近を這って移動していたと考えられている。初めて自由な陸上歩行をしたのは石炭紀前期に出現したペデルペスである(図16.4)。

第 16 章　地球環境の変遷と生物進化　191

代	紀	世	階	両生類・それにつながる脊椎動物	年代(×100 万年前)
古 生 代	ペルム紀	キスラル世		 セームリア	
				 エリオプス	← 299
	石 炭 紀	後期(ペンシルバニア亜紀)	バシュキール階	フォリデルペトン	← 312 / ← 318
			サープクホフ階		← 326
		前期(ミシシッピー亜紀)	ビゼー階	パラネルペトン	
			トゥルネー階	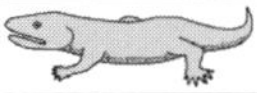 ペデルペス	← 345 / ← 359
	デボン紀	後期	ファメヌ階	イクチオステガ / アカンソステガ	F-F 境界 374 (図 16.2 参照)
			フラスヌ階	 ユーステノプテロン	

図 16.4　古生代における両生類の進化(沢田, 2008 より)

4.4　古生代の気候

　カンブリア紀中期とオルドビス紀末〜シルル紀初めの地層に氷河性堆積物(氷礫岩)が見つかることから, その時代は寒冷な気候であったと推定されている。石炭紀前期も同様で, とくにゴンドワナ大陸には氷床が発達した。ペルム紀にもさらに顕著な氷床が持続して大陸に分布し, きわめて寒冷な気候であった。内陸部では寒冷化にともなって乾燥帯が広がり, 酸化鉄により赤みがかった砂岩層(新赤色砂岩)が形成された。この寒冷化は大気中の二酸化炭素濃度の低下による温室効果の減少によるものと考えられている。

5. 中 生 代

　中生代は約2億5,200万〜6,600万年前の時代で, 三畳紀・ジュラ紀・白亜紀に区分される。中生代は恐竜などの爬虫類の時代であり, それらは陸・海のさまざまな環境で隆盛をきわめた。また, 鳥類も出現した。植物は裸子植物が繁茂したが, 白亜紀からは被子植物が出現してその植生を広げた。

5.1 爬虫類の時代——恐竜の進化と絶滅

中生代には，ワニ類・カメ類・鳥類・哺乳類といった多くの動物たちが誕生し，現在生息している爬虫類にとっても重要な時期だった。中生代でもっとも繁栄した動物は爬虫類の一つである恐竜類である。最古の恐竜類化石は，アルゼンチンの三畳紀前期の地層から発見されている。しかし，三畳紀において，支配的動物は恐竜類ではなく，後にワニ類へと進化していく系統のクルロタルシ類であった。当時の恐竜類の多くは，エオラプトルに代表されるように，小型でシンプルな体のつくりをしていた。その一方，クルロタルシ類は恐竜類よりも体が大きく，種と体の形の多様性も高かった。恐竜類はクルロタルシ類の勢力に押され，細々と進化を遂げていた。しかし，三畳紀末のクルロタルシ類の大量絶滅により，恐竜類はその生態的位置を奪い取ることに成功した。

ジュラ紀〜白亜紀に多様化した恐竜類は，大きく鳥盤類と竜盤類に分類される（図16.5）。鳥盤類は，角竜類トリケラトプスの長い角，堅頭竜類パキケファロサウルスのヘルメットのような頭とそのまわりの棘，鳥脚類コリトサウルスのトサカ，鎧竜類アンキロサウルスの背中の装甲板や肩の棘，剣竜類ステゴサウルスの背中にある大きな骨板や棘といったものに代表されるように「防御・装飾」を追求した進化を遂げた（図16.5）。また，すべての鳥盤類は植物食性で，その食性をきわめた爬虫類としても知られている。そのきわ

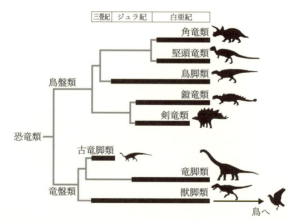

図16.5　中生代における恐竜の進化（小林・栃内，2008 より）

第 16 章　地球環境の変遷と生物進化　193

めつけが鳥脚類のハドロサウルス科である。哺乳類のように咀嚼に近い口内消化を可能とし，当時繁栄しはじめていた被子植物を食べることができた。そのためほかの植物食恐竜よりも優勢となり多様化し，生活圏も全大陸へと広げていった。

　一方で，竜盤類は骨の空洞化（含気化）を獲得したことにより，体の軽量化に成功し，それまでの爬虫類になかった進化を遂げる。それが「巨大化」と「飛翔」である。軽量化された骨を持つことで，それまでの動物が達せなかった巨大化の域へと突入する。現在知られている最大級の恐竜はアルゼンチンのアルゼンチノサウルスで，その大きさは体長 35 m，体重 70 t ともいわれ，陸上生物でここまで巨大化・重量化したものはいない。また，軽量化した骨を利用して，空へと飛び立ったのが獣脚類である。獣脚類は，ティラノサウルスに代表されるように，肉食性で当時の生態系のトップを占めていたが，そのなかでも小型化した獣脚類（コエルロサウルス類）が進化する。コエルロサウルス類は少しずつ鳥類の特徴を獲得していく。その代表例として，羽毛や翼の獲得がある。小さい体は熱が奪われやすく，それを防ぐために毛のような構造をした羽毛が進化した。体の羽毛には色素が含まれ，飾りとしても利用し交配相手を獲得した。腕には長い羽毛を持ち始め，これも飾りとして使われ，また卵を温めるのにも役立った。そして最終的には，その翼をさらに進化させ，飛翔に利用するようになった。もっとも原始的な鳥類として，ジュラ紀後期の始祖鳥が知られているが，白亜紀になると多くの鳥類が誕生する。鳥類に進化した恐竜類は生き延びるが，ほかのすべての恐竜類はK-Pg 境界での小天体衝突にともなった環境変動によって絶滅してしまった。

5.2　中生代の海生生物

　ジュラ紀〜白亜紀の代表的な海生生物は，軟体動物の頭足類である**アンモナイト**である。アンモナイトも恐竜と同様に大型化して直径 2 m を超えるものも現れたが，白亜紀末に絶滅した。日本とくに北海道は多様なアンモナイト化石が産出することで有名である。また，三畳紀のモノチス，ジュラ紀〜白亜紀のトリゴニア・イノセラムスなどの二枚貝類もその時代の示準化石である。

194　第Ⅱ部　地球の歴史と環境の変遷

5.3　ジュラ紀・白亜紀の温室世界

　ジュラ紀〜白亜紀には，大気中の二酸化炭素濃度は現在の2〜10倍も高く，いちじるしい温室効果によってきわめて温暖で湿潤な気候が続いた。南極・北極とも氷床は存在せず，地球表面の高〜低緯度の温度差は小さかった。まさに典型的な**温室世界**が広がり，その環境下で大型の恐竜などが繁栄したのである。また，中生代の陸上植生では，温暖な環境下で，イチョウ類(図16.3C)・ソテツ類・針葉樹類などの現生種につながる裸子植物が繁茂した。白亜紀になると被子植物が出現し，その植生を広げていった。

6. 新 生 代

　新生代は6,600万年前〜現在の時代で，古第三紀・新第三紀・第四紀に区分される。新生代は哺乳類が繁栄する時代であり，新第三紀には人類も出現した(第17章参照)。

6.1　哺乳類の時代

　哺乳類は中生代半ばに哺乳類型爬虫類から進化した。古第三紀始新世になると，初期の哺乳類に替わって現生種につながる長鼻類，ウマなどの奇蹄類，霊長類などの哺乳類が出現した。また，海洋には鯨類や海牛類などが進出した。中新世以降は現在みられるような哺乳類動物相が成立した。

6.2　新生代における寒冷化

　浮遊性有孔虫の酸素同位体比曲線(基本的に気温・水温の変動曲線)に示されるように(図16.6)，古第三紀前半は白亜紀から引き続き全地球的に温暖な気候であった。とくに暁新世末〜始新世初めはもっとも顕著な温暖化(暁新世/始新世温暖化極大事件)が起こり，気温上昇が4〜8℃にもおよんだと推定されている。しかし，その後に気温(あるいは海水温)の低下が始まり，始新世末〜漸新世初めには南極に氷床が形成され，地球は約2億数千万年前以来の氷河時代(27.5節参照)に入った(図16.6)。新第三紀(中新世・鮮新世)にも徐々に寒冷化し続け，北半球での氷河・氷床も中新世末期にでき始めた。地

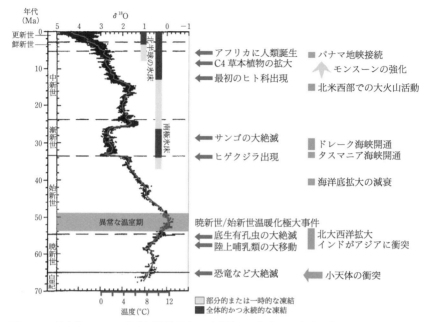

図 16.6 新生代における酸素同位体比($\delta^{18}O$)曲線から推定した海水温変動(Zachos et al., 2001 をもとに作成)と生物進化および環境変化のイベント。Ma は 100 万年前を示す。

球規模でしだいに寒冷化していく気候に応答して，新生代の生物相が進化していった。鮮新世末から，寒冷化して氷河・氷床が発達する**氷期**と，比較的温暖で氷床が縮小する**間氷期**が周期的に繰り返されるようになった(図17.1，27.6)。第四紀以降の気候変動や人類の進化については，第17章および第27章で扱う。

7. 大陸移動と造山運動

　過去の大陸分布は，古地磁気学の研究やプレートの移動シミュレーション，陸上生物化石の分布からおよそ復元されている(図16.7，図4.1)。それによると，シルル紀〜デボン紀には赤道から南半球の低緯度にローラシア大陸，その南に**ゴンドワナ大陸**が分布していた。その時代にローラシア大陸の東西の陸塊が衝突して山脈を形成する**カレドニア造山運動**が起こった。造山運動は，

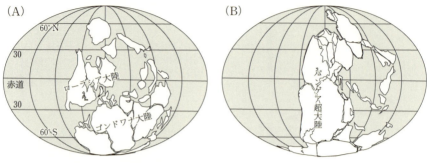

図 16.7 地質時代の大陸配置(沢田, 2008 を一部改変)。(A)3億8,000万年前(デボン紀後期)。(B)2億6,000万年前(ペルム紀末)。

　第5章で述べたように海洋プレートの沈み込みによって起こる沈み込み型と大陸プレートどうしの衝突によって起こる衝突型に分類されるが，カレドニア造山運動は後者にあたる。ペルム紀末になるとすべての大陸が一つになった超大陸**パンゲア**が出現した。このパンゲア形成がP-T境界期の環境激変の原因になったという仮説がある。

　中生代以降は大陸が離散し，現在の大陸配置へと変化していく。三畳紀末くらいからローラシア大陸とゴンドワナ大陸の間にテチス海が広がり(図4.1 A)，パンゲア中央部で南北方向に断裂が生じ始める。さらに大西洋が開き始めるとともに白亜紀になるとインド亜大陸が北上し，約5,000万年前にユーラシア大陸に衝突し，テチス海は消滅する。インドの衝突によりヒマラヤ山脈ができ始め，新第三紀を通じて隆起した。チベット高原やヒマラヤ山脈ができると大気循環に影響をおよぼし，モンスーン気候をもたらした。

[練習問題1]　斉一説とはどのような理論かを述べよ。また，斉一説から考えてK-T境界の隕石衝突による恐竜の絶滅はどのように解釈されるか説明せよ。
[練習問題2]　化石を使ってどのように過去の環境や気候を復元できるのか，具体例を挙げて説明せよ。
[練習問題3]　次の①〜⑩の古生物はどの地質時代に生息したのか，またそれらの大まかな分類や形態，生息環境について記述せよ。
①クックソニア，②アンモナイト，③始祖鳥，④ピカイア，⑤リンボク，⑥三葉虫，⑦イクチオステガ，⑧グロッソプテリス，⑨トリゴニア，⑩クサリサンゴ

Box 16.1　統合国際深海掘削計画(IODP)

　日本とアメリカが主に推進する海底科学掘削の国際研究協力プロジェクトを統合国際深海掘削計画(Integrated Ocean Drilling Project: IODP)という。このプロジェクトでは，地球環境の変動や地球内部の活動を探査することなどを目的に，アメリカの深海掘削船「ジョイデス・リゾリューション JOIDES Resolution」(図A)や2005年に竣工した日本の地球深部探査船「ちきゅう」(59,500 t：図B)などの複数の掘削船により科学研究航海を行っている。深海底から数百〜数千mの堆積物コアをボーリングによって掘削して(図C)，化石や岩石・鉱物などを調べることによって，ジュラ紀以降の過去1億8,000万年以上に遡る地球環境・気候変動の解明のための研究が実施されている。また，堆積物だけでなく海洋地殻を構成する岩石などを掘削することにより，地震やテクトニクスに関連する諸過程の解明のための研究や，海洋地殻構造の全体解明の研究が行われている。さらには，石油や天然ガスに富む大陸縁辺域・周辺海盆の掘削による資源探査に関わる研究，地下深部における微生物圏の探求などの研究も進められている。

　そもそも深海掘削研究プロジェクトの始まりは1960年代にアメリカが主導して行った国際深海掘削計画(Deep Sea Drilling Project: DSDP)であり，深海掘削船「グローマー・チャレンジャー Glomar Challenger」によって世界中の海域で掘削が実施された。それにより海洋底拡大説が実証され，プレートテクトニクスが確立した。その後，1985年以降の海洋掘削計画(Ocean Drilling Project: ODP)をへて，2003年からIODPに引き継がれて現在にいたっている。図16.6や図17.4に示された新生代の酸素同位体比曲線もODPの代表的な研究成果の一つである。本章に関連した地球環境・気候変動の解明に関する研究調査は，堆積物コアをなるべく壊さない状態で採取する掘削(ノンライザー掘削という)を優先する「JOIDES Resolution」によって主に実施される。一方，「ちきゅう」ではライザー掘削という技術を用いて，地下深部まで掘削することが行われ，主に地震やテクトニクス，地球内部の解明のための調査・研究に応用される。

(A)深海掘削船「JOIDES Resolution」(撮影：沢田健。2009年5月)。(B)地球深部探査船「ちきゅう」(JAMSTECホームページより)。(C)掘削された堆積物コアの一部(撮影：沢田健。2009年3月，JOIDES Resolutionにて)

Box 16.2　化石鉱脈

　生命進化は時間軸をもって初めて語ることができる。そして，長い生命進化を紐解く唯一の物的証拠が化石である。生物はその死後，実に長く過酷なプロセスをへて化石となる。通常，この化石化プロセスには，①腐肉食者や微生物による軟組織の腐敗や分解，②生物による硬組織の侵食(穿孔や付着など)，③物理的営力による運搬・摩滅・破壊に加えて，④埋没後に受ける続成作用(変形・溶解・鉱物置換など)がある。このため，生物が化石化するのは非常にまれで，化石になったとしてもその姿は元の生物からはほど遠い姿になる。体化石の場合，化石化プロセスに耐えられるのは歯や骨，セルロースなどの硬組織である場合が圧倒的に多い。たとえば，古生代〜中生代に大繁栄したアンモナイト類の殻は世界中から多産するが，軟体部の化石は不完全な1例を除き知られていない。

　しかしながら，筋肉や神経系など通常化石化されない軟体部などが見事に保存されている例が世界には散在する。凍土から産出するマンモスやコハク中に含まれる昆虫類がそれである。これらの「例外的に保存の良い化石」は，①遺骸の急速な埋没や凍結，②溶存酸素に乏しい環境下での埋没，③細菌による軟体部の鉱化，④樹脂中への取り込み，などの特殊な化石化プロセスをへている。この例外的に保存の良い化石群を含む化石層は「ラーガシュテッテン」(Lagerstätten：化石鉱脈)と呼ばれる。化石鉱脈から生物の生態・行動・機能に関する情報を引き出すことによって，進化や過去の生物について飛躍的な理解を得ることができる。

　図はレバノンの後期白亜紀層から産出したマダコ類の最古の化石である。通常は化石化されるはずのない目や腕，直腸の付属腺である墨汁嚢，胃の内容物まで化石になっており，内蔵の解剖学的な情報や死ぬ直前の食事メニューまで理解することができる。これらの化石は，現在の海洋で3.7億tものバイオマスを持つイカ・タコ類の分子系統についても大きな影響を与えている。化石鉱脈の代表的な例として，オーストラリア南部のエディアカラ動物群やカナダのバージェス動物群(16.4節参照)が挙げられる。これらの化石は，先カンブリア時代末〜古生代最初期の生命史を復元する上で非常に重要な役割を果たしてきた。ほかには，ドイツ南部のホルツマーデンの頁岩層(前期ジュラ紀)や始祖鳥で知られるドイツのゾルンホーフェンの石灰岩(後期ジュラ紀)なども有名である。最近の報告例としては，中国雲南省のLuoping地域の中期三畳紀層の化石鉱脈があり，見事な保存状態の海棲爬虫類・魚類・頭足類・節足動物の化石を多産している。化石鉱脈からの化石の研究は，近年の分析技術の発達(マイクロX線CTスキャン・シンクロトロン・元素分析など)によって，高解像度での3D復元や中枢神経系の可視化など，新たな展開を見せている。

図　*Keuppia levante.* マダコ類最古の化石。レバノンのHadjoula地域の後期白亜紀層より産出(Dirk Fuchs氏提供)。

人類進化と第四紀の環境

第*17*章————————

　地球の歴史のなかでもっとも新しい，およそ260万年前から現在までの期間は第四紀と呼ばれる。第四紀には，気候が急激に寒冷化・温暖化を繰り返して地球環境が激しく変動したこと，そのなかで人類が進化を遂げたこと，さらに文明が築かれた後は，人類の行うさまざまな活動によって大規模な自然改変と多くの生物種の絶滅を導いたという点で特筆すべき時代である。第四紀は大きな気候変動があった約1万年前を境にそれ以前の更新世と以後の完新世に区別される。完新世は，まさに眼前で変化が起きつつある現代を含んでいる。「現在は過去の鍵である」といわれるが，地球史全体を理解する上で，仮説を検証しやすい第四紀の変遷を学ぶことの意義は大きい。激しい気候変動のなかで，人類が繁栄し，最終的に文明を起こし得た要因やその結果としてもたらされた自然環境への影響とは何だったのか。第四紀学はこの期間に地球上で起こった地球環境の変遷や生物圏の変化を確認し，その機構や因果関係を解明するのである。

キーワード
アウストラロピテクス属，完新世，気候変動，更新世，酸素同位体，人類進化，第四紀，単一進化説，ダンスガード—オシュガー・サイクル，農耕・家畜生産，東アフリカ大地溝帯（グレートリフトバレー），氷期・間氷期，ホモ属，ホモサピエンス，ミトコンドリアDNA，ミランコビッチ・サイクル

1. 第四紀の区分

　第四紀はもっとも新しい地質時代である。長い地球史の地質時代区分は，基本的にテクトニクスや気候変動，生物種の交代などの特徴によって定義されている（第16章参照）。6,600万年前に多数の生物種が絶滅したことをもって中生代の白亜紀は終わり，地質時代は中生代から新生代へと移行した。新生代は古い順に古第三紀・新第三紀・第四紀に区分されている。新第三紀の末期である鮮新世には，気候の寒冷化と大陸氷床の拡大が起こり，新たに進化を遂げた生物種も出現してきたことから第四紀に移行したとされたが，こ

の時代の切り替わりは生物種や気候条件が一斉に変化したという明確なものでなかったため，境界の根拠を何に求めるかにより定義があいまいとなっていた。新第三紀と第四紀の境界問題は古地磁気層序（図4.2）の境界を基準に，大きく260万年前（マツヤマ逆磁極期の始まり）とする見解と180万年前（マツヤマ逆磁極期の中の正亜磁極期であるオルドバイイベント末）とする見解があり，混乱していた。しかし，近年国際地質科学連合（IUGS）によって調整が図られ，従来新第三紀の鮮新世に含めていたジェラシアン期の始まりを新第三紀と第四紀の境界と定めることが2009年に国際的に認められた。ジェラシアン期を第四紀**更新世**に含めることになったため，第四紀の開始は約260万年（258.8万年）前となった。この時期から，地球規模の寒冷化・環境変動および中緯度地域にも達する大規模な氷床の出現が顕著になった。

　第四紀はたった260万年の期間しかない。2番目に短期間である新第三紀の期間は約2,044万年であり，第四紀はほかの地質時代に比べると，きわめて短い。しかし，第四紀は現在も含む時代であり，人類が進化し，私たちのまわりの自然が成立した時代でもある。

2. 人類の出現と進化

2.1 人類の誕生

　ダーウィン（C. Darwin）は1859年に「種の起源」を発表し，その後の生物学に大きな影響を与えた。環境の与える条件に対して有利な形質をそなえた生物個体は，同じ種のなかでの生存競争に有利な位置に立ち，同じ形質を受け継ぐ子孫を残すことができるが，不利な形質を持つ個体は淘汰される。この適者生存が繰り返されることで種の特徴となる形質が形成されてきたという生物種の起源についての考え方（進化論）は，今日の遺伝学や生物進化学の基礎になる学説であった。この時期に相前後して，絶滅した古人類と思われるネアンデルタール人の化石がヨーロッパ各地で発見され，現代人とサルをつなぐ古人類がどこかにいた，と考えられるようになった。1924年に南アフリカのタウングで初期人類の化石が見つかったのを皮切りに，1940年代には200万年前から300万年前の地層から同じタイプの多数の化石が見つか

り，**アウストラロピテクス属**(*Australopithecus*：南の猿の意味，**猿人**ともいう)と名付けられた。1950 年代には東アフリカ(ケニア・エチオピア・タンザニア)からも同じタイプの多数の初期人類化石が見つかったほか，脳容積のより大きな**ホモ・ハビリス**(*Homo habilis*)と名付けられた初期人類の骨が見つかった。これらの初期人類に共通したのは，二足歩行をし，比較的大きな臼歯を持つことである。アウストラロピテクスの脳容積は 500 ml 程度だったのに対して，ハビリスのはおよそ 800 ml と推定されており，現代人の半分以下ではあるが，年代とともに増加し，より高度な行動ができる進化の証拠と考えられた。これらの人類化石はタンザニアのオルドバイ渓谷やエチオピアのハダール谷など**東アフリカ大地溝帯(グレートリフトバレー)**付近から多数発見されたことから，初期人類の進化と大地溝帯の形成が関係しているという解釈が広まった。すなわち，1,000 万〜500 万年前に大地溝帯が隆起し，東アフリカを熱帯雨林気候からサバンナ気候へと変えたことが，草原に適応した初期人類の進化を促したのではないかという仮説である。しかし，その後の発掘では，サハラ砂漠の中央でも同程度に進化した初期人類の骨が発見され，必ずしもこの仮説を支持する証拠ばかりではない。

初期人類が進化を遂げるきっかけとなったのは何かを考える上で，示唆に富むのは気候変動と初期人類の出現時期との関係である(図 17.1)。図の気候

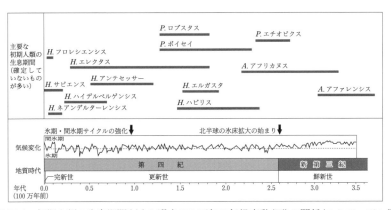

図 17.1 初期人類の生息期間(上)と過去 350 万年の気候変動(下)の関係(スミソニアン国立自然史博物館ホームページなどをもとに作成)。*A*：アウストラロピテクス属，*P*：パラントロプス，*H*：ホモ属

202　第II部　地球の歴史と環境の変遷

変化は微化石の**酸素同位体比**($\delta^{18}O$：Box 17.1 参照)の変化によるものである。過去約 350 万年の間に気候変動が大きかったのは，約 250 万〜約 150 万年前と，約 90 万年前〜現代までである。それらの気候変動の激しい期間には，各地に複数の人類の種が出現したように見える。一方，それ以外の比較的気候変化の振れ幅が小さかった時期には，同じ種が長く生き延びていたようである。つまり気候変動の大きな時期には，新しい環境によって既存の種は淘汰され，新種が出現しやすかったのかもしれない。

　人類の進化には，気候変動という環境要因だけでなく，人類の食性や行動の変化も関係している可能性がある(表17.1)。猿人の臼歯は大きく発達していることから，二足歩行をしていたとはいえ，食性はまだ類人猿と大きくは違わず植物が主体であったと考えられる。しかし，原人や旧人になってからは雑食化し，肉食化するようになったと考えられる。その頃から石器を使用して，動物を捕っていたらしい。旧人のネアンデルタール人の骨の分析から，彼らは当時のオオカミと同等の肉食度にあったことが明らかにされている。これは脳の発達とも関係している。容積の大きくなった脳が狩猟という高度な行動を可能にしたが，同時に，脳が消費するエネルギーを補給することのできる栄養価の高い肉の利用が必要となったのである。

2.2　現代人の祖先

アフリカで約 600 万年前にチンパンジーとの共通の祖先から派生したアウ

表 17.1　人類進化の程度を表す要素(黒田ほか，1987 などをもとに作成)

霊長類	例	食性	生業	直立二足歩行	火の使用	脳容積 (ml)
類人猿	チンパンジー	植食(肉食)	採集・狩猟	×	×	395
	ゴリラ	植食	採集	×	×	505
猿人	A. アファレンシス	植食 屍肉食？	採集	○	×	420
原人	H. エレクタス	雑食	採集・狩猟	○	○	1050
旧人	H. ネアンデルターレンシス	雑食	採集・狩猟	○	○	1370
新人 (現代人)	H. サピエンス	雑食	採集・狩猟・漁労	○	○	1400
		雑食	採集・農耕・家畜・漁労	○	○	1230

ストラロピテクス属などの**猿人**は，約160万年前にはアフリカからヨーロッパやアジアに進出し，その後アジアでは北京原人やジャワ原人と呼ばれた**ホモ属**の**ホモ・エレクトス**(*Homo erectus*，**原人**)の系統が現れた。ヨーロッパではその後**旧人**の**ネアンデルタール人**(*Homo neanderthalensis*)が出現した。北京原人やジャワ原人は絶滅したが，アフリカに残った原人から，現代のアフリカ・ヨーロッパ・アジアにつながる**新人**(*Homo sapiens*)が出現したと考えられている(図17.2)。まだはっきりしないのは，現代人の直接的な祖先が，どこから来たかということである。各地にいた原人がそれぞれの地域で旧人をへて新人へと進化して現代人が派生したのか(**多地域進化説**)，あるいは，ほとんどの地域で原人は絶滅したが，どこか一地域の旧人の系統だけが生き残り，その後新人となって世界に拡散して現代人になったのか(**単一進化説**)，については論争が続いていた(図17.3)が，最近のDNAによる**遺伝子人類学**の研究は後述のように単一地域進化説を支持している。旧人の代表ともいえるネアンデルタール人は，化石に残留している骨組織の**ミトコンドリアDNA**の多型の比較分析により，新人(現代人)の系統と分離した年代が約50万年前と推定されており，その後の新人との混血の可能性も否定されている。化石に残存するDNAは埋蔵期間中に分解しやすいため，古人骨に残存したDNA情報を直接分析することは困難であるが，遺伝情報は世代をへて現代

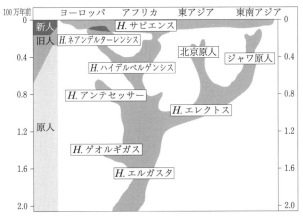

図17.2 原人以降の人類進化の系統図。北京原人やジャワ原人は中途で絶滅したことを示す。ネアンデルタール人は約3万年前に絶滅した。

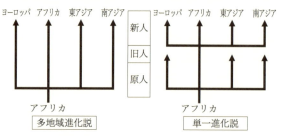

図 17.3 人類の進化についての多地域進化説と単一進化説

人にも受け継がれていることから，各地の現代人のミトコンドリア DNA 多型の類縁度からも，地域集団の分離時期の一端が明らかになっている。その分析法は，比較的最近になって分化した集団では遺伝的近縁度が高いことと，DNA の変異が突然変異によって一定の速度でもたらされることを仮定している。世界の各地の現代人の血中の DNA を比較すると，現代アフリカ人の持つミトコンドリア DNA の多型は，アジア人やヨーロッパ人との近縁度は低く，最近分岐したのではなくもっとも古い時代に分岐したことを示唆し，現代人の共通の母系の祖先は約 16 万年前のアフリカの一人の女性（愛称はミトコンドリア・イブ）にたどりつくという仮説で説明される。これらを含む最近の証拠は，ヨーロッパやアジアに移動した原人は進化の途中で絶滅し（図 17.2），その後（約 16 万年前以降）アフリカから新たに北上してユーラシア大陸に移動した新人が各地域に拡散し，住み着いた地域で現代人の祖先となったという仮説を支持している（単一起源説）。

　この説明によれば，ヨーロッパや北東アジアに新人（現代人）が移り住んだのは 10 万〜5 万年前頃のことで，アメリカ大陸に人が移動したのは，わずか約 2 万年前だったことになる。それまで無人であった新大陸になぜこの時期になって人類が渡ったのかは，たまたまその時期の気候が氷期（最終氷期）にあたり，ベーリング海峡が陸橋（**ベーリンジア**という）となっていたからと考えられている。気候変動による地理環境の変化は人類の移動や分布にも大きく影響を与えている。

3. 気候変化と環境

第 17 章　人類進化と第四紀の環境　205

3.1　気候変動を示す指標

　私たちが住む地表の気候は赤道付近と極域とで大きく異なっている。また，同じ地域の気温でも夏と冬で大きく異なる。これは，緯度や季節の違いによって太陽から受ける放射エネルギー (日射) の強さが異なることによる (第18 章参照)。そうした地域と季節の違いを均一化すると，最近の全地球の平均気温はおよそ 15℃である。地球史のさまざまな記録から，この平均気温は時代によって変化してきたことが知られている。このような気温変化を知るための指標としては，今なら温度計を用いることができるが，それが発明される以前の古い時代については，生物化石の種組成変化・生物の生長量変化 (年輪など)・化石 (炭酸塩殻) の酸素同位体比 ($\delta^{18}O$；Box 17.1)・氷の酸素同位体比や水素同位体比・有機物組成 (ある種の藻類が生成する脂質の不飽和度は生息環境の水温により変化する) などから推測するしかない。しかし，こうした指標は必ずしも気温の絶対値を与えるのではなく，地理的条件の異なるさまざまな場所での，時間経過のなかでの相対的な気温や水温の変化を表しているにすぎない。そこで，記録からの気温の復元方法やその妥当性，復元結果が意味する気候変化がもたらした環境への影響が研究されている。とくに海底堆積物の柱状試料 (海底コア) に残る有孔虫化石の酸素同位体比は，これらの指標のなかで比較的長期間にわたり世界の海洋に共通した記録を残すので MIS (Marine Isotope Stage：海洋酸素同位体ステージ) としてもっともよく利用される気候変動指標である。図 17.4 は海洋各地での有孔虫の炭酸塩殻の $\delta^{18}O$ が共通した氷床量の変動をよく記録していることを示している。

3.2　氷期・間氷期サイクル

　生活圏に氷河が存在し，その拡大・縮退の痕跡を知りえることのできたヨーロッパでは，過去に気候が大きく変化したことに早くからきづくことができた (第 27 章参照)。19 世紀に，アガシー (J.L.R. Agassiz) らによって氷河が大きく発達した時代 (氷期) があったことが明らかにされ，20 世紀初期には氷期区分がなされるとともに，堆積層に記録された氷河消長の経過を明らかにする層序学が発達し，現象の変遷を解読するという第四紀学の発展の基礎となった。20 世紀後半には，海底コアから得られた微化石 (有孔虫など) の

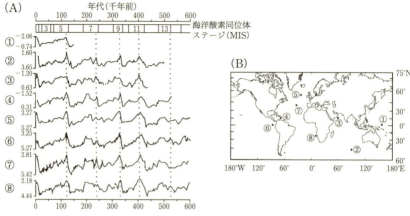

図 17.4 (A)世界の海底コアからの浮遊性有孔虫(①〜④)と底生有孔虫(⑤〜⑧)の $\delta^{18}O$ による気候変動(Imbrie *et al.*, 1992 をもとに作成)。世界共通の気候変動を示す。左端の $\delta^{18}O$ 値(‰)は上が温暖、下が寒冷を示す。MIS は海洋酸素同位体ステージ(数字の奇数は温暖期を示す)。(B)海底コアの位置を示す。

種組成変化(寒冷期に繁殖する種と温暖期に繁殖する種の割合の変化)、あるいはその酸素同位体比の研究が盛んに行われるようになった。海底に降り積もったプランクトン死骸の $\delta^{18}O$ が水温変化などの環境変化を時系列で記録しているため、海底堆積物は気候の細かな変化を読み解く恰好な材料となった。**氷期**と**間氷期**の周期的交代がどの海洋でも記録されており、全地球で起こった気候変動であることが明確に認識された(図 17.4)。さらに 20 世紀末に、南極のボストーク基地やグリーンランドで掘削された氷床コアの各種同位体比の分析が進められ、気候変化の詳細を数十年単位の時間精度で知ることが可能になった。年代測定法の進展もあって、高分解能な古環境復元が可能になったことは、近代の水銀温度計による気象観測の結果と第四紀研究とを関連づけることとなり、気候変動の理解を大きく進めつつある。

地球は中新世後半から寒冷化が始まった(図 16.6)。約 260 万年前からの第四紀に入ると、氷期・間氷期の 4.1 万年周期が明確になり、さらに約 90 万年前からは氷期・間氷期の気温差がより大きくなるとともに 10 万年周期が明瞭になった(図 17.4, 図 27.6)。最終氷期の極相期の約 2 万年前には、現代と比べると平均気温でおよそ 10℃も低く、そのため、海水が氷となって氷

床や氷河として陸に固定され，海水面は現在より約120 m も低かったと推測されており，その頃の海岸線は現在の大陸棚にあった。

海水面低下による前述のベーリンジアのような陸橋の形成は各地の生物分布に大きな影響をおよぼした。北海道に産出する**マンモス**化石は，北海道が最終氷期には大陸と陸続きだったことを示している。日高山脈などに生息する**ナキウサギ**も最終氷期に大陸から渡ってきた生物である。しかし，その後の間氷期(**後氷期**)における温暖化により陸橋が海峡(宗谷海峡・間宮海峡)になったため大陸へは戻れず，現在は日高山脈などの寒冷地で生き延びている。このように，環境などが変わった後も少数の個体が局地的に生存している生物を**遺存種(レリック)**という。なお，**シーラカンス**や**イチョウ**のように，過去に繁栄したが，現在は衰えている生物も遺存種(生きている化石)である。

3.3　気候変動のメカニズム

地表の気温は，基本的には太陽放射と地球放射(地表からの放熱)の収支で決まっている(18.4節参照)が，これが周期的に変化する要因としては，地球の公転軌道や自転軸の変化などの天文学的条件の変化のほか，太陽光度や地表面の反射率(アルベドという)の変化，大気中のエアロゾルや温室効果ガスの濃度，さらに海洋と陸の熱的性質の違い，などが関係している。

太陽の黒点活動は約11年周期で変化している(図34.3)。黒点が増えると光度が強くなり，地表に到達する日射量は約0.1%程度増加する。一方，地球の天文学的条件による日射量の変化は，異なる周期を持つ次の3つの要素の複合で生じている(図17.5)。①地球の公転軌道の離心率の変化：離心率 ($e=\sqrt{1-b^2/a^2}$) は現在は0.0167であるが，約10万年と約41万年の間隔でほぼ0と0.06の間を周期的に変化している(図17.5A)。離心率が大きいと，地球が受ける日射量は少なくなる。②地球の自転軸の傾き角の変化：自転軸の公転軸に対する傾き角度は，現在は23.5°であるが，22.2〜24.5°の範囲で4.1万年の周期で変化している(図17.5B)。傾きが大きいほど季節変化は大きくなり，暑い夏と寒い冬になる。③地球の自転軸の歳差運動：自転軸はコマの首振り運動のように，約2.3万年と約1.9万年の周期ですりこぎ運動(歳差運動)をしている(図17.5C)。地球が近日点にあるとき，北半球が冬だ

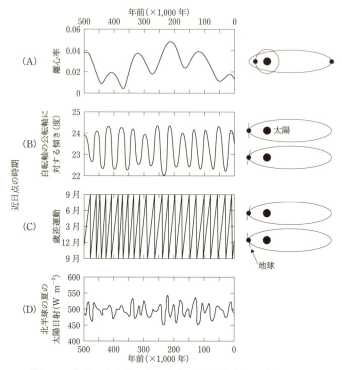

図17.5 過去50万年間の(A)離心率の変動，(B)自転軸の公転軸に対する傾きの変動，(C)歳差運動，(D)それらから算出される北緯65°における夏の日射量 (W m^{-2}) の変動。(A)は41万年と10万年，(B)は4.1万年の周期。(C)は2.3万年と1.9万年の周期がある。

と氷床が発達しやすくなる。これら3つの要素の変化により地球が受ける日射量の変化は，各緯度での日射量の収支に影響を与え，日射量は複雑な周期で変化する(図17.5D)。このような天文学的条件の重なりで生じる日射量の周期性を**ミランコビッチ・サイクル**と呼び(27.7節参照)，気候変動の周期性を引き起こす原因と考えられている。ミランコビッチ (M. Milankovitch) が1930年に複雑な計算によって得た日射量変化の周期性(2.3万年，4.3万年，10万年)の正しさは，その後海底コアや氷床コアの酸素同位体比分析によって明らかにされた地球の氷床量の変動(寒暖の変動)の周期と見事に一致することで証明された。気候変化が起こる周期については，ミランコビッチの理論で説明が可能となったが，天文学的要素で起こる日射量の変化(外因)では，

氷期と間氷期の間の大きな平均気温の差を説明するには不十分である。そこで，大気中の温室効果ガスの濃度・地表のアルベド(18.5節参照)の効果・海洋循環の変化・大気中の雲や水蒸気の量・エアロゾル濃度の変動などの内因的条件が，フィードバックによって変動を増幅し，より大きな熱量変化をもたらした可能性がある。

3.4 そのほかの気候変動

気候変動の周期は天文学的要因によってもたらされるとしても，気候変化の大きさは，前述のような地球自体の諸条件に支配されていたとすると，そのような条件が引き起こすのは，必ずしも10万年周期の氷期・間氷期サイクルだけではなかっただろう。最近の氷床コアによる高分解能な古気候復元の研究によると，過去にはもっと急激な気候変動が何回も起こっていた事実がある。グリーンランドの氷床コアには，最終氷期の約10万～1.17万年前の間に，わずか数十年間で時には約10℃も急速に温暖化し，その後1,000～2,000年かけてしだいに寒冷化するという急激な気候変化が24回も記録されていた。この現象は発見者の名前から，**ダンスガード―オシュガー・サイクル**と名付けられた。この急激な気温変化は，北半球だけでなく南半球の海底などにも同時に記録されていることから地球規模の気候変動と考えられ，最終氷期中の温暖期(**亜間氷期**)と寒冷期(**亜氷期**)とされている。その原因は，北米のローレンタイド氷床から大量の氷河が北大西洋へ流出したため北大西洋深層水(23.4節，24.3節参照)が形成され，暖流のメキシコ湾流が北上するという海洋循環変動にあると考えられている。

4. 環境の変化と人類のインパクト

現代人の直接の祖先である新人は，何回もの気候変動のなかで生き残り，約1.5万年前の最終氷期末期の時点では，南極以外の大陸すべてに住みついており，**ヤンガードリアス期**(1.27万～1.17万年前)の急激な寒冷化(亜氷期)の後，温暖な**完新世**(1万1,700年前～現在)に入ると，今までとは違った活動をし始めた。それは特定の植物を栽培し動物を飼育することにより，

積極的な食糧生産を始めたことである。西アジアの地中海周辺・インダス川流域・東アジアの長江周辺では，期せずして 1.2 万年前頃から米や麦の栽培が始まっている。近年の研究では，その頃トルコや中国では豚や犬などの家畜飼育が始まった証拠が得られつつある。これらの積極的な食糧資源生産は，気候の変動によって不安定になりがちな自然資源への依存を緩和し，資源の枯渇から集団を守る戦略でもあるが，同時に定住をも余儀なくされただろう。しかし，その後の気候が安定して温暖であったこともあり，結果的には新人の取ったこの選択は，人口の増加と技術・知識の向上をもたらした。村から町そして都市へと人間社会が発展していくことになった。西アジアや北アフリカでは，文明の条件である王権が 5,000 年前には成立している。

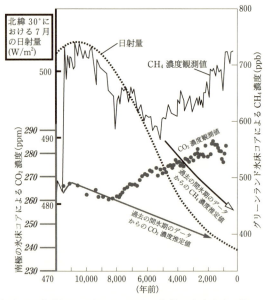

図 17.6　大気中の温室効果ガス（CO_2・CH_4）が農耕や家畜生産の始まりとともに蓄積したというルディマンの仮説（Ruddiman, 2003 をもとに作成）。CO_2 濃度と CH_4 濃度の変化はそれぞれ南極氷床とグリーンランド氷床の氷コアからの観測値。CO_2 濃度と CH_4 濃度の矢印のついた線は過去の間氷期のデータから外挿したもの。天文学的変動から計算された日射量（7月，北緯30度）は約1万年前から現在へ減少している。しかし，CO_2 濃度は約 8,000 年前から，CH_4 濃度は約 5,000 年前から過去の気候変動から推定したそれらの傾向からはずれ，増加に転じている。

農耕も家畜生産も，もともとは地域の生態系のなかで自然にあった生物の再生産のしくみを，人類に有用な資源にすることから生まれた。近年の地球環境問題が，産業革命以後の化石燃料利用によってもたらされたことにのみ注目されるが，農耕開始がもたらした環境への影響も決して無視されるほど小さくはない。ルディマン（W.F. Ruddiman）は，ミランコビッチ・サイクルで予想される日射量の周期性と氷床コアに記録された CO_2 や CH_4 の濃度変化が，過去 35 万年の間ほぼ一致していたのが，完新世になってから大きくずれていることを指摘している（図 17.6）。過去の日射量の周期からみると，現在の間氷期（後氷期ともいう）はすでに終焉し，現在は次の氷期に向かいつつあってもおかしくないのである（図 17.6 の日射量変化の点線）が，間氷期（後氷期）は過去の記録にないほど続いている。この理由として，ルディマンは 8,000 年前以降の人類の農耕や家畜生産の活動がもたらした温室効果ガス（CH_4・CO_2）の影響ではないかという仮説を提案している。すなわち，図 17.6 において，南極氷床の CO_2 濃度やグリーンランド氷床の CH_4 濃度は，観測値と過去の間氷期における濃度変化の外挿から推定すると，約 1 万年前から現在へ向かって減少する（矢印）はずであるが，観測では CO_2 濃度は約 8,000 年前から，CH_4 濃度は約 5,000 年前からともに増加に転じている。つまり，前者は農耕生産，後者は家畜生産の結果であるという。

地球史の上での物質循環という観点からは，近代工業社会の人為的行為のみならず，*Homo sapiens*（「智恵のある人」の意味）による農耕と牧畜もまた地球環境への稀有の働きかけであった可能性がある。

［練習問題 1］ 私たち現生人類が含まれる *Homo* 属が出現したのは約 260 万年前に始まる第四紀初頭といわれている。また，最近のミトコンドリア DNA を用いた系統樹の分析によると，現在の人類は約 16 万年前のアフリカ女性（ミトコンドリア・イブと呼ばれる）の子孫であるという。地球の年齢約 46 億年を 1 年としたとき，*Homo* 属の出現や現代人がアフリカで誕生した時期は，何月何日何時何分頃であるか計算してみよ。
［練習問題 2］ 酸素同位体比（$\delta^{18}O$ ‰）は地球の気温変化を表す指標である。図 17.4A に示すように，海底コアの $\delta^{18}O$ 値は氷期には大きくなり，間氷期には小さくなる。その理由を考えよ。
［練習問題 3］ 氷期，間氷期には海水準が大きく変化する。日本周辺の海峡もそれに応じてランドブリッジ（陸橋）となったり，海峡となったりした。そのような変化が生物の分布などにどのように影響するかを，最終間氷期（その最盛期は約 12 万年前：図 17.4A 参照）や最終氷期の最盛期（約 2 万年前）を例に考えよ。

212　第Ⅱ部　地球の歴史と環境の変遷

Box 17.1　安定同位体と地球科学

　原子は原子核とそのまわりを回るマイナスの電荷を持つ電子からなり，原子核はプラスの電荷を持つ陽子と中性の中性子からなる。各元素の原子番号は陽子の数である。陽子と中性子はほぼ同じ質量を持ち，電子の質量はそれらの1,840分の1なので，無視できる。陽子と中性子の数の和が質量数である。たとえば，酸素(O)原子核は通常8個の陽子と8個の中性子からなるので，原子番号は8，質量数は16となる。しかし，酸素にはごく少量であるが，中性子の数が9個と10個のものもあり，それらの質量数は17と18になる。このように，原子番号が同じ(同種の元素)で，質量数の異なる元素(核種)を同位体(アイソトープ，同位元素ともいう)という。酸素には $^{16}O \cdot ^{17}O \cdot ^{18}O$ の3つの同位体がある。

　同位体には，放射壊変せずに安定に存在する安定同位体と放射壊変する(放射線を放出して他の核種に変わる)放射性同位体とがある。同位体どうしでは化学的性質は似ているが，質量数が違うので天然における挙動が異なることがある。同位体どうしの質量差を利用してそれらの量を質量分析計によって正確に測定することにより，地球科学の分野でもさまざまな研究に応用されている。放射性同位体は岩石などの年代(放射年代)を測定するのに利用される(Box 17.2参照)。

　自然界では同一元素の同位体の割合(同位体比という)はほぼ一定である。しかし，同位体効果などにより千分率(‰：パーミル)のオーダーでは差異があり，それが地球惑星科学の研究でもさまざまに利用される。

　ここでは，$CaCO_3$(炭酸カルシウム：方解石・あられ石)の酸素安定同位体比を用いた過去の水温を推定する方法を紹介する。天然に多産する $CaCO_3$ は生物由来のものが多く，貝類・サンゴ・有孔虫などの生物は，生存期間中に $CaCO_3$ からなる殻や骨格を形成する。ユーリー(H. C. Urey)らは，1947年に南カロライナ州の白亜紀の PeeDee 層に産出するベレムナイト(イカの仲間)の化石に当時の水温変化が記録されていることを発見した。

　酸素の3つの安定同位体($^{16}O \cdot ^{17}O \cdot ^{18}O$)の存在比は，それぞれ99.762%・0.038%・0.200%である。酸素同位体比は，このうち存在比の大きい二つの安定同位体の比($^{18}O/^{16}O$)を‰で表し，標準物質の同位体比からの偏差($\delta^{18}O$)として示される。$CaCO_3$ の $\delta^{18}O$ の場合，標準物質は上記の PeeDee 層のベレムナイト化石(PDB)である。

$$\delta^{18}O_{PDB}(‰) = \left[\frac{(^{18}O/^{16}O)_{sample}}{(^{18}O/^{16}O)_{PDB}} - 1 \right] \times 1000$$

　一般に，生物の殻などの $CaCO_3$ の $\delta^{18}O$ は，形成時の海水の温度と海水の $\delta^{18}O$($\delta^{18}O_水$)で決定される。$\delta^{18}O_水$ の変化が一定であるか，その変化が明らかになっている場合，その差分($\delta^{18}O_{CaCO_3} - \delta^{18}O_水$)から水温への換算が可能となる。実際には，$CaCO_3$ を作り出す生物により，無機的に析出した値からずれることが知られており(生物作用による同位体効果，図を参照)，正確な水温を算出する場合は，現在における水温との関係式を別に求めた上で応用することが望ましい。

　図は水温が低いほどそこで成長する生物の $CaCO_3$ 殻の $\delta^{18}O$ は大きいことを示している。ところで，海水が蒸発するとき，一般に軽い ^{16}O が重い ^{18}O よりも多く蒸発する。氷期にはその降雪が高緯度地域などで氷床として固定される。そのため，氷床の $\delta^{18}O$ は小さいが，海水全体の $\delta^{18}O$ とそこに生息する生物の殻の $\delta^{18}O$ は大きくなる。間氷期には氷床が溶けて $\delta^{18}O$ の小さい水が海に入るので，海水および生物の $\delta^{18}O$ は小さくなる。上記のように，生物の $CaCO_3$ 殻の $\delta^{18}O$ は形成時の海水の温度と $\delta^{18}O$ の二つのパラメータで決まるが，氷期には両方とも $\delta^{18}O$ が大きくなるほうに働く(図17.4)。逆に間氷期には $\delta^{18}O$ が小さくなる。したがって，海底ボーリングの堆積物コア(Box16.1参照)に含まれる有孔虫などの $\delta^{18}O$ を連続的に分析することによって気温変動を知ることができる(図16.6，17.4，27.6)。また，南極やグリーンランドなどの氷床ボーリングではほぼ連

続したアイスコアが得られるので，その $\delta^{18}O$ 変化は最近数十万年前以降の気候変動を示す．ただし，アイスコアの場合は $\delta^{18}O$ は海の有孔虫などの場合とは逆に，氷期には $\delta^{18}O$ が小さくなり，間氷期には大きくなるので注意を要する．

地球科学では酸素($^{18}O/^{16}O$)のほか，炭素($^{13}C/^{12}C$)・硫黄($^{34}S/^{32}S$)・水素(D/H)などの安定同位体比が利用される．

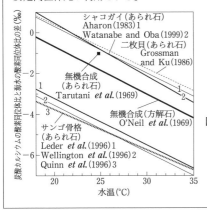

図 生物起源のあられ石および合成したあられ石・方解石の酸素同位体比(炭酸カルシウムの酸素同位体比と海水の酸素同位体比の差：$\delta^{18}O_{CaCO_3} - \delta^{18}O_{水}$)と水温の関係(Watanabe et al., 2003 より改変)．直線の番号は文献を示す．

Box 17.2　放射年代測定法

化石や地層の新旧を利用する化石年代(第11章参照)は相対的な年代(時代)を示すが，その数値はおよそしかわからない．放射年代(絶対年代ともいう)測定法は，ある元素が放射壊変によりほかの元素に変わったり，自発核分裂などを起こすことを利用して年代値を求める手法である．

放射年代測定法には試料中の，①放射性元素である親元素(厳密には親核種)と娘元素(娘核種)の量比が時間とともに変化することを利用する方法(表のA)，②宇宙線により生成した放射性元素が時間とともに減少することを利用する方法(表のB)，③自発核分裂による結晶などの損傷を利用する方法(表のC)がある．以下では①のカリウム-アルゴン法(K-Ar法)について説明する．

原子番号19のカリウムには3つの同位体(^{39}K・^{40}K・^{41}K)がある．このうち，^{39}K(存在比93.258%)と^{41}K(同6.730%)は安定同位体であるが，^{40}K(同0.012%)は放射性同位体で，放射性壊変によりその大部分(89%)は原子番号20の^{40}Caに，残り(11%)は原子番号18の^{40}Arに変わる．K-Ar法では^{40}Arを使う．

岩石や鉱物にもともと含まれている放射性元素(親核種：ここでは^{40}K)は放射性壊変により温度・圧力などの物理化学条件に関係なく一定の割合(崩壊定数：λ)でほかの元素(娘核種：^{40}Ar)に変わる．親核種の数(P)が時間とともに娘核種に壊変して減少する割合はPに比例する．比例定数をλとすると，

$$-dP/dt = \lambda P \quad 積分すると，\quad P = P_0 e^{-\lambda t} \quad (17.1) \quad (図の実線)$$

ここで，Pは現在(時刻t)の親核種の量(数)，P_0は親核種の最初($t=0$)の量である．

一方，娘核種は親核種の減少分だけ増加するので，娘核種の現在の量をD，最初($t=0$)の量をD_0とすると，$D = D_0 + (P_0 - P)$

式(17.1)は$P_0 = Pe^{\lambda t}$と書けるので，$D = D_0 + P(e^{\lambda t} - 1)$　(17.2)　(図の鎖線)

式(17.2)で問題になるのは，D_0(娘核種の最初の量)が現在ではわからないことである．

ところで，K-Ar法は火山岩の生成年代を決めるのによく使われる．火山岩は液体のマグマが急冷して固結した岩石である．Arは不活性ガスなので，岩石中に含まれていたArは，岩石が溶融してマグマになるとき，ガスとしてマグマから逃げて行ってしまう．したがって，火山岩が生成したとき（$t=0$）には，基本的には岩石にArは含まれていない（$D_0=0$）と考えてよい．すなわち，式(17.2)は $D=P(e^{\lambda t}-1)$ となり，$t=(1/\lambda)\ln(1+D/P)$ である．ここで，P（^{40}Kの現在値）とD（^{40}Arの現在値）は測定値なので年代値(t)が求まる．

娘核種の最初の量(D_0)が無視できないRb-Sr法などの場合は，同じ岩体から数個の試料を採集し，それぞれについて，PとDを測定し，連立方程式から年代(t)とD_0を同時に求める方法（アイソクロン法という）を用いる．

親核種の量(P)が元の量(P_0)の半分になる時間を半減期($T_{1/2}$)という（図）．$P=1/2 P_0$と式(17.1)から，半減期($T_{1/2}$)と崩壊定数(λ)との間には，$T_{1/2}=(\ln 2)/\lambda$ の関係がある．半減期は放射年代測定法により異なる（表）．したがって，測定対象の古さに応じ半減期を考慮して測定方法を選ぶ必要がある．たとえば，K-Ar法のように半減期が10億年を超える測定法を若い年代の試料に適用すると，親核種の減少や娘核種の増加はきわめて小さい．同位体量の測定は，同位体どうしの質量数のわずかな違いを識別して個々の同位体の量を測定できる質量分析計を用いるが，この量が質量分析計の測定限界より少ないときは年代を測定することができない．一方，②の^{14}Cが時間とともに減少することを利用する^{14}C法の場合は，その半減期が5,730年であるので，試料の年代が半減期の10倍（57,300年前）だとすると，$P=(1/2)^{10} P_0$なので試料中の^{14}C量(P)はきわめて微量になり，質量分析計の測定限界以下になる．したがって，^{14}C年代法は数万年より古い試料には適用できない．

なお，年代の単位には，1000年前はka，100万年前はMa，10億年前はGaを使う．

表 いろいろな放射年代測定法とそれらの半減期（崩壊定数）

	方法	親核種→娘核種	半減期(年)・崩壊定数 λ	試料（岩石・鉱物など）	測定年代範囲
A	K-Ar法	^{40}K→^{40}Ar	1.25×10^9	雲母・角閃石・火山岩	$>10^5$ 年
	Rb-Sr法	^{87}Rb→^{87}Sr	4.88×10^{10}	雲母・深成岩・変成岩	$>10^7$ 年
	Sm-Nd法	^{147}Sm→^{143}Nd	1.06×10^{11}	深成岩・変成岩	$>10^7$ 年
	U・Th-Pb法	^{232}Th→^{208}Pb	1.40×10^{10}	ジルコン・モナズ石・閃ウラン鉱・変成岩	$>10^8$ 年
		^{235}U→^{207}Pb	7.04×10^8		
		^{238}U→^{206}Pb	4.47×10^9		
B	炭素14法	^{14}C	5,730	木片・泥炭・貝殻	$<5\times 10^4$ 年
C	フィッショントラック法	^{238}Uの自発核分裂	$\lambda=$ 約 7×10^{-17}/年	ジルコン・アパタイト・ガラス	$>10^3$ 年

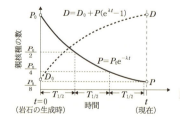

図 曲線(実線)は親核種の減少，曲線(鎖線)は娘核種の増加を示す．$T_{1/2}$は半減期

第III部

大気・海洋・陸水

地球は，酸素の豊富な大気や大量の液体の水が存在する，人類の知る限り唯一の星である。この第Ⅲ部「大気・海洋・陸水」では，私たちがそのなかに生きる大気，地球表面積の7割を占める海洋，そして陸域の水や氷河を扱っている。大気と海洋は，太陽エネルギーにより，自転する惑星上の大規模流体として独特の振る舞いを示す。地球が静止しているなら，高・低気圧も海流も今あるようには存在しないのである。

　以下で第Ⅲ部の内容を概観しよう。第18章「大気の構造と地球の熱収支」では，対流圏・成層圏などの大気の鉛直的な構造と地球の熱バランスを説明している。第19章「地球大気の循環」では，地球規模の風すなわち大気の大循環とそれと密接に関わる南北熱輸送について解説している。第20章「大気の運動の基礎」では，海洋にも共通する，地球上の大規模流体の振る舞いの基礎を学ぶ。第21章「大気の熱力学と雲・降水形成過程」は，おもに雲や雨滴に注目した降水現象の解説である。第22章「天気を支配する諸現象」は，いわゆる天候に関係するさまざまな現象について説明している。これらの大気に関する5つの章の後には，海洋についての3つの章が並んでいる。すなわち，第23章「海洋の組成と構造」では，海洋の水の組成や，そのなかでもとくに水温と塩分が，海洋の循環とどのように関係しているかを解説し，第24章「海洋の循環」では海洋の循環のしくみを説明している。第25章「海洋の観測と潮汐」では，海洋ではどのような観測がなされているのかと，潮汐が生じる理由を紹介している。さらに，陸上で水資源としても重要な河川水と地下水を中心とする解説が，第26章「地球と陸域の水循環」には書かれている。第27章「氷河と氷河時代」では，氷河の基本的な振る舞いについてとともに，氷期・間氷期の解説をしている。第28章「大気海洋相互作用とエル・ニーニョ，モンスーン」では，大気と海洋がどのようにお互いに働きかけているのかを，とくにエル・ニーニョとモンスーンついて説明している。第29章「地球環境変動と水圏・気圏の変化」は地球温暖化とオゾン層破壊という，人為的な地球環境変動について解説している。

大気の構造と地球の熱収支

第*18*章

　大気は惑星や衛星の周囲を取りまく気体であり，それぞれの天体の表層環境を特徴づける上で大きな役割を果たしている。地球の場合，大気の存在により地球表面に液体の水が存在できる温和な環境が実現され，多様な生物の生存が可能となっている。地球表面を暖めている源は可視光を中心とする太陽の放射エネルギーである。太陽の光の一部は大気圏のオゾン層などにより吸収され，また雲により吸収・反射されて，ほぼ半分が地表面に到達し吸収される。このため大気にとってはオゾン層と地表面が熱源として働き，高さ方向の気温分布によって特徴づけられる層構造，すなわち対流圏・成層圏・中間圏・熱圏を作り出している。太陽光を吸収した地表面や大気は赤外線を放出する。赤外線は二酸化炭素や水蒸気などの大気微量成分によって吸収されるため，大気は赤外線のエネルギーを地球表面と大気をあわせた系に閉じ込める温室効果をもたらす。この温室効果によって地球の平均表面温度は 15℃程度に保たれているのである。

キーワード
アルベド，オゾン層，オーロラ，温室効果，界面，気圧，成層圏，大気(圏)，太陽定数，太陽放射，対流圏，地球温暖化，地球放射，中間圏，中層大気，電離層，熱圏，放射平衡温度

1. 大気とは

　大気とは惑星や衛星の重力によってそれらの周囲に捕らえられている気体のことである。大気が存在する領域を**大気圏**と呼ぶ。私たちが住む地球以外にも，複数の惑星と衛星に大気が存在しており，それぞれの大気は固有の特徴を持っている。惑星大気については第 33 章にて説明する。

　地球大気圏の下端は地表面によって定義できるが，大気圏の上端は明確には存在しない。高度が高くなるにしたがい大気は希薄になり，大気圏は連続的に宇宙空間へとつながっていく。しかし，第Ⅲ部で扱う気象現象は高度 100 km 以下の領域で起こるものであるので，本章では主として高度 100

km 以下の領域を扱うことにする．高度 100 km 以上の領域に関しては第 34 章を参照すること．地球大気の質量は約 5.30×10^{18} kg であり（練習問題 1 参照），海水質量（約 1.4×10^{21} kg），地球全体の質量（約 6.0×10^{24} kg）に比較して非常に小さい．

2. 地球大気の鉛直構造

地球の大気は図 18.1 に示すように，鉛直方向にいくつかの層に区分される．層の区分は主に気温分布にもとづいている．各層の境界（**界面**という）の高度は緯度・季節によって異なる．以下ではおおまかな数値を示す．

地表面からほぼ高度 12 km までの領域では気温が平均的に 6.5 K km^{-1} の割合で減少する．この層は**対流圏**と呼ばれる．対流圏では，空気のさまざまな運動が存在し，雲の発生・降水・移動性高低気圧・前線・台風などの多様な天気現象が生じる（第 22 章参照）．

高度 12～50 km までは，気温が高度とともに徐々に上昇する．この層を

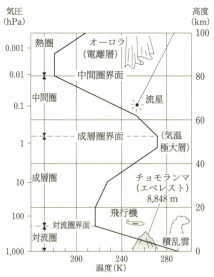

図 18.1 地球大気の気温の鉛直分布と各大気層の名称（小倉，1999 をもとに作成）．縦軸には高度とともに圧力も示す．

成層圏と呼ぶ。20世紀初頭に気球観測によって成層圏が発見された時は，大気の運動が存在せず密度成層をなしていると推定されたので，成層圏と命名された。しかし，実際には大規模な大気の循環や物質と熱の輸送が起こっている。また成層圏内には**オゾン(O_3)層**が存在している。高度 $50\sim80\,\mathrm{km}$ までは，再び気温は高度とともに減少する。この層を**中間圏**と呼ぶ。成層圏と中間圏は従来は区別されてきたが，実際には両者を区別する意味はさほどない。成層圏と中間圏をあわせて**中層大気**と呼ぶこともある。中層大気は，高度 $50\,\mathrm{km}$ における気温極大層によって特徴づけられる。同じ地球型惑星である火星と金星には，このような気温極大層は存在せず，これは地球特有の大気構造である。後で述べるように，この気温極大層はオゾン層による太陽放射エネルギー(第4節参照)の吸収によってもたらされる。オゾン層は，地球史を通して生じてきた生命活動による大気主成分の改変によってもたらされたものである(Box 15.1 参照)。

　高度 $80\,\mathrm{km}$ 以上の領域では大気温度は急激に増加する。この領域は**熱圏**と呼ばれる。上記の対流圏・成層圏・中間圏・熱圏の境界は下から順に，対流圏界面・成層圏界面・中間圏界面と呼ばれる。

　$80\,\mathrm{km}$ 以上の領域では，窒素や酸素の原子・分子の一部が太陽の紫外線によって電離し，**電離層**を形成している。このため，$80\,\mathrm{km}$ 以上の領域は電離圏とも呼ばれる。電離層は複数存在することが知られており，下から順にD層(高度 $80\,\mathrm{km}$)，E層($100\sim120\,\mathrm{km}$)，F_1層($170\sim230\,\mathrm{km}$)，F_2層($200\sim500\,\mathrm{km}$)と呼ばれる(カッコ内の高度値は昼間の場合のおおまかな値)。高度 $80\,\mathrm{km}$ 以上の領域では，太陽風(34.3節参照)起源の高エネルギーのプラズマ粒子(正と負の荷電粒子が共存して運動する粒子の集合体)が地球大気の分子や原子と衝突することにより**オーロラ**と呼ばれる発光現象が起こる(口絵写真5, 34.5節参照)。高度 $100\,\mathrm{km}$ から $200\,\mathrm{km}$ の領域では，プラズマ粒子が酸素原子に衝突することにより緑色(波長 $557.7\,\mathrm{nm}$)のオーロラが発生する。$300\,\mathrm{km}$ 付近の高高度ではプラズマ粒子が酸素原子に衝突することにより赤色(波長 $630\,\mathrm{nm}$)のオーロラが発生する。高度 $100\,\mathrm{km}$ 以下の領域でも，まれに窒素分子によってピンク色のオーロラが，窒素分子イオン(N_2^+)によって紫色のオーロラが発生することがある。

220 第Ⅲ部 大気・海洋・陸水

図 18.1 に示した気温の鉛直分布は以下のようにして決まっている。第 4 節で説明するように，太陽放射エネルギーの多くは地表面に到達するので，地表面が対流圏の大気にとって「熱源」の役割を果たす。このため，対流圏では地表面に近いほど（高度が低いほど）平均的な気温は高くなる。地表面付近で大気に与えられた熱は対流運動によって上層に運ばれる（熱対流：19.2 節参照）。対流による熱輸送の結果，対流圏では前述のように，1 km 上昇すると気温が約 6.5 度下がる温度分布が作られる。一方，成層圏と中間圏においては，「熱源」として働くものはオゾン層である。オゾンは紫外線を吸収して酸素原子 O と酸素分子 O_2 に光解離する（29.5 節参照）。O と O_2 が再結合してオゾンに戻る際に生じる熱が周囲の大気を加熱する。オゾンの体積混合比（1 m^3 の空気中に含まれるオゾンの体積）の極大は高度 35 km に存在する。上空ほど空気密度が小さくなる効果（与えられる熱量が同じでも密度が小さいほど気温の変化率は大きくなる）と上空ほど多くの太陽紫外線が存在する効果により，オゾン混合比極大よりも高い高度（約 50 km）に気温の極大（気温極大層）が現れる。一方，熱圏で気温が高くなるのは，波長が 0.1 μm 以下の紫外線を窒素や酸素が吸収して光解離するためである。

図 18.1 の左軸には**気圧**（大気圧，20.1 節参照）の高度変化を示す。気圧とは大気がおよぼす圧力であり，考えている面の上にのっている空気の総質量を表す指標でもある。気圧の単位には通常 hPa（ヘクトパスカル）が用いられる。地表面の気圧は平均的には 1,013 hPa である。1,013 hPa を 1 気圧と表現することもある。気圧は高度が増加するにしたがい急激に減少する。およそ 16 km ごとに気圧は 1/10 になる。なお，火星と金星の地表面気圧は，それぞれ 6×10^{-3} 気圧，92 気圧であり，これらが各惑星の大気量の違いを表している（33.1 節参照）。

3. 大気の組成

地球大気の主成分は窒素と酸素である。地表付近において，体積混合比にして窒素は約 78%，酸素は約 21% を占める（表 33.1）。これ以外の成分はあわせても 1% 程度である。大気の成分比は高度方向に変化する。この変化の

様子を図 18.2 に示す．水蒸気量は対流活動(第 19 章参照)などによって大きく影響を受け，変動がかなり大きいので概略しか示していない．光化学反応や相変化を起こしにくい窒素分子(N_2)・酸素分子(O_2)・アルゴン(Ar)・二酸化炭素(CO_2)の混合比は高度約 80 km まではほぼ一定である．これは，対流圏・成層圏・中間圏では混合が十分に起こっていることを示すものである．高度約 80 km までは主成分が地表付近と同様に窒素分子と酸素分子であるのに対して，80 km より上空では酸素原子が主成分の一つになってくる．この酸素原子が前述のようにオーロラをもたらす．

図 18.2 には，水蒸気(H_2O)・オゾン(O_3)・メタン(CH_4)・一酸化二窒素(N_2O)・一酸化炭素(CO)・フロン(chlorofluorocarbon：$CFCl_3$，CF_2Cl_2)なども示す．これらは，濃度が非常に小さいため(大気)微量成分と呼ばれる．微量成分は量は少なくても気候変動に重大な影響をおよぼすことがある．たとえば，フロンは成層圏のオゾン層を破壊し(29.5 節参照)，CO_2・O_3・CH_4・N_2O は**温室効果**(赤外放射活性)を持つ．昨今地球温暖化で注目されている二酸化炭素も混合比でみると 0.04%(400 ppm)程度しかないのである．

4. 太陽放射と地球放射

上述の大気の鉛直温度構造を作りだす源も次章以降で記述される大気海洋の運動を駆動するエネルギー源も太陽が放つ放射(放射とは真空中を光速

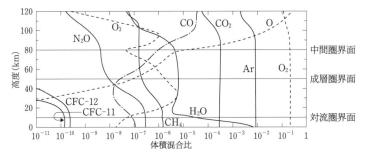

図 18.2　大気成分比の高度方向の変化(Goody, 1995 をもとに作成)．春分と秋分における N_2(高度 100 km 以下では 0.78 で一定)以外の主要な大気成分の分布を示す．CFC-11 は $CFCl_3$，CFC-12 は CF_2Cl_2 を表す．

3×10^8 m s^{-1} で進む電磁波である。可視光も電磁波の1種)である。太陽が放つ放射は**太陽放射**または**短波放射**と呼ばれる。太陽から地球全体が受け取っているエネルギー(**太陽放射量**という)は平均的に1秒当り 1.8×10^{17} J である。太陽放射量のうち,地球の大気・海洋および地表面が吸収するエネルギーを太陽入射ともいう(19.1節参照)。太陽放射量の強度を表す指標としてよく使われるものは**太陽定数**,すなわち太陽光線に垂直な1 m^2 の面が1秒に受ける太陽エネルギーの量である。太陽と地球の距離は季節によって変化するので太陽地球間の平均距離において,地球大気圏上端に到達する太陽エネルギーを太陽定数と定義している。その値は,約 1,370 W m^{-2} である(練習問題2参照)。単位を変えると,1.96 cal cm^{-2} min^{-1} となり,1 cm の深さの水の温度を1分で約2℃上昇させるエネルギー量である。

電磁波は波長に応じて区別される(図18.3)。いわゆる目にみえる光は可視光と呼ばれ,380 nm(紫)〜780 nm(赤)の波長域にわたる。太陽は,可視光だけではなく,紫外線(1 nm〜400 nm),赤外線(800 nm〜1 mm)など広い波長域にわたる電磁波を放射している。

太陽放射エネルギーの大きさは波長によって変わる。波長ごとに分けた太陽放射の電磁波のエネルギーの分布(これを**太陽放射スペクトル**という)を図18.4に示す。全放射エネルギーの約半分は可視光領域にある。太陽放射スペクトルは,太陽の表面温度である 6,000 K の黒体(外部から入射する放射を,あらゆる波長にわたって完全に吸収し,また放出できる仮想的な物体のこと)が放射するスペクトルに非常に近い。なお,黒体が放射するスペクトルはプランクの法則と呼ばれる法則で求めることができる(詳しく知りたい読

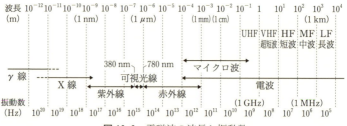

図18.3 電磁波の波長と振動数

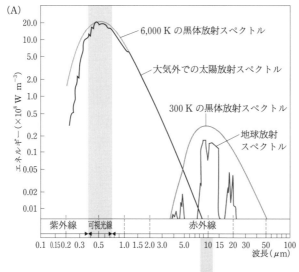

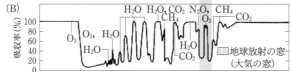

図18.4 (A)太陽放射スペクトルと地球放射スペクトル。(B)大気中の気体成分の吸収スペクトル

者は物理学の教科書を参照すると良い)。図18.4Bに示された大気成分による太陽放射の吸収率から，太陽放射，とくに可視光帯は大気の気体成分には吸収されないことがわかる。このため，第5節で述べるように，太陽放射の半分程度が地表まで到達できるのである。

地球の大気・雲・地表などもそれぞれの温度に対応した電磁波を放射している。これらはまとめて**地球放射**あるいは**長波放射**と呼ばれる。図18.4Aに示すように，地球放射は太陽放射と波長域が違う。地球放射は，そのほとんどが赤外線の波長域($4\sim50\,\mu\mathrm{m}$)にある。また，6,000 Kの黒体放射スペクトルでよく近似される太陽放射スペクトルとは異なり，地球放射スペクトルは300 Kの黒体放射スペクトルとはかなり違う。地球放射は，$7\sim15\,\mu\mathrm{m}$などの波長域を除くと大気の各種成分(ただし，$O_2 \cdot N_2$以外)によってほとんど吸収されてしまう。$8\sim12\,\mu\mathrm{m}$の範囲の地球放射は大気にはあまり吸収

されずに大気圏外へ放射されるので，この範囲を**大気の窓**という．

5. 大気と地球表面の熱収支

前節で述べたように，地球の表面と大気をあわせた系(以下，地球表層系と呼ぶ)は太陽放射を受け取り，地球放射を放出している．地球表層系全体でみると，1年平均では太陽放射によって受け取るエネルギー量と地球放射で放出するエネルギー量はほぼ等しくなっている．受け取る放射と放出する放射が釣り合った状態を**放射平衡**状態と呼ぶ．放射平衡状態では出入りする放射のエネルギーの大きさに応じて温度が決まることになる．その温度を**放射平衡温度**という．地球の放射平衡温度は約 255 K (約 −18°C) である (練習問題3参照)．

地球表層系における太陽放射と地球放射の出入りの様子を図 18.5 にまとめる．これは地球の表面積で平均した地球全体の熱収支(エネルギー収支ともいう)を示したものである．以下では，図 18.5 をもとに地球表層系が吸収する太陽放射と放出する地球放射の内訳をみていくことにする．

地球全体で受け取る太陽放射量を地球表面全体に均等に与えた場合，1 m² 当りで受け取る放射量(全球平均放射量)は約 342 W m⁻² である (練習問題2参

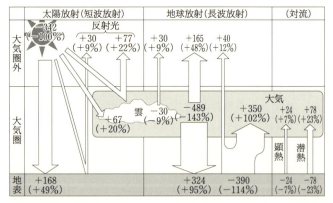

図 18.5 地球表層系の熱収支(浜島書店編集部，2003 をもとに作成)．大気圏外・大気圏・地表のそれぞれに入ってくる量を正，出る量を負とする．それぞれの熱収支はゼロになる．単位は W m⁻²．%は太陽放射(342 W m⁻²)を 100 としたときの数値

照)。つまり，地球全体で平均すると，$1\,m^2$ 当り $100\,W$ 電球 3 個強の発熱量が太陽から地球に与えられていることになる。地球に到達した太陽放射の一部は大気の気体分子や雲，地表面などにより宇宙へ反射・散乱される。入射する太陽放射が反射・散乱される割合を**アルベド**という。地球のアルベドの値は約 0.3 であり，入射量 $342\,W\,m^{-2}$ の約 3 割にあたる $107\,W\,m^{-2}$（図 18.5 の，地面で反射される量 $30\,W\,m^{-2}$ と雲・大気で反射・散乱される量 $77\,W\,m^{-2}$ を足したもの）が宇宙空間に反射・散乱される。入射する太陽放射のうち約 2 割（$67\,W\,m^{-2}$）は大気中の H_2O・CO_2・O_3・雲・エアロゾル（大気中に浮遊する固体あるいは液体の径 $0.001\sim100\,\mu m$ の微粒子：21.5 節参照）により吸収され（大気が加熱される），残りの約 5 割（$168\,W\,m^{-2}$）が地表面に到達する。地表に到達する放射を地表面が吸収し，加熱されることにより大気にとっての熱源となる。よって大気下層では活発な対流が生じる。

太陽放射を吸収した地表面は大気を加熱する。それは，赤外線の放射（図 18.5 の地面から出る $390\,W\,m^{-2}$ の矢印）と**潜熱**（$78\,W\,m^{-2}$）と顕熱（$24\,W\,m^{-2}$）による。地表面が放つ長波放射（赤外線）エネルギー（図 18.5 の $390\,W\,m^{-2}$）のほとんどは，宇宙空間へすぐには射出されずに，図 18.2 で示した 3 原子以上で構成された微量成分分子（H_2O・CO_2・O_3・CH_4・N_2O・フロンなど）や雲粒子やエアロゾルによっていったん吸収され，すぐに地表面や宇宙へ射出される。地表面を出た長波放射は，大気中でこれらの大気成分により吸収・射出を繰り返し受けることになる。一部の長波放射は再度地表面に吸収される（図 18.5 では大気から地面に向かう $324\,W\,m^{-2}$ の矢印）。この長波放射の再吸収が次節で述べる大気の**温室効果**をもたらす。地表面が大気から受ける下向き長波放射エネルギー量は，地表面が太陽から受ける短波放射エネルギー（$168\,W\,m^{-2}$）の 2 倍にも達する。

潜熱は水蒸気の相変化にともなう熱である。地表面の水が蒸発し，水蒸気となって大気中を輸送され，上空で凝結し雲となる際に潜熱が開放されて大気が加熱されることになる。潜熱は雲やさまざまなメソスケール現象，台風の発生においても重要な役割を果たす。

実際の地球では，太陽放射量は緯度によって異なるため，大規模な熱の輸送，すなわち大気の大循環が生じる。これについては第 19 章で詳しく述べる。

226 第III部 大気・海洋・陸水

6. 温室効果

地球の表面温度は平均して約 288 K (15 ℃)であり，前節で述べたとおり，温室効果によって放射平衡温度 255 K (−18 ℃)よりも高い温度で平衡状態となっている。太陽放射と地球放射では波長域が異なるため，大気組成の各成分の吸収スペクトル分布に応じてそれぞれの放射が大気に吸収される割合が異なる(図 18.4)。太陽放射はあまり吸収されずに地表に到達することができるのに対して，地球放射の大部分は大気に吸収される(図 18.5 の 350 W m⁻²の矢印)。大気は吸収した地球放射(350 W m⁻²)の多くを地表面に，一部を宇宙空間に向けて再射出する(図 18.5 の 324 W m⁻² の下向き矢印と 165 W m⁻² の上向き矢印)。地球表層系は，いわば，赤外線のエネルギーをなかに閉じ込める効果を持っていることになる。このため，放射平衡温度に比べて高い地表面温度が実現されることになる。これが**温室効果**と呼ばれるものである。温室効果により地球表面は H_2O が液体として存在できる状況にある。これが，地球が生命を育む惑星になり得た大きな理由の一つである。

前節で述べたように 3 原子以上からなる大気微量成分分子(その代表が二酸化炭素)は温室効果をもたらす。これは，3 原子以上からなる多原子分子が多くの振動モードを持つなどの理由により赤外線を吸収するためである。3 原子以上からなる大気微量成分分子の濃度変化によって温室効果の強さが変わる。ここ 100 年間に地球の表面気温の平均値は上昇している(IPCC 2013 によれば，1900 年から 2010 年までに約 0.8 ℃上昇)。これは**地球温暖化**と呼ばれており，人為的な二酸化炭素などの放出による温室効果の増加(たとえば，CO_2 濃度は 1900 年頃は 300 ppmv，2000 年頃は 370 ppmv，2014 年は 400 ppmv である)がその主因であると議論されており，世界的な問題になっている(29.1 節参照)。

[練習問題 1]　トリチェリ(E. Torricelli)は，下図に示したように水銀を満たした容器にガラス管を逆さに差し込むと，水銀が高さ約 760 mm のところで止まり，上部に真空部分ができることを示した(トリチェリの実験，1643 年)。この実験から，高さ 760 mm の水銀柱がもたらす圧力と大気圧が釣り合うこと，したがって，1 m² 当りでは高さ 760 mm

第 18 章　大気の構造と地球の熱収支　227

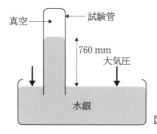

図　トリチェリの実験の模式図

の水銀柱の質量と大気の質量が等しいことがわかる。水銀の密度を $13.6 \times 10^3 \text{ kg m}^{-3}$ とすると，1 m² 当りの大気の質量が約 10 t になることを示せ。また，1 m² 当りの大気質量と地球表面積との積をとることにより大気の全質量がおよそ 10^{18} kg になることを確認せよ（大気の総質量の正確な値は 5.3×10^{18} kg）。ただし，地球は球であると仮定し，その半径を $R = 6.378 \times 10^6$ m とせよ。ちなみに，トリチェリの実験は，大気圧の存在と真空の実在を示すことを目的としたものである。

[練習問題 2]　地球全体で受け取る太陽放射量は約 1.8×10^{17} J s^{-1} である。これから，地球大気の上端で，太陽光線に垂直な 1 m² の面が 1 秒間に受ける太陽エネルギーの量（太陽定数）が約 1,400 W m^{-2} になることを示せ（太陽定数の正確な値は 1,370 W m^{-2}）。下図をもとに考えよ。また，地球全体で受け取る太陽放射量を地球表面全体に均等に与えた場合に 1 m² 当りで受け取る放射量（全球平均放射量）が約 350 W m^{-2} になることを示せ。

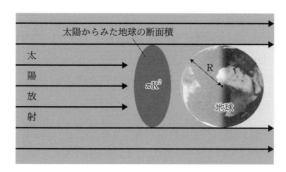

図　太陽放射の入射の様子

[練習問題 3]　地球表層系が吸収する太陽放射量と放出する地球放射量が釣り合うという条件から放射平衡温度を求めよ。ただし，地球全体は黒体であると仮定せよ。黒体が放射する放射量は σT^4 である（これをシュテファン―ボルツマンの法則という。黒体放射のスペクトルを波長にわたって積分することによって得られる。詳しく知りたい読者は物理学の教科書を参照すると良い）。T は黒体の絶対温度，σ はシュテファン―ボルツマン定数 5.67×10^{-8} W m^{-2} K^{-4} である。アルベド $A = 0.3$，太陽定数 $S = 1,370$ W m^{-2} を用いよ。また地球は球であると仮定し，その半径を $R = 6.378 \times 10^6$ m とせよ。

228 第Ⅲ部 大気・海洋・陸水

Box 18.1 全球凍結状態と暴走温室状態

　現在の地球では、太陽放射量の大きさ(太陽定数)と温室効果の強さがちょうどよいために、H_2O が液体として存在できる表面温度が実現されている。しかし、太陽定数あるいは温室効果の強さが変われば、表面温度が変わり、地球の気候は大きく変化する。太陽定数の値が数十%も変化すると、急激な変化が起こり、現在の地球で実現されている気候とはまったく異なる気候が出現する。

　仮想的に太陽定数を徐々に減少させていったとすると(仮想的に地球を太陽から遠ざけると考えてもよい)、太陽定数の変化量が小さいうちは、太陽定数の減少に応じて表面気温が降下し、海氷および大陸氷床などの氷におおわれた領域の面積は連続的に拡大していく。ごく簡単な大気モデルを用いた見積りによれば、太陽定数が10%程度減少すると、極から緯度30度の領域までが氷におおわれる。ところが、それより太陽定数がわずかでも減少すると一気に地球全体が氷におおわれ、全球凍結(**スノーボールアース**)状態が発生する。このような不連続な変化が起こるのは、赤道付近だけに氷が存在しない状態(たとえば、氷におおわれた領域が緯度20度まで拡がった状態)は不安定な状態であるため実現し得ないからである。このような不安定性は、アイス・アルベドフィードバック効果(氷領域面積の拡大→地球のアルベドの上昇→気温の下降→さらなる氷領域面積の拡大というフィードバック効果)が強く働くことに起因している。

　一方、仮想的に太陽定数を徐々に増大させていったとすると(仮想的に地球を太陽に近づけると考えてもよい)、太陽定数の増加量が小さいうちは表面温度は連続的に上昇していく。やはり簡単な大気モデルを用いた見積りによれば、太陽定数が15%程度増加すると表面温度の全球平均値は約30 K 上昇する。しかし、太陽定数がそれよりもわずかでも増加すると、表面温度が上昇し続ける状態が発生する。この状態は暴走温室状態と呼ばれている。暴走温室状態の発生は、地球大気のように水蒸気を含む大気では射出できる長波放射量に上限値が存在するということによっている(詳しい説明はここでは割愛する)。大気が射出できる放射量以上の太陽放射が与えられると、大気は平衡に達することができずに温度が上昇し続けることになる。暴走温室状態では、海洋から水の蒸発が続き、最終的には海洋がすべて蒸発してしまうと考えられている。海洋がすべて蒸発してしまうと、表面温度は 1,500 K に達し、地球表面の岩石は溶融して**マグマオーシャン**(マグマの海)状態になる。

　地球の歴史を通じて考えると、上記で紹介した多様な気候状態が生じていたことがあるらしい。22億年前や7億年前に地球表面の全域が氷におおわれたこと(全球凍結)が指摘されている(スノーボールアース仮説)。この原因としては、大気中の二酸化炭素濃度の減少による温室効果の強さの減少によるものとする説が有力である。さらに時代をさかのぼり、地球形成時には、微惑星衝突によるエネルギー供給のため暴走温室状態となっていた。液体の水の海洋は存在できず、地球表面の岩石が溶融したマグマオーシャンが存在したと考えられている。このように気候状態は外部条件によって大きく変化し得るのである。

地球大気の循環

第*19*章

　大気と海洋の大循環は，緯度により大きく異なる太陽入射量に起因する温度差を相当程度解消するように，赤道から極へと熱を運ぶ役割を担う。そのうち大気による熱輸送は全体の 2/3 を占める。大気運動による熱輸送の実体は，低緯度ではハドレー循環と呼ばれる直接的な熱対流であり，中高緯度では山岳や海陸分布にともなって生じる定常的な波動と温帯低気圧や移動性高気圧に代表される非定常的な波動である。中高緯度の波動はその上空に吹く強烈な西風であるジェット気流と大いに関係する。このジェット気流はハドレー循環の北端に定常的に存在する亜熱帯ジェット気流と，フェレル循環の北端に存在し時間的に変動が大きい亜寒帯前線ジェット気流に分けられる。また，大陸の存在はモンスーンの要因となり，大陸の東西に気候の差異をもたらす。

キーワード
渦輸送，極循環，ケッペンの気候区分，顕熱輸送，高層天気図，子午面循環，ジェット気流，ストームトラック，潜熱輸送，大気波動，太陽入射量，定常ロスビー波，等圧面高度，南北熱輸送，熱対流，ハドレー循環，フェレル循環，ブロッキング，偏西風，貿易風，モンスーン

1. 大気・海洋が担う南北熱輸送の役割

　太陽からの光を地球の大気・海洋および地表面が受け取る量（**太陽入射量**）と地球大気の外から宇宙へ逃げていく赤外線の量（**地球放射量**）は，地球全体としては釣り合っている（18.5 節参照）。しかし，太陽光線は，低緯度では昼間ほぼ天頂から照らされるのに対し，高緯度では一日中地平線近くから照らされる。そのため，入射から反射を差し引いた正味の太陽入射量は，地表の水平面においては赤道では 300 W m^{-2} 強であるのに対し，両極では 100 W m^{-2} を下回る（図 19.1）。もしも，大気や海洋の運動がなく，太陽入射量と地球放射量が緯度ごとに釣り合うとすると，赤道と極の間の温度差は 100 K 以上になると計算される。実際には，大気や海洋の地球規模の運動（**大気大**

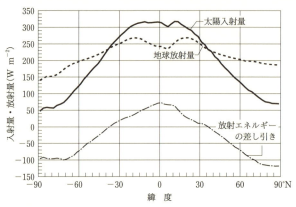

図 19.1 太陽入射量と地球放射量，および両者の差の 1987 年 4 月〜1988 年 3 月までの年平均の東西平均値の緯度分布(Yamanouchi and Charlock, 1997 をもとに作成)

循環・海洋大循環という)が，低緯度から高緯度へと熱を運ぶ(これを**南北熱輸送**という)のため，地球表面の赤道と極の温度差はせいぜい 50 K 程度である。南北熱輸送と地球放射によるエネルギーの流出は太陽入射によるエネルギーの流入とバランスする。地球放射量の南北差は図 19.1 のように 100 W m^{-2} 程度に収まる。

　大気大循環や海洋大循環を理解することは大気や海洋の熱エネルギー輸送の形態を 3 次元的に捉えることにほかならない。大気の熱輸送には直接熱を運ぶ**顕熱輸送**と，水蒸気の輸送で間接的に熱を運ぶ**潜熱輸送**とがある。気体の水蒸気は液体の水に変わるとき凝結熱を発する。水蒸気が南から北に運ばれ，運ばれた先で凝結し降水となれば，南から北へ熱を輸送したことになる。図 19.2 によれば，大気と海洋の熱輸送の割合はおおむね 2 対 1 である。大気は主に中高緯度で，海洋は主に低緯度で，熱輸送を担っている。以降，本章では熱輸送の形態のうち大気大循環に注目して解説する。海洋大循環については第 24 章にて解説する。

2. 低緯度と中高緯度で実体を異にする大気の子午面循環

　熱エネルギーの差を解消する大気運動の一つは**熱対流**である。低緯度では

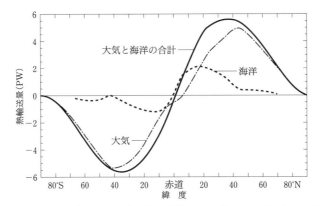

図 19.2 大気と海洋の運動によって北向きに輸送される熱エネルギー量。一点鎖線が大気，点線が海洋，実線が大気・海洋の合計である（Trenberth and Caron, 2001 をもとに作成）。縦軸の PW はペタ（10^{15}）ワットを意味する。

強い太陽入射によって地表面の空気は暖められる。高温の空気は相対的に軽いので**対流圏界面**（図 18.1）付近に達するまで上昇する。対流圏界面より上には空気は上昇しにくくなるので，その空気は高緯度側へと流れる。逆に，高緯度側の空気は地球放射による冷却効果のため低温である（図 19.1）。低温の空気は相対的に重いので下降し，地表面にそって低緯度側に流れ込んでいく。

もしも地球が自転していなければ，この熱対流が赤道から極までを支配するだろう。地球の自転を考えると，子午面における熱対流が東西方向の運動をともなうことになる。私たち人間だけでなく地上の空気も，地球の自転にしたがって東向きに動いている。地球の自転軸からの距離は高緯度ほど小さいので，高緯度の空気の方が地球の回転分を加えた東向きの速度は小さい。フィギュアスケートの選手が腕を横に伸ばすと回転が遅くなり，腕を上に伸ばすと回転が速くなる原理を考えると，地球の回転分を加えた東西風速と地球の自転軸からの距離の積（単位質量当りの角運動量）は一定である（これを角運動量保存の法則という）。したがって，地球に対して静止した空気を高緯度から低緯度へ運ぶと必ず東風になる。1735 年にハドレー（G. Hadley）は低緯度において東風である**貿易風**（偏東風）が吹く理由をこのように議論した。ただし，この議論にもとづくと地表面ではすべて東風になってしまい，現実の中高緯度の西風をうまく説明できない。また，角運動量保存の法則を考え

ると上空で低緯度から高緯度へ空気が運ばれるときに，非現実的な強い西風が高緯度上空に吹くことになる(練習問題1)．したがって，熱対流以外の熱輸送なしに観測事実を説明することはできない．

図19.3は実際に観測された**子午面循環**の様子である．子午面循環とは北極と南極を結ぶ子午線を横軸にとり，高さを縦軸にとって，経度方向に平均した循環のことである．子午面循環の一部としては，夏冬ともに赤道よりやや夏半球(12〜2月は南半球，6〜8月は北半球)側から上昇し，冬半球(12〜2月は北半球，6〜8月は南半球)亜熱帯で下降する流れがある．これは熱対流そのものであり，貿易風成因論のハドレーにちなんで**ハドレー循環**と呼ばれる．ただし，このハドレー循環は両半球とも亜熱帯までしか達していない．ハドレー循環の下降気流域である亜熱帯(緯度20〜30度)は亜熱帯高圧帯と

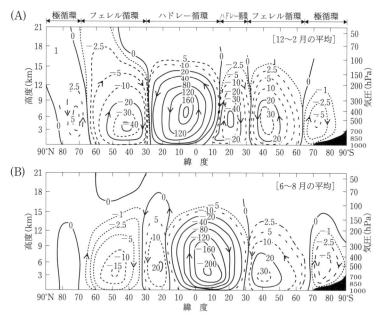

図19.3 北半球の冬季(12〜2月の3か月間：A)と夏季(6〜8月の3か月間：B)の平均的な子午面循環(日本気象学会，1998をもとに作成)．矢印のついた等値線は，空気の流れる向きと大きさ(単位はkg s^{-1})を表している．これは質量の重みをかけた子午面流線関数と呼ばれ，反時計回りを正にとる．横軸は左に北極，右に南極(黒塗部は南極大陸)がある点に注意しよう．

呼ばれ，下降気流のため乾燥している。この領域には，砂漠，ステップあるいはサバンナが形成される。中緯度にはハドレー循環と逆向きの**フェレル循環**が，また極域にはハドレー循環と同じ向きの**極循環**が存在する。フェレル循環はハドレー循環のような熱対流ではない。なぜなら低温な高緯度側に上昇流があり，高温な低緯度側に下降流があるからである。フェレル循環の実体は南北熱エネルギー差を解消するもう一つの大気運動である**大気波動**である。

3. 対流圏と成層圏にみられるジェット気流

まず，ハドレー循環が運ぶ角運動量について考察しよう。12月から2月にかけて，ハドレー循環は北緯30度程度まで達する(図19.3A)。赤道の角運動量は少なくともこの緯度までは運ばれるので，前節で説明したようにこの到達点付近には非常に強い西風が吹いていることが期待される。たしかに北緯30度の対流圏界面付近(200 hPa)に40 m s^{-1}近い西風が吹いている(図19.4)。一方，南半球にも弱いながらやはり中緯度上空には西風が吹いている。この西風のことを**亜熱帯ジェット気流**という。風と気温の間には実に興

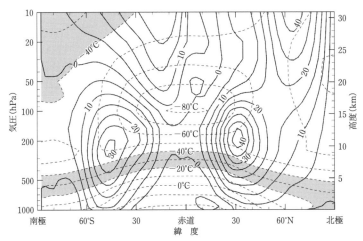

図 19.4 12～2月で平均した，東西平均の西風の風速(実線：m s^{-1})と気温(点線：℃)の分布。−40～−20℃の気温には陰影をつけた。

味深い関係がある。地上でも上空でも気温は低緯度で高く，高緯度で低い。その気温の南北差が大きいところの上空に強い西風である亜熱帯ジェット気流が存在する。このような風と温度の関係は**温度風の関係**(20.3節参照)と呼ばれ，中高緯度の大気・海洋の大規模現象でよく成り立っている。

図 19.4 の約 10〜15 km 以高は**成層圏**(18.2節参照)である。加熱源のオゾンに太陽光がどれだけあたるかは季節により大きく異なるため，成層圏の気温は対流圏と比べものにならないほど季節変化が大きい。冬半球の極の成層圏には**極渦**と呼ばれる低温低圧な空気が存在する。この極渦のまわりには非常に強い**極夜ジェット**気流が吹く。北半球の極渦は対流圏の波動活動にともなって時に大きく崩れ，極域の気温が急上昇することがある(**成層圏突然昇温**という)。

4. 高層天気図の定常と異常

太陽放射加熱の南北差を解消するもう一つの大気運動は東西方向へ波打つ大気波動であり，これがフェレル循環の実体である。大気波動は全球的な上空の大気運動の図である**高層天気図**により把握することができる。通常，高層天気図は，観測と理論の要請から，**等高度面**ではなく**等圧面**上の図として記録される。等高度面における気圧の図と等圧面における高度の図は，同等であると考えてよい。つまり，等圧面において高高度の場所は，等高度面においても高圧の場所に対応する。また，北半球において大気および海洋の大規模循環では風や海洋の流れは高圧を右に見て流れる(20.3節参照)ので，**等圧面高度**で南に高高度域，北に低高度域があれば，そこには西風が吹く。

北半球冬季の 500 hPa(高度約 5,500 m)の等圧面高度は，低温な北極側で低く高温な赤道側で高く，また，等圧面高度パターンが北極を中心とした投影図でみたときハート型の模様であるのが特徴的である(図 19.5A)。たとえば北緯 40 度の緯度円を一周すると，高圧部と低圧部を交互に 3 回ほど繰り返す。日本付近や北米の東岸は等高度線が混みあっていて，非常に強い西風がある。このように冬季に平均的にみられる波動を**定常ロスビー波**という。この定常ロスビー波は後述の「みだれ」の場合を除いてほぼ恒常的にその構

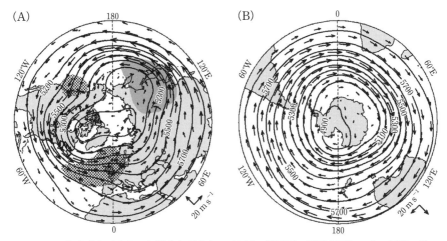

図 19.5 北半球冬季(A)と南半球冬季(B)の 500 hPa 等圧面の高度(実線：m)・気温・風速(矢印)の平均的な分布。気温の東西平均値からのずれが −4℃以下に影を，4℃以上に点描をつけた。

造をみることができる。定常ロスビー波の大きく波打つ部分に注目すると，南風成分を持つ領域に高温部分があり，北風成分を持つ領域に低温部分がある(図 19.5A)。南風で暖気は上昇流をともなって北へ熱を輸送し，北風で寒気も下降流をともなってやはり北へ熱を輸送する。結局，定常ロスビー波はどの経度でも熱を赤道から極へ輸送する。このとき，上昇する暖気流は高緯度側に，下降する寒気流は低緯度側に偏り，その結果，経度平均した子午面循環としてフェレル循環がみえる。定常ロスビー波による熱輸送はフェレル循環に関連する熱輸送の半分を説明する。これを**定常渦輸送**という。

定常ロスビー波はほぼ常に存在するが，時として大きく乱れて，しかもその乱れが 10 日以上にわたって持続する。図 19.6 は北半球冬季のある日の 500 hPa 等圧面高度図である。平均の図(図 19.5A)と異なり，北東太平洋ではジェット気流には分流がみられる。亜熱帯ジェット気流の北にできた 2 本目のジェット気流を**亜寒帯前線ジェット気流**といい，北東太平洋上の異常に発達した高気圧(図 19.6)を**ブロッキング高気圧**と呼ぶ。このブロッキング高気圧は熱と水蒸気を高緯度へ大量に運ぶ。このような状態は中高緯度の異常気象の典型とされる。なお，理論的にはジェット気流が 1 本の状態と 2 本の

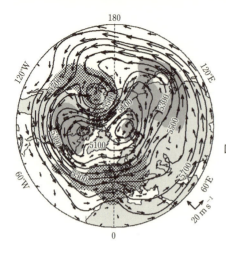

図19.6 北半球の1983年12月18～27日までの10日間で平均した500 hPa等圧面における高度(実線：m)・気温・風速(矢印)の分布。北東太平洋上にブロッキングと呼ばれる高気圧がある。気温の東西平均値からのずれが−4℃以下に影を，4℃以上に点描をつけた。

状態はともに可能な解であり，現実大気ではその二つの状態の間をふらふらと遷移すると考えられる。

　南半球冬季の500 hPaの等圧面高度はほぼ同心円である(図19.5B)。北半球で明瞭だった定常ロスビー波はほとんどみられない。そもそも北半球の定常ロスビー波は，チベット高原やロッキー山脈などの大規模な山塊，あるいは大陸と海洋の熱のムラによって生じている。それに対し，南半球はほとんどの地表面が海におおわれていて大きな山塊が存在しない。これが南半球に定常ロスビー波が明瞭にみられない理由である。では，南半球での熱輸送の実体はどうなっているのだろうか？　その問題を含め，北半球の熱輸送の実体の残り半分についても，また先に述べた亜寒帯前線ジェット気流の出現についても，次節で述べる温帯低気圧の役割なしには説明できない。

5. 地上天気図にみられる温帯低気圧の役割

　南北両半球とも，冬季には数多くの**温帯低気圧**が発達しながら西から東へと移動していく。上空の西風が強いほどこの発達の度合いは大きいことが理論的にわかっている。したがって，日本付近と北米の東部では温帯低気圧は激しく発達し，その下流に温帯低気圧が好んで通過する低気圧の回廊(ス

ストームトラック)ができる。この温帯低気圧は熱輸送に一役買っている。そのときポイントとなるのは，地上に比べ上空の方が低気圧の位置が西に寄っていることである（22.2節参照）。この構造により，低気圧中心の後面（西側）の北風が寒気を，低気圧中心の前面（東側）の南風が暖気を運ぶために，正味の南北熱輸送が生じ得る（練習問題2）。温帯低気圧は定常ロスビー波とは異なり，1週間程度の時間で消長する非定常的な現象である。そこで，このような熱輸送の形態を**非定常渦輸送**と呼ぶ。非定常渦輸送では，一つの地点において，ある時間に暖気の流入で強い上昇流ができる一方，別の時間には寒気の流入で下降流になる。温帯低気圧の場合も定常ロスビー波の場合と同様に，どの経度でも熱を赤道から極へ輸送する。このとき上昇する暖気流は高緯度側に，下降する寒気流は低緯度側に偏ることから，経度平均した子午面循環としてやはりフェレル循環がみえる。つまり，このような非定常現象こそが，フェレル循環に関連する熱輸送の残り半分を説明する。また，定常・非定常を問わず渦輸送によって東向きの運動量も低緯度から高緯度へ，上空から地上へと運ばれる。この渦による運動量の輸送は，亜熱帯ジェット気流の強さを弱め，中緯度の地表面に**偏西風**をもたらす。

[**練習問題1**] 緯度 ϕ にある空気塊が地球に対する相対速度 u で東向きに動いていたとする（西風が吹いている）。地球の自転角速度 $\Omega = 7.29 \times 10^{-5}\,\mathrm{s}^{-1}$ および地球半径 $R = 6.37 \times 10^{6}\,\mathrm{m}$ とすると，この空気塊の角運動量は単位質量あたり $(R\Omega\cos\phi + u)R\cos\phi$ と書ける。角運動量を保存しながら，赤道で静止していた空気塊を北緯80度まで移動させたとき，その空気塊の速度を求めよ。

[**練習問題2**] 低気圧の中心が上空に行くほど西にずれる構造が，熱輸送に効果的であることを確かめる。ここで温帯低気圧と移動性高気圧のペアが三角関数で書ける理想的な場合を考えよう。250 hPa と 850 hPa での等圧面高度の平均からのずれが，それぞれ $h_1 = A\cos x$ および $h_2 = A\sin x$ と書けたとする。このとき 500 hPa における気温の平均からのずれは $\delta T = \alpha(h_1 - h_2)$ と書け，500 hPa における南風の平均からのずれは $\delta v = \gamma \dfrac{d}{dx}\left(\dfrac{h_1 + h_2}{2}\right)$ と書けるとしよう（第20章参照）。ただし，α と γ は正の定数とする。この温帯低気圧と移動性高気圧のペアで平均した極向き熱輸送 $\dfrac{1}{2\pi}\displaystyle\int_0^{2\pi} \delta v \delta T\, dx$ が正となることを確認せよ。

[**練習問題3**] ケッペンの気候区分（口絵19参照）によると，北回帰線と南回帰線の近くに砂漠気候が，赤道直下には熱帯雨林気候が広がっている。上昇気流では降水が生じやすく，下降気流では降水が生じにくいことを踏まえて，この理由を大気の子午面循環（図19.3）によって説明せよ。

Box 19.1　世界の気候の特色

　陸は暖まりやすく冷えやすいが，海は暖まりにくく冷えにくい。海岸付近では，昼から夕方に暖まった陸域では上昇流，相対的に冷たい海域では下降流となるため，海から陸へと海風が吹く。逆に夜から明け方には陸から海へと陸風が吹く。このような海風・陸風の変動は，水平方向の数十 km 範囲の規模の一日の周期でみられる。

　海陸の暖まりやすさの違いが原因の類似の現象に季節風(モンスーン)がある(28.4 節参照)。これは，数千 km 規模での一年の周期の現象である。冬の大陸(シベリア)では太陽入射が少なく，かつ地表の雪でそれが反射されるため，冷たい空気が地表をおおう。このため，高気圧(シベリア高気圧)が発達する(図上)。そこからインドから東アジアにかけての海岸線を横切って，寒気を海洋上に吹きつける(北東モンスーン)。夏は逆に低気圧になり(図下)，湿った空気が陸に向かって流れ込む(南西モンスーン)。このように季節風は夏冬で逆の風向きで特徴づけられる。東アジアから南アジアにかけての季節風は顕著であり，とくに**アジアモンスーン**と呼ぶ。**ケッペンの気候区分**(口絵 19 参照)では，季節風に特徴づけられたアジアの湿潤な気候を**温暖湿潤気候**として，それとは対照的に年較差の少ない西ヨーロッパの気候を**西岸海洋性気候**として分類している。このような気候の地理学的記述は，本章で扱った大気大循環によって物理的に理解される(練習問題 3)。

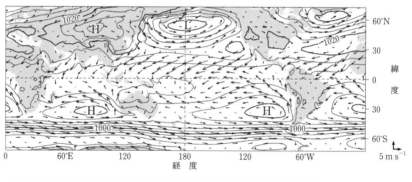

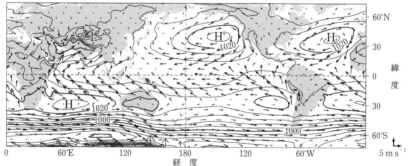

図　地上 2 m の風速と海面更正気圧(hPa)についての冬季(12 月～2 月，上)と夏季(6 月～8 月，下)のそれぞれの平均値。等圧線は 4 hPa ごとである。

239

大気の運動の基礎

第*20*章——————

　大気の状態・運動を記述する物理法則について述べる。気圧は高度とともに指数関数的に減少し，その減少率は重力と圧力が釣り合った静水圧平衡から求められる。二つの等圧面の高度差(層厚)はその層の平均気温に比例する。自転する地球大気には風速に比例したコリオリ力が北(南)半球では風向の直角右(左)向きに働く。大気の水平運動に働く主な力はコリオリ力と気圧傾度力であり，これらが釣り合った状態を地衡風平衡という。地衡風は大規模風の良い近似であり，北(南)半球では高圧側を右(左)に見て等圧面の等高線に平行に吹く。

　現代の天気予報は，大気の状態を記述する方程式系を観測で求めた初期値から数値的に時間積分する数値予報によって行われている。しかし，大気のカオス的性質のため，中高緯度大気の予報は約2週間が限度である。

キーワード
アンサンブル予報，温度風の関係，海面更正，気圧傾度力，傾度風，高層天気図，コリオリ因子，コリオリ力，数値予報，静水圧平衡，静力学平衡，層厚，地衡風

1. 気圧(静水圧平衡)

　気圧は空気の重さによる圧力であり，上空に行くと気圧は低くなる。高度による気圧の減少率は力の鉛直方向の釣り合いを考えて求めることができる(図20.1)。単位面積の大気柱の高さ z と $z+dz$ の間の空気塊を考える。空気塊の体積は dz であり，空気塊の密度を ρ とすると，この空気塊の質量は ρdz であり，地球の重力で下向きに力 $\rho g dz$ を受けている。ここで g は重力加速度で $9.8\,\mathrm{m\,s^{-2}}$ である。この空気塊が静止しているのは空気塊の下面から受ける圧力 p が上面から受ける圧力 $p+dp$ より大きく(dp は負)，重力と釣り合っているからである。したがって，$dp+\rho g dz=0$ となる。整理すれば，気圧の高度減少率は以下のようになる。

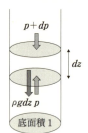

図 20.1 底面積 1 の気柱の重力と圧力の釣り合い。これから静水圧(静力学)平衡が求まる。

$$\frac{dp}{dz} = -\rho g \tag{20.1}$$

重力と鉛直方向の**気圧傾度力**(気圧差による力,ここでは dp/dz)が釣り合う式(20.1)の関係を**静水圧平衡**または**静力学平衡**という。静水圧平衡の関係式は大気が静止している場合だけでなく,大気が運動している場合でも運動の水平スケールが鉛直スケールより大きい場合は非常に良い近似となる。全球規模の運動をシミュレートする大気大循環モデルや天気予報で用いられる数値予報モデルでは静水圧近似が用いられる。しかし,対流性の雲のなかの運動を表すときはこの近似は用いない。また静水圧平衡においても鉛直運動をゼロとしているわけではなく,鉛直速度の時間変化をゼロとしている。大規模運動の鉛直速度は秒速 cm オーダーであり,水平風速に比べれば二桁以上小さいが,鉛直運動は雲や降水をもたらし,小さくとも重要である。

式(20.1)を地上($z=0$)から無限大まで積分すれば,無限大での気圧はゼロであるから,地上気圧は空気の全質量が地表を押す力となる。1 気圧は 1,013.25 hPa であり,ほぼ水深 10 m での水圧に等しい。なお,MKS 単位系の圧力の単位は Pa であるが,Pa で表すと大きな数値になってしまうのと,1992 年まで使われていた mb(ミリバール)と数値を同じにするために,気象学では hPa(ヘクトパスカル)を用いる。1 hPa = 100 Pa である。

式(20.1)に表れる密度 ρ は大気の状態方程式によって気圧 p と気温 T とに関係している。

$$p = \rho R T \tag{20.2}$$

ここで R は大気の気体定数で,普遍気体定数 $R^* = 8.31 \mathrm{~J~K^{-1}~mol^{-1}}$ を乾燥

大気(水蒸気を除いた大気)の平均分子量 M (28.96×10^{-3} kg mol^{-1})で割ったものである。R は地球大気では 287 J K^{-1} kg^{-1} であるが，火星など大気成分が異なる大気では異なる値を持つ。なお，地球大気は窒素分子・酸素分子・アルゴンなどの混合気体であり，高度 110 km くらいまでは混合の比率は一定である(図18.2)。大気の平均分子量は各構成気体成分の分子量の質量比による重みつきの調和平均(練習問題1)であり，体積比による重みつき算術平均でもある。

式(20.1)の ρ に式(20.2)を代入すると，以下の式が求まる。

$$\frac{dp}{p} = -\frac{g}{RT}dz = -\frac{dz}{H} \tag{20.3}$$

ここで，$H \equiv RT/g$ で**スケールハイト**と呼ばれる。一般には H は気温の関数であり，気温の鉛直分布がわかれば気圧の鉛直分布がわかる。気温が一定とすれば式(20.3)は簡単に積分できて

$$p = p_0 e^{-\frac{z}{H}} \tag{20.4}$$

となる。ここで p_0 は地上での気圧である。式(20.4)から気圧は高度とともに指数関数的に減少することがわかる。同様に密度も指数関数的に減少する。気圧や密度が $1/e$ に減少する高さがスケールハイトであり，約 7 km である。$1/e$ というのは数学的には美しいがわかりにくい。実用的には気圧や密度が $1/10$ になる高さが約 16 km と考えるとよい。海面付近の気圧は 1,000 hPa であるから，16 km 上空で 100 hPa，32 km 上空で 10 hPa となる。

気圧は高度とともにほぼ指数関数的に減少するために，各地の現地気圧を地図上に描くと，観測所の標高をなぞったような分布図となってしまう。そこで観測所の標高から式(20.3)を用いて標高ゼロ，つまり海面の気圧に換算した海面気圧(または海面更正気圧)を地図に描く。これが普通みられる天気図であり，この手続きを**海面更正**という。冬のシベリア高気圧は時に 1,060 hPa を超えるようなこともあるが，これは海面気圧である。シベリア高気圧の中心はモンゴル高原にあり標高が高い(Box 19.1 参照)ので，現地気圧が 1,060 hPa ではないことに注意する必要がある。

高層天気図で示される等圧面高度(19.4節参照)は，気温と関係を持つ。二

242　第III部　大気・海洋・陸水

つの等圧面の間の厚さ(高度差)を**層厚**という。式(20.3)を変形すると，
$dz \propto T dp$ となり，dp の気圧差を持つ2つの等圧面の厚さである層厚(dz)は
その層の気温(T)に比例する。つまり，気温が高ければ，層厚は大きくなる。
500 hPa 高度分布をみると，一般に，高緯度で低く低緯度で高い(図19.5)。
これは高緯度ほど大気温度が低いためである。

2. 地球の自転とコリオリ力

　この節では，大気の水平方向の運動を考える。物体の運動はニュートンの
運動法則に従う。物体に力 $\vec{F}$ が加わるとその速度 $\vec{V}$ が変化し，加速度が生
じる。密度 ρ の単位体積の空気塊の運動を考えると，運動方程式は

$$\rho \frac{d\vec{V}}{dt} = \vec{F} \tag{20.5}$$

となる。大気の運動を表すには空気塊に働く力 $\vec{F}$ を求めればよい。水平方
向に働く主な力は**水平気圧傾度力**と**コリオリ力**(**転向力**ともいう)である。コ
リオリ力は地球が自転しているために自転する地球から見たときに感ずる，
見かけの力である。コリオリ力は大規模な大気や海洋の運動を理解するため
に鍵となる概念である。

　地球は1日弱(約23時間56分4秒)の周期で自転している。自転周期が1日
より少し短いのは，地球が太陽のまわりを1年周期で自転方向と同じ方向に
公転しているからである。自転角速度 Ω は 7.292×10^{-5} rad s^{-1} である。地
球の半径 R は 6,370 km であるので，赤道上での速度 V は $V = R\Omega$ より
465 m s^{-1} となる。宇宙から見ると，赤道上の大気と地面はこれほど高速に
運動しているのである。東西風に働くコリオリ力は第19章練習問題1の角
運動量保存則から導くこともできるが(練習問題2)，ここでは別の方法で説明
する。

　北極上では，水平面は角速度 Ω で反時計回りに回転している。宇宙から
見て水平面上をまっすぐに一定速度 V で北極点を始点に運動する物体の動
きを考えてみる(図20.2)。等速直線運動であるから本当の力は働いていない。
時間 t だけ経過すると，$y = Vt$ だけ移動する(図の実線矢印)。しかし，地表か

ら見ると，水平面は北極点を中心に角速度 Ω で回転しているので角度は Ωt ずれ（図で観測者は A から B へ移動），北極点から観測者までの距離は y なので Ωty＝ΩVt² だけ進行方向右側に物体はそれる（図の点線矢印）。したがって，何かの力が運動方向の直角右側に働いているようにみえる。一定の加速度で運動した時の移動距離は加速度を a としたとき $\frac{1}{2}at^2$ なので，ΩVt² だけそれることはあたかも 2ΩV の加速度を持った運動にみえる。この加速度に対応する見かけの力をコリオリ力という。その大きさは F＝ρ2ΩV であり，その向きは速度 $\vec{V}$ に対し直角右向きである。

　北極上では水平面に鉛直な軸を中心にして水平面は角速度 Ω で回転しているが，緯度 φ の地点での水平面の角速度は Ωsinφ となる。したがって，緯度 φ における単位質量当りのコリオリ力は

$$F = \rho 2\Omega\sin\phi \cdot V = \rho f V, \quad f \equiv 2\Omega\sin\phi \tag{20.6}$$

と表される。ここで，f は**コリオリ因子**と呼ばれ，緯度のみの関数である。コリオリ因子は赤道上（緯度 0）ではゼロとなり，南半球では負の値となる。すなわち，赤道上ではコリオリ力は働かず，南半球では進行方向の左向きに働く。コリオリ力は一般生活では感じられないほど小さいが，大規模な運動については大気のみならず海洋の流れにも働く重要な力である（24.1 節参照）。

　大気にはコリオリ力以外に，高圧側から低圧側に**水平気圧傾度力**が働く。東西方向（x 方向）の速度を u，南北方向（y 方向）の速度を v として，気圧傾度力も含めて，単位質量に対する運動方程式を書くと以下のようになる。

図 20.2　コリオリ力の説明。北極（N）から A の方向に等速直線運動する物体の運動（実線ベクトル）を考える。地球は回転角速度 Ω で反時計回りに回転しているので，地球上の観測者は A から B へ移動し，物体の運動は点線ベクトルのように物体の進行方向右側にそれるように見える。

$$\frac{du}{dt}=-\frac{1}{\rho}\frac{\partial p}{\partial x}+fv, \qquad \frac{dv}{dt}=-\frac{1}{\rho}\frac{\partial p}{\partial y}-fu \qquad (20.7)$$

各式の右辺第1項が気圧傾度力であり，第2項がコリオリ力である。この二つの力以外にも地表付近では摩擦力などが働くが，地球大気の運動を主に支配するのはこの二つの力といって良い。

3. 地衡風バランス

水平方向の空気塊の運動，すなわち風の時間変化は式(20.7)で表されるが，赤道付近以外の地域で地表から1km程度以上の上空大気中では気圧傾度力とコリオリ力はほぼ釣り合った状態にある($du/dt=0$と近似できる）。これを**地衡風平衡**といい，二つの力がバランスした風を**地衡風**という。地衡風を$(u_g,\ v_g)$と表すと，

$$u_g=-\frac{1}{\rho f}\frac{\partial p}{\partial y}, \qquad v_g=\frac{1}{\rho f}\frac{\partial p}{\partial x} \qquad (20.8)$$

となる。北(南)半球で，南北に気圧傾度があり，北の気圧が低い($\partial p/\partial y<0$）と，地衡風は西(東)から東(西)に向かって吹き($u_g>0(u_g<0)$），西(東)風となる(図20.3)。北半球では西風の進行方向の左向きに働く気圧傾度力と進行方向の右向きに働くコリオリ力が釣り合った流れとなる。また東西に気圧傾度があり西が低いと南風となる。つまり地衡風は等圧線に平行に高圧部を右

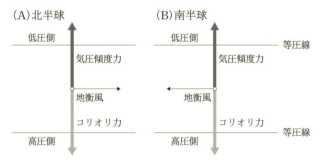

図20.3　北側(上)が低圧で等圧線が東西に走っている場合の，地衡風(細いベクトル)および気圧傾度力とコリオリ力(力は太いベクトル)のバランスを示す模式図

に見る方向に吹く。低気圧のまわりでは反時計回り，高気圧のまわりでは時計回りとなる。南半球では式(20.8)で f が負になることを考えると，北半球と逆に低気圧のまわりで時計回り，高気圧のまわりで反時計回りとなる。このため北半球の天気図を見慣れた日本人が南半球の天気図を見ると奇異な感じがする。

　地衡風の速さは気圧傾度に比例し，コリオリ因子と密度に反比例する(式20.8)。等圧面では，地衡風は高度の傾度に比例し，コリオリ因子に反比例する。密度の項は表れない。高層天気図を見ると，実際の風は地衡風に近く，等高度線に平行に吹いていることがわかる(図19.5, 6)。なお，等高度線が曲率を持っている場合，気圧傾度力・コリオリ力のほかに，**遠心力**も加えた三者が釣り合った風が吹く。これを**傾度風**という。遠心力は常に曲率中心から外へ向かう方向に働く。

　地表付近では，**地表面摩擦による力**が風向と反対方向に働き，風を減速させる。コリオリ力は風速に比例するので，コリオリ力よりも気圧傾度力の方が大きくなり，風は低圧側に向かい，摩擦力は高圧側向き成分を持つようになる。このように気圧傾度力・コリオリ力・摩擦力の三者が釣り合った状態になる(図20.4A)。現実の地表付近の風(地上風)はこのようなバランスとなっている。このバランスのために，低気圧では低気圧のまわりを反時計回りに螺旋状に中心に向かう風となり，空気は中心に収束する(図20.4B)。地表で収束した空気は上昇せざるを得ない。そのため，低気圧では上昇流をともない，第21章で説明するように，持ち上げられた水蒸気が凝結するため，

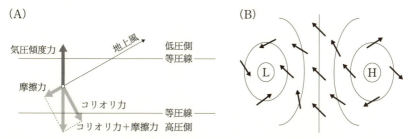

図 20.4 北半球における地上付近の風(地上風)の模式図。等値線は海面気圧。(A)気圧傾度力・コリオリ力・摩擦力(3つの力は太いベクトルで示す)が釣り合い，風(細いベクトル)が吹く。(B)低気圧(L)と高気圧(H)周辺の地上風(矢印)の模式図

雲や雨が起こりやすい。逆に，高気圧では地表付近で風が発散し，上空で下降流となり，天気がよい。

二つの等圧面における地衡風を考えてみよう(図20.5)。下層(たとえば850 hPa)，上層(たとえば500 hPa)とも地衡風は等高度線にそって吹く。二つの高度の差(層厚)はその間の平均気温に比例する。したがって，上下の地衡風のベクトル差(風の**鉛直シア**，図20.5のV_T)は平均気温の等温線と平行になり，これを**温度風**という。温度風が温度傾度に比例し暖かいほうを右にみるという関係を，**温度風の関係**という。

南が暖かく北に冷たい温度分布の場合，温度風の関係により上層でより西風が強い(図20.5)。第19章で述べたように，冬の日本付近は南北温度傾度が大きいので地衡風の鉛直シアも大きく，上空では強い西風ジェットが吹いている(19.3節参照)。一般に中緯度対流圏の中・上層では偏西風が吹いているが，これは低緯度の方が高緯度より大気温度が高いためである。

4. 数値予報

風・気温・気圧などの大気の状態は物理法則にもとづいて変化する。したがって，大気の初期状態がわかれば，方程式を時間積分することによって将来の大気の状態が求められる。現在では，スーパーコンピュータを用いて，このような予測がなされている。これを**数値予報**といい，用いられるコンピュータプログラムを**数値予報モデル**という。コンピュータの発達と気象学の発展により，数値予報の誕生から50年を通じて，予報精度は向上し，明日・明後日の予報はかなり正確になってきている。

コンピュータが誕生するはるか以前に，数値予報を試みたのがイギリスの

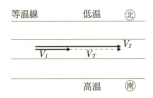

図20.5 北半球における温度風の関係を示す模式図。太実線のベクトルは下層(V_1)と上層(V_2)の地衡風。細実線は2層の平均温度の等値線(等温線)を表し，南側(下)が暖かい。点線のベクトルは上層と下層の地衡風の差のベクトルで温度風ベクトル(V_T)。温度風ベクトルは暖かいほうを右に見る方向で等温線に平行となる。

数理物理学者リチャードソン(L. F. Richardson)である。彼はヨーロッパの天気予報を手作業で計算し，1922年に『数値的手法による天気予報(Weather Prediction by Numerical Process)』という本を出版した。予報はうまくいかなかったが，彼はいつの日か数値予報が実用化されることを夢みた(図20.6)。リチャードソンの失敗は方程式に含まれる高周波波動が初期値の誤差により急激に成長してしまったためと考えられる。その後，高周波波動を除いた上で低気圧・高気圧のような波をうまく表現できる**準地衡風モデル**が考え出された。第二次世界大戦後，世界で初めて電子計算機ENIAC(メモリは20個)がフォン・ノイマン(J. von Neumann)らにより作られた。フォン・ノイマンはENIACで数値予報を行うことを考え，気象学者チャーニー(J. G. Charney)らの協力によりアメリカ大陸上の500 hPa面高度の予報を行った。準地衡風モデルを用い，24時間の計算時間を費やして1日予報に成功したのは1950年である。リチャードソンの夢が現実になるまで30年近くの歳月が必要であった。1950年代から世界各国で数値予報が開始され，日本の気象庁でも，1959年からIBM 704を導入し実用的数値予報が始まった。以後，モデルも近似的な準地衡風モデルからより近似の少ない**プリミィティブモデル**

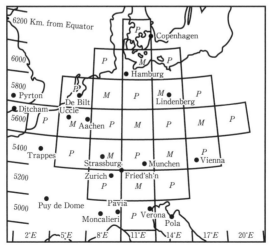

図20.6 リチャードソンが数値予報に用いたグリッド。気圧はPの点，運動量(風)はMの点で示す(Richardson, 1922より)

248　第III部　大気・海洋・陸水

（静水圧近似のみのモデル）へ，予報領域も全球へと飛躍的に発展してきた。

　初期値が与えられれば，その後の大気の状態は物理法則にしたがって決定される。しかし，大気システムは非線形であり，いろいろな不安定を内包しているため，初期値がほんの少し異なる状態から出発すると有限時間のうちにまったく異なった状態になる。このような性質を**カオス**という。初期値を完全に知ることはできないから，有限時間の後は確定的な予測ができなくなる。中高緯度対流圏での予測可能な時間は約2週間である。いわば大気は2週間程度の記憶しか持っていない。大気のカオス的性質のために，現代の数値予報では観測誤差の範囲内で変えた多くの初期条件から多数の予報を行い，そのばらつきで予報の正確度を判断し，確率的な予報を行っている。これを**アンサンブル予報**という。

　1か月以上先の長期予報のためには，中高緯度大気より長い記憶を持つ対象を考える必要がある。たとえば，海洋は長い時間スケールで変動する。海洋と大気の相互作用によって生じるエル・ニーニョ（28.3節参照）が起こると，日本は冷夏になりやすいのでエル・ニーニョの予報ができれば季節平均の長期予報が可能である。そのほかにも，40〜60日周期を持った熱帯の季節内変動や対流圏より長い時間スケールで変動する成層圏循環変動が中緯度対流圏の変動に影響を与えると考えられており，長期予報の可能性が追求されている。

[**練習問題1**]　ドルトンの分圧の法則によれば，空気中の各気体成分に対して理想気体の状態方程式が成り立つ。つまり，$p_{N_2} = \rho_{N_2} \dfrac{R^*}{M_{N_2}} T$ や $p_{O_2} = \rho_{O_2} \dfrac{R^*}{M_{O_2}} T$ が成り立つ。ここで N_2 と O_2 は窒素および酸素を意味し，気圧についてはそれぞれの分圧を，密度については窒素や酸素の質量比を α_{N_2} と α_{O_2} するとき，$\alpha_{N_2} = \dfrac{\rho_{N_2}}{\rho}$ および $\alpha_{O_2} = \dfrac{\rho_{O_2}}{\rho}$ を意味する。これらを用いて平均分子量 M を有効数字2桁で求めなさい。ただし，窒素，酸素，アルゴンの質量比を 0.76，0.23，および 0.01 とする。

[**練習問題2**]　角運動量 $M = R^2 \Omega \cos^2 \phi + uR \cos \phi$ を持った空気塊が北へ移動するとき，角運動量が保存すること（$dM/dt = 0$）から東西風の運動方程式にコリオリ力 fv が出てくることを示せ（記号は第19章の練習問題1と同じ）。北向きの速度 v は $Rd\phi/dt$ である。

大気の熱力学と雲・降水形成過程

第*21*章————

　雲は，私たちの生活に身近な大気現象の一つで，地球上の水循環・エネルギー
循環・物質循環に大きな役割を果たしている。また，雲がもたらす豪雨や竜巻な
どは，生命・社会活動にも大きな影響をおよぼしている。そこで本章では，雲の
源である水蒸気や，雲粒の種となる大気中の微粒子，雲が発生するための大気の
温度条件といった，雲が空に忽然と出現する理由について記述する。さらに，空
気よりも重い雨や雪が，上空の雲のなかで形成される過程についても記述する。

キーワード
エアロゾル，可降水量，曲率効果，雲凝結核，ケーラー曲線，混合比，最大達成
過飽和度，条件付き不安定，衝突・併合過程，絶対安定，絶対不安定，断熱減率，
比湿，氷晶核，飽和水蒸気量，マーシャル・パルマー分布，溶質効果，臨界半径

1. 雲の定義と種類

　大気中に存在する微小水滴あるいは氷晶(後述)の集合体を**雲**と定義し，雲
底が地面に接している場合は**霧**という。雲を構成する 10 μm 前後の大きさ
を持つ微小水滴や水晶は，**雲粒**と呼ばれる。雲の名前はハワード(L. Howar-
d)によって 1802 年に提案され，ほぼ同じ名前が現在も踏襲されている。表
21.1 は**雲形**の分類表で，雲の出現高度(下層・中層・上層)，**対流性**か**層状
性**，そして降水の有無を基準として 10 類に区別されている。気象台の観測
記録では，各類はさらにいくつかの種と変種に分類される。

　雲量は全天に占める雲の割合(国際的には 1/8 単位，日本では 1/10 単位)
のことで，基本的には地上からの目視観測に頼っている。しかし，これでは
夜間あるいは観測点の少ない海上のデータが不足する。そこで最近は，衛星
データを用いた統計分類が行われるようになり，現在の地球全体の平均雲量
は約 63% であることが示された。また，雲は異なった高度に同時に出現す

250 第III部 大気・海洋・陸水

表 21.1 雲の分類表。日本語名，英語名および略語(カッコ内)を示す。

出現高度による分類		対流性	層状性	降水有り
上層雲 極域 3～ 8 km 温帯 5～13 km 熱帯 6～18 km	巻雲 cirrus (Ci)	巻積雲 cirrocumulus (Cc)	巻層雲 cirrostratus (Cs)	
中層雲 極域 2～4 km 温帯 2～7 km 熱帯 2～8 km		高積雲 altocumulus (Ac)	高層雲 altostratus (As)	乱層雲 nimbostratus (Ns)
下層雲 地面付近～2 km		層積雲 stratocumulus(Sc)	層雲 stratus(St)	
		積雲 cumulus(Cu)		積乱雲 cumulonimbus(Cb)
		雲底は下層にあるが，雲頂は中・上層にまで達するものもある。		

　ることも多く，過去 20 年間の世界中のデータを平均すると，2 層重なって出現する割合は全体の約30%，3 層重なって出現する割合は約15%である。雲の多層構造は，大気中の水・熱収支に大きな影響を与えるが，現在の気象衛星では測定が困難であり，新しい観測装置を搭載した衛星の打ち上げが望まれる。

2. 空気中に含まれる水蒸気量

　理論上，空気中に雲が発生するためには，ある体積の空気塊の**相対湿度**（*RH*: Relative Humidity)が 100%になる必要がある。ここで，空気塊の相対湿度とは，その空気塊が現在含んでいる**水蒸気量**と**飽和水蒸気量**の比として定義される。すなわち，

　　　RH ＝(実際の水蒸気量÷飽和水蒸気量)×100　　(%)

である。*RH* が 100%未満を未飽和，100%のときを飽和，そして100%以上の場合を**過飽和**状態と呼ぶ。空気中の水蒸気量はさまざまに表現できるが，気象学では，以下で定義される**比湿**か**混合比**が主に用いられている。

比湿＝水蒸気の質量÷空気の総質量

混合比＝水蒸気の質量÷乾燥空気の質量

実際には，空気中に含まれる水蒸気の質量は空気の重さの数％以下であるので，どちらの値を用いても大差はない．地表の空気 1 kg 中に含まれる水蒸気量は，全球平均では約 10 g である．また，地上から対流圏上端までに存在する単位面積当りの水蒸気量の総和を液体の水の厚さに換算すると全球平均で約 25 mm であり，このように鉛直に積算した水蒸気量を**可降水量**と呼ぶことがある．

相対湿度を計算するためには，飽和水蒸気量を与えなければならない．無限に平らな水面(あるいは氷面)から単位時間当りに飛び出す水分子と，それに接している空気から飛び込む水分子の数が同じとき，水面(氷面)とその上の空気は水分子に対して平衡状態にあるという．水面(氷面)と平衡状態にある空気中に含まれる水蒸気量(混合比)を飽和水蒸気量(**飽和混合比** q_s)と呼び，そのときの水蒸気圧を**飽和水蒸気圧**と呼ぶ．図 21.1 は，気圧 1,000 hPa のときの水と氷に対する q_s の温度変化と，両者の差を示したものである．混合比 q，気温 T の空気中に理論上**水雲**(雲粒がすべて水滴である雲)が発生するのは，水に対する q_s が q と等しくなる温度 T_d(**露点**)まで気温が下がったときである．同様に，氷に対する q_s が q と等しくなる温度 T_f(**霜点**)まで気温が下がると，理論上**氷雲**(雲粒がすべて氷晶である雲)が発生する．q_s は気温の上昇とともに急激に増加し，この性質が地球温暖化を加速させる要因の一つである(第 29 章参照)．

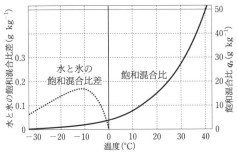

図 21.1 水の飽和混合比の温度依存性．飽和混合比は気温とともに指数関数的に増大する．また，水と氷の飽和混合比差(水の飽和混合比−氷の飽和混合比)は，−12℃付近でもっとも大きくなる．

252　第Ⅲ部　大気・海洋・陸水

3. 気温の高度変化

　空気塊が周囲の空気と熱の交換を行わずに体積が膨張する(**断熱膨張**)と，仕事の分だけ内部エネルギー(空気分子の運動エネルギー)が減少するため，空気塊の温度が下がる。水蒸気を含まない乾燥空気が，気圧の低い上空に向かって断熱的に上昇するときの気温は，**乾燥断熱減率** Γ_d(高度 100 m 当り約 0.98℃)で高度とともに低下する。水蒸気で飽和した湿潤空気が断熱的に上昇すると，乾燥空気と同様に気温は低下する。ただし，気温の低下とともに飽和混合比も減少するため，水蒸気の一部が凝結して**潜熱**が放出される(**凝結加熱**)ので，**湿潤断熱減率**(Γ_w)は Γ_d よりも小さい値となる(100 m 当り 0.3〜0.7℃)。

　アメリカ標準大気(1976 年版)から求めた対流圏内の気温減率(100 m 当り 0.65℃)は，Γ_w の値に近い。このことは，実際の大気の気温の高度変化に，水蒸気の凝結加熱が大きな影響を与えていることを示している。

4. 気層の安定性と断熱変化

　空気の密度は温度に比例するので，空気が周囲よりも暖かければ上向きの**浮力**を受け，逆に空気が周囲よりも冷たければ下向きの浮力を受ける。たとえば，図 21.2 のⅠの領域のように環境場の気温の鉛直分布の傾き γ_1(気温減率)が Γ_d よりも大きい場合には，断熱的に上昇する空気塊の温度は Γ_d(あるいは Γ_w)にそって変化するため，常に周囲の空気よりも暖かく，その結果，空気塊は上昇を続ける(**絶対不安定**)。それとはまったく逆に，Ⅲの領域のように γ_3 が Γ_w よりも小さい場合には，空気塊の方が周囲の空気よりも常に冷たいため，空気は上昇できない(**絶対安定**)。γ_2 が Γ_d よりも小さくかつ Γ_w よりも大きい領域Ⅱでは，その空気塊が未飽和であれば常に周囲の空気よりも冷たいため上昇できないが，空気が飽和していれば上昇できる(**条件付き不安定**)。

　ここまでは，周囲の気温減率 γ が変化しないことを前提にして，断熱的

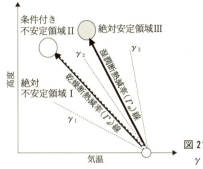

図 21.2 大気の静的安定性を示した図。γ は気温減率である。

に上昇する空気塊の安定・不安定を議論した．しかし，環境場の γ 自体が，たとえば絶対安定の γ_3 から絶対不安定の γ_1 に変化する場合もある．たとえば，下部が湿潤で上部が乾燥している気層全体が，山岳斜面にそって上昇したとする．このとき，気層の上端の気温は Γ_d で下がる．一方，気層の下端の気温は初めは Γ_d で下がるが，露点温度に達した高度（**凝結高度**という）より上では Γ_d よりも減率が小さい Γ_w で下がる．すなわち，凝結高度に達するまでは絶対安定な成層状態であっても，凝結高度より上空では γ の傾きが変化して最終的には絶対不安定になる場合も起こりうる．

5. 雲粒の成長過程

5.1 純粋水滴の飽和水蒸気圧

雲粒は有限な曲率を持つ小さな水滴である．液体表面では内部の分子に比べて分子間の結合の一部が失われているため，分子同士の結合が外れやすく空気中に飛び出しやすい．したがって，純粋水滴を消滅させないためには，空気から水滴に飛び込む分子の数が多くなるように，空気中の相対湿度を 100% よりも高い過飽和状態に保たなければならない．また，小さい水滴ほど体積に対する表面積の割合が大きく蒸発しやすくなるため，水滴が同じ大きさを保つために必要な周囲の空気が持つべき**平衡水蒸気圧**は半径に逆比例する（**曲率効果**）．

5.2 雲凝結核の役割

大きな雲粒は小さな雲粒が成長してできるが，無限に小さい水滴が存在するためには，上で述べたように無限大の相対湿度が必要である。そうなると，自然界にはそもそも成長の出発点となる小さな水滴が存在できず，したがって，雲粒あるいはそれが成長してできる雨粒は形成されなくなるという理論的矛盾が生ずる。しかし，雲粒は実際に発生している。その理由は，大気中に，水分子を吸着する有限な大きさを持った**エアロゾル**と呼ばれる微粒子が無数に存在するからである。エアロゾルは大きさによって，①エイトケン粒子($0.001〜0.1\,\mu m$)，②大粒子($0.1〜1\,\mu m$)，③巨大粒子($1〜100\,\mu m$)に分類され，粒径が大きくなるほど粒子数は急激に減少する(図21.3)。これらのエアロゾルのなかで，水蒸気分子と結合しやすい性質(吸湿性)を持つものは**凝結核**と呼ばれ，自然の雲内で起こりうる程度の低い過飽和で吸湿性を示す凝結核は**雲凝結核**と呼ばれる。雲凝結核の代表的なものは，海塩粒子や硫酸アンモニウム粒子のように硫酸イオンを含んだ粒子である。

空気塊が上昇すると，断熱膨張によって気温が下がるため相対湿度が増加し，やがて空気塊中に含まれる雲凝結核で**凝結成長**が始まる。雲凝結核の表面で水蒸気分子が凝結すると，水溶性の物質が高濃度に存在する**溶液滴**が形成される。水溶液の平衡水蒸気圧は純水の平衡蒸気圧よりも低く，水溶液の濃度に比例して低下する(**溶質効果**という)。高濃度の溶液滴は，この溶質効果によって未飽和状態でも成長が可能である。成長がさらに進んで溶液滴の

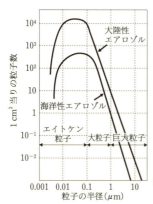

図21.3 大気中のエアロゾルの典型的な粒径分布(Junge, 1952による)

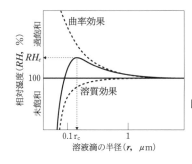

図 21.4 溶液滴の平衡相対湿度の溶液滴半径依存性。溶液滴と平衡状態となる相対湿度を溶液滴の半径の関数として模式的に表現したもの。

濃度が薄くなると，曲率効果が溶質効果を上回ることによって平衡水蒸気圧が高くなるため，過飽和状態でしか凝結成長を続けることができなくなる。さらに成長して半径が大きくなると，曲率効果が弱まるためより低い過飽和状態でも平衡を維持できるようになる。したがって，溶液滴と平衡状態を維持できる相対湿度は，ある半径(臨界半径 r_c という)で最大値 RH_c を持つ図21.4のような曲線(**ケーラー曲線**と呼ぶ)となる。

6. 雨粒の形成

6.1 衝突・併合過程

雲粒の大きさは $10\,\mu\mathrm{m}$ 程度であるが，地上に降ってくる雨粒の大きさは約 1 mm 程度である。水滴の凝結成長速度は半径が大きくなるほど遅くなるため，通常の雲内の湿度条件では，雲粒が大きさで100倍，体積で100万倍の雨粒に成長するのに何日もかかってしまう。普通の積乱雲の平均寿命は1時間以内であるので，雲粒が雨粒の大きさに成長するためには，凝結成長以外の別なプロセスが雲内で起こっているはずである。

そのプロセスとは，雲粒同士の**衝突・併合過程**である。大気中の水滴は，**空気抵抗**と重力とが釣り合った**終端落下速度**で落下し，直径 1 mm の雨滴の落下速度は約 $4\,\mathrm{m\,s^{-1}}$ である。実験および数値計算によって，直径 1 mm までの水滴の終端落下速度は粒径にほぼ比例して増加することが示されている。落下速度の速い大きな雲粒が落下速度の遅い小さな雲粒に衝突すると，二つの雲粒は併合してさらに落下速度の大きな雲粒となる。併合後の雲粒は，

併合前に比べて落下速度も断面積も増加するため、さらに短時間に数多くの小さな雲粒と衝突・併合することが可能である。すなわち、雲粒が大きいほど成長速度が遅くなる凝結成長とは異なって、衝突・併合過程では雲粒が大きくなるほど加速度的に成長が速くなるため、短時間に雨粒の大きさにまで成長できるのである。

6.2 雨粒の形と粒径分布

小さな雨粒の形はほぼ丸いが、大きくなるにつれて下側が平らな鏡餅型となる(図21.5)。実際には、落下中に上下左右に振動したり、表面に皺がよることもある。衝突・併合過程が進行すればいくらでも大きな雨滴ができそうに思えるが、自然界では**球相当直径**(雨粒と同体積の球の直径)が6 mmを超える雨滴はほとんど見つからない。それは、mm 単位の雨滴同士が衝突した場合には、衝撃によって**分裂**する確率が急速に高くなるためである。また、室内実験によれば、直径が9 mm以上になると、**表面張力**ではもはや雨粒の振動を支えきれず、自発的に分裂してしまう。したがって、風の乱れの大きい自然界では、大きな雨粒といっても直径4〜5 mm程度が普通である。ただし、発達した積乱雲からの雨の降り始めには大きな雨滴が降ることが多く、たとえば、インドネシアのスマトラ島では、球相当直径が8.59 mmという巨大な雨滴(図21.5)が観測されている。このくらいの大きさの雨滴になると、その形もいびつである。

雨粒にはさまざまな大きさのものが混じっているが、粒径が大きいほど指数関数的に数が減少していく。雨粒の粒径分布は、発見者の名前にちなんで**マーシャル・パルマー分布**と呼ばれており、モデルによる降水雲の数値実験、**レーダー**を用いた雨量の推定などに広く利用されている。ただし、粒径分布

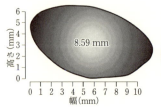

図 21.5 雨滴の形。直径 1〜5 mm の雨粒が落下中に示す安定形(右)と、スマトラ島(インドネシア)で観測された巨大な雨粒(球相当直径＝8.59 mm)の落下中の形(左)(藤吉、2008 をもとに作成)

は時間・空間的に激しく変動しており，マーシャル・パルマー分布はあくまでも統計平均量であることに注意する必要がある。

7. 雪結晶と雪粒子

0℃以下の過飽和空気中で形成される数百 μm 以下の氷の結晶を**氷晶**，それ以上を**雪結晶**と呼ぶ。氷晶は，自然大気中では，**氷晶核**または凍結した雲粒に水蒸気が**昇華凝結**することによって作られる。典型的な氷晶核は，サハラ砂漠や黄土高原などから巻き上げられた土壌粒子である。雪の結晶は，中谷宇吉郎が世界に先駆けて明らかにしたように，気温と相対湿度に依存して針状・樹枝状・扇型・六角板などさまざまな形をとる(図21.6)。

上昇する空気魂中では，雲凝結核に水蒸気が凝結して雲粒が形成される。小さい水滴である雲粒は凍りにくく，−30℃ぐらいまで**過冷却**状態で存在する。しかし，過冷却状態はもともと水滴にとって不安定な状態であるため，空中や雲粒中に含まれているエアロゾルや雲粒同士の衝突などによって水滴は凍結する。図21.1に示したように，氷に対する飽和水蒸気圧のほうが水に対する飽和水蒸気圧よりも低いため，いったん凍結した雲粒はまわりの過冷却状態の水滴から水蒸気をもらって急速に**昇華凝結成長**を始める。凍結した雲粒はすぐに多面体の構造をとり，やがて雪結晶に成長する。また，水と氷の飽和水蒸気圧の差は−12℃付近で最大となるため(図21.1)，この気温付近で発生した雪結晶(樹枝状)がもっとも速く成長する。

雲内の上昇速度が速いと，単位時間に凝結する水の量が氷晶に昇華凝結する水の量よりも多くなるため，雪結晶の周辺に多量の雲粒(過冷却状態)も同時に存在するようになる。このような状態では，雲粒が雪結晶に**付着凍結**し，また，多量の雲粒が付着すると**霰**(あられ)になる。地上の降雪の重さの約70％は雪結晶に付着した雲粒で，霰の場合は90％以上である。

雲のなかで形成された多数の雪粒子は，落下中に併合して雪片として降ってくる。これまでに報告された雪片の大きさの世界記録は，長さ38 cm，幅20 cmであり，日本でも直径30 cmのものが報告されている。1 mmの雨滴は約100万個の雲粒から形成されるが，1 cmの雪片は約100個の雪粒子か

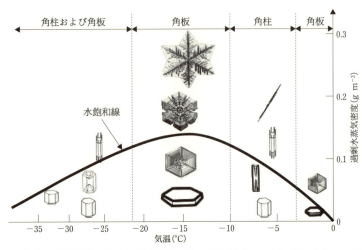

図 21.6 気温と相対湿度に依存した雪結晶の形の変化(Kobayashi, 1961 をもとに作成)。ただし、縦軸は相対湿度の代わりに、氷飽和からの水蒸気密度差である過剰水蒸気密度をとった。図中に示した水飽和線よりも上(あるいは下)の領域は、水に対して過飽和(あるいは未飽和)領域である。

ら構成されている。雪片も雨滴と同様に衝突・併合過程で成長するが、断面積や落下速度、水平方向の速度のゆらぎに大きな影響をおよぼす「形の複雑さ」が、雪片の成長にとって重要なパラメーターであるという点が雨滴の場合との大きな違いである。

[練習問題1] 札幌市の面積にほぼ等しい 10^3 km^2 全域に、1 mm の雨が降ったとする。全体で降った雨の重さを計算せよ。また、これだけの雨が降るときに、大気中に発生する凝結熱の総量と同じ熱量を発生させるためには、何リットルの灯油が必要か。ただし、水蒸気の凝結熱は 580 cal g^{-1}、灯油の発熱量は 10^7 cal kg^{-1}、密度は 0.80 g cm^{-3} とする。

[練習問題2] 図 21.4 で示された平衡水蒸気圧を持つ溶液滴を考える。今、時間的に変化しない環境場の相対湿度の値が、①$RH < RH_c$ と②$RH > RH_c$ という条件下で、この溶液滴が成長を開始した場合、溶液滴の半径は時間とともにそれぞれどのように変化するか。

[練習問題3] 雨・雪判別は、社会生活、とくに交通機関にとって重要である。その理由は、雨と雪の密度と流れやすさの違いである。1時間に1 mm という弱い雨でも、これが雪になると数 cm の積雪深となる。輪島では、気温 T(℃)がプラスでも、地上の相対湿度(%)が $RH = 46(6.2 - T)^{0.5}$ で与えられる臨界湿度以下ならば、雨ではなく雪という予報を出す。このように、雨・雪判別に気温のみではなく湿度も考慮されている理由を述べよ。

Box 21.1　雲内の気温

　実際の大気中には，さまざまな大きさと化学組成を持った雲凝結核が無数に存在する。また，雲凝結核が成長することによって，その周辺の大気中に含まれる水蒸気量も減少する。図は，図21.3に示したような粒径分布を持つ雲凝結核を含んだ空気塊が，一定の速度で上昇したときに示す過飽和度(＝相対湿度(%) −100%)と気温および**雲水量**(凝結した水の総量)の鉛直分布を，数値モデルで計算した結果である。図の縦軸は，相対湿度が100%となった高度を0mにとってある。図からわかるように，高度0mから過飽和度が最大となる高度10mまでの気温は，相対湿度が100%以上にもかかわらずほぼ乾燥断熱減率で低下している。一方，過飽和度がほぼ一定となった25mよりも上空では，湿潤断熱減率に一致している。その中間の10〜25mのきわめて薄い層内では過飽和度が急激に低下し，かつ気温の減率はかなり緩やかである。図に示された気温の鉛直分布は，次のように説明できる。

(1) 雲底近傍(上記のシミュレーションでは0〜10mの高度範囲)の気温変化

　空気塊の過飽和度が低い間は，溶液滴の半径はほとんど増加しない。つまり，雲底近傍では粒子に凝結する水蒸気量が微量で，凝結熱の放出による空気の加熱もわずかであるため，相対湿度が100%以上にもかかわらず，気温は乾燥断熱減率で低下する。

(2) 高度10〜25mの範囲の気温変化(図の影をつけた高度範囲)

　空気塊の過飽和度が高度とともに増加を続け，ほとんどの雲凝結核が臨界半径を超えると，多数の溶液滴が急激に成長する。その際，短時間に多量の凝結熱が放出されるため気温の高度変化がいちじるしく小さくなる。また，空気塊から水蒸気が失われるため過飽和度も急激に下がる。このときの最大過飽和度を**最大達成過飽和度**と呼ぶ。

(3) 高度25m以上の気温変化

　この高度領域では大量の溶液滴が凝結成長を行うため，凝結量は気温の低下にともなう飽和混合比の低下とほぼ等しくなり，気温の減率は湿潤断熱減率にほぼ等しくなる。

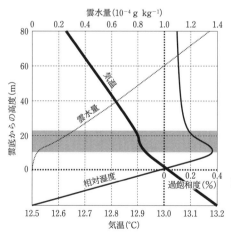

図　数値モデルで計算した，雲内の相対湿度と気温および雲水量の鉛直分布(Fujiyoshi *et al*., 2005をもとに作成)

260　第III部　大気・海洋・陸水

Box 21.2　雪のレプリカ作り（雪結晶の永久保存法）

　店に行けば，雪結晶をデザインとしたペンダントや飾りはたくさん売られているが，本物の雪結晶を使った市販品は皆無である。その理由は，雪結晶ははかなく消えてしまうためである。しかし手間暇を惜しまなければ，誰でも雪結晶を永久に保存して，暑い夏でも眺めることができる。以下にその手順を示そう。

(1) レプリカ液を作る

　　1・2-ジクロロエタン（二塩化エチレン）100 cc に対してポリビニール・ホルマール（通称ホルンバール）3 g の割合で入れ，溶け切るまでよくかき混ぜる。容器は密閉できる蓋付きのガラス瓶がよい。ゴムの蓋は融けるので厳禁。

(2) レプリカ液の保管

　　レプリカ液をプラスの気温で長時間保存すると水分子を吸ってしまい，白濁する。そのときは，冷凍庫などに入れて−10℃以下に冷やす。すると水が氷になるので，ガーゼで漉しとる。濁りがとれたら，そのまま−10℃以下で保存しておく。

(3) ほかに必要なもの

　　黒い布（できればビロード布）を貼った 20 cm 四方の板・標本を作るのに使うスライドグラスとスライドグラス立て・スポイト・つまようじ・手袋・マスク・傘。

(4) 雪結晶のレプリカ作り

　　雪が降る前に，レプリカ作りに必要なものは外に出しておいて，十分に冷やしておく。マスクと手袋をはめる。その理由は，手の熱と息で雪結晶を融かさないためである。次に，雪を黒い布を貼った板に受ける。これはと決めた雪結晶をいくつか選び，スライドグラスにのせる（つまようじのとがった先を少し舐めて雪結晶につけると簡単に拾える）。スポイトでレプリカ液を吸って，スライドグラスの上の雪結晶の上に少しだけ垂らす。この作業は傘の下か庇の下（一番よいのは，カマクラのような雪穴）で行う。スライドグラスをスライドグラス立てにはさみ，絶対に 0℃以上にならない場所で 1 日くらい放置しておく。すると，水分子がプラスチック膜を通して蒸発し，ちょうど蝉の抜け殻のように雪結晶の形を残した膜だけが残る。

［注意事項］

　この教科書にも書かれているように，たとえ北海道でも平野に降る雪の表面には，過冷却した雲粒が数多く付着しているため，写真集にあるようなきれいな雪をみつけることは難しい。きれいな雪結晶のレプリカを作りたいときは，できるだけ海岸から遠い標高の高い場所で，風のない朝や夜（昼だと日射で雪が融ける）に作業を行う。それだけ大変な作業であるが，世界に二つとない自然の造形美を楽しむことができる。

261

天気を支配する諸現象

第*22*章

　日本は世界最大の大陸の東岸付近に位置し，また高緯度の寒気団と低緯度の暖気団の間にある。このため，季節によりさまざまな気団が日本に去来し，四季を特徴あるものにすると同時に日々の天気を複雑なものにしている。日々の気象衛星の雲画像を見ていると，温帯低気圧・台風・梅雨前線・冬季の筋状の雪雲など，日本付近の天気を変化させる現象の形態は非常に多様であることがわかる。その多様性は雲を作り降水をもたらす大気の流れの多様性に起因する。本章ではとくに日本付近における天気の変化を支配するさまざまな現象について記述する。

キーワード
移動性高気圧，小笠原気団，オホーツク海気団，温帯低気圧，温暖前線，寒気吹き出し，観測手法，寒冷前線，気象衛星，気団，気団変質，高気圧，豪雪，シベリア気団，集中豪雨，台風，停滞前線，梅雨前線，閉塞前線，熱帯低気圧

1. 高気圧と気団

　高気圧とは，天気図では閉じた等圧線で囲まれた周囲に比べ気圧が高い領域のことである。大規模な高気圧があまり移動しないと，その中心付近では風が弱いため空気が長時間地表面の影響を受け，水平方向に数千 km にわたり気温や湿度などが均質な空気の塊ができあがる。これを**気団**という。気団は温度の観点から**熱帯気団，寒帯気団**および**極気団**，湿度の観点から**大陸性気団**と**海洋性気団**に分類され，一般にはそのうちの二者を組み合わせて海洋性熱帯気団，大陸性寒帯気団などと表現される。日本付近は高緯度の気団と低緯度の気団の境界付近にあるため，季節により以下の異なる気団の影響を受ける。

262　第Ⅲ部　大気・海洋・陸水

1.1　シベリア気団

シベリア気団は日射の弱まりや**放射冷却**により寒冷になったシベリアにできる地上から1〜2 kmの厚さの，冷たく乾燥した大陸性寒帯気団である。この気団にともなう**シベリア高気圧**から寒気が日本海方面に吹き出す（寒気吹き出し，図22.7）と，比較的暖かい日本海を通過する際に熱と水蒸気を受け取って雪雲が発生し，日本列島の日本海側に大量の雪をもたらす。

1.2　小笠原気団

北太平洋域は第19章で述べた北半球のハドレー循環の下降域に対応しており，1年を通じて**北太平洋高気圧**と呼ばれる亜熱帯高気圧が存在する。夏になると北太平洋高気圧は北西に張り出し，小笠原諸島付近に一つの中心を持つことがある。この張り出した部分を**小笠原高気圧**，それにともなう海洋性亜熱帯気団を**小笠原気団**と呼ぶ。小笠原高気圧または小笠原気団におおわれると高温・湿潤・晴天の天気になる。

1.3　オホーツク海気団

梅雨の時期になると，第19章で述べたブロッキング高気圧がオホーツク海付近に形成されることが多く，これを**オホーツク海高気圧**と呼ぶ。通常，ブロッキング高気圧内には断熱昇温により暖かい空気が存在するが，オホーツク海は寒冷であるためオホーツク海高気圧の下層の大気は冷たく湿潤な性質を持つ。これを**オホーツク海気団**という。盛夏まで日本がこの気団におおわれると，北日本では低温と日照不足による**冷害**が起きる。

2. 温帯低気圧

夏や冬は前述の停滞性の高気圧が日本付近の天気に大きな影響を与える。一方，春や秋には**温帯低気圧**が日本付近を通過し，天気は周期的に変化する。中緯度偏西風帯で南北方向の温度傾度が大きくなると，**温度風の関係**（20.3節参照）により偏西風は高度とともに急激に強まる。このような状態は不安定なため，東西方向に数千kmの波長を持つ波が発達する。このような温度

第22章　天気を支配する諸現象　263

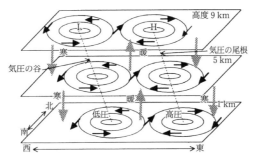

図22.1　理論的に求めた傾圧不安定の波の構造(日本気象学会, 1998をもとに作成)。気圧や風は東西方向の平均値からのずれである偏差で示している。

風の場に起こる不安定を**傾圧不安定**と呼ぶ。天気図にみられる温帯低気圧，その間に位置する**移動性高気圧**は傾圧不安定により生じると考えられている。

　図22.1は理論的に得られた傾圧不安定の波の構造である。わかりやすくするために風や気圧は東西方向の平均値からのずれである偏差で示している。第19章でふれたように，気圧の谷(ある高度で気圧のもっとも低いところ)は上空ほど西に傾き，気温は気圧の谷の東側(前面)で高温，西側(後面)で低温となっている。また，高温域には上昇流が，低温域には下降流がある。これにより全体の重心が下降するので，位置エネルギーが減少し，その分運動エネルギーが増加する。このエネルギーの変換により，高気圧や低気圧の風が強まる。

　図22.2は，ある日の日本付近の地上天気図(A)と500 hPa高層天気図(B)を示したものである。日本は移動性の高気圧におおわれ，大陸上には発達中の低気圧が，また，千島列島付近には次節で述べる閉塞前線をともなう十分に発達した低気圧がある。大陸上では，500 hPa面の気圧の谷は図22.1と同様に地上の発達中の低気圧の西側にあることがわかる。一方，十分発達した千島列島付近の低気圧では地上の低気圧と上空の気圧の谷はほぼ同じ位置にある。このような状態になると，低気圧はこれ以上発達することはない。

3. 前　　線

　前線とは，異なる気団の境目で，温度などの空気の性質が不連続に変化す

264　第Ⅲ部　大気・海洋・陸水

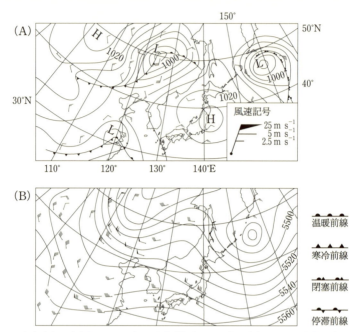

図 22.2　(A)地上天気図における気圧分布(数字は hPa)。(B) 500 hPa 高層天気図における等圧面高度(m)。風速は，凡例に示す矢羽の種類(短・長・旗)とその数(積算)で表現する。

る境界のことである。前線が通過する地点では，気温・風(風向と風速)・気圧などが急変し，また，降水が起こることが多い。前線は，**寒冷前線・温暖前線・閉塞前線・停滞前線**に分類される。図 22.2 に示されるように，温帯低気圧はその東側に温暖前線，西側に寒冷前線を持ち，十分発達した低気圧の中心付近には閉塞前線ができる。これらの前線は低気圧にともなう風により，局所的に水平温度傾度が強められることにより形成される。図 22.3A は寒冷前線と温暖前線にともなう雲と降水の分布を模式的に示したものである。前線の構造や雲や雨の分布は低気圧の発達の諸段階，大気の成層状態などにより異なるが，通常，以下のような性質を持つ。寒冷前線は暖気を強制的に上昇させながら進行し，その通過時には南寄りの風が急に北寄りの風に変わる。また，活発な積乱雲が短時間に強い雨をもたらし，雷・突風・雹をともなうことが多い。温暖前線は一様に傾斜した前線面にそって暖気が寒気

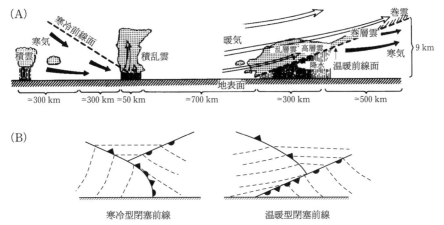

図22.3 (A)寒冷前線(左)と温暖前線(右)にともなう雲と降水の分布の模式図(Houze and Hobbs, 1982 をもとに作成)。白と黒の矢印はそれぞれ暖気と寒気を表す。(B)理想化した閉塞前線の模式図。破線は温度の等値線で上空ほど低い。

上をはい上がる構造を持つ。温暖前線が西から近づいてくると，まず前線面上に発生した巻雲や巻層雲が上空に観測され，その後高層雲や乱層雲にともなうおだやかな雨が長時間観測される場合が多い。十分に発達した低気圧の中心近くでは寒冷前線が温暖前線に追いつくことで閉塞前線が形成するといわれている。図22.3Bは閉塞前線の概念図で，左は寒冷前線にともなう寒気が温暖前線にともなう寒気に比べより低温の場合の寒冷型閉塞前線，右は温暖前線にともなう寒気が寒冷前線にともなう寒気に比べより低温な場合の温暖型閉塞前線である。しかし，実際の低気圧の構造は多様で，概念図のような閉塞前線を持たない低気圧も多い。

　上空の風向と前線が延びる向きが並行になっていると，ほとんど移動しない停滞前線ができる。停滞前線の多くは東西に延び，南の暖気団と北の冷気団との相対的な勢力により，南北に移動する。**梅雨前線**や**秋雨前線**などがその代表例である。図22.4Aの衛星画像は梅雨前線にともなう雲域を示したものである。アジア南東部から連なる雲の帯(A)は，夏季に太平洋・インド洋からユーラシア大陸に向かって吹く**モンスーン気流**(Box 19.1，図28.5参照)により暖かく湿った空気が日本付近に供給されていることを示す。日本の南海上の晴天域(H)は北太平洋高気圧に対応し，その西側の縁にそってモン

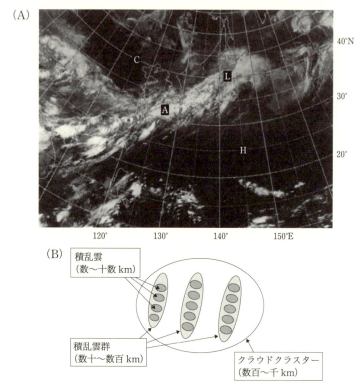

図 22.4 (A)梅雨前線を形成する雲域の衛星画像(1995年7月3日9時の赤外画像)。(B) 梅雨前線のクラウドクラスターの模式図

スーン気流が北上する。大陸上の晴天域(C)は高緯度からの乾燥した気流の南下によるものである。一般に，梅雨前線の東側部分では南北の温度差が大きく，大スケールの低気圧(L)が発生しやすい。一方，梅雨前線の西側部分では南北方向の温度差は小さいが，大気の成層は不安定で積乱雲が発生しやすい。とくに梅雨末期には水平スケール数百～千 km 程度の**クラウドクラスター**がしばしば梅雨前線上に発達し，**集中豪雨**により洪水や土石流・地すべり・崖崩れなどの災害を起こすことがある(12.5節参照)。図 22.4B の模式図に示すように，クラウドクラスターは多重スケール構造を持ち，その内部には積乱雲が帯状または団塊状に組織化されてできた積乱雲群が存在する。

　北太平洋高気圧の勢力が強まると梅雨前線は北上し，日本付近は**梅雨明け**

となるが，夏から秋になり日本付近をおおっていた北太平洋高気圧が南に移動すると，再び前線が日本上空に横たわる。これが**秋雨前線**で，梅雨前線ほど降水は活発ではないが，しばしば台風の影響を受けて大雨となる場合がある。

4. 台　風

　熱帯の海上では，積乱雲群をともなった低気圧性の渦がしばしば発達する。これを**熱帯低気圧**と呼ぶ。北西太平洋域（北半球の東経100°〜180°）で発生した熱帯低気圧のうち，最大風速（10分平均の風速の最大値）が $17.2\,\mathrm{m\,s^{-1}}$ を超えたものを**台風**と呼ぶ。北大西洋および北東太平洋（北半球の西経180°以東）で発生したものを**ハリケーン**，南北インド洋や南太平洋で発生したものを**サイクロン**と呼ぶ。台風は風害・水害・高潮などさまざまな災害をもたらす。

　図22.5に最大風速 $17\,\mathrm{m\,s^{-1}}$ 以上の熱帯低気圧の発生と移動の様子を示す。熱帯低気圧は，海水面温度が26°〜27℃以上と高く，コリオリ力（転向力）がある程度大きい緯度5°〜25°の範囲で発生する。低緯度で発生した熱帯低気圧は，まず貿易風（偏東風）により西に動き，中緯度帯では偏西風の影響により北東に進行する。北西太平洋では北太平洋高気圧の縁にそって移動するものが多い。

　成熟期にある熱帯低気圧は，中心に対しほぼ軸対称な構造をしている。図

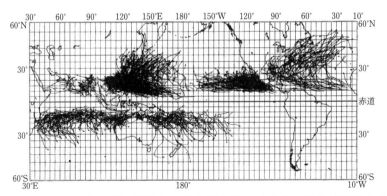

図22.5　1979〜1988年の間に発生した最大風速 $17\,\mathrm{m\,s^{-1}}$ 以上の熱帯低気圧の進路（Neumann, 1993をもとに作成）

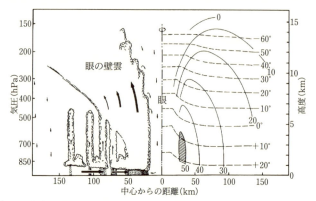

図22.6 台風の構造の模式図(台風の中心を通る鉛直断面図)(Wallace and Hobbs, 1977をもとに作成)。左半分は雲と降水,断面に平行な風(矢印)の分布,右半分は断面に直交する風速(接線風速,m s^{-1}:実線,50 m s^{-1}以上に斜線)と気温(°C:破線)の分布である。

22.6 はその構造を示したもので,図の左半分に雲と降水,断面に平行な風の分布を,右半分には気温と断面に直交する水平風速(接線風速)を示している。雲のなかで水蒸気が凝結すると熱が大気中に放出され,静水圧平衡(20.1節参照)から地上付近の気圧が下がる。20.3節で説明したように,地表面の摩擦があるために地上付近の風は渦を巻きつつ低気圧の中心付近に吹き込む。中心近くで行き場をなくした風は上昇流となり,強い降水をもたらす**眼の壁雲**を形成する。中心に位置する**眼**では風は弱く,下降気流が存在する。空気の下降にともない断熱昇温が起こるため,熱帯低気圧の中心付近の気温は周囲よりも高くなっている。

5. 寒気吹き出し

冬季,日本付近を低気圧が発達しつつ東進し,千島列島近くで強い低気圧に発達すると,図22.7Aに示すように,大陸上のシベリア高気圧と低気圧との間で等圧線が密に南北に走る気圧配置になる。これを**西高東低型**の気圧配置と呼び,強い気圧傾度により大陸性のシベリア気団が南東方に流出する。前述の通り,この寒気は日本海上を横断する間に海面(暖流の対馬海流)から

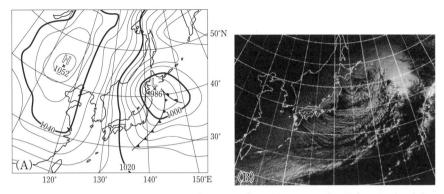

図22.7 寒気吹き出し時の(A)地上天気図(1995年12月24日21時，数字はhPa)と(B)衛星可視画像(1995年12月25日9時)(日本気象学会，1998より)

熱と水蒸気の供給を受けて，図22.7Bの衛星画像に示すように海上に筋状の積雲や積乱雲が発達し，日本海側に大雪を降らせる。このように，ほかの地域に移動することで気団の性質が変化することを**気団変質**と呼ぶ。とくに北陸地方はその緯度で日本海の幅が広く寒気が吹き渡ってくる距離が長いために，温帯としては世界でも類をみない大雪(**豪雪**)に見舞われる。

6. 気象観測手法

以上で述べたさまざまな現象について理解したり，天気予報を行う上で必要な現在の大気の状態について知るには気象観測が不可欠である。

地上気象観測は，気温・湿度・風向・風速・気圧・降水量・日射量など，観測地点の地表付近の大気状態を測定するもっとも基本的な観測である。気象庁が展開しているアメダス(AMeDAS：地域気象観測システム)は，降水量・気温・風向・風速・日照時間・積雪深の観測とデータの送信を自動的に行うシステムで，およそ17km四方に1か所の割合で，全国約1,300か所に設置されている。一方，上空の大気の状態を観測するものとして，気圧・気温・湿度の測器(ラジオゾンデ)を取り付けた気球を飛ばして行う**高層気象観測**がある。方向探知システムを組み合わせてラジオゾンデの位置を追跡すると，風向と風速を知ることができる。高層気象観測は大規模な大気の流れ

や気候の変動を把握するため，世界中約900か所で同時刻(世界標準時の0時と12時)に行われ，観測値の相互提供を行っている。

　実際に観測する大気と離れた場所に設置した測器で行う観測が遠隔観測(**リモートセンシング**)であり，代表的な測器として気象レーダ・ウインドプロファイラー・気象衛星がある。気象レーダは，波長数cm程度のパルス状の電磁波を送信し，パルスが降水粒子により反射され戻ってくるまでの時間と反射波の強度を測定することで，降水の位置と強さを測定する装置である。降水粒子がレーダのビーム方向に速度成分を持っている場合，**ドップラー効果**により反射波の周波数は送信波の周波数と異なってくる。ドップラー・レーダは，この周波数のずれを検出することで雲内の風を測定する。ウインドプロファイラーもドップラー効果を利用し，大気中の風の乱れなどにより散乱され戻って来る電波を測定することで，上空の風の鉛直分布を求めることができる。また，レーザーレーダ(またはライダー)はレーザー光線を送信し，大気中のエアロゾルなどの微粒子からの散乱信号を受信することで，晴天時の乱流や大気汚染などさまざまな観測を行うことができる。**気象衛星**は，可視光線や赤外線などの受信センサーを搭載した人工衛星で，広域の雲や水蒸気の分布，地表面温度や海面水温などを宇宙から観測する。気象衛星は「ひまわり」などの赤道上空約36,000 kmの高さを地球の自転と同方向・同周期で周回する静止衛星と，両極地方を通る1,500 km程度の高度を周回する極軌道衛星に大別される。

[**練習問題1**]　図22.1に示したように発達中の低気圧にともなう気圧の谷の軸は上空ほど西に傾いた構造になっている。上空の風が運ぶ空気の温度に着目し，このような構造が下層の低気圧の発達に有効である理由について述べよ。

[**練習問題2**]　緯度10°Nのところに弱い熱帯低気圧があり，その中心から距離$r_1 = 400$ kmのところで地表に対して$v_1 = 1\,\mathrm{m\,s^{-1}}$という遅い速度で低気圧性回転している空気があったとする。この空気が低気圧の中心から$r_2 = 50$ kmのところまで接近すると風速v_2は何$\mathrm{m\,s^{-1}}$になるかを，角運動量の保存から求めよ。ここで地球の自転角速度を$\Omega = 7.29 \times 10^{-5}\,\mathrm{s^{-1}}$とすると，緯度$\phi$における大気の運動に有効な自転の角速度は$\Omega\sin\phi$となる。熱帯低気圧の中心から$r$の距離にある地表面に対し静止した大気は$r\Omega\sin\phi$の速度で熱帯低気圧のまわりを回転しているとみなすことができ，対地速度vの気塊についての角運動量保存の式は$r(v + r\Omega\sin\phi) = $一定となる。

271

海洋の組成と構造

第*23*章————————————————————————

地球を特徴づけ，生命の星としている大きな要因の一つは，海の存在である。表面の大部分が海におおわれているこの惑星は，「地」球というよりも「水」球であるといえる。本章では，海の区分や広さ・深さ，海水の性質，そしてその性質を規定する上でもっとも基本的な量である水温・塩分とそれから推察される海洋の循環について説明しよう。

キーワード
栄養塩，塩分，縁辺海，海洋コンベヤー・ベルト，北大西洋深層水，水温，水温躍層，生物ポンプ，大洋，地中海，中層水，電気伝導度，南極低層水，密度，密度躍層，有光層

1. 海洋の区分

地球を生命の星としている大きな要因の一つは，海の存在である。この大量の水(液体の状態の H_2O)は，第15章で説明したように生命の発生そしてその維持に本質的に重要である。この豊富な水のほとんどは海にあり，海水の総量は約 1.4×10^{21} kg である(図26.2)。海洋は地球の表面積の70.8%を占め，陸地の2.4倍の面積を持つ。

海洋は3〜5つの**大洋**に分けられる。いずれの定義でも大洋とみなされるのは，**太平洋・大西洋・インド洋**の3大洋である。これに**北極洋**を加えて4大洋とすることも多い。北極洋を独立した大洋とみなさない場合には，大西洋の一部である北極海または北極地中海とされる。4大洋の面積，平均深度などを表23.1に示す。大洋のなかでもっとも大きいのは太平洋で，その面積はほぼ地球の表面積の1/3であり，大西洋とインド洋の合計よりも，また全陸地を合わせたよりも大きい。北極洋は他の大洋よりもかなり小さい。5つの大洋を認める立場では，さらに**南大洋(南極洋)**を独立した大洋とする。国

272 第III部 大気・海洋・陸水

表 23.1 4大洋と主な付属海の面積・平均水深・最大水深。大洋には付属海を含めていない。

海域	面積(10^6 km^2)	平均水深(m)	最大水深(m)
全海洋	362.033	3,729	10,920
太平洋	166.241	4,188	10,920
濠亜地中海	9.082	1,252	7,440
ベーリング海	2.261	1,492	4,097
オホーツク海	1.392	973	3,372
黄海および東シナ海	1.202	272	2,719
日本海	1.013	1,667	3,796
大西洋	86.557	3,736	8,605
地中海	2.510	1,502	5,267
インド洋	73.427	3,872	7,125
北極洋	9.485	1,330	5,440

際水路機関は 2000 年に南大洋を大洋と認定し，その範囲を 60°S 以南とした。

海洋は大洋に加えて，陸地の間の海である**地中海**と，大陸の傍にある**縁辺海**（**縁海**ともいう）とに区分される。両者を合わせて**付属海**と呼ぶこともある。地中海には通常単に地中海と呼ばれるヨーロッパ地中海のほか，ペルシャ湾・紅海・バルト海などがある。縁辺海には日本を太平洋とともに囲む，**オホーツク海・日本海・東シナ海**があり，ベーリング海や北海なども縁辺海である。付属海のなかで最大なのは，スンダ列島・フィリピン・ニューギニア島・オーストラリアで囲まれる濠亜地中海で，北極洋に迫る面積を持つ。

海洋の平均水深は 3,729 m である（図5.1）。3 大洋の平均水深はさほど変わらず，大体 4,000 m ほどである。もっとも深い海底は西部北太平洋のマリアナ海溝にあって，最深部は 10,920 m である。水深 10 km を超える海溝は世界に 4 つ存在するが，いずれも西太平洋にある。日本の付近にも，千島—カムチャツカ海溝（9,550 m），日本海溝（8,058 m），伊豆—小笠原海溝（9,780 m），南西諸島（琉球）海溝（7,460 m）が分布している（図4.7，8.3）。

日本はその周囲を海に囲まれ，また離島を多く持つため，日本が管轄する海洋の割合は大きい。たとえば，日本の国土面積は 38 万 km^2 で世界第 60 位だが，海岸線などから 12 海里（約 22 km）までの**領海**と，その外側で海岸線から 200 海里（約 370 km）までの**排他的経済水域**（**EEZ**）を合わせた面積は，

約 447 万 km² で世界 6 位である。したがって，日本は海洋について大きな責任を負っているといえる。

2. 海水の構成要素

海水のほとんどは純水(H_2O)からなり，そこにさまざまな物質が溶けている。溶け込んでいる主な物質は，表 23.2 に示すイオンである。これらのイオンの相対的な比率は，海洋のどこでもほとんど変わらない。このことは，海水がその循環に要する時間である 2,000 年程度よりも，はるかに長い時間でイオンの供給や消費がなされ，よく混ざっていることを意味している。主要成分のうち**ナトリウムイオン**(Na^+)などの陽イオンの供給は，主に岩石の風化によっている(11.1 節参照)。一方，**塩化物イオン**(Cl^-)をはじめとする陰イオンは，地球内部からガスが脱出する脱ガスによって供給された(第 15 章参照)。したがって，海水を蒸発させると食塩($NaCl$)を主要成分とする塩類が残るが，かつて食塩自体が海に溶けたわけではなく，ナトリウムと塩素は別々な経路で供給されたのである。

海水から水分を蒸発させて残る固形物を，一般に**塩分**と呼び，かつては海水に対する重量比，すなわち濃度として千分率(‰：パーミル)で表した。しかし，この蒸発残渣の固形物のなかには海水を水和物として取り込むことがあるものや，蒸発の際に分解したり揮発したりしてしまうものがあるため，直接測定は困難であり，現在では海水のまま**電気伝導度**を測定し，それを塩分の値に置き換えている。この塩分の値は，かつての残存固形物としての値となるべく整合的になるように決められたため，たとえば塩分が 35 である海水 1 kg 中には，塩類がおよそ 35 g 溶解していることを示しているが，厳

表 23.2　海水の平均化学組成。単位は g kg⁻¹である。

陽イオン		陰イオン	
Na^+	10.773	Cl^-	19.344
Mg^{2+}	1.294	SO_4^{2-}	2.712
Ca^{2+}	0.412	HCO_3^-	0.142
K^+	0.399	Br^-	0.0674

274　第Ⅲ部　大気・海洋・陸水

密には電気伝導度で測定される塩分の値が海水中の溶存物質量，つまり濃度と一意に結びつくわけではない。なお，電気伝導度から求められた塩分は無次元量であるが，しばしば 35.0 PSU（practical salinity unit）のように **PSU** を付けて示される。

　表 23.2 に示した海水の主要成分以外の重要な成分には，生体の構成要素のうち，植物プランクトンによる光合成に際して不足しやすい元素である窒素・リン・珪素の化合物がある。これらの元素の無機態の主要溶存形である，硝酸イオン（NO_3^-）・リン酸イオン（PO_4^{3-}）・珪酸（H_4SiO_4）などを，**栄養塩**と呼ぶ（海水中には後で述べるような分子状の窒素（N_2）も豊富に含まれているが，大部分の生物は N_2 を直接利用できないので，N_2 は栄養塩には含めない）。これら以外の生体に必要な元素である，水素・酸素・炭素・カリウムなどは海水中には豊富で，光合成を行う上で不足することはほとんどない。また最近，赤道域や北太平洋亜寒帯域，南大洋では栄養塩ではなく溶存鉄の不足が光合成を制約していることが明らかになり（29.4 節参照），溶存鉄を栄養塩に準じて取り扱うことも多い。

　栄養塩は，生物活動によって時間・空間的にその濃度が大きく変化する。海洋の表面付近では十分に光が届くので，栄養塩があれば植物プランクトンが光合成で増殖することによって栄養塩は急速に消費され，やがて生物の排出物や死骸となる。これらの有機物の一部は表面付近で分解されて再び栄養塩として使われるが，光が届かない深さに沈降するものも多い。光が届く層を**有光層**といい，おおむね 200 m 程度である。したがって，生物活動には有光層内の栄養塩を，有光層よりも下に有機物として運びだす働きがある。そのため，高い**生物生産**（すなわち光合成による有機物の生産）を支えるには有光層への継続的な栄養塩の供給が不可欠である。外洋での栄養塩供給は，主として海洋の**鉛直混合**によってなされる。軽い海水は上に重い海水は下にあり，この上下の密度差が小さいほど，同じエネルギーでかき混ぜられる場合には，よく上下が混合する。寒帯・亜寒帯では海水の上下の密度差が小さく，鉛直混合を通じた有光層への栄養塩供給が強いために，一般に光合成が活発で生物生産が高い。逆に熱帯・亜熱帯では海水の上下の密度差が大きいので上下の混合が弱く，概して光合成が不活発で，生物生産は低い。寒帯や

亜寒帯の外洋の海水が黒味がかった色をして透明度も低いのに対して，熱帯や亜熱帯の海が透明で澄んでみえるのは，主に植物プランクトンの数の違いを反映している。透き通った海は生物生産が乏しい海なのである。

窒素(N_2)・酸素(O_2)・二酸化炭素(CO_2)などの気体成分も海水に溶けている。N_2 は化学的に安定で，また生物活動によってほとんど生産も消費もされないので，あらゆる場所で大気とほぼ平衡した濃度で溶けている。一方，O_2 は大気から海洋表面を通して供給される以外に海水のなかの植物プランクトンの光合成を通して供給され，有機物が分解される際に消費される。有機物の分解は深さを問わず進行するが，O_2 供給は表面，もしくは浅い有光層に限られるため，それよりも深い深度では O_2 は消費される一方である。このため，冷却などによる沈み込みなどによって古い時代に大気と遮断された水ほど O_2 が少ないという関係がある。地球温暖化で注目されている CO_2 は水に溶解すると，水和をへて一部が炭酸水素イオン(HCO_3^-)や炭酸イオン(CO_3^{2-})に解離する。海水中では大部分が HCO_3^- の形をとるが，各溶存形の相対比は海水の pH に大きく依存して変化するため，気体成分である CO_2 の濃度の変化は複雑である。CO_2 は一般に有機物の分解によって増加し，光合成による消費によって減少するが，それぞれ pH の変化もともなうため，O_2 のような単純な増減にはならない。さらに，海洋には炭酸カルシウム($CaCO_3$)を主成分とした殻を作る生物が多く存在し，この $CaCO_3$ の形成や溶解の過程も CO_2 の濃度を大きく変化させる。

上で述べた有機物の有光層から下方への沈降は，その有機物が生産されるのに使われた炭素(水に溶けている二酸化炭素や炭酸水素イオン)が下に輸送されることでもある。この生物活動による炭素の下方への輸送を**生物ポンプ**と呼び，第 29 章で説明する地球の炭素循環に大きな役割を果たしている。

3. 水温・塩分と密度

海洋の**水温**と**塩分**は，海水の運動を考える上で重要な**密度**を決める。密度はさらに圧力にも依存するが，圧力はほぼ深度に比例するので，ある深度の密度を決めるのは温度と塩分になる。海水の密度は，ほぼ 1,020〜1,050 kg m⁻³ の範囲にあり，海水の密度変化はごくわずかである．しかし，この小さい密度変化が第24章で説明するように，海水の運動に重要な役割を果たす．小さい密度変化を効率よく表すために，密度から $1,000 \, \mathrm{kg \, m^{-3}}$ を除いた σ という量も，広く用いられている．水は運動にともなって深度を変え，その密度も圧力を通じて変化するが，水がもともと持つ密度を議論しようとすると，深さが変わったことによる密度変化効果を除くほうが都合がよい．そこで，気圧ゼロでの圧力（実際上海洋表面での圧力として不都合がない）における，σ の値を $\sigma_t (\mathrm{kg \, m^{-3}})$ と呼んで広く用いられている．

図23.1 に密度 (σ_t) を温度と塩分の関数で示そう．注目すべき特徴の一つは，温度が低ければ低いほど，密度変化に対する塩分の重要性が増すことである．つまり，密度を $1 \, \mathrm{kg \, m^{-3}}$ だけ重くするのに必要な水温低下は，低温であるほど大きくなるのに対して，一定の密度変化を引き起こすのに必要な塩分変化はほとんど水温によらない．この性質のために高緯度に分布する冷たい海水では，中低緯度の暖かい海水よりも，塩分が重要になってくる．

なお，純水は 3.98°C で密度が最大になるのに対して，海水は水温が低いほど密度が大きくなる．これは海と湖での氷のでき方に大きく影響している．海も湖も冷やされる時は表面から冷やされるので，冷えた水が重くなるなら鉛直方向に**対流**が生じる（鉛直混合という）．鉛直対流は水温を鉛直方向に均一にする働きを持つので，海洋表面の水を1°C冷やすには表面から底まですべての水を1°C冷やす必要がある．これが海洋の状況である．しかし純水で

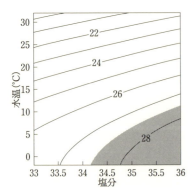

図 23.1 水温・塩分の関数としての密度 (σ_t)．σ_t が $27.5 \, \mathrm{kg \, m^{-3}}$ 以上の領域に影を付けている．

は，3.98℃以下の水温になると，冷たい水の方が軽いので，冷やされると軽くなって表面にとどまろうとする。つまり湖で表面の水を1℃冷却するには，対流が生じないので表面付近の水だけの水温を下げればよい。したがって，湖は海よりも氷が生じやすい。海洋で**海氷**が生じる場所では，深度数百mまでの表層が低塩分になっているためにもともと軽く，海面からの冷却で生じる対流が表層に限定されることが一般的である。北半球のなかでもっとも低緯度で海氷が生じる海はオホーツク海であり，その大きな理由の一つはアムール川からオホーツク海に注ぎ込む淡水によってオホーツク海の表層が低塩分になっているためである。

また，水温・塩分・密度などを調べることで，ある海水がどこから来てどこに行くのかを理解することができる。これらの量は，海水がいったん表面を離れると，かなり長い時間にわたって保存される**保存量**である。保存量がもともと持っていた特性は，拡散や混合によって徐々に変質するので，その空間・時間的な変化を調べることで海水がどう移動したかを追跡することができる。なお海洋中の混合は，主に同じ密度の水どうしが混ざることで生じるので，密度は温度・塩分よりもより保存性が高い。起源を同じくする水は，同じような水温・塩分・密度を持つ傾向がある。このようにある特定の水温・塩分・密度などで特徴づけられる水を**水塊**と呼ぶ。

4. 海洋コンベヤー・ベルト

海洋も大気も，平均的には軽い水（または空気）が上に，重い水が下に位置している。このような密度分布を，**密度成層**と呼ぶ。地球の熱バランスで重要な外力である太陽放射(18.4節参照)は，海洋を上から暖めるので，密度成層を安定化させる効果がある。これは下(地表)から暖められる大気が，そのために不安定になることと逆である。したがって，一般に海洋中では大気中よりも対流は発生しづらい。

中緯度海の水温の鉛直分布を細かくみてみよう(図23.2)。まず表面付近には鉛直方向に水温やほかの海水の特性がよく混ざった**混合層**がある。この層は数十mから厚くても200〜300mであることが一般的である。混合層

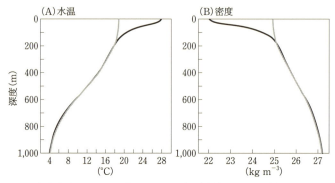

図 23.2 日本南方(30°N, 140°E)での,2月(灰色線)と8月(黒線)における平均的な(A)水温と(B)密度(σ_t)の鉛直分布

は,冬季には冷却と風が上下混合を促進することで深くなる。一方,春から夏にかけて太陽放射が表面付近の水を暖めると,その水はそれよりも深い水と混ざらなくなるので,薄い混合層が新たに生じる。混合層の下の水深数百～千m程度までの徐々に水温が下向きに冷たくなっていく層を,**水温躍層**(24.1節参照)という。水温躍層の上部は夏季に表面付近の水が暖められるためにとくに水温勾配が強くなり,これを**季節(水温)躍層**という。その下では水温勾配は季節によらず一定なので,**永久(水温)躍層**という。この水温構造に対応する構造は多くの場合には密度にもみられるので,水温躍層は**密度躍層**でもある。高緯度域では水温が密度の支配的な要因ではなくなるため(図23.1),しばしば塩分躍層が密度躍層に対応する。

海水温の幅は,結氷点である−2°Cを最低として最高は32°C程度である。当然表面水温は日射で暖められる低緯度で高く,高緯度で低い(図23.3A)。海水で一番暖かい水は,インド洋から西太平洋にかけて分布しており,この暖水はエル・ニーニョをはじめとして熱帯の気候変動に重要な役割を果たしている(28.2節参照)。

海洋の塩分はほぼ34～37の範囲に入り,平均は34.72である。河川流出の影響を受けない外洋では,**蒸発**が**降水**を上回る海域において塩分が高く,逆に降水が蒸発を上回る海域では塩分が低い。このため,一般に蒸発が弱い高緯度で塩分が低くなっている(図23.3B)。また塩分分布の大きな特徴は,

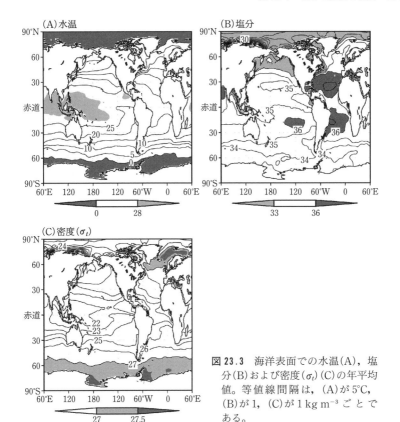

図 23.3　海洋表面での水温(A)，塩分(B)および密度(σ_t)(C)の年平均値。等値線間隔は，(A)が5℃，(B)が1，(C)が1 kg m^{-3}ごとである。

塩分が低い北太平洋と高い大西洋のコントラストである。このコントラストが生じるのは，北太平洋では降水が蒸発よりも多いために表面塩分が薄まるのに対して，大西洋では降水と蒸発が同程度であるために塩分が薄まらないことと，蒸発が一般に過剰である熱帯・亜熱帯の表層水が，この節の後で説明する海洋コンベヤー・ベルトによって効果的に高緯度に輸送されるためである。

　前節で説明したように，低温領域では密度に対して塩分の寄与が大きいために，太平洋と大西洋の塩分コントラストは，密度コントラストに反映される。このために，北半球高緯度の海水の重さは，大西洋の方が太平洋よりも重い。また南極周辺でも，大西洋と同程度の重さの水が表層にみられる。

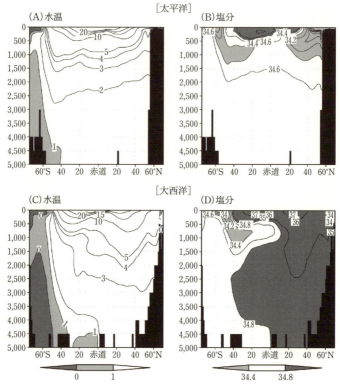

図 23.4 太平洋(170°〜160°W 平均,上段)と大西洋(30°〜20°W 平均,下段)の水温(左列)と塩分(右列)の鉛直南北断面図。等値線は水温については 5°C以下(以上)で 1°C(5°C)ごと,塩分については 35 以下(以上)で 0.2(1)ごとである。黒塗りは海底地形を示す。

次に太平洋と大西洋の断面図で水温分布を見てみよう(図23.4A,C)。まず大きな特徴は,海洋の大部分が冷たいということであり,数°C以下の低温の水が大部分を占めている。またもっとも冷たい水は南極海にあって,表面から深層まで延びている。とくに,南極周辺では図23.3A,Cに示されるように,非常に冷たい水が温度の効果で重いために沈み込んでいる。この水塊を**南極底層水**と呼ぶ(24.3節参照)。

塩分分布は水温分布よりも複雑な構造を示している(図23.4B,D)。まず,南半球で両太洋とも水深 1,000 m 付近に最小値がみられる。これは**南極中**

層水と呼ばれる水塊である．また北太平洋にも同様の鉛直方向の塩分極小がみられ，これは**北太平洋中層水**と呼ばれている．一方，大西洋の深海では，南極底層水の上に比較的塩分の高い水が水深3,000 m付近を中心として北から厚く入り込んでいる様子がみられる．この水塊は**北大西洋深層水**と呼ばれる．一方，上で述べたように，低塩分のために重い水が表面で作られない北太平洋には，北大西洋深層水に対応する特徴はまったく見られない．なお，北大西洋の1,000 m以浅の中緯度に非常に高い塩分が見られるが，これは地中海からの流出水によるもので比較的高温であるために密度が軽く，密度が重い北大西洋深層水とは別の水塊である．

結局，北大西洋と南極付近というごく限られた領域で作られた冷たく重い深層水と底層水が，海洋の体積の大部分を占める深層と底層を満たしている．これらの水塊は，深層水が形成されない太平洋やインド洋にも移動し，そこでゆっくりと上昇している．また，北大西洋で沈み込む水を補償するように，大西洋では表層水が北に運ばれる．この輸送は，暖かい中低緯度の水を高緯度に運び込むので，そこでの海洋から大気への熱放出を通じてヨーロッパが温暖であることに寄与していると考えられている．このような海洋の大きな循環を，**海洋コンベヤー・ベルト**と呼ぶ(図23.5)．ほぼ2,000年をかけて一巡する海洋コンベヤー・ベルトは，地球の気候の維持に重要な役割を果たし

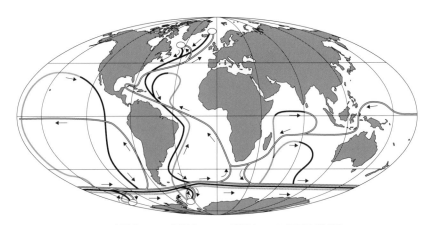

図23.5 海洋コンベヤー・ベルトの模式図(Rahmstorf, 2002をもとに作成)．(口絵20参照)

ている。

[練習問題1] 同じ密度の二つの海水が混ざるとすると，混ざった水はもともとの密度と比べて，変わらない，重くなる，軽くなる，のいずれになるかと，その理由を答えよ。
[練習問題2] もし，グリーンランド氷床が急速に融けると，北大西洋の深層水形成，さらにそれを通じて地球の気候にどのような影響が生じ得るかを答えよ。

Box 23.1 「燃える氷」メタンハイドレート—未来のエネルギー資源？

第13章でふれたメタンハイドレートは，化学的には「包接化合物」に分類される物質である。2種の異なる分子からなる固体物質で，一方の分子が立体的な網状構造を作り，その隙間に他方の分子が入り込んだ構造を持つ物質を包接化合物という。立体網状構造を作る分子が水分子(H_2O)であるとき，これをとくにハイドレートと呼ぶ。またハイドレートの隙間を埋めている分子が気体分子である包接化合物をガスハイドレートと呼ぶ。ガスハイドレート中の気体分子がメタンであるものがメタンハイドレートであり，その代表的な分子式は$CH_4 \cdot 5.75 H_2O$，密度は$0.91 \mathrm{g\,cm^{-3}}$，みた目や質感は氷に酷似している。このメタンハイドレートを1気圧常温で解凍すると164倍の体積のメタンガス(都市ガスの主成分)に変わるため，大量に濃集していればエネルギー資源として利用できる。

メタンハイドレートの形成には，メタンと水が一定の割合で共存するほか，「低温高圧」という温度圧力条件が必要である。一般に地殻や海底堆積物中の圧力と温度はともに深度とともに増大するため，地球上でこの「低温高圧」の温度圧力条件が満たされる場所は限られる。つまり，(1)凍土地帯のような地表温度が低い極域の地下の一部，あるいは同じく極域の浅海部を含めた海水中や海底の一部，(2)水深が数百m以深の海水中や海底の一部，のいずれかである。またこれまで実際に発見されたメタンハイドレートの多くは大陸縁辺や河口周辺に分布しており，大量の有機物が流入し，堆積物中で酸素と遮断されてメタン生成が活発であることも，形成の必要条件となっているようである。

これまで実際に海底から採取されたメタンハイドレートは，厚さ数mm〜数cm程度の層状になっていることが多いが，一部では巨大な塊状であることもある。たとえば，中米海溝の海底下から深海掘削によって回収されたメタンハイドレートは，3〜4m以上の厚さにわたって堆積層の90%以上を占めていた。また米国オレゴン沖では，海底の表層堆積物のほとんどがメタンハイドレートの固まりからなる場所がみつかっている。

世界のメタンハイドレート中のメタン賦存量として，1.5×10^7 Tgという試算があり，この量は化石燃料鉱床(石油・石炭など)中の総炭素量の約2倍，大気中のメタン総量(約4,800 Tg)の3,000倍以上に相当し，非在来型の天然ガス資源として，また過去や将来の地球環境変化のキーパラメーターとして広く注目されている。日本の排他的経済水域内でも，たとえば南海トラフと呼ばれる四国・紀伊半島沖の陸側斜面の海底下などに，大量に埋蔵されている可能性がある。しかし，実用的なエネルギー資源になり得るかどうかについてはさまざまな議論がある。

写真 燃焼するメタンハイドレート
(提供：産業技術総合研究所)

283

海洋の循環

第*24*章――――――――――――――――――――――――――

　海洋の大規模な流れ(海流)は主に太陽加熱の緯度分布にともなう海水の密度差
と大規模な海上風により駆動される。海流は多量の熱を南北に輸送し，地球気候
の平均状態およびその長周期の変動を決める重要な要素となっている。海洋の循
環は大気と同様に地球自転の影響を大きく受けている。海水流動の物理の基本は
大気の流れと同じであるが，南北に延びる陸岸地形によって大きな影響を受ける。
とくに，強い海流は海洋の西岸(大陸の東)に存在するという強い東西非対称性を
示す。本章では，そのような分布の成因を中心に述べる。また，深層の循環につ
いても述べる。

キーワード
亜寒帯循環，亜熱帯循環，エクマン吹送流，エクマン層，海洋風成循環，コリオ
リ力，深層水，深層循環，水温躍層，スヴェルドラップの関係，西岸強化，西岸
境界流，地衡流，熱塩循環，ロスビー波，β 効果

1. 海流の分布と地衡流

　海洋には大規模な流れ(海流)が存在し，海の水はそれによって，太平洋や
大西洋といった大洋規模，さらには，世界の海をめぐって地球規模で循環し
ている(**海洋大循環**という)。図 24.1 に海洋表層での海流の分布を示す。図
を見てまずわかることに，中緯度の偏西風帯では流れは東向きであり，低緯
度の貿易風(偏東風)帯では西向きであることが挙げられる。このことは海洋
表層の流れが風によって駆動されていることを示唆するが，北赤道反流のよ
うに東風のなかに東向きの海流も存在する。この海流も実は風によって駆動
されている。もう一つの大きな特徴は，海洋の西岸(大陸の東海岸)にそって，
黒潮や**湾流**のような大海流が存在することである。このように強い流れが西
岸域に生じることを**西岸強化**(西方強化)，この強い流れを**西岸境界流**という。
偏西風と貿易風(19.2節参照)にはさまれた緯度約 15〜40° の領域では，西岸

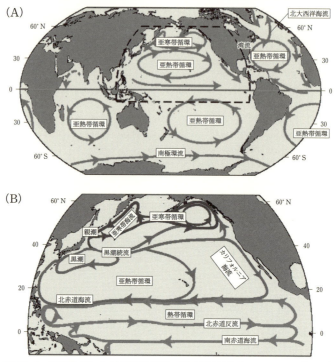

図 24.1 海洋上層における海洋循環の模式図（気象庁ホームページより）

近くを除くと，ほぼ全域で弱い赤道向きの流れが存在し，西岸境界流と合わせると全体として北半球では時計回り，南半球では反時計回りの循環をなしている。この大きな循環を**亜熱帯循環**という。また，偏西風帯の極側には逆回りの循環（**亜寒帯循環**という）が存在し，その西岸境界流としては，北太平洋には**親潮**が存在する。このような風による海流は海洋表層に限られるわけではなく，多くの場所で海面から数百〜千 m 程度の深さまで存在する。また，黒潮は 1〜2 m s^{-1} もの流速を持ち，その流量は毎秒 40×10^6 m^3 に達する。これは，世界の河川流量の 20% を占めるアマゾン川の年平均流量の 200 倍に相当する。

　図 24.2 にジオイド（1.1 節参照）からの海面の高さの分布を示す。この図と図 24.1B との比較から海面の高さと海流の分布が強い関係を持つことがわかる。この両者の関係は，第 20 章で学んだ大気の地衡風と同様に，海流も

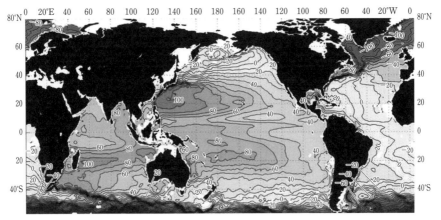

図 24.2 ジオイドを基準とした海面高度の分布 (cm)(Niiler *et al*., 2003 をもとに作成)。灰色が濃いほど海面が高い。

地球自転の影響を強く受け，**コリオリ力**と**圧力傾度力**(大気における気圧傾度力と同じもの)が釣り合った状態にあることから説明される。海洋ではこの釣り合いを**地衡流平衡**といい，このバランスにある流れを**地衡流**と呼ぶ。地衡流は，北半球では海中の圧力の高い方を右(南半球では左)に見る方向に流れる。他方，海中の圧力はそれより上に存在する水の重さに大気圧を加えたものである。したがって，海面高度が高いところでは，その下の海中の圧力は高くなる。これらのことは，北半球では流れの右側の海面の方が高く，流れは海面高度の等値線にそい，そして，海面高度の変化が大きいところで流れが速くなることを意味する。

図 24.3B は日本東方での南北断面における海水の東西流速と海水温分布である。北緯 34° あたりにある東向きの流れが黒潮から連なる流れ(黒潮続流)である(図 24.1B)。1,000 m より浅いところに**水温躍層**(23.4 節参照)が見られるが，その深さは，黒潮続流の南で深く，黒潮続流のところで北に急に浅くなる構造をしている。海面は黒潮続流の南側の方が高いので(図 24.2, 24.3A)，海洋上層では南側の方が圧力は高い。他方，圧力は深さとともに増加するが，その増加率は海水の密度に比例する。密度は水温が低いほど大きいので，水温が高い黒潮続流の南より水温が低い北側の方が圧力の増加率は大

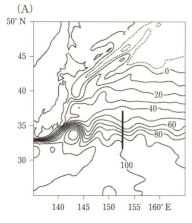
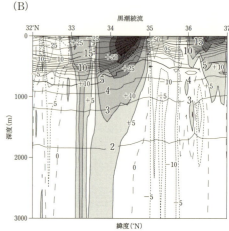
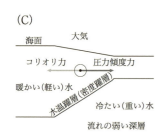

図 24.3 海流の鉛直構造と水温分布。(A)観測した測線(南北の太線)とジオイドを基準としたこの海域のおよその海面高度分布(cm)。(B)水温(実線：℃)と流速(陰影部および破線と点線：cm s^{-1})。数字のプラスは東向き，マイナスは西向きを表す。Yoshikawa et al.(2004)をもとに作成。(C)地衡流と海面高度と水温躍層深度の関係。⊙は紙面からこちら向きの流れ(地衡流)であることを意味する。北半球の場合

きい。そのため，海面の高さによる圧力の違いは深さとともに減少し，水深1,000 m ぐらいではかなり小さくなる。これは第20章で学んだ**温度風の関係**と同じ原理である。1,000 m より深い所では等温面はほぼ水平なので南北の圧力傾度はあまり変わらない。この海域では深層にいたるまで，表層と同じ方向の流れが見られるが，流れの強い部分は水温躍層の上のみに限られているのがわかる。

　海洋は**水温躍層**より上の暖かい水とそれより下の重くて冷たい水の領域に分けられる。海洋循環の力学を扱うときには，図24.3Cのように水温躍層を密度境界面(密度躍層)で近似し，上層の軽い水と下層の重い水の2層で考える場合が多い。風による循環は主に上層に限られ，下層の流れは上層の流れに比べると非常に弱い。したがって，下層の重い水のなかでは圧力は水平方向には変化しない。そして，図24.3Cに示すように，海面高度の高いと

ころではそれによる上層での圧力の増大を下層では打ち消すように密度境界面(水温躍層)が深くなるというアイソスタシー(1.2節参照)の関係が成り立つ。

2. 海洋風成循環の力学

2.1 エクマン吹送流

　海洋上層の流れは，風が海面を擦る力である**海面風応力**により主に駆動される。中緯度では偏西風，低緯度では貿易風(偏東風)が吹いている。このような風により直接駆動される流れを**エクマン吹送流**といい，その流れがある層を**エクマン層**という。エクマン層は海の深さに比べるとごく薄く，その厚さは十〜数十mである。エクマン吹送流は深さとともに方向を変えるが，エクマン層内で平均すると，その方向は，海面風応力の方向に対して，北半球では直角右向き，南半球では直角左向きになる。これは，流向に対して北(南)半球では直角右(左)向きに働くコリオリ力が海面風応力と釣り合った状態である(図24.4A)。実際の表層の流れはエクマン吹送流に地衡流が重なったものになる(図24.4B)。

　風向きと方向が90度ずれるエクマン層内の流れは偏西風帯では赤道向き，貿易風帯では極向きなので，偏西風と貿易風にはさまれた亜熱帯域表層では南北から水が集まってくることになる。そのため亜熱帯域での海面高度は高くなり(密度躍層は深くなり)，その圧力分布に対応して北半球では時計回りの，南半球では反時計回りの海洋上層1,000m程度までおよぶ地衡流場が形成される。これが**亜熱帯循環**である。他方，偏西風帯より極側では，偏西

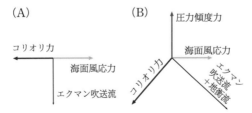

図24.4　風による海洋表層の流れ(北半球)。(A)海面風応力とコリオリ力の釣り合い。(B)地衡流がある場合の表層の流れ

風によるエクマン層内の赤道向きの流れにより水位が低下し，亜熱帯循環とは逆回りの**亜寒帯循環**が形成される．このように，図24.1にみられる亜熱帯循環と亜寒帯循環は風により説明される．しかし，現実の循環はその循環中心が西にかたより，強い流れが西岸にそって現れる．その理由を次に説明する．

2.2　β効果と海洋風成循環

海洋循環の中心が西に寄る理由は地球が丸いことにある．地球が丸いため，コリオリ因子は高緯度ほど大きく，低緯度では小さくなる(20.2節参照)．この効果が**西岸強化**を引き起こす．図24.5に簡単な理論モデルを用いて計算した亜熱帯循環の流れの場を示す．(A)がコリオリ因子を空間的に一様としたもので，(B)が地球が丸いという効果を入れたものである．(B)は図24.2の海面高度分布をよく再現している．

では，なぜコリオリ因子が北ほど大きいと循環の中心は西に寄るのであろうか？コリオリ力はコリオリ因子に流速をかけたものである．したがって，同じ流速に対するコリオリ力は高緯度ほど大きい．地衡流はコリオリ力と圧力傾度力の釣り合いなので，このことは，同じ圧力傾度力に対する地衡流は低緯度ほど速いことを意味する．ここで，図24.6のような中央の圧力(水位)が高い北半球の渦を考えよう．地衡流は等圧線にそって時計回りに流れるが，南へ行くほど地衡流速度は増加するので，渦の中心の東側では北から流れて来る水よりも南に流れ去る水の方が多くなる．したがって，東側の水

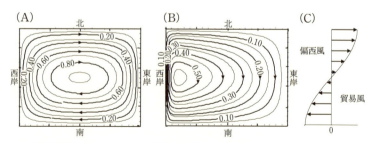

図24.5　簡単な理論モデルによる海洋循環の様子．図は海洋上層の圧力の水平分布を表す(大きさは最大を1としている)．流れは等圧線にそって時計回りに回る．(A)コリオリ因子一定．(B)コリオリ因子が緯度の関数．(C)計算に用いた海面風応力の南北分布

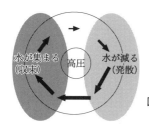

図 24.6 丸い地球上での渦の西進。矢印は地衡流を表す。

が減ることになる。他方，西側では，南から来る水の方が北へ流れ去る水より多いので水が溜る。水が減れば水位は下がり圧力も下がり，溜れば水位が上昇し圧力も上がる。つまり，渦の東側の圧力が減少し，西側の圧力が増加する。これは，渦(圧力の高いところ)が西に移動することを意味する。中央の圧力が低い反時計回りの渦を考えた場合にも，同様に考えると西側の圧力が減少するので，やはり，西へ移動することがわかる。このように丸い地球上の渦は西進する。大気と海洋には，この渦のようにコリオリ因子の緯度による違いの影響を受けて西進する渦的な波動が存在し，**ロスビー波**と呼ばれる。第 19 章で学んだ大気の定常ロスビー波も西風のなかを西に向かって進もうとしているために止って見えているのである。なお，コリオリ因子の緯度による違いの流れへの影響は β **効果**と呼ばれる。

同様のことを北半球の亜熱帯循環で考えてみよう。亜熱帯循環東部を考えると，図 24.5 にあるように，循環北部で西から運ばれて来る水は等圧線にそって徐々に南向きに方向を変え，そして，南部で西へ流れる。しかし，この亜熱帯循環でも南へ行くほど流れは強く，循環北部で西から流れて来る水よりも，循環南部で西に流れ去る水の方が多い。したがって，その流量の増加を補うものが存在しなければ，先ほどの時計回りの渦と同様に循環中心の東側の水が減ってしまうことになる。ここで重要になるのが，エクマン層内で南北から集まって来る水である。エクマン層内で集まって来る水は，表層に留まるのではなく深い方に移動する(図 24.7)。この水が，南下にともなう地衡流量の増加を補うことになる。逆にいえば，南下するにしたがって増加する地衡流量がエクマン層内で集まり，降下する水の量と一致するように南下流の強さが決まるのである。他方，循環中心の西側では地衡流は北向きであるため，エクマン層から入って来る水は北に運ばれることになる。しかし，

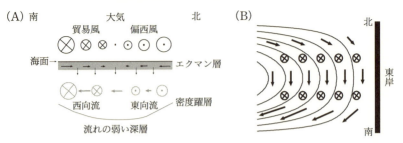

図 24.7 エクマン層内の流れの収束と南北地衡流の増大に関する模式図。(A)南北断面。⊙は東向き、⊗は西向きの流れ、矢印は南北断面内の流れ。(B)平面図。実線は海中の水平圧力分布を表す等圧線、矢印は地衡流速度、⊗はエクマン層からの下降流

北に行くほど地衡流は弱くなるため、水は西側に溜り、上で述べた渦の西方移動と同じ機構によって循環中心は西岸にぶつかるまで西に移動することになる。その結果、亜熱帯循環内部の地衡流はほとんどの領域で南向き(南東から南西向き)となる。そして、この広い領域で南に流れた水を北に返すために西岸にそって強い北向きの流れ(**西岸境界流**)が生じることになる。なお、上の議論をそのまま当てはめると、北向きに流れる西岸境界流域では水が溜まり続けることになりそうだが、実際には、西岸境界流は非常に流れが強いので、上の議論では考慮していないいくつかの効果が重要となり、定常的に存在することができる。

　亜寒帯循環の場合も同様である。亜寒帯循環ではエクマン層内の流れにより表層の水が減少する。その減少分はエクマン層の下の海洋内部の水によって補われなければならない。同じ大きさの圧力傾度力に対しては南の方が地衡流が強いので、亜熱帯循環と同じように考えると、表層の水の減少を補う水は南から来ることになる。まとめると、エクマン層内の水が集まり下降するところでは、その水は赤道側に行かねばならないため、地衡流は赤道向きになり、エクマン層内の水が減るところでは、それを補う水は赤道側から来なければならないため、地衡流は極向きとなる。このエクマン層内の流れの収束・発散と地衡流の南北成分との対応を**スヴェルドラップの関係**という。このようにして、亜熱帯循環では弱い赤道向きの流れが、亜寒帯循環では弱い極向きの流れが生じ、それと逆向きの強い流れが西岸域に集中して存在することになる。また、地衡流場に直接影響するのはエクマン流の収束・発散

であって，海面風応力そのものではない。それ故，**北赤道反流**のようにその直上の風とは逆向きの海流も生じる(図 24.1B)。

3. 深層の循環(熱塩循環)

　海洋には風による循環以外に密度差により駆動される全球規模の大循環も存在する。第 23 章で述べたように，高緯度域では海面は冷やされ，また，結氷し塩分が濃縮されることによって重い海水が作られる。これらの水は深層へと沈んで行く。他方，低緯度域では，海面は暖められる。海面に入った熱は海洋内部の乱れにより混合し，深い方に伝わって行く。それにより，深層にも南北の密度差が生じる。密度を鉛直に積分したものが圧力(圧力はその上に存在する水の重さ)なので，この密度差は南北の圧力差を作る。もし大陸がなければ，この圧力差は大気と同様に緯線にそう流れを作るが，陸地があるため，海洋では重い水は低緯度方向に広がり，**深層水**として全球の深層を占めることになる(口絵 20，23.4 節参照)。

　深層水の生成域は，グリーンランド周辺の北大西洋と南極のまわりに限られる。北大西洋では $10 \sim 15 \times 10^6$ m³ s⁻¹ 程度の深層水が生成されている。この水は**北大西洋深層水**と呼ばれ，大西洋を南下し，南極海を経由して太平洋やインド洋に入っていく。他方，南極のまわりでは，$10 \sim 20 \times 10^6$ m³ s⁻¹ の深層水(**南極底層水**)が作られている。これらの重い水は深層全域に広がりつつ，少しずつ暖められて上昇する。そして，約 2,000 年かけて海洋表層に戻って来る(海洋コンベヤー・ベルト，図 23.5，口絵 20)。

　深層の流れは平均的には非常に弱いため，その詳細は必ずしも明らかではないが，物質の分布やコンピュータシミュレーション，理論計算などから大まかな様相はわかっている。図 24.8 は，平坦な海底を仮定したもっともシンプルな理論の結果である。この計算では，グリーンランド沖と南極のまわりで沈み込んだ水は，全海洋で一様に上昇し，上層に戻って来るとしている。この時，沈み込んだ水は**深層西岸境界流**(図の太線)として西岸にそって低緯度方向に流れるが，西岸から東へ広がって行くと，流れは極向きになり(図の細線)，北半球では反時計回り，南半球では時計回りの循環を形成する。

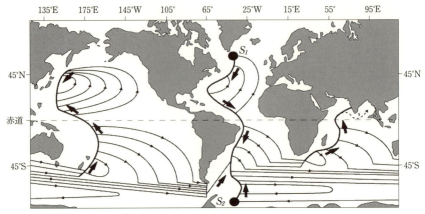

図 24.8 底が平坦であるとしたときの深層循環の模式図(Stommel, 1958をもとに作成)。図中の S_1 と S_2 で形成された深層水がインド洋や太平洋へどのように広がって行くかを示している。太線は深層西岸境界流を表し，細線はその他の深層流を表す。

このような流れが生じる原理は，前節の風成循環と同じである。亜寒帯循環ではエクマン層内の水の減少を補う流れが低緯度から来ると述べたが，それと同様に，上昇流を補う水は低緯度からやって来るのである。

深層循環は密度差により駆動される流れであり，密度差は熱と塩によってもたらされるので，この循環を**熱塩循環**という。熱塩循環の速度は非常にゆっくりであるが，熱輸送において重要な役割を果たしている。とくに，北大西洋では，その生成域へ向かう暖流(北大西洋海流：図24.1)が，ヨーロッパの温暖な気候の維持に重要であると考えられている。また，深層循環は南北対象ではないため，どこでも低緯度から高緯度に熱を運ぶわけではない。南大西洋では，高緯度から低緯度向きに熱を運んでいることが知られている。

[練習問題1] 水の密度は約 $1,000\ \mathrm{kg\ m^{-3}}$ である。1 m の水位差はその下の水圧の差としてはいくらになるか。水圧は密度×重力加速度×水の厚さである。また，図24.3(C)のような2層モデルを考え，上層の軽い水の密度を $1,000\ \mathrm{kg\ m^{-3}}$，重い水の密度を $1,002\ \mathrm{kg\ m^{-3}}$ とした時，1 m の水位差は密度躍層の深さにどれだけの差を生み出すか？
[練習問題2] 黒潮をはさんで海面高度には 1 m 程度の差がある。黒潮の幅を 100 km とした時の表層の黒潮の平均的な流速を求めよ。ただし，コリオリ因子は黒潮域では約 $8×10^{-5}\ \mathrm{s^{-1}}$ であり，風の影響などは考えないとする。
[練習問題3] 中央の圧力が低い時計回りの渦に関して，図24.6と同様の図を描き，その移動を論ぜよ。さらに，亜寒帯循環に関して図24.7と同様の図を描け。

海洋の観測と潮汐

第*25*章──────────

　私たちは，ほとんどリアルタイムに天気図から高・低気圧分布など大気の様子
を知ることができる。しかし，大気に比べ，海洋中の流れや海水の性質を測るこ
とははるかに難しく，またコストもかかる。そのため，かつては海洋の様相を天
気図のように知ることは，よほど多くの観測船を動員しない限り難しかった。し
かし，近年は人工衛星などを利用した新しい観測技術の進展により，海の天気図
を描くことはもはや夢ではなくなりつつある。本章では，海洋観測の中心となる
水温・塩分および流れの観測をその歴史も含めて解説する。
　また，海洋現象のなかには，非常に規則正しく，ほぼ予報可能な現象もある。
それが潮汐・潮流現象である。潮汐は，地球の自転と月・太陽に対する運動と力
の関係から生じる現象であるが，本章ではその原理も解説する。

キーワード
アルゴ計画，引力，遠心力，大潮・小潮，海面高度計，起潮力，係留系，地衡流，
潮汐，潮流，ナンセン採水器，表層ブイ，プロファイリングフロート，平衡海面，
ADCP，CTD，HF レーダー

1. 海洋の観測

1.1　海洋観測の歴史

　初めて地球規模で海洋の流れや海水の性質を観測したのが，1872～1876
年のイギリスのチャレンジャー号による世界一周探検航海であり，この観測
により今日の海洋学の基礎が築かれた。今につながる精度の高い水温測定や
採水観測が行われるようになったのは，1893～1896 年のノルウェーのナン
セン(F. Nansen)によるフラム号の北極海漂流航海からである。北極点一番乗
りをめざした探検としても有名なこの航海では，ナンセン自らが採水器(**ナ
ンセン採水器**)を考案し，北極海の深層までおよぶ海洋観測を行っている。
ナンセン採水器には，転倒式の水銀温度計が取り付けられ，温度計は転倒す

294　第III部　大気・海洋・陸水

ることで水銀を切り，そこの深さで測った温度を固定するしくみになっている。温度計に被圧型と防圧型の2種類を使うことで，その差からそこの水圧（水深）が知れる。このようなナンセン採水器による観測は，1980年代までの100年近くにわたって海洋観測の主流をつとめてきた。

1.2　水温・塩分の観測

　ある深さ（圧力）での海水の密度は，ほぼ水温・塩分の関数として決まる。密度は海洋の力学を支配する重要な要素であるため（第24章参照），水温・塩分の観測は，昔から海洋観測の中心であった。前述した転倒温度計付ナンセン採水器に取って代わり，現在もっとも一般的に精度よく水温・塩分を測る機器として用いられているのが**CTD**である。これは電気伝導度（conductivity），水温（temperature），水深（depth）の，頭文字をとった測器であり，それぞれの値を連続的に計測できる。CTDの一般的な用い方は，アーマードケーブルと呼ばれる電気信号を伝えるワイヤーを用いて水中につり下げ，水温・塩分の値を船上でモニターする方法である。通常，海洋観測船では，CTDは**ロゼット採水システム**（図25.1）とともに用いられる場合が多く，取得したい深度での採水を船上より指令できる。

　CTDによる観測は高精度なデータが得られるが，船を使用する必要があるため，コストが高いという問題がある。そのようななかで，**プロファイリングフロート**という測器が開発され，海洋学に革命をもたらしつつある。このフロートは，CTDを搭載し，所定の深度（密度）に浮遊し，設定された時間ごとに海面まで浮上するように設計されている（図25.2）。浮上の際に，CTDにより水温・塩分のプロファイルを測定し，フロートの位置とともに衛星経由でデータを送信する（図25.2）。2000年より米国が中心になって，このフロートを世界中の海に常時3,000個以上漂流させようという**アルゴ計画**が立ち上がった。そして2007年11月，目標の3,000個が達成され現在にいたっている。3,000個を維持するには年間約800個のフロートを投入し続けなければならない。日本は米国に次いでフロートの投入に貢献している。このアルゴ計画により，従来より一桁大きい数の水温・塩分データがほぼ全世界をカバーしてリアルタイムに得られるようになった。

図 25.1 ロゼット採水システム

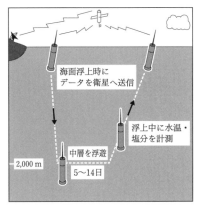

図 25.2 プロファイリングフロート。中層に浮遊し一定時間ごとに浮上して，その際の水温・塩分の鉛直プロファイルを位置とともに衛星を介して送る。

1.3 流速の観測

　海流の観測には，大きく分けて，直接測流と地衡流の関係を利用するものとがある。直接測流には**ラグランジュ的手法**（流れに乗って測る方法）と，**オイラー的手法**（固定点で測る方法）がある。プロファイリングフロートによる中層の軌跡追跡はラグランジュ的な測流の代表といえる。人工衛星の追尾による**表層ブイ**も表層の流れをラグランジュ的に測るものとして，大いに利用されている。図 25.3A に示すように，表層ブイは，海面に浮いている送信部と水深 15 m 付近に中心を持つドローグ（抵抗体）からなっており，ブイが風の影響を直接受ける海面ではなく，抵抗体付近の海水の動きに従う。観測例として，1999 年にオホーツク海で計 20 個投下された表層ブイの軌跡を示す（図 25.3B）。この観測によって，サハリン島東岸沖に幅約 100 km の強い南下流（東樺太海流）があることが，初めて実測によって確かめられた。

　オイラー的な測流の代表は係留系システムによる**流速計・ADCP**（acoustic doppler current profiler）の長期連続観測である。**係留系システム**とは，海底の重りからロープやワイヤーを立ち上げ一番上に浮きを付けて張ることによって固定点を作るシステムで，流速計などをロープやワイヤーに固定する（図 25.4A）。重りのすぐ上には切り離しを行う装置が付いており，船上より超音

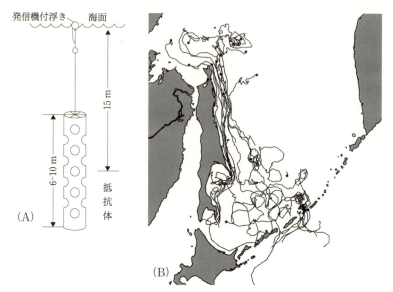

図 25.3 (A)表層漂流ブイの形状。(B)オホーツク海に投下した 20 個のブイの軌跡 (Ohshima *et al.*, 2002 をもとに作成)。黒丸はブイ投入点で観測期間は 1999 年 8 月～2000 年 2 月である。

波で指令を出すことによって切り離し，系を回収する。流速計は，プロペラやローター式のものが長きにわたって使用されてきたが，最近は ADCP に取って代わられるようになった。ADCP は超音波を発射し，その反射のドップラーシフトから流速を測定する。3 ないし 4 個の音源兼受信器から超音波を発し，反射してきた超音波のドップラーシフトから，反射地点での速度を測定する。超音波を反射させているのはプランクトンなどの浮遊物質や温度場の乱れなどといわれている。測定するのは超音波の伝播方向の流速成分である。3 または 4 方向の成分を合成して水平成分を導出する。返ってくる時間により，測器からの距離がわかり，そのため，1 か所の流速でなく，流速の鉛直分布がわかるのが特徴である。ADCP は船底に穴をあけて船に設置することもでき(図 25.4B)，航路にそって上層の流速プロファイルの取得が可能となる。最近の観測船は ADCP が標準装備となりつつある。

　HF(High Frequency)**レーダー**は表層の流れを面的に連続計測できるもので，海流のモニターに実用化されている。陸上の局から HF 電磁波を発射し，

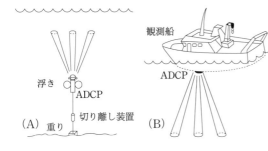

図25.4 ADCPによる流速の鉛直分布の観測(柳, 2002に加筆).(A)係留系システムによる長期連続観測, (B)船底設置型.

海面の波浪成分とのブラッグ散乱共鳴を利用して海面付近の流れを計測するものである.1局のレーダーからはアンテナの視線方向の流速成分しか得られないので,適度に離れた2〜3局のレーダーからの同時観測を行う必要がある.観測例として,北海道北部の宗谷海峡付近に設置された3台のHFレーダーから算出された流速ベクトルの分布図を示す(図25.5).このような流速場が1時間ごとに観測され,リアルタイムで公開されている.

以上の直接測流は1970年代になるまでは技術的に難しく,限られた範囲でしか用いられなかった.それまでは,海流を知る方法としてはもっぱら**地衡流**の関係(流れによるコリオリ力が水平圧力傾度力と釣り合うという関係.24.1節参照)を用いていた.この方法では,深いところまでの水温・塩分分布さえわかれば,深いところで流れがない(圧力傾度がない)という仮定のもとで流れが求まる.海水の密度は水温・塩分で決まるので,流れがないとする深い面(無流面あるいは基準面と呼ぶ)に対して,その上に乗っている海水の重さがわかり,圧力が計算できることになる.圧力分布がわかれば,原理的に地衡流の関係から流速が計算できる.

表層の流れは,海面の凹凸(高度)がわかれば地衡流の関係からわかる.北(南)半球では海面の高い方を右(左)に見て流れる.人工衛星搭載の**海面高度計**による観測が,現在,表層流のモニターに非常に有効な手段になっている.人工衛星からマイクロ波を放射し,海面で反射して返ってくる時間から衛星と海面の距離を測定するのである.この距離と衛星の位置が正確にわかれば海面の高さが計算でき,海面の傾きから圧力傾度がわかり,表層の地衡流が計算できる.ただし,平均海面水位(ジオイド:1.1節参照)自体を精度よく

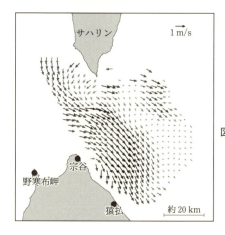

図 25.5 海洋 HF レーダーによる表層流の観測例(Ebuchi *et al.*, 2006 をもとに作成)。空間分解能は約 3 km である。2003 年 8 月 17 日 20 時の例。毎時のリアルタイムデータは，http://wwwoc.lowtem.hokudai.ac.jp/hf-radar/index.html にて公開されている。

知ることはできない。したがって，海面高度計の観測では絶対流速を知ることができず，変動分だけを求めることができる。衛星が高度計を使って全地球をカバーするのに 2 週間程度かかるので，全球の表層流を 2 週間ごとに知ることになる。このような観測は 1993 年以降継続して行われている。

　海面高度計による表層流モニタリングと前述したアルゴ計画(プロファイリングフロート)による水温・塩分および中層の流れのリアルタイムモニタリングをあわせることで，海の天気図も一挙に現実的なものとなった。ただし，これらのデータは全球で定時に得られるわけでなく，十分な分解能があるわけでもない。現在では，これらのデータを数値モデルに取り入れて，モデルとデータの両方を最適に反映させてデータセットを作ること(**データ同化**という)が試みられており，海の天気図作りや海の天気予報が実用的なものになりつつある。

2. 海洋の潮汐

　日に 1～2 回潮の満ち干があり，その干満の差が大きいとき(**大潮**)と小さいとき(**小潮**)があることはよく知られている。これらは月や太陽による潮汐力により生ずる典型的な現象である。図 25.6 はサハリン島沖で係留系システムにより観測された，海面水位(潮位)と流速(南北成分)の 1.5 か月間の時

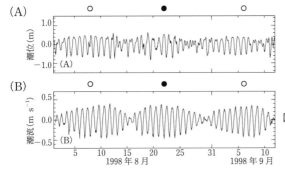

図 25.6 サハリン島東岸沖の(A)潮位と(B)潮流の南北成分の変動。○は満月，●は新月を示す。

系列である。潮位(図25.6 A)，流速(図25.6 B)ともほぼ1日の周期で変動していること，またその振幅がおよそ半月周期で変動していること，これらの変動はかなり規則正しいこと，などが見てとれる。満月・新月のときに潮汐・潮流が大きくなる傾向もわかる。

なぜ潮汐が起こるかということを初めて明らかにしたのは，あの有名なニュートン(I. Newton)である。彼は「すべての物体はその質量の積に比例し，お互いの距離の2乗に反比例するような力で引き合っている」という万有引力の法則を発見した。彼はこの法則の応用例の一つとして潮汐現象を説明したのである。

まず地球と月の関係を考えてみる(図25.7)。地球と月もニュートンの発見した万有引力によってお互いに引き合っている。それではなぜ月はりんごのように地球に落ちてこないのか。それは，月に働く地球の引力(図25.7の月の中心のf_0)と，月が月と地球の共通重心Pのまわりを回るための遠心力(図

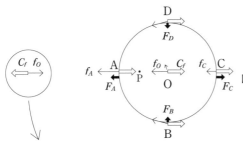

図 25.7 引力($f_0 \cdot f_A \cdot f_C$)と遠心力(C_f：白矢印)と起潮力($F_A \cdot F_B \cdot F_C \cdot F_D$)。Oは地球の中心，Pは地球と月の共通重心を表す。Pは地球の内部に位置する。

300 第III部 大気・海洋・陸水

25.7 の月の中心の C_f）とが，釣り合っているからである。同様に，地球の中心の単位質量に働く力を考えると，月の引力（図 25.7 の地球中心の f_0）は地球が共通重心 P のまわりを回るための遠心力（図 25.7 の地球中心の C_f）と釣り合っている。この遠心力（C_f）は，地球の自転による遠心力とは無関係に共通重心 P のまわりを回る並進円運動によって生じるので，地球のあらゆる点で同じように働いている。一方，月の引力は地球上の各点までの距離の 2 乗に反比例するので，図 25.7 で月に近い A 点の方が地球の中心の O 点よりも引力は大きくなる（$f_A > f_0$）。今 f_0 は C_f と釣り合っているので，A 点では $f_A > C_f$ となり，A 点の単位質量には地球の中心から外に向かうような F_A という力が働く。同様に考えると，C 点では $f_C < C_f$ となり，同じく地球の中心から外側に向く F_C が，B 点と D 点では合力として地球の中心に向かう $F_B \cdot F_D$ という力が生じることになる。この $F_A \cdot F_B \cdot F_C \cdot F_D$ が潮汐を起こす**起潮力**である。

　ここで，A 点の単位質量に働く起潮力の大きさ F_A を計算してみる。まず C_f は O 点での引力 f_0 に等しいので，

$$C_f = f_0 = G \cdot M / R^2 \tag{25.1}$$

ここで，G は万有引力定数，M は月の質量，R は地球の中心と月の中心間の距離を表す。一方 f_A は，

$$f_A = G \cdot M / (R - e)^2 \tag{25.2}$$

で表せる。ここで，e は地球の半径を表す。したがって，起潮力 F_A は

$$\begin{aligned} F_A &= f_A - C_f \\ &= G \{ M / (R - e)^2 - M / R^2 \} \\ &\fallingdotseq 2\,GMe / R^3 \end{aligned} \tag{25.3}$$

となる。万有引力定数 G は私たちが地球の中心に引きつけられている重力 g によって

$$g = G \cdot E / e^2 \tag{25.4}$$

のように表せる。ここで E は地球の質量を表す。結局 F_A は

$$F_A = 2g(e/R)^3 \cdot (M/E) \tag{25.5}$$

となる。

　ここで式(25.5)に地球の半径と地球—月間の距離の比($e/R \fallingdotseq 1/60.3$)，月と地球の質量比($M/E \fallingdotseq 1/81.3$)を代入すると，$F_A = 1.12 \times 10^{-7} \cdot g$ となる。つまり月の起潮力の大きさは私たちが地球中心に引きつけられている重力(g)のわずか1,000万分の1の大きさにすぎない。同様な計算を行えば，C 点では F_A と同じ大きさで逆向きの，B 点と D 点では F_A の半分の大きさで地球の中心に向う起潮力が存在することがわかる。

　今地球の表面が一様な厚さの海水におおわれ一様な重力が働いていると，海面は球形になる。ここで起潮力が働くと，月の真下(図25.7 A 点)とその反対側(C 点)では海面が膨らみ，月を水平線上にみる点(B，D 点)では海面がへこみ，海面の形は，ラグビーボールのような形(回転楕円体)となる(図25.8)。このような海面を**平衡海面**と呼ぶ。平衡海面を詳しく計算すると，一番膨らんだところ(A, C 点)で 35.7 cm，一番へこんだところ(B, D 点)で -17.9 cm となる。ここで地球の自転を考えて，私たちが1日のうちに図25.8 の A・B・C・D 各点を通りすぎるとすると，1日に2回の満潮と2回の干潮を経験して，その干満差は 53.6 cm となることがわかる。

　今までは，月の起潮力だけを考えてきたが，太陽によっても同様にして起潮力が働く。太陽は月よりもはるかに大きい質量を持っているが，遠くにあるためその起潮力の大きさは月の半分位になる。実際，式(25.5)に太陽と地球の質量比($S/E = 3.33 \times 10^5$)，地球の半径と地球—太陽間の距離の比($e/R_S = 1/2.35 \times 10^4$)を代入すると $F_A = 5.15 \times 10^{-6} \cdot g$ となり，月のそれの

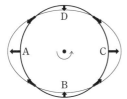

図 25.8 起潮力により変形を受け，回転楕円形となる平衡海面

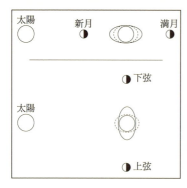

図 25.9 大潮(上段)と小潮(下段)のときの月の起潮力による平衡海面(実線)と太陽の起潮力による平衡海面(点線)

0.46 倍にしかならない。また太陽の起潮力による平衡海面の干満差も 26.7 cm となり，月によるそれの約半分となる。月と太陽両方の起潮力に加え，地球の自転軸が傾いていることなどにより，半日だけでなく，1日，さらにほかの周期の潮汐成分も生ずることになる。

満月や新月の満潮の方が上弦や下弦の月の満潮より高く，干満差も満月や新月の方が大きくなる(図 25.6)。このことは月による平衡海面と太陽による平衡海面の重ね合わせとして理解できる。図 25.9 の上段に示すように満月や新月の時は太陽と月と地球がほぼ直線に並ぶ。したがって満潮の高さはより高く，干潮の高さはより低く，ゆえに干満差も大きくなる。一方，上弦や下弦の月のときは，図 25.9 の下段に示すように太陽と地球と月はほぼ直角となるため，月と太陽による平衡海面が打ち消しあって，満潮の高さは低く干満差も小さくなる。満月や新月の頃の潮の状態を**大潮**，上弦や下弦の頃の潮の状態を**小潮**という。

[練習問題 1] 海の流れを測る方法とその原理を 2 種類挙げて説明せよ。また，それぞれの方法はオイラー的手法か，それともラグランジュ的手法か。
[練習問題 2] もし月に海があったとしたら，地球との関係において月に潮汐は生じるか？ その理由も示せ。ただし，太陽との関係は無視するものとする。
[練習問題 3] 式(25.3)の 2 段目から 3 段目への近似は，$e/R \ll 1$ によりテーラー展開を用いている。実際に 3 段目への導出を行ってみよ。

地球と陸域の水循環

第*26*章 ————————————————————————

　21世紀は水の時代，災害の時代といわれる。近年の温暖化・乾燥化によって，陸域に住む人類にとり淡水の確保は重要な課題となってきた。この章では，地球の水循環と陸域の水循環について基本的なしくみを述べる。そのなかで，水資源として重要な河川水と地下水の役割を示す。また，陸域の降水量分布に地形効果が認められ，降水は流域ごとに河川や地下水によって排出されることを学ぶ。さらに，流域の水収支と降雨による河川流出量の変化をもとに，流域からの蒸発散量を求める方法を述べ，最後に，地下水の動きについて地形の影響を示す。

キーワード
河川流出，失水河流，自噴井，蒸散，蒸発，蒸発散，浸潤，帯水層，地下水，地形効果，地表水，得水河流，ハイエトグラフ，ハイドログラフ，被圧帯水層，不圧帯水層，分水界，水収支，水循環，流域

1. 地球の水循環と河川流出の役割

　水惑星と呼ばれる地球には，陸域に**陸水**，海域に**海水**，大気には**降水**や**水蒸気**が存在し，これらの水は図26.1のように互いに関わり合いながら循環し，図26.2に示すような地球全体の水収支が成り立っている。**水循環**で重要なのは，水が常圧（1気圧）のもとで三態（液体の水・固体の氷・気体の水蒸気）に変化できること，この変化とともに熱（潜熱）の吸収や放出が起こることである。図26.1にあるように，陸水は河川水や湖水などの**地表水**，土壌水・地下水・熱水の**地下水**，および高緯度地域や高山域にみられる**氷河**からなり，これらは互いに関わり合いながら陸域表層の水循環を成り立たせている。とくに地下深部では，降水が地下へ浸透してマグマなどの地殻熱源にふれ，さまざまな化学物質を取り込んだ熱水（14.2節参照）が形成される。これが，地上に達すると**温泉**になる。このように，温泉の起源はそのほとんど

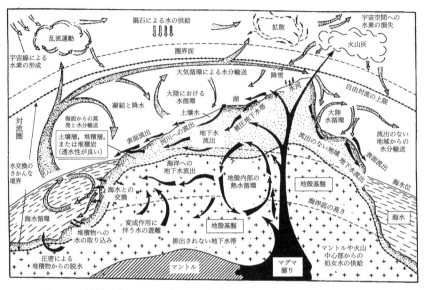

図 26.1　陸域を中心とした水循環の概念図（Pinneker, 1980 をもとに作成）

が降水（循環水，天水）である。

地球の**水収支**において，水全体の 96.5% を占める海洋（水量は 1.34×10^9 km³）では，海面からの蒸発によって年間 437,000 km³（図 26.2 では，これを 100 とする）の水が水蒸気として失われる。これに対し，大気からの降水は年間 393,000 km³（図 26.2 では，これは 90）であり，結果として海洋では年間 44,000 km³ だけ不足する。この不足分のほとんどは陸域からの河川水の流入によってまかなわれ，海洋での水収支が成り立っている。また，陸域に降った雨や雪は，その 60% が蒸発散によって大気に戻り，残り 40% のほとんどは河川によって海洋へ流出し，陸域の水収支が成り立っている。ここで，**蒸発散**とは陸域の植生を考慮した言葉で，水面からの**蒸発**ばかりでなく，生きている植物の気孔からの**蒸散**を含めた陸水の気化現象全体をさす。図 26.2 の地表水，すなわち地表または地表近くにある湖沼水・河川水・土壌水の貯留量は 207,000 km³ と見積もられている。このなかで，河川水の占める割合は全体の 0.5% にすぎない。しかし，その輸送量（41,000 km³/年）が大きいため，河川流出として地球の水循環に果たす役割はきわめて重要である。な

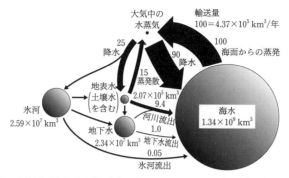

図 26.2 地球の水収支(地表水と地下水の量は Shiklomanov(1996) の数値をもとに作成。氷河の水量は IPCC, 2013 などのデータに基づく)。単位のない数値は海面からの蒸発量(4.37×10^5 km³/年)を 100 としたときの割合。

お,北半球における大陸の最大積雪面積は毎年 1〜2 月に記録され,ユーラシア大陸と北米大陸の合計で平均 4.6×10^6 km² と見積もられている。これは両大陸面積の約 58% に相当し,3〜5 月の春季に起こる融雪現象は,河川への流出を通して水循環に大きく寄与している。なお,図 26.2 にある海洋への氷河流出とは,南米パタゴニア氷河,アラスカの氷河および南極氷床のように,直接氷河本体が海洋に流出している場合をさす。

一般に,陸水は塩分 0.05% 以上の塩水と塩分 0.05% 未満の淡水に分けられる。すると,図 26.2 の地下水量 2.34×10^7 km³ のうち,55% が塩水,45% が淡水である。また,地表水 2.07×10^5 km³ のうち 85% は湖沼水だが,湖沼水の 48% は塩水,52% は淡水である。結果として,氷河 2.59×10^7 km³,淡水の地下水 1.05×10^7 km³,淡水の湖沼水 9.15×10^4 km³,河川水と土壌水 2.64×10^4 km³ が淡水であり,総淡水量は 3.65×10^7 km³ と見積もられる。これは,地球表層部にある水全体の 2.6% にあたる。また,この淡水を水資源として考えるとき,利用できるのは氷河を除く淡水である。このため,人類が利用できる淡水は,地球全体のわずか 0.8% である。

2. 降水の地形効果と流域の水循環

図 26.3 は,北海道における 1979〜1987 年間の平均年降水量(mm) の分布

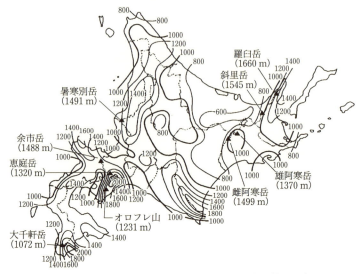

図 26.3 北海道の年降水量(1979〜1987年の平均, mm)と地形効果。高さ 1〜2 km の隆起地形に影響される。降雪量は水当量に換算して、雨量に加える。

を示す。なお，降水量とは春〜秋の期間の雨量と冬季の降雪量(水当量に換算)の和である。図26.3のデータはやや古いが，降水量と地形との関係をよく表している。北海道でもっとも降水量が多いのは，支笏湖と洞爺湖との間にあるオロフレ山周辺(標高900〜1,320 m)や道南の大千軒岳周辺(標高900〜1,072 m)で，年2,000 mmを超える。また，日高山脈南部(標高1,000〜1,500 m)にも降水量の極大が認められる。これらの地域の降水量は60%以上が降雨によるもので，秋に北海道南岸を低気圧が通過する際，南からの暖かい湿った空気が山体斜面を上昇することで絶対不安定になり，大きな降雨をもたらす(第21章参照)。つまり，雨量が山系や山地が存在する地形に影響される。また，道央西部の天塩山地(標高約1,000 m)〜暑寒別岳(標高1,491 m)での降水量は約60%以上が降雪量であり，この地域の降水量の極大は冬季の北西〜西からの季節風の影響を反映している。以上から，地上から約10 km上空までの対流圏では活発な雨雲・雪雲の生成と降水が生じるが，地上に降る降水量の分布は標高1〜2 km程度の隆起地形に大きく影響されていることがわかる。

このように，人類を含む陸生生物が生存するために必要な水の供給は，地上からごく限られた大気圏内で分布が決まる．また，近年の温暖化による海水温上昇で海面からの蒸発量が増え，結果として水循環が強化されているといわれる．このため，水循環の様子を探るには，地球規模の水循環ばかりでなく，地形を考慮した**流域**における水循環のしくみ，とくに降水後の地表水や地下水の動きと貯留状態を知ることが重要である．なお，札幌は冬季モンスーンの影響で年間降水量(約 1,130 mm)の 60％は降雪による．その最大積雪深(札幌で約 100 cm)は通常 2 月末に記録されるが，その後の気温上昇で 3～5 月に融雪が起こる．梅雨期のない北海道では，この融雪水が貴重な水資源となる．

ここでいう**流域**とは，降水を地下水や河川として排出する凹地状の地形をいい，流域間の境界を**分水界**という．分水界は，地形隆起部の頂点にそって描かれた境界線で，地上にもたらされた降水はこの分水界によって分けられ，流域の出口から排出される．

流域の例を図 26.4 に示す．図 26.4 は支笏湖(北海道)の北西にあるオコタンペ湖とその流域を示す．オコタンペ川はオコタンペ湖の流出河川で，流出口を最低位の点とし，ここから地形の凸部頂点にそって線を描くと，漁岳(標高 1,318 m)や小漁山(標高 1,235 m)のピークを含んだオコタンペ湖を囲む閉曲線が描ける．これが分水界である．この流域面積は湖を含め 8.6

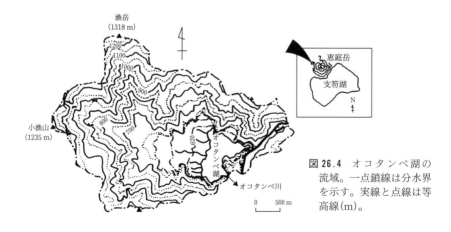

図 26.4 オコタンペ湖の流域．一点鎖線は分水界を示す．実線と点線は等高線(m)．

km² である．この流域に降った水の大部分は，地下水や河川水としてオコタンペ湖に流入し，オコタンペ川から排出される．なお，この流域は降水量が多い（図26.3），湖の西から流入する6本の小河川は，頻繁に起こる豪雨出水の際，土砂もいっしょに運んで堆積させる．このため，湖は西側から徐々に埋積している．湖の西に広がるこれらの小河川を含む平坦部は，この土砂が堆積してできた地形である．

　世界最大の河川である南米アマゾン河の流域面積は $7.05×10^6$ km² である．このように，流域という空間スケール（**流域スケール**という）は，さまざまな大きさをとる（10^{-2}〜10^6 km² のオーダー）．

　ここで，流域における水循環を考えるため，図26.5のような河川流域を考える．この流域の水収支は，ある期間の流域への全降水量 P，流域からの全蒸発散量 E，全河川流出量 R として，

$$\Delta S = P - E - R - I \tag{26.1}$$

で表すことができる．ここで，ΔS は P，E，R と同じ期間での地下水貯留量 S の変化で，これには地下水と土壌水（土壌中に存在する水）が含まれている．I は，河川流出量 R でとらえられない，同期間で積算した流域外への地下水漏出量で正負両方の値をとり（出て行く場合が正の値），土壌層の下にある基盤の割れ目への浸透なども含まれる．なお，雨水や融雪水が地面で土壌中に浸透することを**浸潤**という．ΔS は1年以上の長い期間を考えるとほぼゼロに近く，さらに，流域外への全地下水漏出量 I は小さく無視でき

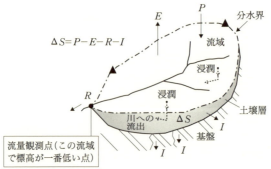

図 26.5　流域と水収支

るとすると，式(26.1)は，

$$E = P - R \tag{26.2}$$

となる．つまり，1年以上の降水量 P と河川流出量 R の記録があれば，その流域からの蒸発散量 E を求めることができる．このような蒸発散量 E の求め方を**長期水収支法**という．このように，陸域における水循環を考えるとき，陸域全体の蒸発散量 E を直接求めるのは困難なので，降水量と河川流量の連続観測(モニタリング)から間接的に蒸発散量を求めるのが一般的である．

3. 降雨に対する河川流出

　この節では降雨に対する河川流出の応答のしかたについて考える．降雨があると河川流出量 Q (普通，$m^3\,s^{-1}$ の単位を使う)は，一般に図26.6のように変化する．ここで，雨量(図では時間雨量 $mm\,h^{-1}$ で表す)の時間変化図を**ハイエトグラフ**，河川流出量の時間変化図を**ハイドログラフ**という．河川流出量が降雨によって増加するとき，降雨に対して応答が早く急激に増加する流出成分(直接流出量 Q_d)と応答が遅く緩やかに増大する流出成分(基底流出量 Q_g)があり，これらが混在した状態で流出すると考えられている．基底流出量を構成している水の起源は主に地下水(降雨前の土壌水を含む)である．雨が止む頃に河川流出量はピークを迎え，この後徐々に減少する．このとき

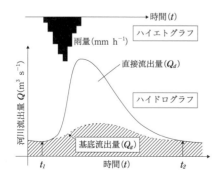

図 26.6 降雨による河川流出量の変化

310　第Ⅲ部　大気・海洋・陸水

直接流出量 Q_d は基底流出量 Q_g に比べ早く減少するという特徴を持つ。雨が降らない期間が続くと，河川流出量の大部分は地下水起源の基底流出量によって占められることになる。Q_d と Q_g を収支期間で積算したそれぞれの積算直接流出量 R_d と積算基底流出量 R_g を考慮すると式(26.1)は，

$$\Delta S = P - E - R_d - R_g \qquad (26.3)$$

となり，無降雨期間が続くと，この期間では $R_d ≒ 0$ から

$$\Delta S = P - E - R_g \qquad (26.4)$$

と表せる。他方，基底流出量 Q_g は地下水の貯留量 S に比例するといわれている。以上から，図 26.6 のような河川の増水が起こる前後の期間では河川流出量は基底流出のみからなり，この前後のある時点 t_1，t_2 で基底流出量 Q_g が同値の場合(すなわち，$Q_g(t=t_1)=Q_g(t=t_2)$)，この期間では $\Delta S ≒ 0$ が成り立つ。この期間を式(26.3)の水収支期間にとれば，

$$E = P - R_d - R_g = P - R \qquad (26.5)$$

となり，式(26.2)と同形となる。これより，河川流出量が基底流出量のみからなり，その基底流出量 Q_g が同じである二つの時点があるならば，その間の全蒸発散量 E は，同期間の河川流出量と雨量の記録から評価できる。この方法を**短期水収支法**という。

　式(26.3)に対応した各大陸の単位面積当りの年間水収支を表 26.1 に示す。ただし，収支期間は年単位と長期のため $\Delta S = 0$ としている。また，河川流出量(mm/年)は，年間総流量を各陸地面積で割った値を示す。この表から，大陸の河川流出の 64〜76％は直接流出，24〜36％は基底流出として海洋に流出していることがわかる。また，大陸のうち南米の降水量・河川流出量・蒸発散量がとくに多い。これは，熱帯雨林地帯に流域面積が世界最大のアマゾン河があるためである。また，アフリカ大陸はほかに比べ降水量に対する蒸発量の割合(E/P)が 80％と大きく，これはサハラ砂漠などの乾燥地域が広域的に存在することが一因である。日本の場合，$P=1,600$ mm/年，$E=681$ mm/年，$R=919$ mm/年であり，E/P は 43％，R/P は 59％となる。

表 26.1　各大陸の水収支(Lvovich, 1972 による)。単位は mm/年

	ヨーロッパ	アジア	アフリカ	北米	南米	オーストラリア	全陸地(平均)	
降水量(P)	734	726	686	670	1,648	736	834	
蒸発散量(E)	415	433	547	383	1,065	510	540	
流出量(R)	319	293	139	287	583	226	294	
直接流出量(R_d)	210	217	91	203	373	172	204	
基底流出量(R_g)	109	76	48	84	210	54	90	
E/P	57	60	80	57	65	69	65	%
R/P	43	40	20	43	35	31	35	
R_g/R	34	26	35	29	36	24	31	

これから，日本は大陸に比べて降水量が多く，また海への河川流出量も多いことがわかる。これが，日本では水資源として，地下水の揚水よりも河川水および河川を堰止めたダム湖など地表水が多く利用されてきた理由である。なお，表 26.1 は 1970 年代にまとめられたもので，この後，アジア・南米・アフリカなどで行われた森林伐採の影響は，直接流出量の占める割合を増大する方向に働いていることが考えられる。

4. 地下水の動き

　地殻表層のなかで，扇状地や沖積平野(現在も続いている河川の堆積作用で作られた新しい平野)の堆積層および表層地質が堆積岩の場合には地下水が豊富に存在し，降水の地表での浸潤を通して降下浸透した水は，図 26.7 のように地下水をかん養し，特徴的な**地下水流動系**を形成する。とくに透水性の高い砂礫層や砂岩・礫岩に分布する地下水は流動が盛んである。地下水は地下の層構造にともなう圧力の違いによって**不圧地下水**と**被圧地下水**に分かれ，それぞれが存在する層を**不圧帯水層**，**被圧帯水層**という。被圧地下水とは，帯水層が透水性の悪いシルト層や粘土層と不透水性の基盤岩によってはさまれ加圧されている状態(これを**被圧**という)の地下水で，圧力は大気圧よりかなり大きい。不圧地下水は地上の外気とつながり被圧されておらず，水面の圧力が大気圧と同じ**自由地下水面**を持つ。被圧帯水層に井戸を掘り，

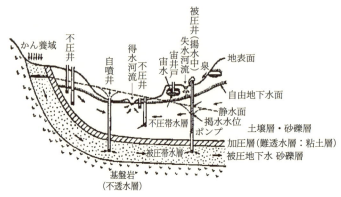

図 26.7 地下水の流れ模式図(梶根, 1980 をもとに作成)

その静止水面(図 26.7 の**静水面**)が地表面より高ければ**自噴井**となり，低ければ**非自噴井**となる。また，地表を流れる河川水は，多くの場合不圧地下水と関わりを持ち，周囲の自由地下水面が河川の水位より高いと，地下水の流れは河川に向かう。その結果，地下水が河川に供給されて河川は**得水河流**となる。逆に，自由地下水面の方が低い場合，河川は**失水河流**となる(図 26.7)。また，周囲から孤立して存在する地下水を**宙水**という。

地下水の流速は，周囲の固体粒子との摩擦のためにきわめて小さく，せいぜい $10^{-2}\,\mathrm{cm\,s^{-1}}$ (〜数 m/日)のオーダーである。このため，地下水流の運動は，重力と圧力の和で表される水を流そうとする力と，摩擦による力との釣り合いで決まる。この重力と圧力の和は，ボーリングによって地上から地下水に到達する穴を通した場合に，その穴における水面の高さで評価できる。この水面の高さ h を水理水頭といい，たとえば海抜 0 m のような適当な基準面からの高さとして定義する。フランスの水道技師ダルシー(H. Darcy)は，1856 年の実験によって「地下水の単位面積当りの流量 $q\,(\mathrm{m\,s^{-1}})$ は，流れ方向の摩擦による水理水頭の差 Δh に比例し，地下水の通過距離 ΔL に反比例する」という**ダルシーの法則**を見い出した(図 26.8)。これを式で表すと，

$$q = -K_s(\Delta h/\Delta L) \qquad (26.6)$$

となる。ここで，比例定数 K_s を透水係数($\mathrm{m\,s^{-1}}$)といい，地下水に対する摩

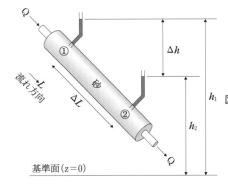

図 26.8　ダルシーの法則に関する模式図。断面積 $A(\mathrm{m}^2)$ をもつ筒を L 方向に固定し，その中に砂を詰めて一定流量 $Q(\mathrm{m}^3\,\mathrm{s}^{-1})$ のもとで，点①と点②での水理水頭（それぞれ h_1, h_2 とする）を測れば，$q=Q/A$ から，透水係数 K_s が求められる。

擦の効果を表している。透水係数は，地下水が通る間隙の大きさが大きければ，すなわち摩擦が小さければ大きい。また式(26.6)の右辺は水理水頭の傾きとみることができる。すなわち，水理水頭が減少する方向に地下水は流れようとし，その流量は水理水頭の勾配と透水係数の積で与えられるのである。

河川の中流部や上流部では，沖積層(現在の河川の作用で堆積した泥・砂・礫などの地層)の平面的な広がりは小さく厚さも薄い。しかし，周囲の山体では表層をおおう基盤岩のなかで規模の大きな地下水流動系が形成される。この地下水流動系は，地下構造ばかりでなく，地形の影響も受ける。図26.9は，地層が等方均質で，二つの川が流れている谷地形での横断方向の地下水流動系を示す。実線で示すように，山体に降った水の降下浸透にともない川に向かう地下水流動がみられる。沖積平野における地下水の場合は，一般に水平方向の流れが卓越するが，山体における地下水の流れは水平方向ばかりでなく垂直方向にも発達することがわかる。また，図26.9では地層が等方均質なので，式(26.6)の透水係数 K_s は一定である。このため，この

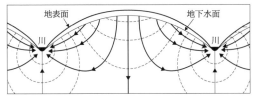

図 26.9　地下水の流れに対する地形効果。
実線は地下水流線，点線は等水理水頭面を表す。

314 第Ⅲ部　大気・海洋・陸水

場合は，水理水頭のみから地下水の流動方向ばかりでなく流速 q も求められ，等水理水頭面の間隔がせまい山体の中腹で流速がもっとも速い。

　地下深部で形成された熱水(図 26.1)の多くは，被圧地下水として存在する。しかし，洞爺湖温泉のように，有珠山の地下深部で形成された熱水が上昇し，洞爺湖水とつながった不圧帯水層の表層に偏在する場合がある。洞爺湖温泉は，この熱水を源泉として揚水している。

[練習問題 1]　図 26.2 に示す地球の水循環から，海水・河川水・地下水の滞留時間をそれぞれ求め，求めた値について互いに比較せよ。なお，滞留時間とは貯留量を輸送量で除した値で，それぞれの水の入れ替え時間を表す。

[練習問題 2]　豪雨で河川が増水したときの様子を述べよ。このとき，具体的な河川名や豪雨発生の年を挙げ，できるだけ自分の経験にもとづく内容にせよ。

[練習問題 3]　日本は降水量が多く，水資源として地表水を使う場合が多い。しかし，降水量の少ない国では一般に地下水を利用している。このとき，図 26.2 や図 26.7 を参考にして，地下水をくみ上げて利用する際の注意点を述べよ。

Box 26.1　世界の水資源

　図 26.2 に示すように，地球にある水のうち，雪氷を含む陸域の水(陸水)は地球の水全体のわずか 3.5％で，その大部分は地下水と雪氷として存在する。地下水のほぼ半分と雪氷は淡水であるため，これを灌漑や飲用として利用することは可能である。しかし，水資源として利用可能な氷河はヒマラヤやアラスカなどに存在する山岳氷河で，これは融解水として主に河川を通して初めて利用が可能になる。しかし，河川水は季節的な変化が大きいため，結局，人口が集中する都市部では，容量の大きな地下水が利用対象となる。他方，地下水は流速が遅いため，井戸での揚水が増加すると揚水量に供給量が追いつけなくなる過剰揚水が起こり，地下水位の低下や井戸の枯渇が生じるようになる。とくに，開発途上国では近年の人口増加によって地下水開発が進められており，バングラデシュなどでは，地下水位の低下ばかりでなく，ヒ素などの有毒物質による**地下水汚染問題**が深刻化している。さらに，アフリカなどでは人による土地開発で森林が伐採されて乾燥化が進み，また，東アジアなどでは河川水も灌漑用として海洋へ流出する途中で揚水され，水の循環が正常に起こらない状態が広がっている。21 世紀は温暖化・乾燥化の上に人口増加が重なり，世界的に淡水の確保がますます困難な状況になることが予測される。他方，日本は相対的に大きな降水量を持つアジアモンスーン地帯にあり，しかも急峻な山岳地帯を持つ島国である。このため，灌漑用・上水用・発電用として河川水や湖沼水の利用が可能である。日本は大陸にはみられない水資源に恵まれた特徴ある国といえる。

　しかし，他方では，21 世紀に入り 24 時間雨量が 800〜900 mm を記録するような長時間豪雨が頻繁に起こるようになった。このため，我が国でも水の供給と治水の両方への適切な対策が今後ますます重要になってくると思われる。

第27章

氷河と氷河時代

　氷河は現在の地球において陸地の約10%をおおい，気候・水循環・地形の形成などに重要な役割を果たしている。また氷河地形や氷コアが過去の地球環境変化を読み解く鍵を与えるとともに，近年の氷河変動は気候変動の指標として注目を集めている。氷河の変動は，海水準やアルベドを通して地球規模の環境変化をもたらすほか，水資源の枯渇や氷河湖決壊災害など人間生活にも大きな影響を与える。本章では，氷河の形成と変動のメカニズムを説明し，地球上の氷河が過去に経験した変動について解説する。

キーワード
アルベド，涵養域，グリーンランド，酸素同位体比，消耗域，南極，氷河，氷河時代，氷河の質量収支，氷河変動，氷河流動，氷期・間氷期，氷床，平衡線，ミランコビッチサイクル，モレーン

1. 氷河とは

　年間の降雪量が融解量を上回れば雪の堆積が進み，やがて自重で雪が氷へと変化する。そのようにして雪から生まれた氷が，陸上で厚さを増して流れ始めたものが**氷河**である。氷河を特徴づけるのは「氷」，「陸上」，「雪起源」，「流動」であり，夏を越した雪渓・海氷・河川の氷などは氷河には含めない。氷河は大きく二つに分類され，氷が大陸規模で陸地をおおったものを**氷床**，氷床を除く氷河一般を**山岳氷河**と呼ぶ。地球に現存する氷床は**南極氷床**と**グリーンランド氷床**であり(図27.1A，B)，この二つの氷床が全氷河体積の99%以上を占めている(表27.1)。一方で山岳氷河は地球上の広い範囲に数多く分布しており，谷地形を埋める谷氷河(図27.1C)，ドーム状に凸地形を覆った氷帽，急な斜面に発達した懸垂氷河などさまざまな形態を持っている。また氷の温度による氷河の分類も重要である。氷河全体が融解温度にある場合は温暖氷河，部分的に融解点に達している場合はポリサーマル氷河，そし

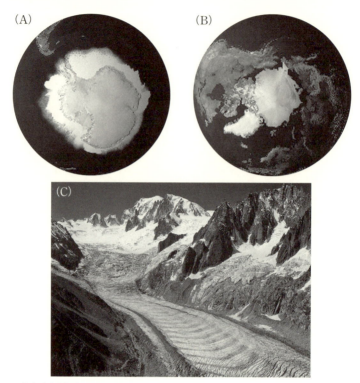

図 27.1 (A)南極氷床。(B)グリーンランド氷床(左下)を含む北極域(人工衛星写真：European Space Agency のホームページより)。(C)アルプス，モンブラン山群のメール・ド・グラース氷河(撮影：白岩孝行)

て全体が凍結しているものを寒冷氷河と呼ぶ。氷河の融解・凍結状態は，氷の流動や融け水の排水に大きな影響を与える。

氷河は地球に存在する総淡水量(約 3.65×10^7 km³)の約70%を占めており，地球環境と人間生活に重要な役割を果たしている。氷河が融解して海に流れ込めば地球規模で海水準が変動するほか，海水温と塩分濃度の変化を通じて海洋循環に影響を与える。また雪や氷におおわれた氷河表面は光エネルギーの反射率(**アルベド**という)が高いため，地球の太陽放射吸収率を考える上で重要となる。長い時間スケールでさまざまな地形を形成する**氷河作用**や**周氷河作用**も，氷河が果たす役割の一つとなっている(11.1節参照)。また，人間

表 27.1　地球上に存在する氷河の面積および体積（IPCC, 2013 より）

氷河の分類	面積 10^6 km^2	体積 10^6 km^3	％
山岳氷河	0.74	0.12〜0.21	0.4〜0.7
グリーンランド氷床	1.8	3.0	10.4
南極氷床	12.3	25.4	89.1

活動に近い地域に存在する氷河は貴重な水資源であると同時に，時として氷雪崩や**氷河湖決壊**といった災害の原因にもなりうる．

2. 氷河の質量収支

ある期間に氷河に取り込まれる氷の量（**涵養量**）を，同じ期間に氷河が失う氷の量（**消耗量**）と比較すれば，氷河の質量変化を知ることができる．涵養量と消耗量の差は**氷河の質量収支**と呼ばれ，氷河変動を知る上でもっとも重要な指標である．単純な場合を仮定すれば，氷河に降り積もる雪の量が涵養量，雪と氷が融けて流れ出る水の量が消耗量にあたる．

山岳氷河を想定して，1年間の質量収支について考えてみよう（図27.2）．標高の高い上流部では冬の積雪量が夏の融解量を上回るため，年間の質量収支は正，すなわち氷河が涵養されていることになる．このような部分を氷河の**涵養域**と呼ぶ．涵養量は下流に向かって減少し，中流域のある地点（**平衡線**）で質量収支がゼロとなる．さらに下流側では，夏の融解が前年の冬期積雪の下にある氷にまでおよび，氷河の**消耗域**を形成する．涵養域全域での涵養量と，消耗域全域の消耗量を比較すれば，氷河全体の年間質量収支となり，1年間に生じた氷河の質量変化が与えられる．

一方，氷が海まで流れ出ている山岳氷河や南極・グリーンランドの氷床は，

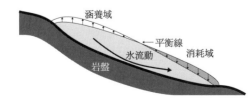

図 27.2　氷河の質量収支と流動を示す模式図

氷山として氷を海へ流し出す**氷山分離**(カービング)が重要な消耗メカニズムとなる。とくに南極氷床では雪や氷の融解が少ないので，消耗のほとんどが氷山分離と水中での氷の融解によって起きると考えられている。

3. 氷河の流動

涵養域に蓄積された氷は重力によってゆっくりと下流に向かって流動し，氷が失われていく消耗域へと流れ込む。涵養域では流れ出す氷の量と涵養量が，消耗域では流れ込む氷の量と消耗量がそれぞれバランスすれば，氷河の形が一定に保たれる。

氷河の流動は，氷の**粘性変形**と氷河の**底面流動**によって起きる。粘性変形は，蜂蜜が流れるのとまったく同じ原理である。氷が粘性変形によって流れるしくみを，氷河の一部を切り出して考えてみよう(図27.3)。氷河の底では，その上に載っている氷に重力が作用するため，単位面積当り $\rho g h$ の力が発生する(ρ：氷の密度，g：重力加速度，h：氷河の厚さ)。この重力による力のうち斜面(傾斜角 α)に垂直な成分($\rho g h \cos\alpha$)は岩盤からの**垂直抗力**によって支えられ，斜面に平行な成分($\rho g h \sin\alpha$)は岩盤との摩擦力によって支えられている(図27.3左)。そのとき氷は斜面に平行な**せん断応力**によって，あたかも傾いたまな板の上で豆腐が歪むように，下流に向かってせん断変形する。この変形は氷河内のどの深さでも生じるが，その大きさは発生するせん断応力の大きさ $\rho g(h-z)\sin\alpha$ に依存する。ここで z は岩盤から上向き

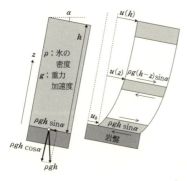

図 27.3　氷河の流動機構を示す模式図

の距離である。つまり氷の変形は氷河の底ほど大きく，変形速度を氷河の底から上向きに積分して得られる流動速度は表面に向かって大きくなる（図27.3右）。

もう一つの流動メカニズムである底面流動は，氷と岩盤の界面で起きる底面すべり（図27.3の u_b）と，氷河底に堆積した軟らかい土砂の変形に分けられる。いずれも氷河の底面が融解温度に達していることが流動の条件であり，温暖氷河や氷床の底面が融解した地域において重要な役割を果たしている。たとえば，氷床には流動速度が桁違いに大きい地域が存在して**氷流**と呼ばれているが，氷流の流動はそのほとんどが底面流動によって生じている。

4. 氷河の変動

質量収支と氷の流動によって，氷河はその大きさと形を変化させる。とくにその質量収支が降雪や融解に結びついているため，氷河の変動は気候に強く支配されているといえよう。したがって，氷河変動は気候変化の指標であり，過去の気候を知るための鍵を与える。

一般的な山岳氷河では，冬の降雪量が涵養量，夏の気温が消耗量にもっとも大きな影響を与える。アルプスの山岳地域では，**小氷期**（16〜19世紀の世界的に寒くなり，各地で氷河が拡大した時期）以降の過去100年にわたって多くの氷河が縮小しており，気候と氷河変動の関係を明瞭に示す一例となっている。その一方で，氷床はその規模が大きく，気候と質量収支の関係が複雑であるため，短周期の気候変化に対する変動は単純ではない。たとえば，南極氷床においては，気温の上昇が単に融解量の増加を招くだけでなく，降雪量の増加をもたらす可能性がある。また消耗のほとんどを占める氷山分離は，内陸から沿岸へ氷が流動する速度，海洋に張り出した氷（**棚氷**という）の崩壊機構などにコントロールされており，そのさらなる理解が求められている。

5. 氷河時代の発見

現代と大きく異なる気候状態が過去に存在したと人類が認識したのは，そ

れほど古い昔のことではない。19世紀初頭，北ヨーロッパでは平原に散在する**迷子石**（図 27.4）の起源をめぐってさまざまな意見が交わされていた。迷子石とは，それが存在する地域の基盤岩とは異なる岩種の巨大な岩塊であり，どこからか運ばれてきたものである。当時の人びとは，聖書が教える過去の大規模な洪水（ノアの洪水）にその原因を求めていた。これを**洪水説**という。

一方，スイスアルプスの山中に住む人びとにとっては，氷河が前進と後退を繰り返すこと，またその際に巨大な石が運ばれることは半ば常識として知られていた。このような人びとの考えを取り入れ，このような迷子石も，今はそこにない氷河がかつてヨーロッパ平原をおおった際に残していったものだとする考えがアルプス周辺の人びとの間から現れ，それがシャルパンティエ（J. de Charpentier）やアガッシ（J. L. R. Agassiz）といった人びとによって広められていった。このような考えを**氷河説**と呼ぶ。氷河説は，当然，洪水説を信じる保守的な人びととの間に大論争を引き起こした。そして，19世紀の末にいたる頃までには，洪水説は消滅し，氷河説が有力となって今日にいたっている。

ここで，言葉の定義を行う。**氷河時代**（ice age）とは，地球上に大陸規模の氷河（氷床）が存在した時代をさす。現在の知識では，先カンブリア時代・古生代・新生代の一時期に氷河時代が存在した（前見返し地質年代表参照）。南極とグリーンランドに氷床が存在する現在は，上の定義によると氷河時代にあたる。一方，**氷期**（glacial stage）・**間氷期**（interglacial stage）という言葉は，とくに指定しなければ，新生代第四紀に繰り返した寒冷期と温暖期を表す言葉

図 27.4 南米パタゴニアに点在する迷子石（撮影：白岩孝行）

として使われる。約90万年前以降，南極やグリーンランドのほか中緯度地域にまで大陸氷床が進出した氷期と，南極やグリーンランドの一部にのみ氷床が存在した間氷期との組み合わせが，およそ10万年周期で繰り返してきたことがわかっている（17.3節参照）。現在は氷河時代の中の間氷期と定義される。なお，現在の間氷期を**後氷期**ともいう。

6. 氷期・間氷期における氷河変動

ヨーロッパや北米の各地からさまざまな地質学的・地形学的データが集積されるにつれ，氷河がこれらの大陸をおおったのは，単に1回のみならず，複数回にわたっていたことが明らかとなった。また，複数の氷河の拡大期（氷期）の間には，現代と同じような温暖な時代（間氷期）が存在したことも明らかとなってきた。これらのことは，どのようにしてわかったのだろうか。

図27.5は氷河や氷床の作る地形を氷河の前進期(A)と後退期(B)に分けて示したものである。山の斜面に発達する氷河は，前述のように，氷の変形のみならず，その底部において滑動することによっても流動する。このとき，氷河の底部では，基盤岩石が削剝される（氷食という）。一方，氷河から突き出ている山は，寒暖の繰り返しによって岩石の破砕が進み，崩落した岩塊が氷河上に落下する。このようにして氷河の底と表面に堆積した岩塊は，氷河の流動にともなって下流側に運搬され，やがて氷河が融けて消失する地点に氷河を取り囲むように堆積する。このような堆積地形を**モレーン**（氷堆石）と呼ぶ。気候変化によって氷河が縮小すると，モレーンは土手状の高まりを持つ地形として残り，氷河が前進すると氷河によって破壊される。

また，氷河の底面や前面地帯には，氷河の融氷水が流れている。これらの融氷水は，砂礫を運搬し，特有の地形を作る。氷河底の融氷水が運搬・堆積した土手状の堆積地形は**エスカー**と呼ばれ，氷河の消失後も長く延びる土手状の地形となる。また，モレーンの下流側には，融氷水が運搬した砂礫から構成される平坦な**アウトウォッシュプレーン**が形成される。アウトウォッシュプレーンは後に河川の下方侵食によって段丘化する場合が多い。これを**アウトウォッシュ段丘**と呼ぶ。モレーンと連続したアウトウォッシュ段丘は，

322　第Ⅲ部　大気・海洋・陸水

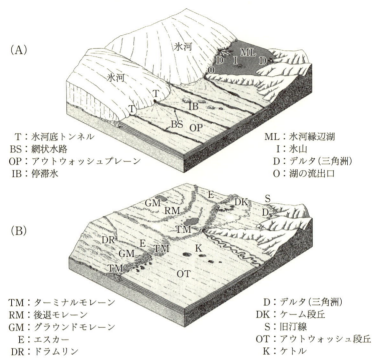

図 27.5　氷河の前進期(A)と後退期(B)に氷河縁辺部に残される地形の模式図(Strahler, 1951 をもとに作成)

一連の氷河の前進を示すよい証拠となる。

　20世紀の初頭，ドイツのペンク(A. Penck)とブリュックナー(E. Brückner)はアルプス山脈の北麓に広がるモレーンとアウトウォッシュ段丘を丹念に調べ，過去に4回の氷河拡大期が存在したと主張した。これらの氷期は，古いほうから**ギュンツ氷期・ミンデル氷期・リス氷期・ウルム氷期**と名づけられた。これらのモレーンに付随する段丘地形には，古さに応じて厚さの異なる土壌が発達していることも見い出された。このことから，氷期と氷期の間には植物が繁茂し，モレーンやアウトウォッシュ段丘上に土壌が発達する温暖な間氷期が存在したことが判明した。

　20世紀を通じ，ペンクとブリュックナーが確立した方法論は世界中に適用され，その後新たな氷期も設定されている。また，新しく導入された放射

年代測定法(Box 17.2 参照)は，モレーンの形成年代を決定するのに役立った。現在では，およそ 10 万年前以降のウルム氷期(最終氷期)については，詳細な氷河変動の歴史が世界各地の山岳氷河や大陸氷床で復元されている。この時代について，氷河と氷床の前進規模と時代の関係を取りまとめたギレスピーとモルナーによると，北米北部の**ローレンタイド氷床**や北欧の**スカンジナビア氷床**は約 2 万年前の最終氷期の最後に最大規模に達したのに対し，世界各地の山岳氷河はそれ以前の 11 万 5 千年前から 3 万年前の間に最大規模に達していたとされる。この時期のずれの原因として，氷床の拡大には時間がかかること，最終氷期中の約 2 万年前は，寒冷ではあったが，降水量が減少し，山岳氷河の拡大には不都合であった点が挙げられている。

7. 氷期・間氷期サイクルの原因

　繰り返して訪れる氷期と間氷期の原因として，現在もっとも有力視されているのは，セルビアの数学者ミランコビッチ(M. Milankovitch)が提唱した地球の自転と公転に関わる軌道要素の周期的変動による日射量変化を原因とする考えである(17.3 節参照)。地球の公転軌道は太陽・月・惑星の引力の影響を受け，楕円軌道の離心率が変化する。第四紀においては，離心率にして 0.005〜0.06 の範囲で変動し(現在は 0.0167)，その周期は約 10 万年と約 41 万年である。一方，自転軸と公転軸との間の角度は地軸の傾きであり，これが 4.1 万年の周期で 22.2〜24.5° の範囲で変動する。現在の値は 23.5° である。そして，この傾いた地軸は，歳差運動と呼ばれるすりこぎ運動をし，その周期が約 2.3 万年と約 1.9 万年である。これらの 3 つの周期変化のなかでは，とりわけ約 2 万年周期の歳差運動と 4.1 万年周期の地軸の傾き変化に日射量を大きく変える効果がある。

　1930 年に世に問われたミランコビッチ仮説を一躍有名にしたのは，1970 年代に実施された CLIMAP プロジェクトであった。インド洋の深海底堆積物の**酸素同位体比**(図 17.4，Box 17.1 参照)の過去 50 万年間の変化には，まさにミランコビッチが予測した 10 万年・4.1 万年・2.3 万年・1.9 万年の周期(**ミランコビッチ・サイクル**という)が検出された。これにより，氷期・間氷

期サイクルを引き起こす第一の原因として天文学的な要因が挙がることになった。

ただし，氷期・間氷期サイクルの原因をすべてミランコビッチ説に求めることはできない。約500万年前から現在について，世界中の海底コアの底生有孔虫の酸素同位体比を取りまとめたリシーキーとレイモーによると，260万年ほど前から始まった氷期・間氷期サイクルは，当初4.1万年の周期を持っていたが，90万年前頃を境に振幅が大きくなり，周期も10万年に変化する（図27.6）。ミランコビッチ説における公転軌道変化の10万年周期が日射量変化に与える影響は小さいので，この10万年周期は地球表面におけるフィードバック機構によっていると考えられる。氷床の動力学・氷床の**アルベド効果**・氷床成長によるアイソスタシー（1.2節参照）などが原因として考えられているが，まだ決定的な結論にはいたっていない。

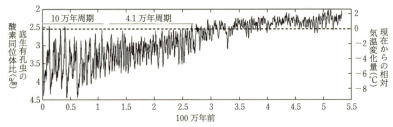

図27.6 世界各地の海底コアの底生有孔虫による過去500万年間の酸素同位体比（$\delta^{18}O$ ‰）の変化とそれを指標とした相対的気温変化（Lisiecki and Raymo, 2005をもとに作成）

［練習問題1］ 表27.1の値と海洋の面積（3.62×10^8 km²）を使って，南極氷床の氷がすべて融解したときの海水準の変化量を見積もりなさい。この計算では，実際に予想されるよりも10％ほど過剰な値が得られるが，その原因は何か。

［練習問題2］ 氷期・間氷期サイクルにおける気候変動の特徴を図27.6から読み取り，簡潔に記述せよ。

［練習問題3］ 今，手元には3本の竹竿と10 m巻尺がある。これらを使って，氷河が動いていることを実証したい。その方法を述べよ。

325

大気海洋相互作用と
エル・ニーニョ，モンスーン

第*28*章

　地球表面の約70%は海洋におおわれている。このため，地球全体の気候の形成とその変動には，海洋の存在が強く関わっている。20世紀以降，地球観測技術や数値モデルの目覚ましい進歩があり，私たちの気候の捉え方は，ケッペンの気候区分図に代表される統計的記述から，大気と海洋が関わる力学的理解へと変化した。

　本章の第1節では，まず，熱帯太平洋における大気と海洋の力学やこの海域の気候形成に関わる大気海洋相互作用の役割を説明する。第2節では，熱帯太平洋域で代表的な気候変動であるエル・ニーニョのしくみについて述べ，エル・ニーニョは熱帯太平洋の大気海洋系が一体となった変動であることを説明する。続く第3節では，エル・ニーニョが全球の気候変動におよぼす影響について紹介する。第4節では，南アジアに多量の降水をもたらすモンスーンの特徴やその形成要因について解説する。

キーワード
アジアモンスーン，ウォーカー循環，エル・ニーニョ，エル・ニーニョ/南方振動(ENSO)，沿岸湧昇，経年変動，水温躍層，大気海洋相互作用，大気・海洋・陸面相互作用，太平洋/北米(PNA)パターン，熱帯収束帯(ITCZ)，ハドレー循環，貿易風，ラ・ニーニャ，冷水舌

1. 熱帯太平洋における大気と*海洋*—ウォーカー循環と熱帯海面水温

　熱帯は図19.1に示すように，大気が宇宙に放出する以上の熱を太陽から受ける地域である。ただし，人間生活に重要な対流圏は太陽放射によって直接加熱されるのではなく，熱帯では積乱雲の発達にともなう潜熱放出によって加熱され，熱対流である**ハドレー循環**を形成する(19.2節参照)。ハドレー循環は対流圏下部で北半球(南半球)の北東貿易風(南東貿易風)となり，これら二つの**貿易風**(偏東風)が出会う北緯5〜10°で**熱帯収束帯**(ITCZ, Inter-Tropical Convergence Zone)を形成する(図28.1A)。収束帯では大気中の水蒸気

が南北から集まって大量の降水を生じるので，収束帯はまた降水帯でもある（図 28.1A）。一方，インドネシア多島海から東南東方向へ延びる降水帯は**南太平洋収束帯**（**SPCZ**, South Pacific Convergence Zone）と呼ばれる。これらの熱帯の降水帯は，熱エンジンとしてハドレー循環を駆動し，貿易風や亜熱帯ジェット気流などの全球的な大気循環を形成する上で重要な役割を持つ（第 19 章参照）。ハドレー循環は東西平均（経度平均）としての大気循環の姿であるが，降水帯の分布は図 28.1A にみられるように必ずしも東西に一様ではない。このため，ITCZ や SPCZ にともなう降水帯がどのように形成されるかは全球大気循環場の形成やその変動を考える上で，重要な要素となる。本節では，熱帯太平洋の海面水温と ITCZ や SPCZ との関連を概説する。

熱帯太平洋域における海面水温も東西一様ではなく，むしろ東西の水温コントラストの強いことが重要な特徴である（図 28.1A）。熱帯太平洋では，表面の暖かい海水の下に，温度が深さとともに急に低下する**水温躍層**が 30〜200 m の深度に存在している（23.4 節参照）。西経 120°から太平洋東岸のペルーやエクアドル沖までの海域では，貿易風（偏東風）によって生ずる**沿岸湧昇**や**赤道湧昇**（図 28.1B）が水温躍層を持ち上げるため，水温躍層は浅くなり，水温躍層より下の冷水が海面に影響をおよぼすことにより海面水温は 25°C を下回る。この低い海面水温は赤道上を東岸から西へ舌状に伸びるので**冷水**

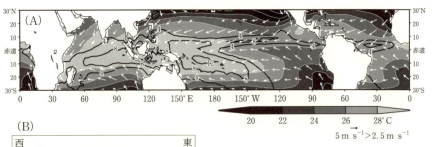

図 28.1 (A) 通常時の熱帯域における海面水温（陰影，°C），降水量（等値線，mm/日），海上風（矢印，m s^{-1}）。12〜2 月の平均値。白抜きは陸地。(B) 通常時の赤道にそう熱帯太平洋の大気海洋系の模式断面。濃い灰色部分は冷水，淡いほど暖水

舌と呼ばれる。一方，太平洋西岸のインドネシア多島海付近では，貿易風によって吹き寄せられた暖かい海洋表層水が 100 m 以上の厚さで蓄積するため水温躍層は相対的に深く(図 28.1B)，表面と下層の冷水をよく隔てるので，**暖水プール**と呼ばれる 28℃を超える海面水温を維持する。このように，熱帯太平洋域の東岸と西岸で約 4～5℃におよぶ海面の水温差や東部に行くほど浅くなる水温躍層は，貿易風に対する海洋の力学的な応答によって形成されている。もし，海洋の力学的応答がなければ，太陽入射量は赤道で極大を取るので(図 19.1)，海面水温も赤道付近で高く，赤道から離れるにしたがって低くなるはずである。しかし，この直観的な海面水温の南北分布は熱帯太平洋西部ではおおむね現実と一致するが，熱帯太平洋東部における冷水舌の存在とは一致しない。

　熱帯太平洋西部を中心とした海面水温が 28℃を超える海域では積乱雲が発達しやすく，それにともなう降水量も多くなるので(図 28.1B)，熱帯太平洋西部では水温の極大域と降水量の極大域がほぼ一致し(図 28.1A)，前述のITCZ や SPCZ にともなう降水帯を形成する。活発な積乱雲の潜熱放出により加熱された大気は軽くなるため静水圧の関係から(20.1 節参照)対流圏下部に低圧帯をもたらす。一方，水温が相対的に低い熱帯太平洋東部では，海面付近で高圧帯を形成するため，熱帯太平洋全体では海面気圧にも東西コントラストができる。この海面気圧は，高気圧である太平洋東部から低気圧である太平洋西部に向かって吹きこむ東風成分を強める。一方，熱帯太平洋西部で暖められた空気は対流圏上部に向けて上昇し，東部では冷やされた空気は下降するので，質量保存を満たすために対流圏上部では西風成分が生ずる。このように，熱帯太平洋上の対流圏では，大気の流れは緯度方向の循環セルであるハドレー循環とは別の経度方向のもう一つの循環セルを形成しており，この循環を発見者の一人であるウォーカー(G. T. Walker)の名にちなみ**ウォーカー循環**と呼んでいる。このように，赤道太平洋の対流圏下部の東風はハドレー循環とウォーカー循環の両方に起因している。

　以上から，熱帯における大気と海洋の関係は，対流圏下部の貿易風が海面水温の東西コントラストを形成し，その水温の東西コントラストは逆に貿易風を維持・強化する海面気圧の東西コントラスト(あるいはそれを含んだ

ウォーカー循環)を形成している，とみなすことができる。この関係はニワトリと卵のどちらが先かの議論のように，大気と海洋のどちらが因果関係的に先なのか，つまりどちらが原因でどちらが結果なのかについて単純な結論を得ることはできない。より適切な考え方は，熱帯太平洋における対流圏と海洋表層とは一つの相互作用(**大気海洋相互作用**)系の構成要素であり，互いの状態を維持するように正のフィードバックが働いているというものである。

　大気と海洋のフィードバックは，東西のコントラスだけではなく，大気と海洋の南北構造を形成する上でも重要である。南半球がより強く太陽によって加熱される南半球の夏(12〜2月)であっても，熱帯太平洋東部の水温極大は北緯 5〜10° に現れる(図 28.1A)。このように，熱帯太平洋東部の水温極大や ITCZ は 1 年を通して赤道の北に形成され，赤道の南にはほとんど形成されない。南半球側の水温が相対的に低くなる理由として，詳細は省くが，中南米の海岸線が北西―南東方向に延びていることが重要であるという指摘がある(練習問題 1)。一方で，地球温暖化などの診断に使われる大気海洋結合モデル(気候モデル)では赤道の両側に ITCZ が形成されやすいという問題を抱えている。気候モデルでなぜ現実的な ITCZ が得られないのかは，熱帯大気海洋相互作用系の振る舞いを理解することで解決されるべきであろう。

2. エル・ニーニョ

　20 世紀初頭に，インドモンスーンの研究を行っていた前述のウォーカーは南太平洋に浮かぶ島嶼における限られた気象データから，タヒチ島とオーストラリア北部のダーウィンの海面気圧差に数年周期の変動があることを見つけ，**南方振動**と名づけた。1960 年代にビャークネス(J. Bjerknes)は第 1 節で概説した大気海洋相互作用によるフィードバックの考えをもとに，対流圏の南方振動と海洋のエル・ニーニョは大気海洋結合変動系のそれぞれ大気側と海洋側の側面であることを指摘した。これ以降，熱帯太平洋全体の空間スケールを持つ大気と海洋とが一体となった年々変動を**エル・ニーニョ/南方振動**，またそのアルファベット表記(El Niño - Southern Oscillation)の頭文字を取り **ENSO**(エンソあるいはエンゾ)と呼ぶようになった。

エル・ニーニョ現象とは，熱帯太平洋域東部の赤道冷水舌付近における海面水温が異常に高い状態をさす．1997～1998年は20世紀で最大規模のエル・ニーニョ現象が起きた年であり，この時の海面水温は赤道付近全体で28℃を超え，図28.1Aにみられた東西コントラストは非常に弱かった(図28.2A)．

エル・ニーニョとはもともとスペイン語で「あの(誰もがそれとわかる唯一の)男の子」すなわち「神の子」の意味を持ち，季節的な水温上昇に対してペルーやエクアドルの漁業者の間で使われていた．熱帯太平洋東部では，毎年12月頃，貿易風が弱くなり，下からの冷水の湧昇が抑えられるため，海面水温は高くなる．リンや窒素といった生物に必須の栄養塩は海洋深層で豊富なため，湧昇が抑えられると栄養塩の供給は減少する．同時に，植物プランクトンの成長や動物プランクトン発生も減少することから食物連鎖の結果として魚類も減少し，休漁となる．時期的に「神の子」がくれた休暇となるわけで，エル・ニーニョという言葉が水温上昇と結びついていた，ともいわれている．

このように，もともとは季節変化の一部としての赤道太平洋東岸域の水温上昇をさしていたエル・ニーニョであるが，その後，年々変動における赤道

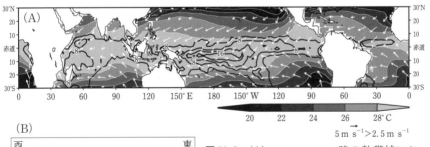

図28.2 (A)エル・ニーニョ時の熱帯域における海面水温(陰影，℃)，降水量(等値線，mm/日)，海上風(矢印，m s^{-1})．1997年12月～1998年2月の平均値．(B)エル・ニーニョ時の赤道にそう熱帯太平洋の大気海洋系の模式断面．濃い灰色部分は冷水，淡いほど暖水

太平洋東部での異常に高い水温について用いられるようになった。一方，年々変動における異常な低水温をスペイン語で「あの男の子」の反対語である「あの女の子」にあたる**ラ・ニーニャ**と呼ぶ。

エル・ニーニョは熱帯太平洋の貿易風が弱くなったときに，それまで太平洋西岸に蓄積されていた暖水が貿易風による支えを失い，東方へ広がることによって生じる(図28.2B)。このため，通常年では東ほど浅かった水温躍層深度の東西コントラストはエル・ニーニョ時には小さくなる。熱帯太平洋の東半分では，水温躍層の深まりと貿易風の弱化の双方が効いて，通常みられる赤道上での水温の極小域が消滅し，熱帯太平洋全体にわたって海面水温は赤道で極大となる(図28.2A)。このように，エル・ニーニョ現象は貿易風の弱まりにともなう赤道水温躍層の力学的応答として解釈できる。

エル・ニーニョ時においては，熱帯太平洋でのほぼ一様な水温分布に対応して，降水帯はより東へ広がっている(図28.2A)。同時に，通常時には西岸にある低圧帯も日付変更線より東に移動するため，海面気圧の東西コントラストも小さくなる。結果として，赤道付近の貿易風は全体として弱まる(図28.2A，B)。これらのエル・ニーニョ時における対流圏の変化は，熱帯太平洋上のウォーカー循環が弱まっていることを示している。

エル・ニーニョとラ・ニーニャはおよそ3〜7年程度の周期で変動していることがわかっている。しかし，その周期性をもたらす機構についてはいくつかの有力な仮説があるものの，まだ完全に明らかにされたわけではない。ある仮説は，海洋内部の波動に着目している。その仮説では，エル・ニーニョによる通常よりも弱い東風が東太平洋の赤道から数度離れた緯度に，海洋中を西に進む波(ロスビー波，24.2節参照)を励起すると考える。この波が太平洋の西岸に達すると，そこで反射して赤道を東に進む波となり，その波が東太平洋に到達すると，エル・ニーニョを終息させ，ラ・ニーニャを引き起こす。別の仮説は，赤道と赤道から少し離れた緯度(緯度15°くらいまで)の海域との間で水塊が移動し，水温躍層よりも上にある暖水が緯度方向に移動することに着目している。エル・ニーニョでは赤道太平洋東部の水温躍層が通常よりも深くなり，それにともなって東風が弱まる。すると，第24章で説明したスヴェルドラップ輸送によって赤道から暖水がゆっくりと極方向

第 28 章　大気海洋相互作用とエル・ニーニョ, モンスーン　331

に移動する。この暖水移動がやがて赤道全体の, そして赤道太平洋東部の水温躍層を浅くし, そこの海面水温を低下させることでエル・ニーニョからラ・ニーニャに移行させる。これらの仮説でも, またほかの仮説でも, 赤道太平洋における水温躍層を効果的に変動させる力学過程が重要であることは共通している。

エル・ニーニョとラ・ニーニャの変動機構に水温躍層の変動が重要であるということは, その監視と予測に, 海洋のなかを観測することが不可欠であることを意味する。1980 年後半以降, 熱帯太平洋の海上気象と海洋表層を監視する **TAO/TRITON アレイ** と呼ばれる海上ブイネットワークが整備されており, 現在では, インターネット上から大気・海洋の実況をほぼリアルタイムで監視できるようになっている。このネットワークでは, 東部から中央部を米国の TAO ブイが, 西部を日本の TRITON ブイがカバーしている。

3. エル・ニーニョと全地球規模の気候環境の変動との関わり

第 2 節でみたように, 1997/98 年のエル・ニーニョの発生時に, ITCZ の位置やそれにともなう降水量分布は太平洋およびその周辺で大きく変化した。すなわちインドネシア多島海・オーストラリア東部・南米大陸北部などで通常に比べて少雨となり, 一方でアフリカ大陸東部では多雨となった。このような変化は過去に起きたエル・ニーニョのイベント(たとえば, 近年では1976/77, 1982/83, 1986/87/88, 2002/03 年など)にほぼ共通する特徴である。

ITCZ は第 1 節で述べたとおり全球大気循環のエンジンでもあるので, その変化は熱帯以外の大気循環場にも影響を与える。熱帯太平洋域の海面水温が高く, ITCZ の強い部分がより東へ広がった場合, ハドレー循環は局所的に強化され, 結果としてハドレー循環の下降域に生じる亜熱帯高圧帯の気圧はより高くなる。さらに, このような気圧場の変化は, 図 28.3 のように平年からの差(偏差)で高圧帯と低圧帯が空間的に固定されて連なる定在波動となって, 北太平洋上から北米大陸にまで伝播する。図 28.3 に示される気圧変動の波動はエル・ニーニョ発生時によく観測され, 伝搬域の名称をとり,

図 28.3　PNA パターンの模式図 (Horel and Wallace, 1981 をもとに作成)。H, L はそれぞれ高圧帯と低圧帯、0 は気圧変動ゼロを表す。図中の矢印は偏西風ジェットの流れ。打点域はエル・ニーニョ時の典型的な降水分布

太平洋／北米 (Pacific/North American) パターン (PNA パターン) と呼ばれる。PNA パターンが出現すると、南風となる地域では通常に比べて高温・多雨となり、北風となる地域では低温・少雨となる傾向がある。北米西岸のカリフォルニア州周辺では、亜熱帯からの暖湿気流が入り込みやすくなり、通常は乾燥地帯であるこの地域に多雨をもたらす (図 28.4)。このような、数千 km 以上離れた地域に気候変化をもたらす主に大気圧の変動で特徴づけられるパターンを、**テレ・コネクション (遠隔結合) パターン**と呼ぶ。もっとも代表的なテレ・コネクション・パターンの一つが PNA パターンである。また、

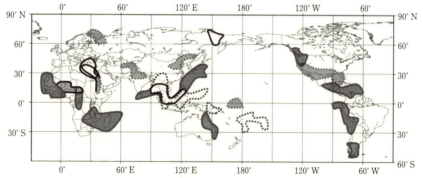

図 28.4　エル・ニーニョ時に発生する世界各地の気候変化。エル・ニーニョ発生時 (3〜5月)。■高温　□低温　▩多雨　⋯少雨

第28章　大気海洋相互作用とエル・ニーニョ，モンスーン　333

ラ・ニーニャ発生時にはエル・ニーニョ発生時にみられた変化のすべてが逆
になる傾向にある。

　エル・ニーニョ時には，PNAパターンのほかにもいくつかのテレ・コネ
クション・パターンが出現する。主なものでは，北太平洋西部で卓越する太
平洋/日本(Pacific/Japan, PJ)パターンや南太平洋で卓越する太平洋／南米
(Pacific/South American, PSA)パターンが知られている。エル・ニーニョはこ
れらのテレ・コネクション・パターンを通じて，アジア大陸東部や南米大陸
にも気候変化をもたらす傾向を持つ(図28.4)。ただし，エル・ニーニョはイ
ベントごとに水温やITCZの変化にいわば個性があり，熱帯太平洋域の気
候変化はすべてのイベントで必ずしも同じではない。また，中緯度・高緯度
地域でも独自の大気循環変動がある。つまり，影響を与える側(熱帯太平洋)
と与えられる側(中緯度・高緯度地域)の状況はイベントごとに少しずつ異
なっている。このため，図28.4に示されたようなエル・ニーニョやラ・
ニーニャの影響による気候変化はイベントによっては必ずしも起きないこと
に注意する必要がある。

4. モンスーン

　低緯度帯における大気下層では一般に東風である貿易風(偏東風)が1年を
通して卓越しているが，インド亜大陸周辺では，南西〜西よりの夏季季節風
と北東〜東よりの冬季季節風が交替することが重要な特徴である(図28.5,
Box 19.1参照)。**モンスーン**とはこのように卓越風向が季節ごとで大規模に変
わる現象をいう(Box 19.1参照)。もともとモンスーンはアラビア海の季節風
をさし，アラビア語で季節を意味する「モウシム」に由来しているが，現在
では，アジア・アフリカ東部・南米大陸における季節風もそれぞれの地域を
冠したモンスーンと呼ばれている(たとえば，**アジアモンスーン**)。

　モンスーンは大陸と海洋の熱慣性の違いによる大陸—海洋間の表面温度の
コントラストに起因する。夏季の場合，熱慣性が小さく暖まりやすい陸面の
地表面温度は海面水温よりも高くなる。暖かい地表面温度はその上の大気を
強く加熱するため，大陸上に低圧部を形成する。このため，相対的に高圧部

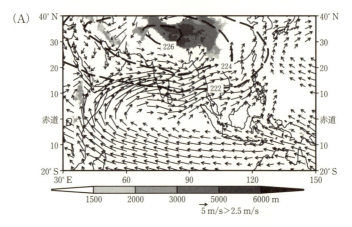

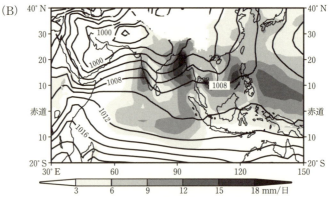

図 28.5 夏季アジアモンスーンの気候値。(A)地表面高度(陰影，m)，6〜8月 850 hPa 面(高度 1,500 m 付近)の風向と風速(矢印，m s^{-1})。6月の対流圏上部の気温(破線等値線，K)。(B)6〜8月の降水(陰影，mm/日)。6〜8月の海面気圧(等値線，hPa)

となる海洋から，低圧部である大陸に向けて季節風が吹き込む。冬季の場合，表面温度のコントラストは逆になるために，卓越風向も反転する。いわば大規模な**海陸風**(Box 19.1 参照)が日変化ではなく季節変化で生じていると解釈できる。ただし，1日スケールの海陸風とは異なり，モンスーンの時空間スケールでは**コリオリ力**がはるかに重要となる。熱慣性の違いに起因する大気下層の気圧傾度力は，夏には南インド洋からインド亜大陸に向いているので，**地衡風バランス**(20.3 節参照)を満たすように南半球では南東風，北半球では

南西風となる(図28.5A)。このような赤道をはさんだ海上風の東西成分の反転は夏季に比べて弱いながらも冬季にもみられる(Box 19.1 参照)。

夏季モンスーンはアラビア海上での蒸発を促し，インド亜大陸上へ大量の水蒸気を輸送する。これらの水蒸気は主に地形の影響を受けて収束し，インド亜大陸周辺に大量の降水をもたらす。モンスーンによる季節風の反転は**雨期・乾期**と密接に関わっていて，モンスーンの年々変動はこれらの地域の人間活動に大きく影響している。南アジアにおける降水量は西インド・ベンガル湾上・南シナ海上において夏季3か月の平均値として15 mm/日を超える(夏季の3か月だけで総雨量が1,000 mmを超える。図28.5B)。降水にともなう潜熱放出は大陸上の大気をより加熱し，大陸—海洋間の温度コントラストをさらに強める役目を果たしている。

インド亜大陸のさらに北には平均高度が4,500 mに達するチベット高原が広がっている。比較的乾燥したチベット高原では夏季の強い日射が地面を強く加熱するために対流圏中層は地表面から直接暖められる(図28.5A)。この特徴は太陽放射のもっとも強い初夏において顕著であり，季節進行のなかで夏季のインドモンスーンが始まるきっかけとして重要な役割を果たしていると考えられている。このように，モンスーンは大規模な海陸風という捉え方に加え，より複雑な**大気−海洋−陸面相互作用**によって形成されると考えられている。

[練習問題1]　南米の赤道付近で北西—南東方向に延びている南米西岸の海岸線を考える。この海岸線上を東風(西向き)が一様に吹く場合，沿岸湧昇は北緯10°，南緯10°でそれぞれどちらの向きが期待されるか。また，海洋の水温躍層の深度(海面水温)は北緯10°，南緯10°でどちらが深いか(高いか)？
[練習問題2]　エル・ニーニョが発生したときに，ウォーカー循環の強さはどのように変化するか，第1節を参考にして説明せよ。
[練習問題3]　モンスーンと局所的な海陸風の相似点と相違点を挙げ，その理由を論ぜよ。

Box 28.1　大気海洋変動の時間スケールでの概観——とくに10年スケール変動

　広がりに比べてはるかに薄い大気と海洋は，地球を2枚のベールのように包んでおり，しばしば両者が連動した変動を示す．大気・海洋を含む気候変動を考える際に，現象の時間スケールで区別することができる．時間スケールとは，広い意味での周期性で，たとえば時間スケールが数年という場合には，その現象はだいたい数年おきに生じることを意味する．50～100年程度の観測データしかない温度計や気圧計という通常の観測手段にもとづく現代の気象や海洋を研究する際によく用いられる区分は，1年よりも短い季節内変動，半年や1年の時間スケールを持ち毎年繰り返す季節変動，数年の時間スケールを持つ経年変動，そして十～数十年の10年スケール変動である．第28章で学ぶエル・ニーニョは，経年変動の代表である．
　そのエル・ニーニョ研究が一段落したことと，データの蓄積を受けて，1990年代後半から10年変動研究が盛んになった．10年スケール変動に関する北太平洋域の特徴の一つは，「ある気候状態からほかの気候状態へ，それぞれの持続時間よりも十分に短い時間で遷移する」気候レジーム・シフトが顕著なことである（図）．こういった10年スケール変動は，気温や降水を通じて私たちの社会生活に直接影響するだけでなく，イワシやサケを含む海洋生態系に大きな影響を与えるという点でも重要である．10年スケール変動はまた，地球温暖化に代表される人為起源の気候変動と自然な気候変動を区別する上でも研究が進められており，また，両者を合わせて十～数十年先を予測しようという10年スケール予測が，現在精力的に取り組まれている．

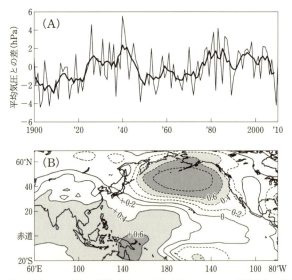

図　北半球の冬と春(12～5月)で平均した，(A)アリューシャン低気圧の勢力の平均からのずれと(B)その勢力と海面気圧との相関係数．アリューシャン低気圧の勢力は，160°E～140°W，30°～65°Nの海面気圧の領域平均を符号反転して(正の値はアリューシャン低気圧が強い)示している．細線は生のデータ，太線はその5年移動平均値である．相関係数は1950～2009年の冬と春の平均データで計算した．相関係数の等値線間隔は0.2で，濃い(薄い)陰影は，相関係数の絶対値が0.6(0.4)より高い領域を示す．アリューシャン低気圧の勢力は，1920年代と1970年代に強まり，逆に1940年代には弱まっている．この変化が，北太平洋の気候レジーム・シフトの表れである．

地球環境変動と水圏・気圏の変化

第*29*章

地球環境はさまざまな時空間スケールで変動している。それらは，ジェット気流のシフトや黒潮蛇行にともなう地域的で短い時間スケールの変動から，氷期・間氷期のようなグローバルで長時間スケールの現象までさまざまある。人類にとって，自然は自らの生存基盤であるとともに，神に支配され，時として命を脅かす絶対的存在であった。しかし，産業革命を契機として人類はこの神の領域を侵し始めた。この章では，この地球環境問題にスポットをあててみよう。

キーワード
異相反応，エアロゾル，オゾン層(破壊)，温室効果ガス，温暖化係数，海面上昇，海洋コンベヤー・ベルト，京都議定書，極成層圏雲，光化学スモッグ，酸性雨，触媒反応，炭素循環，地球温暖化，鉄散布，排出シナリオ，フロン，放射強制

1. 地球温暖化のメカニズムと将来予測

地球のエネルギー収支をつかさどる**太陽放射**と**地球放射**とが波長 4 μm 付近を境に分離され(図18.4)，地球大気が太陽放射に対する透過性と地球放射に対する吸収性を有する(図18.5)ために，**温室効果**が生じる(18.6節参照)。1950年代にハワイのマウナロア観測所で開始された大気中の二酸化炭素濃度の測定は，南極点や大洋に浮かぶほかの孤島にも拡大され，精密な観測が続けられている。一方，南極大陸の氷床や山岳の氷河から掘削されるアイスコアの分析により，数千年から数十万年の過去に遡る大気組成変動が明らかにされてきた。これらのデータは，18世紀中頃の産業革命以降の**温室効果ガス**の急増を明瞭に示している(図29.1A〜C)。

約70%が海洋でおおわれている地球の全球平均気温の評価は容易でないが，温度計による直接測定だけでなく，木の年輪，アイスコアに封じ込められた大気の酸素同位体比(Box 17.1参照)，珊瑚や海底堆積物に残された環境

338　第III部　大気・海洋・陸水

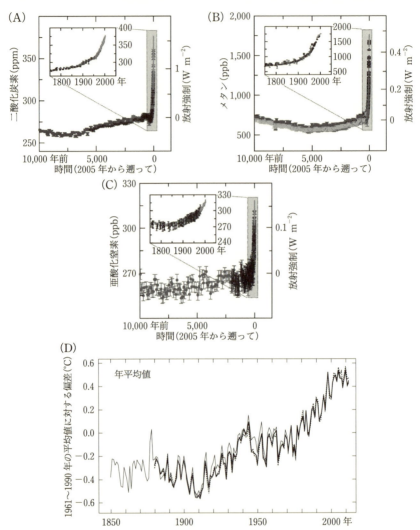

図 29.1 (A), (B), (C)過去1万年間の代表的温室効果ガスの大気中混合比の変動 (IPCC, 2007 より)。(A)二酸化炭素，(B)メタン，(C)亜酸化窒素。それぞれの右軸は1750年を基準とした放射強制(W m^{-2})。挿入図は1750年以降の拡大。最近の細線は大気の直接測定，それ以外はアイスコアからの間接測定。(D)陸地と海洋を合わせた表面温度の全球平均値の変動(IPCC，2013 より)。1961～1990年の平均値に対する偏差(°C)として示す。3つの線は，それぞれ独立した研究機関による見積りを表す。

第29章 地球環境変動と水圏・気圏の変化　339

変動の痕跡の活用などにより，信頼性の高い温度推定が可能になってきた（図29.1D）。全球平均表面温度は20世紀以降，明瞭な昇温を示している（IPCC，2013）。太陽活動・火山噴火などの条件を変えて実施した数値シミュレーションによれば，20世紀初頭の変動は自然要因で再現できるが，1970年代後半以降の変動は人為的影響抜きでは説明できない（IPCC，2013）。

　地球温暖化に関与するさまざまな環境要因の効果を定量化する指標として**放射強制**（radiative forcing）という物理量が定義される。これは，ある要因に対する，対流圏界面を通過する正味の放射エネルギーの応答（下向きが正で単位は$W\,m^{-2}$）として定義される。この評価に際し，成層圏は新しい放射平衡温度に到達させるが，対流圏・地上気温は固定される。たとえば，大気中の二酸化炭素が増加すると，地表面からの上向き長波放射に対する対流圏大気の透過性が減少するので，対流圏界面を通過する上向き放射は減少する（下向き太陽放射は変化しない）。したがって，大気中の二酸化炭素増加は正の放射強制を持つ（実際には，対流圏・地上気温も二酸化炭素増加に応答して新しいより高温な平衡状態に達し，圏界面を通過する正味の放射エネルギーはゼロに戻る）。1750年を基準に取り，その後の環境要因の変動によって生じた放射強制の値を口絵21に示す。図の上部の右に並ぶ数字は1750年に対する2011年の成分ごとの放射強制の値で，図の下部の赤色の棒グラフは，すべての人為起源要因を足し合わせた値を，1950，1980，2011年について示す。要因別のグラフは，人為起源と自然起源（太陽放射変動）とに分けられており，両者の比較から，人為起源要因による変動の方が自然起源要因による変動よりはるかに大きな影響を与えていることがわかる。前者は，よく混合された温室効果ガス（二酸化炭素など），短寿命成分とエアロゾル，土地利用によるアルベド変化に細分化され，各放出成分によって影響を受ける微量成分ごとの放射強制まで評価されている。たとえば，大気中に放出されたメタン（CH_4）は，メタン自身の温室効果に加え，メタンから光化学的に生成されるオゾン（O_3）や成層圏での分解により生成される二酸化炭素と水による温室効果が区別して表示されている。また，オゾン層破壊を引き起こすハロカーボンについては，オゾン破壊によって引き起こされる負の放射強制よりも，それ自身が強力な温室効果ガスであることによる正の放射強制の方

が大きいことがわかる。このように，地球温暖化に対する我々の理解は着実に深まっており，その確実性は多くの要因で高まっている（右端の欄のVHやHの表示）が，比較的大きい誤差と確実性のL表示からわかるように，エアロゾルによる雲の変性には，依然として大きな不確実性が残されている。

　大気中に放出された二酸化炭素などの大気微量成分は固有の放射特性を有するため，その成分ごとに温室効果の強さは異なる。温暖化に対する各成分の寄与を相対化するために用いられるのが**温暖化係数**で，二酸化炭素を1としたときの相対的な値として定義される（表29.1）。**オゾン層破壊**の元凶である**フロン**（Chlorofluorocarbon：CFC）は強力な温室効果ガスでもある。CFCに対する排出規制は進んでいるが，寿命が長いため大気中に残存し続けている。HFC（hydrofluorocarbon）などの代替フロンはオゾン層破壊物質ではないものの，長寿命できわめて高い温暖化係数を持つ。

　地球環境の将来予測には，温室効果ガスの現存量だけでなく将来の排出量が必要である。IPCC（Intergovernmental Panel on Climate Change，気候変動に関する政府間パネル）2013では，2012〜2100年の積算二酸化炭素排出量に基づく4つのシナリオRCP2.6，RCP4.5，RCP6.0，RCP8.5を想定して温暖化予測を行っている。これらの中から，排出シナリオRCP2.6とRCP8.5のもとで予測された表面温度と降水量の全球分布の将来予測を口絵22に示す。なお，RCPはRepresentative Concentration Pathwaysの略で，RCPに続く数字は1750年に対する2100年の放射強制を$W\,m^{-2}$で表した値である。こうした結果は地域ごとに詳しく解析され，社会の許容限度と対比して排出量規制

表29.1　温室効果ガスの大気中の寿命と温暖化係数（二酸化炭素は1）の例（IPCC，2013）。各成分1 kgを大気中に放出したときの放射強制を20年間，100年間積分し，その値を二酸化炭素と比較したときの値の比で示される。

成分	化学式	寿命（年）	温暖化係数 20年値	温暖化係数 100年値
メタン	CH_4	12.4	86	34
HFC-134a	CH_2FCF_3	13.4	3790	1550
CFC-11	CCl_3F	45.0	7020	5350
亜酸化窒素	N_2O	121.0	268	298
四フッ化炭素	CF_4	50,000.0	4950	7350

に活かされている。

　成層圏は，対流圏とは逆に，温室効果ガスの蓄積により寒冷化する。なぜなら，二酸化炭素蓄積により成層圏大気の赤外放射効率が向上するため，オゾンによる太陽紫外線吸収と赤外放射とのバランスで決まる赤外放射温度が低下するからである。ただし，フロンなどの場合は対流圏からの上向き放射に対する吸収効率の上昇がこの効果に勝るため，成層圏温度を高める効果を持つ。

2. 炭素循環

　現在すでに進行している地球温暖化は，人為起源の二酸化炭素が大気中にたまるからであるが，自然システムのなかではこれよりずっと大量の二酸化炭素が，大気と陸域生態系(主に森林)および海洋との間でやりとりされている。その量を図29.2に示す。IPCC(2013)を参照すると，炭素の移動量とし

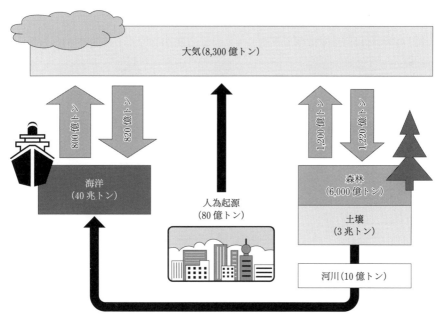

図 29.2　2000年代における地球上の炭素存在量と循環量(年当り)

342 第Ⅲ部 大気・海洋・陸水

て，大気と陸域生態系の間で1年当たり1,200億t程度が，**呼吸**と**光合成**に
よってやりとりされる。その差は光合成がわずかに大きく，大気中に排出さ
れる人為起源二酸化炭素(80億t)の25%くらい(約20億t)が生態系に吸収
される。海面での二酸化炭素移動量は季節と海域によって大きく異なるが，
約800億tが大気と海洋の間でやりとりされる。この場合も海洋の吸収が少
しだけ大きく，人為起源二酸化炭素のうち25%程度(約20億t)が海洋に吸
収される。このようにして人為起源二酸化炭素の半分(約40億t)が大気中
に残ることになる。この大気中二酸化炭素の増加量は，濃度の年間増加量2
ppmに相当する。

　京都議定書(1997)では1990年を基準にして，日本は二酸化炭素排出を
6%削減すると約束した。その半分以上を森林による吸収でまかなう計画で
ある。しかし，木は窒素やリンなどの栄養素を必要としており，森林の吸収
量は現存量(炭素にして6,000億t)の20%くらいまでしか見込めないので，
15年分の人為起源二酸化炭素排出で使い切ってしまう。要するに森林にそ
れほど頼ってはいけない。さらに地球温暖化の進行にともなって，それぞれ
適した地域に生息している森林は徐々に高温や乾燥化の被害を受け，現在と
同じようには炭素を吸収できなくなる。この状態を考えて，大気中の二酸化
炭素を一定に保つには，人間の排出をすべて海洋が吸収するようにしなけれ
ばならない。すなわち，世界全体の排出量を現在の1/3にすることとなる。
人口増加も考慮すると，100億人が排出できる量は，1人当りにすると今の
1/5となる。日本の目標として80%削減を挙げるときは，この量にもとづい
ている。

3. 地球温暖化の影響

　この20年くらいは気温の上昇にともない真夏日が増加し，降水量や大気
中の水蒸気量の増加にともなって豪雨の頻度も増える傾向にあるといわれて
いる。日本付近の夏季の降水量が増加すると予想される理由は，太平洋高気
圧が強くなり，暖かく湿った南西風をもたらすこと，そして日本の北側の高
気圧も強くなって，梅雨前線の北上を妨げることによる。しかし，東アジア

第29章 地球環境変動と水圏・気圏の変化　343

以外では，降水量の変化は場所によって大きな違いがみられる。これまで降雨が少なかった亜熱帯高圧帯の高緯度側では降水量が減ると予測される。ただし，年々の気候変動は自然のゆらぎが大きいので，たとえば，今年の夏が暑かったとか，水害に見舞われたからといって，それが温暖化のせいだとはいえない。

　海洋への影響としてまず海面の上昇を考えよう。**海面上昇**を起こす要因としていくつか考えられるうち，最近100年間と21世紀末までUS，海水の温度が上がり膨張すること，そして山岳氷河の融解が主である。比較的確かなデータがある最近50年でみると，全地球の海面上昇は6cmであり，そのうち1,000m深より上の**海水膨張**と山岳**氷河融解**がそれぞれ2cmずつである。残りはこれら二つの要因の誤差，および2,000m以深の海水温上昇とグリーンランド氷床の融解に不確かさがあることによる。北極海の海氷は融けても海面を上昇させることはない。ただし，海水の塩分を低下させると密度を下げ，ほんのわずか海面上昇に貢献する。

　21世紀末までの海面上昇は30cmと予測されており，将来社会のシナリオによる差と温暖化予測モデルの違いによって20cm増減する。山岳氷河はかなり融けるが，総量は少なく，海水温の上昇が主である。グリーンランドの氷床はゆっくり融けると思われていたが，近年の観測で速く減っていることがわかってきた。この氷床は7m程度の海面上昇に相当する量を持つので，海面上昇は倍増するかもしれない。一方で南極の氷床は80mもの上昇を起こす量だが，温暖化にともなう水蒸気増加が降雪を増やすことによって，むしろ厚くなると予想されている。ただし，東南極の脆弱な氷床は急速に融けだすこともありうるので，注意深くモニタリングする必要がある。

　最後に海洋**深層水**について述べる。北大西洋のグリーンランド海において，海水が大気に冷却され密度が増すと鉛直混合が起きる。このときに3,000m深まで沈んだ海水を**北大西洋深層水**と呼ぶ(24.3節参照)。地球温暖化によって冷却が弱まれば，当然，深層水の形成量は減る。これに加えて，北極海からの海氷と表層水の流出が増え，グリーンランド海の塩分を下げて，グリーンランド海表層の密度増加を妨げることも深層水形成を減らす要因となる。その結果として，最近10年は，グリーンランド海ではなく，もっと南のラ

ブラドル海で深層水ができている。しかし，この深層水の密度はそれほど大きくならず，2,000 m 深までしか潜らない。

全海洋には北大西洋に始まる**深層循環**があり（24.3 節参照），**海洋コンベヤー・ベルト**（23.4 節参照）と呼ばれている（口絵 20 参照）。これは大西洋を南下し，南極大陸のまわりを東向きに回って太平洋に入り，北太平洋の北部で上昇する。海面に出ると，インドネシア諸島の間からインド洋を通って大西洋に戻る。深層水形成量が減れば，当然海洋コンベヤー・ベルトを弱める。大西洋では，流量は短周期成分が大きく現れるため，流量の観測データからはわからないが，長期の傾向を示す地球化学物質量の分布からは，海洋コンベヤー・ベルトが弱まっていることが確認されている。しかしながら，全海洋への影響はまだ確かめられていない。もし深層循環が弱くなると，植物プランクトンの成長を維持している高い栄養塩を含む海水が海面近くに上昇しなくなり，植物プランクトンが減少するので，全海洋生態系への影響は計りしれない。

4. Geo-engineering

地球温暖化を抑えるためには，エネルギー使用量を減らす，あるいは二酸化炭素をあまり出さないエネルギー源を開発することが求められる。また**バイオ燃料**は，二酸化炭素を吸収して育った生物を利用するので，カーボン・ニュートラルといわれるように，大気中の二酸化炭素を増やさない。もちろん，燃料として使いやすくする段階でエネルギーを使うことが多いので，その算定は厳密にしなければならない。さらにバイオ・エタノールのように，食料価格を押し上げて，森林伐採を促すことがあれば，かえって悪影響をおよぼすこともありうる。

工学的な手段を用い，地球が本来持っている機能を少し変えることによって，地球温暖化の進行を抑えようとする方法を Geo-engineering という総称で呼ぶ。その 3 つの例を以下に述べる。

二酸化炭素の排出を抑えるだけではなく，排出した二酸化炭素を大気から取り出して固定化することも試みる必要に迫られるだろう。火力発電所や製

鉄所など大量の二酸化炭素を排出するところでは，これを液化し地中や海洋中に隔離することが可能だ。**地中隔離**では石油や天然ガスを含む地層に液化二酸化炭素を注入し，その圧力で化石燃料を掘り出す方法の試験が始まっている。海洋への隔離としては，2,000 m 深に気体の二酸化炭素を溶け込ませる方法が提案されている。しかし現段階では，生態系への影響を危惧する意見が強く，実験もほとんどできていない。

　森林を増やして二酸化炭素を吸収させることは，京都議定書でも推奨されていることである。しかし，海洋への吸収はまだ不明なことが多いので，研究段階にある。海洋に関する知見として，窒素化合物やリン酸などの栄養塩が多いにもかかわらず，植物プランクトンがそれほど多くない海域では，溶存鉄が不足しているために生産性が低いことがわかっている(23.2節参照)。そこに鉄を散布すると効率よく生産性を上げることができるはずである。これまで系統的に鉄散布実験が進められ，**鉄散布**によって植物プランクトンが増えることは確かめられた。しかし，固定された炭素化合物が海洋深層まで輸送されるかどうか不明である。ほとんどの生物性有機物質はおおよそ100 m 深までで分解され，栄養塩は再び生産に利用される。もし炭素化合物が表層近くで二酸化炭素に戻るなら，大気中の二酸化炭素を減らす働きは小さい。

　現在進行中の地球温暖化は，地球から出ていこうとする長波放射を二酸化炭素などの温室効果ガスが吸収するために起きている。それに対して太陽から届く短波放射を減らせば，温暖化を抑えることができる。自然現象としても，火山の大噴火によって放出された**エアロゾル**の増加が太陽からの短波放射を遮って，地球の温度を低下させた事実がある。これをもとにして，人工的にエアロゾルをまくアイデアが出された。

5. 成層圏オゾン破壊

　紫外線をよく吸収する**オゾン**(O_3)は，地球進化の過程で生命の保護という重要な役割を果たしてきた(Box 15.1参照)。現在，成層圏オゾン破壊は，地上での紫外線量増加による皮膚ガンの発生や大気大循環の変調という観点

346　第Ⅲ部　大気・海洋・陸水

から注目されている。

　成層圏オゾンを支配する光化学過程は，光解離反応(J)と化学反応(k)とからなる次のような反応系に基礎をおく。

(J_2)　$O_2 + h\nu$　$\longrightarrow$　$2\,O$　　$(\lambda < 242\,\mathrm{nm})$　　h：プランク定数

(k_2)　$O + O_2 + M$　$\longrightarrow$　$O_3 + M$　　　　　　　　　ν：光の振動数

(J_3)　$O_3 + h\nu$　$\longrightarrow$　$O + O_2$　　　　　　　　　　　　（周波数）

(k_3)　$O + O_3$　$\longrightarrow$　$2\,O_2$

ここで，M は反応に必要ではあるが，反応の前後で変化しない任意の分子（第3体）である。中部・上部成層圏では，太陽紫外線エネルギー($h\nu$)を吸収するオゾンの光解離(J_3)と，O と O_2 の結合で生じる余剰エネルギーを熱に変換しながら進行するオゾン生成(k_2)とが釣り合っている（**光化学平衡**）。したがって，J_3 は正味のオゾン消滅過程ではない。一方，k_3 は奇数酸素(O と O_3)を消滅させ，短波長紫外線を必要とする J_2 をへなければオゾンが再生されなくなるので，実質的なオゾン消滅反応である。

　1960年代になると，この反応系に加えて触媒的オゾン消滅反応の重要性が認識されるにいたった。もっとも単純な**触媒反応**は次のように表される。

(k_4)　$X + O_3$　$\longrightarrow$　$XO + O_2$

(k_5)　$XO + O$　$\longrightarrow$　$X + O_2$

この系の特徴は，k_4 で失われる成分 X が k_5 で再生されることである。したがって，触媒原子(分子)と呼ばれる X が1個でも存在すれば，原理的に O か O_3 が消滅するまでこの反応サイクルは回り続ける。X には，H・OH・Cl などが該当する。二つの反応式の辺々の和をとれば X と XO はキャンセルして k_3 と同じ式になるので，この触媒反応系は k_3 の反応効率を高める効果を持つ。

　モリーナ(M. J. Molina)とローランド(F. S. Rowland)は1974年に，地上で放出された CFC が成層圏まで輸送され，そこで短波長紫外線を浴びて光解離し，放出された塩素原子が上述の触媒反応系でオゾン層を破壊する可能性を指摘した。この反応はオゾン密度の低い中部成層圏で起こるため，破壊され

るオゾン量は20世紀末でも高々数%と予想されたが，1984年になって春季南極域で30%に達する予想外のオゾン大量破壊が発見された。南極**オゾンホール**である(図29.3)。

オゾンホールの原因物質は**フロン**(CFC)といってよいが，CFCが反応してオゾンを破壊するわけではない。オゾンホールにおけるオゾン破壊の鍵となるのは，**異相反応**(heterogeneous reaction)による塩素化合物の活性化である。

$$(k_6) \quad HCl(s) + ClONO_2(g) \longrightarrow Cl_2(g) + HNO_3(s)$$

左辺の成分はCFC起源のClを含むが，化学反応性は低くリザーバと呼ばれる。一方，右辺のCl_2は太陽放射によってClに光解離し，この塩素原子が触媒的にオゾンを破壊する。k_6が異相反応と呼ばれるのは，気体分子・原子の衝突ではなく，固体(s：固相)表面への気体(g：気相)分子の衝突により進行するからである。オゾンホールの形成には，極夜の極低温条件下にある極渦(19.3節参照)内下部成層圏で異相反応の場となる雲(**極成層圏雲**；Polar Stratospheric Cloud(PSC))が生成されることと，極夜明けの太陽光照射が必要である。オゾンホールは極渦内下部成層圏のオゾンが特異的に破

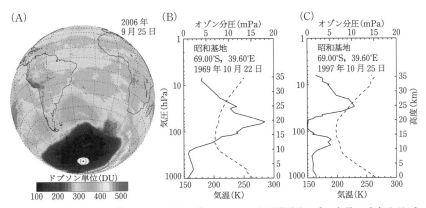

図29.3　(A)2006年9月25日の南極オゾンホールの水平構造(オゾン全量の分布をドブソン単位(DU)で示す)。オゾン全量は，地表面から大気上端までの気柱内に存在するオゾン分子をすべて集め，標準状態(0℃，1気圧)の気柱に封じ込めたときの高さで測る。1 DUはその高さが0.001 cmであることを表し，DUが使われる前はm-atm-cmと記した。(B)1969年10月22日と(C)1997年10月25日の昭和基地におけるオゾン分圧(実線：mPa)と気温(破線：K)の鉛直分布

壊される現象で，春季の極域にしか形成されない。

　中緯度では，前述のモリーナとローランドによるオゾン破壊のほかに，下部成層圏における異相反応の関与する過程が知られている。このオゾン破壊は，エアロゾル表面で$ClONO_2$が長寿命の成分(HNO_3や$HOCl$)に変化することにより窒素酸化物(NO_x)が減少し，その結果，塩素酸化物(ClO_x)の不活性化(主にClOから$ClONO_2$への変換)が抑制され，活性な状態で残された塩素酸化物(ClOなど)によるオゾン破壊が進行するために生じる。

6. 対流圏汚染

　大気オゾンの大部分は成層圏に存在し，対流圏にはその約10%が存在するにすぎない。しかし，オゾンは強い酸化力を持つため，呼吸機能に障害を与えたり植物の成長を阻害し，成層圏オゾン破壊とは別の環境問題を引き起こす。対流圏オゾンの一部は成層圏起源であるが，大部分は対流圏内の光化学反応により生成する。対流圏には酸素分子の光解離J_2に必要な短波長紫外線は到達しないので，反応k_2に必要な酸素原子を供給する別の反応が必要になる。それが，可視域でも進行する光解離反応

$$(J_4) \quad NO_2 + h\nu \quad \longrightarrow \quad NO+O \quad (\lambda < 420\,nm)$$

である。NOが大気中の過酸化物と反応してNO_2に戻れば，J_4による酸素原子生成が繰り返され，反応k_2により次々にオゾンへ変換される。

　産業革命を導いた蒸気機関の発明は，煤煙による**大気汚染**を引き起こした。とくに地表付近に大気の逆転層が形成されると，拡散の妨げられた煙と冷却により凝結した霧との相乗効果で視程がいちじるしく低下する。深刻な呼吸器疾患を引き起こしたこの現象は，smokeとfogを合成してスモッグ(smog)と名づけられた。1950年代になると，自動車排気ガスに起因する**光化学スモッグ**が社会問題となった。その原因物質はオゾンを主成分とする光化学**オキシダント**である。一般に，炭化水素などを「燃料」とする「酸素原子放出エンジン」として機能する窒素酸化物の働きで対流圏オゾンは発生する(図29.4)。光化学スモッグの防止には，炭化水素と窒素酸化物の削減が必

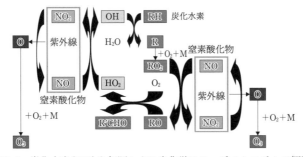

図 29.4 炭化水素(RH)を起源とする光化学スモッグメカニズムの概要。R は C_nH_{2n+1} ($n=1, 2, \cdots$)で代表される炭化水素で，R' は R より炭素1個分(CH_2)短い炭化水素鎖，矢印は反応経路を表す。

要である．大気中から窒素酸化物が除去される代表的な過程は，OH との反応による NO_2 からの硝酸(HNO_3)生成と，その雨滴への溶融である．硝酸は強酸性であるため，形成された雨滴は**酸性雨・酸性霧**として生態系に悪影響を与える．

先進国の都市域における光化学スモッグは，1970 年代以降の排気ガス規制により深刻な事態を脱したが，近年，再びオキシダント濃度が増加している．その特徴は，国境を越える大陸規模での大気質変動にある．このような広域大気汚染には，発展途上国の急速な経済発展にともなう大気汚染物質の放出が寄与しているが，すべての原因が途上国にあるわけではない．アジアの汚染が北米の，北米の汚染がヨーロッパの，ヨーロッパの汚染がアジアの大気質変化を引き起こしている．地球をめぐる大気の流れ(第 19 章参照)を思い起こしつつ，地球人としての責任を果たす姿勢がすべての人びとに求められている．

[練習問題 1] 二酸化炭素など温室効果を持つガスが大気中に増えると，放射強制によって大気や海洋に熱が加わる．この量を $1\,W\,m^{-2}$ とし，すべてが海水だけに蓄えられ，海水が一様に暖まると仮定すると，海水温は 100 年で何度上昇するか計算しなさい．

[練習問題 2] 陸上に存在する氷床が融けて海洋に流れ込むと，海水面が上昇する．氷床が $1,000\,km \times 2,000\,km$ の底面積と $2,000\,m$ の厚さを持つとして，すべてが融けた場合に海面上昇は何 m になるか計算しなさい．

[練習問題 3] 反応 k_2 によるオゾン生成率は，反応に関与する O, O_2, M の数密度の積に比例する．また，反応 J_3 によるオゾンの解離率は O_3 の数密度に比例する．これらの反応の比例係数をそれぞれ k_2, J_3 とし，成分 A の数密度を[A]と記すとき，この二つの反応による正味のオゾン生成率を表す式を求めよ．また，この二つの反応によるオゾン生成・

350　第III部　大気・海洋・陸水

消滅が釣り合っているとき，酸素原子とオゾンの数密度の比$[O]/[O_3]$を表す式を求め，酸素原子の高度分布についてどんなことがわかるか，考察しなさい。

Box 29.1　地球温暖化懐疑論に対する考え方

　2007年に発表されたIPCC4次報告書は，人為起源二酸化炭素の増加による温暖化が進んでいることをほぼ間違いないとした。その一方で地球温暖化に対する懐疑的な論調は根強く，巷にあふれている。IPCCに加わった研究者による恣意的なデータの取捨選択が取りざたされたこともあり，懐疑論が盛り返しているようにさえみえる。このような現状で，地球惑星科学を学んでいる読者のみなさんは，どのような考え方をすればいいのだろうか。

　懐疑論には大きく分けて3つの型がある。

　その1は，マスコミなどの間違いを指摘して，地球温暖化のしくみを否定するものである。たとえば，北極海の海氷が融けても海面はほとんど上昇しないにもかかわらず，ときおり海面上昇が起きるかのようにいう人がいると，いかにも地球温暖化に関する科学的根拠すべてが間違っていると主張する。これに対して読者は，本書のような基礎的知識を載せた教科書を読むことによって，何が正しいのか比較的容易に正解をみつけることができるはずだ。

　その2は，未知の領域に挑戦する科学の最前線で，その分野の研究者自身が提起する疑問である。たとえば，太陽活動が低下すると宇宙線が増え，その効果によって雲核が多くできるので寒冷効果があるかもしれないとする説がある。実際にどの程度の効果があるか調査研究を進めるべきであり，信頼できる研究成果を期待するのが筋であろう。ただし，現時点では，地球温暖化の確実さに比べると，これらの説はまだ未解明で将来予測に取り入れられないのが現実だ。

　3つめは，自らの研究としてではなく，ほかの研究者が発表したデータや予測モデルを引用して，地球温暖化が進行していない，あるいは昔にも今世紀に予測される温暖化と同じ程度の気候変動があったと述べるものである。最近はこの型が多く出てきており，枚挙にいとまがない。たとえば，エルニーニョによって海面水温が上昇し，海から大気に二酸化炭素が放出する現象をもとに，温暖化が原因で二酸化炭素が増えると主張する論がある。エルニーニョの場合，温度上昇は1℃くらいでも二酸化炭素は1ppmしか増えない。今世紀の温暖化では数百ppmもの二酸化炭素増加によって起こるものであり，それとは比べものにならない微少な二酸化炭素増加である。読者は地球惑星科学の知識だけでなく，現象の原因と結果を分析する力も持たなければならない。とかくこの型を呈する論者は，核心となる分野にかなり近い分野の専門家であることが多いので，騙されないような注意が必要である。

　3つめの型の例をもう一つ紹介しよう。2007年の夏に北極海の海氷が極端に減少した。その次の夏も，もう1年後の夏も海氷はそれほど少なくならなかった。これをもって，地球温暖化が停止したと主張する人がいる。年ごとに移り変わる経年変動があるのはあたり前で，ほんの2，3年の海氷増加は今世紀の温暖化傾向を否定する材料にならないことは明白である。科学論文を書く専門家にも，そして読者にも注意を喚起したいことは，3つめの型の裏返しに陥る危険性である。長期間のトレンドを強調したいあまりに，最後の数点のデータをことさら目立たせる図を作ったり，そこから結論を導くことは避けなければならない。もし実際にこのような操作をうかがわせる論文やホームページをみたら，的確な批判を行うようにしたいものだ。

第 IV 部

宇宙と惑星

1957 年 10 月 4 日のソビエト連邦による人類初の人工衛星「スプートニク 1 号」の打ち上げ以降は，人工衛星や探査機を用いた宇宙観測や探査が活発になった。人工衛星によるオーロラ観測と地球磁気圏や太陽風の発見，惑星探査機による太陽系内の惑星と衛星の観測は，誰も想像できなかった多様性に満ちた太陽系の姿を明らかにした。小惑星探査機「はやぶさ」は 2003 年 5 月 9 日に打ち上げられ，小惑星イトカワへの降下着陸と物質採取のためのタッチダウンに成功した。2010 年に地球に帰還したカプセルに含まれていた微量物質の分析によりイトカワの形成史が明らかになりつつある。さらに 2014 年 12 月には小惑星 1999 JU$_3$ をめざして「はやぶさ 2」が打ち上げられた。これらがもたらす小惑星物質を調べることにより，太陽系の初期の状態が解明されることが期待されている。

　ハッブル宇宙望遠鏡や WMAP 衛星は，より遠くの宇宙を観測することにより宇宙の構造と進化を明らかにしようとしている。すばる望遠鏡などの大型光学望遠鏡や電波望遠鏡の性能は技術の発達にともない格段に向上し，宇宙の詳細な構造だけでなく太陽系外の惑星探査まで可能となっている。第 IV 部「宇宙と惑星」では最新の観測成果を用いて，飛躍的に理解が深まった私たちの地球周辺の宇宙空間から太陽系や宇宙とその進化について概説する。

　第 30 章「宇宙とその進化」では，ハッブルによる宇宙膨張，宇宙マイクロ波背景放射，ビッグバン宇宙モデルなど現代宇宙論が確立された過程をたどりながら宇宙とその進化について述べる。第 31 章「銀河と恒星」では，宇宙の基本的な構成単位である銀河の構造と構成物質，および形成と進化，さらに銀河の主要構成要素である星(恒星)の構造と進化について述べる。第 32 章「太陽系の成り立ちと運動」では，太陽系天体の分布・運動・構成物質と太陽系の構造と起源について述べる。第 33 章「惑星と衛星」では，探査機による地球以外の惑星や衛星の姿や性質，太陽系の惑星と衛星の大気・表層環境・内部構造・テクトニクス，惑星の起源・進化・構造・現象について述べる。第 34 章「太陽と宇宙空間」では，太陽の構造と電磁放射，太陽風と惑星磁気圏の形成，それにともなうオーロラ・磁気嵐・電離圏擾乱について述べる。

第30章

宇宙とその進化

宇宙の始まりやその進化の現在的描像は，アインシュタインが 1915 年に発表した一般相対論を理論的基礎として，1929 年のハッブルによる宇宙膨張の発見と 1965 年の宇宙マイクロ波背景放射の発見により，宇宙は超高温・超高密度の火の玉として始まり，膨張・冷却する過程でさまざまな天体を形成し現在にいたったという「ビッグバン宇宙モデル」でその大枠が確立された。さらに，1998年以降の観測結果から宇宙の年齢はおよそ 138 億年であり，時空構造は平坦で現在も加速膨張を続けていること，また，宇宙を構成している物質の大部分は未知のダークエネルギーとダークマターであり，私たちの身のまわりにあるものを形作っているバリオンは 4.9% にすぎないことが明らかにされた。本章では，現代宇宙論が確立された過程をたどりながら宇宙とその進化を概観する。

キーワード
アインシュタイン方程式，一般相対論，インフレーション宇宙モデル，宇宙原理，宇宙定数，宇宙の晴れ上がり，宇宙マイクロ波背景放射，赤方偏移，ダークエネルギー，ダークマター，ハッブル定数，ハッブルの法則，ビッグバン宇宙モデル，標準光源，フリードマン方程式，密度パラメーター，臨界密度，COBE，WMAP

1. はじめに

宇宙の「宇」は空間を，「宙」は時間を意味する。宇宙とは私たちの住む世界の時空のことであり，「宇宙は何からできているのか。宇宙の広がりはどれくらいか。宇宙はどのようにして始まったのか，そしてその行きつく先はどこか」という疑問は人間の存在そのものに関わる根源的なものであり，人類の知的活動の原動力であるといっても過言でない。

354　第Ⅳ部　宇宙と惑星

2. 宇宙論の理論的展開

　有史以来，人類は身のまわりの世界を観測することにより宇宙観を構築してきた。古代エジプトに始まる地球を中心とする天動説(プトレマイオス体系)は，観測技術の進展により地動説(コペルニクス体系)にとって変わられた。自然科学的な宇宙観の構築はニュートン(I. Newton)による「運動の法則」と「万有引力」の発見に始まる。ニュートンは万有引力に抗して宇宙が静的であるためには，宇宙の大きさは無限でなければならないと考えた。

　絶対空間と絶対時間にもとづくニュートン力学ではマイケルソンとモーリーによる光速度不変の実験結果を説明できない。1905 年にアインシュタイン(A. Einstein)は光速度不変の原理にもとづいて特殊相対論を発表し，私たちの住む世界は時間と空間からなる 4 次元時空であり，質量とエネルギーが等価であることを示した。さらに，1915 年にアインシュタインは慣性系に制限された特殊相対論を等価原理(重力質量と慣性質量は等しい)にもとづいて加速度系に拡張した**一般相対論**を構築し，物質分布と時空構造を関係づける方程式(**アインシュタイン方程式**)を導出した。

　アインシュタインは導出した方程式を宇宙に適用し，重力に抗して宇宙を静的に保つために「**宇宙定数**(宇宙項)Λ」を導入した。1922 年にフリードマン(A. Friedmann)は，宇宙は一様等方である(**宇宙原理**またはコペルニクス原理)との考えのもとで，宇宙の進化を記述する方程式(**フリードマン方程式**)を導出し，宇宙は存在するエネルギー密度に応じて幾何学的構造(空間の曲率)が決まり，膨張・収縮することを示した。

3. 宇宙論の観測的展開とビッグバン宇宙モデル

　私たちから視線方向に遠ざかっている物体から放出された光の波長はドップラー効果により長くなる(**赤方偏移**という)。速度 v で観測者から遠ざかっている物体から放出された光の波長を λ_e，観測者が測定した波長を λ_o とすると，赤方偏移 z は，$z = (\lambda_o - \lambda_e)/\lambda_e$ で定義され，v が光速 c より十

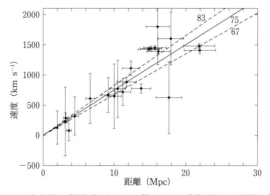

図 30.1 セファイド変光星を標準光源として得られた近傍銀河の距離と後退速度の関係 (Freedman *et al.*, 2001 より)。3つの数字はハッブル定数 H_0 (km s^{-1} Mpc^{-1}) を表す。この結果得られたハッブル定数の最適値は $H_0 = 75 \pm 10$ km s^{-1} Mpc^{-1}

分小さい場合には v に比例する。1929年にハッブル(E. Hubble)は距離がわかっている比較的遠方の20数個の銀河中の星のスペクトルに見られる吸収線(星の大気上層の冷たいガスに含まれる原子やイオンによる吸収によって生じる暗線)を観測し、すべての銀河で吸収線が赤方偏移しており、その後退速度が距離 r に比例する、すなわち、$v = H_0 r$ の関係(**ハッブルの法則**)が成り立つことを発見した(図30.1)。比例定数 H_0 を**ハッブル定数**(現時刻での)と呼ぶ。ハッブルの法則は宇宙のどこからみても遠方の銀河は観測者から距離に比例した速度で後退していることを意味し、宇宙には特別な場所はなく、一様かつ等方に膨張しているといえる。

1946年にガモフ(G. Gamov)は、現在宇宙が膨張しているとすると過去に遡れば一点に収斂することから、宇宙は高温・高密度の状態から始まったという**ビッグバン宇宙モデル**を提唱し、膨張・冷却する過程で私たちの身のまわりに存在する元素が合成されると考えた(ビッグバン**元素合成**：実際に形成される安定な元素は Li(リチウム)までの軽元素である。それより重い元素は星の内部で合成される)。また、1948年には宇宙初期の高温・高密度状態の名残りである宇宙全体を満たす低温の放射(**宇宙背景放射**)があると予言した。ハッブルの法則はホイル(F. Hoyle)などによる**定常宇宙論**でも説明可能であり、1950年代〜1960年代にかけてビッグバン宇宙論と定常宇宙論の大

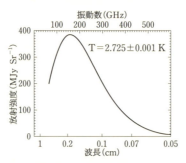

図 30.2 COBE 衛星に搭載された観測装置(FIRS: Far InfraRed Absolute Spectrophotometer)によって測定された宇宙マイクロ波背景放射のスペクトルの波長と放射強度(NASA ホームページより)。縦軸は放射強度で単位立体角(Sr)当りの放射流速密度を表す。放射流速密度の単位は 1 MJy(メガジャンスキー)$= 10^6$ Jy $= 10^{-20}$ W m^{-2} Hz^{-1}。実線は T$=2.725$ K の黒体放射の理論曲線。観測値の誤差は小さく，理論曲線と完全に重なっている。

論争が続き，宇宙背景放射の予言は忘れ去られていた。

1965 年に衛星通信用の電波望遠鏡のノイズを測定していた米国ベル研究所のペンジアス(A. Penzias)とウイルソン(R. Wilson)は天球のあらゆる方向からやってくる波長 7.35 cm の電波放射を発見した。その後，ロール(P. Roll)とウィルキンソン(D. Wilkinson)による波長 3.2 cm での観測とあわせて火の玉宇宙の名残りである温度 3 K の等方的な黒体放射(**宇宙マイクロ波背景放射**，Cosmic Microwave Background Radiation：CMB)の存在が確認された。CMB の観測結果は定常宇宙モデルでは説明できなく，宇宙が高温・高密度の状態から形成されたという**ビッグバン宇宙モデル**が確立された。

CMB の初期の観測は地上からの観測のため観測波長が 2 cm 以上に限られていたが，1989 年に打ち上げられたアメリカの人工衛星 **COBE**(Cosmic Background Explorer)により精密な観測が行われ，CMB は温度が 2.725 ± 0.001 K の完全な黒体放射で(図30.2)，空間的にほぼ一様であり，また場所ごとの温度揺らぎの度合 $|\delta T/T|$ は 10^{-5} 程度であることが示された。さらに，2001 年から 2009 年にかけて **WMAP**(Wilkinson Microwave Anisotropy Probe)により高空間分解能観測が行われた(図30.3)。2009 年 5 月には，より精度のよい観測を行うために ESA(Europe Space Agency)により Planck 衛星

図 30.3 WMAP の 5 年間の観測で得られた高分解能の温度揺らぎ δT の空間分布（NASA WMAP Science Team ホームページより）。白がもっとも高温，黒がもっとも低温の部分。揺らぎの範囲は $\pm 200\,\mu\mathrm{K}$

が打ち上げられ，2013 年 10 月まで観測が行われた。

4. 宇宙の動力学と宇宙を構成する物質

1970 年代後半から始まった大規模な銀河のサーベイ観測により，100 Mpc（パーセク：太陽と地球の平均距離が一秒角を張る距離で，1 pc＝3.1×10^{16} m）以上のスケールでは宇宙は超銀河団とボイド（銀河がほとんど存在しない空洞領域）からなり，一様等方であることが示された。100 Mpc 以上のスケールでの宇宙の進化は宇宙原理にもとづくフリードマン方程式で記述され得る。フリードマン方程式によれば，宇宙の進化や幾何学構造は宇宙に含まれている物質（エネルギー）密度により左右される。宇宙が幾何学的に平坦（曲率が 0）になるエネルギー密度を**臨界密度** ε_c といい，宇宙が誕生してからの時刻 t でのハッブル定数 $H(t)$，光速度 c，重力定数 G を用いて，$\varepsilon_c(t)=3c^2 H(t)^2/(8\pi G)$ で与えられる。臨界密度の現在値は，1998 年に Ia 型超新星を標準光源として得られた現在のハッブル定数 $H_0=70\pm 7$

kms^{-1} Mpc^{-1} を用いれば，$\varepsilon_{c,0} = (8.3 \pm 1.7) \times 10^{-10}$ Jm^{-3} となる。宇宙のエネルギー密度と臨界密度の比で定義される**密度パラメーター** $\Omega(t) = \varepsilon(t)/\varepsilon_c(t)$ が 1 より大きければ宇宙は閉じており（曲率が正），膨張している宇宙はある時点で収縮に転じる。一方，1 より小さければ宇宙は開いており（曲率が負），膨張を続ける。またフリードマン方程式から，ある時刻での密度パラメーターが 1 より大きければ，任意の時刻でも 1 より大きいことが示される。1 より小さい場合や 1 の場合も同様である。したがって，現在の密度パラメーターを決定できれば宇宙の幾何学構造や進化を明らかにすることができる。

　密度パラメーターは宇宙を構成している物質の量がわかれば決定できる。宇宙を構成している物質として通常考えられるのは，私たちの身のまわりの物を形作っている 3 種類のクォークからなるバリオン（陽子・中性子），レプトンの一種である電子と質量が 0 の光子である。電子の質量はバリオンの質量の 1,800 分の 1 程度であり，エネルギー密度には効かない。現在の光子の密度パラメーターは CMB の観測結果から推定でき，ニュートリノの寄与も含めると $\Omega_{\gamma,0} = 8.4 \times 10^{-4}$ である。バリオンは光と相互作用し，銀河や星間ガスの天体観測の結果からその総量を評価できるが，星の残骸である中性子星やブラックホールのように光を放出しない天体もある。バリオンの密度パラメーターは，宇宙が膨張・冷却する過程で合成される軽元素（H・D・He・Li）の存在量，とくに重水素と水素の比や CMB の空間的揺らぎの相関関数の振る舞いから，$\Omega_{b,0} = 0.04$ と推定されている。さらに，銀河の回転曲線の振る舞いや銀河団を取り囲む高温ガスの存在から，光と相互作用しない非バリオン物質（**ダークマター**）が大量に存在することが知られており，ダークマターの密度パラメーター $\Omega_{dm,0}$ の下限値は 0.2 程度と見積もられている。また観測から示された現在に近い宇宙の加速膨張を説明するために必要なエネルギーとして**ダークエネルギー**（そのエネルギー密度は時間によらずほぼ一定で，アインシュタインが導入した宇宙定数に対応すると考えられているが，その実態はいまだ不明）の存在が明らかになった。ダークマターやダークエネルギーの密度パラメーターは関連する観測結果をモデルと比較することにより決定される。

第30章 宇宙とその進化 359

5. 現在の宇宙論

Ia 型超新星は非常に明るく，光度曲線の振る舞いから光度が決定されるので遠方を観測する際の**標準光源**として用いられる（Box 30.1 参照）。1998〜1999 年にかけて赤方偏移 z が 1 程度にいたる Ia 型超新星の明るさと z の関係から宇宙の幾何学構造と進化を決定するパラメーターが求められた（Riess *et al*., 1998; Perlmutter *et al*., 1999）。それによると，ハッブル定数は $H_0 \simeq 70 \pm 7 \ \mathrm{km \ s^{-1} \ Mpc^{-1}}$，物質（バリオン・ダークマター）の密度パラメーターが $\Omega_{m,0} = \Omega_{b,0} + \Omega_{dm,0} \simeq 0.3$，ダークエネルギーの密度パラメーターが $\Omega_{\Lambda,0} \simeq 0.7$ で観測結果をよく再現でき，全密度パラメーターは $\Omega_0 \simeq 1$ であり，宇宙は平坦で現在も加速膨張を続けていることが明らかになった。さらに，WMAP や Planck 衛星で得られた観測結果を再現するためにモデルと比較して宇宙論パラメーターは現在も更新されている。2013 年に発表された Planck 衛星による観測の解析結果（Ade *et al*., 2014）によれば，ハッブル定数 H_0 は $67 \pm 1.2 \ \mathrm{km \ s^{-1} \ Mpc^{-1}}$，全密度パラメーター Ω_0 は $1.0037^{+0.049}_{-0.043}$ で宇宙の幾何学構造は平坦であり，宇宙の年齢は約 138 億年である。バリオンの密度パラメーター $\Omega_{b,0}$ とダークマターの密度パラメーター $\Omega_{dm,0}$ の和 $\Omega_{m,0}$（$= \Omega_{b,0} + \Omega_{dm,0}$）は 0.315 ± 0.017（$\Omega_{b,0}/\Omega_{dm,0} \approx 0.01839$），ダークエネルギーの密度パラメーター $\Omega_{\Lambda,0}$ は $0.685^{+0.018}_{-0.016}$ であり，宇宙の構成要素の大部分が未知のダークエネルギー（68.3%）とダークマター（26.8%）であることは確立されたといって良い。

宇宙は高温・高密度の火の玉から生まれ，膨張・冷却する過程でさまざまな天体が形成されたという，ビッグバン宇宙モデルで宇宙の進化の大枠が記述できる。さらに COBE や WMAP により観測された**温度揺らぎ**（密度揺らぎ）を種として星や銀河が形成されることが明らかにされた。しかしながら，フリードマン方程式にもとづく「標準ビッグバンモデル」には，宇宙はなぜ平坦なのか，CMB の温度分布はなぜ一様等方なのかという平坦性・地平線問題などが内在している。これらの問題は，1981 年にグース（A. Guth）や佐藤（K. Sato）によって提唱された，宇宙は微視的な量子揺らぎから出発し巨視

的なスケールまで指数関数的に加速膨張するという**インフレーション宇宙モデル**によって解決できる。

インフレーションを起こす機構の詳細はまだ明らかではないが，現在の宇宙モデルによる宇宙の形成と進化(口絵3，カバー前袖参照)は以下のようにまとめられる。

① 138億年前に量子論的揺らぎにより宇宙が誕生した($t=0$)。
② 短期間の指数関数的な急激な膨張(**インフレーション**)により，宇宙は微視的な大きさ($\sim 10^{-28}$ m)から巨視的な大きさ(~ 1 pc)になり，宇宙の全密度パラメーターは限りなく1に近づいた。
③ その後，膨張・冷却していくにしたがって，温度 $T\sim 10^{12}$ K($t=10^{-4}$ 秒)で核子(陽子・中性子)が形成された。
④ $T\sim 10^9$ K($t=3$ 分)で軽元素が合成された。さらに温度が低下すると，原子核と電子が結合して原子が形成された。
⑤ $T=3{,}740$ K で電子と原子核の数密度が等しくなった(再結合)。
⑥ $T=3{,}000$ K($t=38$ 万年，赤方偏移 $z=1{,}100$)で熱平衡状態にあった光は電子に散乱されることなく自由に動き回れるようになり，宇宙は透明

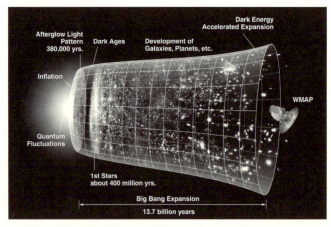

図30.4 宇宙の進化の模式図(NASA/WMAP Science Team ホームページより)。円筒状の横の広がりは，宇宙の誕生(左端)から現在(右端)にいたる時間の経過を，縦方向の広がりは各時刻での宇宙の大きさ(地平線)を模式的に表す。(口絵3参照)

第30章　宇宙とその進化　361

になった(**宇宙の晴れ上がり**と最終散乱)。このときに放出された3,000
Kの黒体放射が現在2.7KのCMBとして観測される。

⑦その後，宇宙が膨張・冷却する過程で初期にあった**密度揺らぎ**が成長し
て天体が形成された。

　現在，宇宙が誕生してから4億年ほどたった$z=6\sim7$の宇宙で銀河が発見
されている。宇宙の晴れ上がりから$z=6\sim7$までの間は宇宙の**暗黒時代**と呼
ばれており，この間に最初の天体が形成されたと考えられている。

6. まとめと今後の課題

　ビッグバン宇宙モデルで宇宙の形成・進化の大枠が記述され，宇宙は平坦
で現在も加速膨張しており，宇宙を構成している大部分は未知のダークエネ
ルギー(68.3%)とダークマター(26.8%)であることが明らかにされた。ダー
クエネルギーやダークマターの起源や性質，インフレーションがいつどのよ
うな機構で始まり終わったのかを解明することが宇宙論の今後の課題である。
また，宇宙初期から現在にいたる各種天体の形成・進化や生命の誕生・進化
過程の研究も今後の重要な研究課題である。

[**練習問題1**]　1パーセク(pc)は地球と太陽の平均距離$1AU$(天文単位)$=1.496\times10^{11}$ m
が一秒角を張る距離と定義されている。また，1光年とは光が1年間に伝搬する距離であ
る。1 pcは何メートルか，また何光年かを計算せよ。ここで光速は3.0×10^8 m，1年は
3.156×10^7秒とせよ。

[**練習問題2**]　私たちから速度$1,500$ km s^{-1}で遠ざかっている銀河から放出された波長
$0.55\,\mu$mの光を私たちが観測したとき波長は何μmか。また，ハッブル定数が$H_0=70$
km s^{-1} Mpc^{-1}であるとき，ハッブルの法則を用いて観測された光は何年前にこの銀河か
ら放出されたかを求めよ。

[**練習問題3**]　ハッブルの法則は，私たちからどの方向にある銀河を観測しても後退速度
$\vec{v}$と天体までの位置ベクトル$\vec{d}$の間には$\vec{v}=H_0\vec{d}$の関係があることを示す。ここでH_0
はハッブル定数である。

(1) 私たちから観測して後退速度と位置ベクトルがそれぞれ$\vec{v}_A$，$\vec{d}_A$の銀河Aと$\vec{v}_B$，
$\vec{d}_B$の銀河Bを考える。銀河Aから銀河Bを観測したとき，ハッブルの法則が成
り立つことを示せ。

(2) 銀河の後退速度が一定であるとしたとき，現在離れている銀河Aと銀河Bが接触
していたのは何年前か。ここで$H_0=70$ km s^{-1} Mpc^{-1}とせよ。

Box 30.1　宇宙の距離梯子と Ia 型超新星

　宇宙の構造や進化を研究する際には遠方の天体(星や銀河)までの距離を決定することが必要である。宇宙は莫大な広がりを持つために，すべての天体までの距離を測定するのに適用できる特定の方法はない。ある信頼できる方法で測定された近傍の天体までの距離を較正基準として，より遠方の天体までの距離をほかの方法で順次測定する手法を「宇宙の距離梯子」という。

　近傍の天体までの距離は三角測量の原理を使って直接測定することが可能であるが，1989 年に恒星の位置を決定するために打ち上げられたヒッパルコス衛星を使っても測定できる距離はたかだか 3,000 光年にすぎない。遠方の天体までの距離を測定する際には，光度(1 秒間に放出される光のエネルギー)がわかっている天体を標準光源として，見かけの明るさから天体までの距離を間接的に決定する標準光源法が用いられる。

　代表的な標準光源は 1908 年にアメリカのレヴィット(H. Leavitt)により変光周期と光度の関係が明らかにされたセファイド変光星である。1924 年にハッブルはセファイド変光星を用いてアンドロメダ銀河までの距離を決定し，その後ハッブルの法則を発見した。セファイド変光星を用いて測定される距離は 6,000 万光年程度である。渦巻銀河の回転速度と光度の関係(ターリー・フィッシャー関係)を用いると 60 億光年程度までの銀河の距離が測定可能である。さらに，爆発後の明るさが銀河全体の明るさに匹敵する超新星を標準光源として用いることができるなら，もっと遠方の渦巻銀河以外の銀河までの距離を決定することができる。

　超新星は爆発機構により二つに分類される。一つは，主系列段階での質量が太陽質量($M_\odot$)の 8 倍以上の重い星の進化の最終段階で形成された鉄の中心核が重力収縮することによって爆発する重力崩壊型超新星である。もう一つは主系列段階での質量が 8 $M_\odot$ より軽い星の進化最終段階である白色矮星(電子の縮退圧で支えられた酸素と炭素の中心核が余熱で光輝く高温・低光度の星)の質量がガス降着などによりチャンドラセカール質量(電子の縮退圧力で支えられる限界質量)を超えることにより熱核反応の暴走を起こして爆発する熱核燃焼型の Ia 型超新星である。重力崩壊型超新星は星形成活動が活発な渦巻銀河や不規則銀河のみに出現するが，Ia 型超新星は星形成活動が活発でない楕円銀河を含めてすべての型の銀河で出現する。

　1993 年にフィリップス(M.M. Philips)は，Ia 型超新星の爆発後の最大の明るさとその後の減光率の間の関係(最大の明るさが大きいほど，緩やかに減光する)を用いて補正すると，ぽぽすべての Ia 型超新星に対して，最大光度と光度曲線(光度の時間変化)が同じであることを発見し，標準光源として利用できることを明らかにした。Ia 型超新星を用いると，100 億光年程度までの距離を決定することが可能である。1998 年から 1999 年にかけて高赤方偏移超新星探査チームと超新星宇宙探査計画による Ia 型超新星の観測結果から，宇宙は平坦で，現在も加速膨張を行なっており，宇宙を構成する物質の 70% が宇宙膨張の加速に必要なダークエネルギーであることが明らかにされた。

　Ia 型超新星の成因として，連星系にある白色矮星への伴星(主系列星や赤色巨星)からの質量降着説と白色矮星同士の衝突合体説がある。衝突合体説では爆発が起こるまで時間がかかりすぎるという問題があるが，まだ，決着はついていない。2011 年に，この研究を主導した S. Perlmutter, A. Riess と B. Schmidt にノーベル物理学賞が授与された。

363

銀河・恒星

第*31*章————————————————————————

　銀河は宇宙のもっとも基本的な構成単位であり，宇宙の構造や進化を理解する上で銀河についての理解は重要である。たとえば，宇宙の膨張の証拠は，銀河の速度と距離の測定から得られた（ハッブルの法則，第 30 章参照）。銀河を構成している多数の恒星は，その中心の核融合反応によって，H，He，Li，Be（これらを軽元素と呼ぶ）よりも原子番号の大きな元素（重元素と呼ばれる）を生成している。初期宇宙における核融合によって軽元素は生成されるのに対し，重元素は生成されない。水素以外の私たちの体を構成している元素の起源は，星の中心の核融合によるのである。この章では，このように宇宙の理解にとって重要な銀河と星について概観する。なお，本章では恒星を星と呼ぶ。過去には，天球上の位置を変えないと考えられていたことから恒星（fixed star）と呼ばれて来たが，実際は位置や明るさが変化するからである。

キーワード
宇宙の構造形成，宇宙の大規模構造，宇宙の密度揺らぎの成長，宇宙背景放射，核融合反応，銀河，銀河系（天の川銀河），銀河形成，銀河団，原始星，元素，主系列星，ダークハロー，ダークマター，中性子星，超新星，白色矮星，バリオン，ブラックホール，分子雲，星（恒星），星形成

1. 銀河とは

　銀河は膨大な**星**の集団である。銀河を構成している星の数は，およそ 100万個から数千億個である。銀河は，その形状から，**円盤銀河，楕円銀河，不規則銀河**などに分類される（図 31.1）。円盤銀河や不規則銀河では活発に星が形成されているのに対し，楕円銀河では一般に星は形成されていない。銀河には，主に H や He からなるガスが存在し，その質量は銀河を構成する星の全質量の数％である。銀河のまわりを**ダークマター**が取り巻くように分布しており（30.4 節参照），これを**ダークハロー**と呼んでいる。ダークマターなどをエネルギーに換算して宇宙の密度パラメータ（30.4 節参照）で表すと，宇

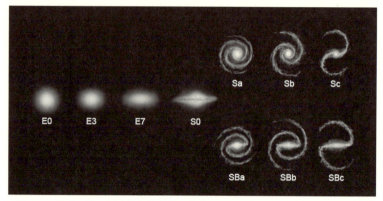

図 31.1 ハッブルによる銀河の分類。左が楕円銀河（銀河の扁平度で E0 から E7 に細分される），中央にレンズ状銀河(S0)，右が円盤銀河（渦構造の特徴から Sa から Sc に細分される渦巻銀河および棒構造によって SBa から SBc に細分される棒渦巻銀河）を表している。これ以外に不規則銀河がある。フリー百科事典ウィキペディア日本語版（2014 年 11 月 20 日）より。

宙全体ではダークエネルギーは 0.683，ダークマターは 0.268，普通の物質であるバリオンは 0.049 である(30.5 節参照)。星を構成している物質は**バリオン**である。ダークマターは，重力相互作用はするが電磁的な相互作用はしない素粒子だと考えられているが，正体は不明である。ダークハローの質量は，銀河の星の全質量のおよそ 10 倍であり，その重力によって銀河の星とガスは閉じ込められている。なぜこのような巨大なダークハローが形成されたのかは，宇宙の謎の一つである。

銀河の中の物質の平均密度は宇宙の平均よりも 6 桁以上も高く，銀河は，宇宙の中でも物質が集中している領域である。銀河の平均密度が高い理由は，宇宙の密度が高かった初期に銀河が形成されたからと考えられている。銀河形成論から，銀河の形成時期とダークハローの平均密度は一定の関係にあると予想される。銀河は宇宙に一様に分布するのではなく，一部の銀河は数十から数百個の集団(**銀河団**)を形成している。また宇宙全体として多数の泡を形作るように分布していることがわかっている。一つの泡の大きさはおよそ 6,000 万〜9,000 万光年(光年は光が 1 年間に伝搬する距離：9.46×10^{15} m)である。これを**宇宙の大規模構造**と呼んでいる。この構造も銀河の形成と密接に関係していると考えられている。

1.1 銀河の特徴

宇宙には，我々の銀河と同程度の大きさの銀河がたくさん存在している。これがわかったのは，20世紀初めであった。それ以前は，銀河はガス星雲の一種と考えられていた。1924年，ハッブル(E. Hubble)によってアンドロメダ銀河の中の星が確認された。この星の見かけの明るさと星のエネルギー放出量の絶対値との比較から距離が推定された。それはたいへん大きい(たとえば，我々の銀河のすぐ隣のアンドロメダ銀河ですら239万光年の距離にある)ことがわかった。この発見が宇宙の大きさを認識する契機になったのである。その後，多くの銀河の後退速度と距離の測定から，宇宙が膨張していることがハッブルによって示された(30.3節参照)。現在では，銀河から放射される原子や分子の輝線スペクトルを光や電波で観測し，その波長の実験室での値との違いから宇宙膨張の効果を求めて，銀河までの距離を測定している。

2. 我々の銀河(銀河系)

我々の銀河を例に，銀河について少し詳しく述べよう。太陽系が属している我々の銀河を，**銀河系**あるいは**天の川銀河**と呼んでいる。銀河系は**棒渦巻円盤銀河**である(図31.2)。銀河系内の星の全質量は，太陽質量(約2×10^{30} kg)のおよそ1,000億倍である。ガスの全質量は太陽質量の50億倍であり，その質量のほとんどは中性水素原子ガス(電離していない水素原子)と水素分子ガスである。星は，銀河系中心をとりまく膨らんだ部分(**バルジ構造**)と薄く平らな部分(**円盤構造**)に分布している(図31.2, 31.3)。この円盤の半径はおよそ4万光年である。円盤部分に分布している星は銀河系中心のまわりを秒速220 kmで回転している。この回転運動で星は銀河系の重力と釣り合っている。ほとんどのガスも円盤部分に分布し，銀河系中心のまわりを回転している。太陽系は銀河系中心から2万4,000光年の距離にある。太陽と地球の距離が光で500秒の距離であることを考えると，銀河系は，いかに巨大であるかがわかる。銀河系には他の円盤銀河と同様に**渦状腕**があり，そこでは水素分子ガスの密度が高く，活発に星が形成されている。銀河系の中心には，

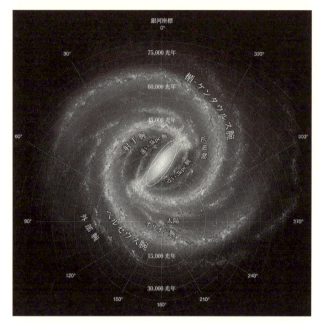

図 31.2 銀河系(天の川銀河)を真上から見た想像図。棒渦巻円盤銀河である。渦状腕には，質量の大きな若い星や水素分子ガスが集中して分布している。渦状腕の名前は星座名に因むものが多い。距離(光年単位)は太陽からの距離。フリー百科事典ウィキペディア日本語版(2014 年 11 月 20 日)より。

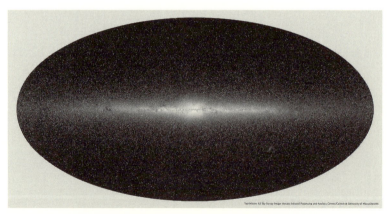

図 31.3 地上の近赤外線望遠鏡(2 MASS)で観測した銀河系。質量の小さな星が主として写っている。地球は銀河系の円盤構造内にあるので，銀河系を真横から見たような像が得られる。フリー百科事典ウィキペディア日本語版(2014 年 11 月 20 日)より。

第 31 章 銀河・恒星　367

巨大ブラックホールがある。質量は太陽の 400 万倍である。このような巨大なブラックホールの存在を示す証拠は多くのほかの銀河の中心でも観測されている。星が進化して形成される**ブラックホール**は太陽の数十倍程度の質量であるので，銀河の中心の巨大ブラックホールがなぜこれほど巨大なのか，銀河中心以外に巨大ブラックホールはなぜ分布しないのかは宇宙の大きな謎である。銀河系のまわりのダークハローの広がりは 30 万光年，その質量は太陽質量の一兆倍と推定されている。

3. 星(恒星)の性質

　銀河は，宇宙の中で星が形成進化する場所である。まず，星の性質について概観しよう。星(**恒星**)の主な成分は H と He のガスである。星は，ガスの圧力と星自身の重力とがつりあって，力学平衡になっている。星の中心では H 原子 4 個から He 原子 1 個が生成されるなど**核融合反応**により膨大なエネルギーが発生し，星のガスの高い温度と大きな圧力を保っている。中心で発生したエネルギーは光として星の表面へ伝わり，宇宙空間へ放射されて，星を輝かせている。観測されている星について，星の色(表面温度)を横軸に，星のエネルギー放出率(これを**光度**という)を縦軸にとってグラフを作ると，多くの星はある決まった領域に分布する(図 31.4)。この図を **Hertzsprung-Russell 図**(略して **H-R 図**)と呼んでいる。図 31.4 の H-R 図では，星のエネルギー放出率を絶対等級を用いて表している。なお，天体の明るさを表す尺度である等級は，基準となる星に対する相対的な明るさで定義されるものを**見かけの等級**といい，これに対し，その星を 10 pc(パーセク：1 パーセクは約 32.6 光年，30.4 節参照)の距離にあるときの等級を**絶対等級**と呼ぶ。太陽系近傍の星は，多くの星が H-R 図上の**主系列**(main sequence)と呼ばれる領域に分布している。このような星を**主系列星**と呼んでいる。太陽も主系列星である。

3.1　星の構造と進化

　星の構造と進化について簡単に説明しよう。星の中心では核融合反応が起き，そのエネルギーによって星は輝いていることはすでに述べた。主系列星

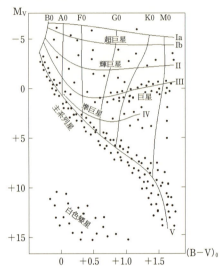

図 31.4 Hertzsprung-Russell 図(H-R 図)。横軸は星の色(表面温度：B−V)，縦軸は星のエネルギー放出量(絶対等級：M_V)。フリー百科事典ウィキペディア日本語版(2014 年 11 月 20 日)より。

では，中心の核融合によって H から He が生成されている。核融合によって，星の中心の水素が使い尽くされると，He の核融合が始まり，より重い C，N，O などが生成される。この段階で，星は主系列星から巨星に進化する。このように星の進化は核融合による元素の生成をともなう。進化した星は，その質量に応じて，赤色巨星としてガスを放出したり，**超新星**として大爆発を起こして，星の中心の核融合で生成した元素を星の外に放出する。太陽質量の 3 倍以下の星は，ガスを放出して**白色矮星**になる。**超新星爆発**を起こす場合は，星の質量に応じて，超新星爆発後に何も残らないか，**中性子星**あるいはブラックホールが残される場合がある。星から放出された元素は，星間空間のガス(星間ガス)と交ざり**分子雲**が形成され，そこから星が新たに形成される。このように星の形成と進化が繰り返えされることで，C，N，O，Si，Fe などの**重元素**が銀河のなかに蓄積されることになる。この重元素の蓄積が惑星系形成の条件にもなる。星の進化を理論的に調べてみると，星の寿命は，核融合によって主系列星の質量の 10%の H が He になるのに

必要な時間とほぼ等しいことがわかる。主系列星の光度は質量の4乗にほぼ比例していることから，星の寿命は質量の3乗に反比例することになり，質量の大きな星ほど寿命は短くなる。太陽質量の星の寿命は約百億年なので，太陽の10倍の質量の星は約1,000万年の寿命となる。1,000万年は，宇宙の年齢138億年や銀河系が1回転する時間約2億4千万年と比較すると非常に短い。このような太陽の10倍以上の質量の星は，現在観測されている場所の近くで形成されたと考えてよい。では，星はガスからどのように形成されると考えられているのだろうか。

3.2 星間ガスと星形成

銀河の中のガス（星間ガス）は，10^5 K以上の高温希薄ガス，10^4 K程度の暖かいガス，そして100 K以下の冷たいガスに大まかに分けられる。これらのガスはほぼ圧力平衡にあり，低温ガスほど密度が大きい。冷たいガスは水素の状態によって，中性水素原子ガスと水素分子ガスに分けられる。水素分子ガスの温度はさらに低温で，およそ10 K，密度は水素分子が1 cm³当り100個以上になっており，分子雲と呼ばれる。年齢の若い星が分子雲の近くに分布していることや分子雲のなかには核融合を起こす前の星である原始星が観測されていることから，星形成は分子雲で起きていると考えられている。円盤銀河では分子雲は渦状腕と呼ばれる領域に多く分布している。渦状腕には若い星や，星間ダストも多く分布している。このことから，渦状腕で星形成が活発に起きていると考えられており，その過程は，銀河の円盤部に渦巻状の密度波が発生し，この密度波が一定の角速度で伝搬するので，銀河のなかで回転運動しているガスとの間に速度差が生まれて**衝撃波（銀河衝撃波）**が発生し，それによってガスを圧縮して分子雲が形成され，分子雲のなかの密度の高い領域から星が形成されると考えられている。こうした過程には，分子雲同士の衝突が重要である可能性も研究されている。

4. 銀河の形成

次に，銀河の形成について簡単に述べよう。**宇宙背景放射**(30.3節参照)の

370 第Ⅳ部 宇宙と惑星

観測は，宇宙が誕生してから38万年後の宇宙の様子を教えてくれる。それによると，宇宙背景放射の温度は非常に一様に近いことから，当時の宇宙では物質分布のかたよりがほとんどなく，星や銀河がまだ形成されていないことがわかる。もし，宇宙の初期にダークマターやバリオンが完全に一様に分布していたなら，宇宙は一様のまま膨張して，現在に至ることになる。この場合には，宇宙には銀河や星は形成されない。実際には，宇宙背景放射には，温度の平均値に対し10万分の1程度の小さな揺らぎが存在していることから，ダークマターの分布やバリオンの分布にもやはり小さな密度揺らぎがあり（図30.3），この密度揺らぎが成長して銀河が形成され，現在の多様な構造を持つ宇宙に進化したと考えられる（口絵3，カバー前袖参照）。この考えが正しいかどうかを調べるには，揺らぎの成長の条件はどういうものか，宇宙の歴史のなかでいつ頃どんなふうに揺らぎは成長するのか，それはどのように観測できるのか，揺らぎの成長から銀河がいつ頃どのように形成されるのか，などを明らかにする必要があり，多くの研究がなされている。

　宇宙の密度揺らぎの成長の概略を述べよう。宇宙初期にはダークマターの密度分布の揺らぎは小さいため，ダークマターの密度がほんの少し大きな領域であっても，はじめは宇宙全体と同様に膨張する。その後，この領域内のダークマターの重力によって宇宙膨張よりも少しづつ減速されるため，やがて収縮に転じる（図31.5）。それが起こる時期は，その領域のダークマターの密度揺らぎの大きさによって決まる。収縮に転じたダークマターは，この領域内の小さな領域に自己の重力によって集中する。ダークマターの密度揺らぎにはランダムさがあるため，いわゆる violent relaxation を起こしてダークハローが形成されると考えられる。violent relaxation とは，ダークマターが集中する際の重力ポテンシャルの激しい時間変化によって，ダークマターの運動が急激に変化してその運動が無秩序化されて緩和される過程をいう。運動が緩和したダークハローは virial 平衡 と呼ばれる状態になる。virial 平衡とはダークマターの重力エネルギーと運動エネルギーの大きさがほぼ同じになった状態である。ダークハローの形成時期に応じて，ダークハローのサイズと質量に一定の関係を予想することができる。それによると，宇宙年齢の早い時期に形成されたダークハローの平均密度は大きくなる。

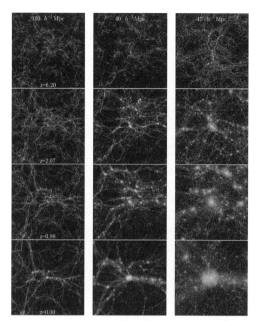

図 31.5 スーパーコンピューターによるダークマター揺らぎの成長の計算例。白っぽく見えるのがダークマターが多く集まった領域である。一番左の列のパネルの一辺の長さが 70 Mpc，その右が拡大図で一辺が 28 Mpc，一番右がさらに拡大した図で一辺が 10.5 Mpc である。上から下に向かって宇宙年齢が進んでいる（上から，およそ 9 億年，30 億年，60 億年，138 億年）。図中の丸く見えるものがダークハローである。Max Plank 研究所ホームページより。

ダークハローが形成される過程で，ガスはダークマターの重力によって引き寄せられ，ガスが激しく運動して衝撃波が発生して加熱され高温となった後，その熱エネルギーは放射として放出され，温度が低下し，密度が高くなる。この熱エネルギーの放射は一般に密度が高いほど効率的なので，密度が高い領域が先に温度が低下してゆく。このようにして優先的にガスの温度が低下する領域が形成され，十分に低温で高密度なガスから星が形成される。この星によって銀河の構造が形づくられる。銀河構造に見られる規則性は星形成と深く関係していると考えられている。

銀河の回転も銀河を特徴付けている。この回転の起源も，銀河の形成過程と密接に関係していると考えられている。銀河は回転しているため分子雲も回転しており，分子雲から星が形成されることから，惑星系の回転も銀河の

372　第Ⅳ部　宇宙と惑星

回転のためである。銀河の形成過程における次の物理過程によって**銀河回転**を説明できる。

　ダークマターの密度揺らぎの分布は一般に球対称ではないため，ダークハローが形成される領域のまわりのダークマターによる潮汐力が生じ，ダークハローに角運動量が発生する。実際，膨張宇宙のなかでダークマターの運動を自己重力多体計算をしてダークハロー形成を調べてみると，ダークハローがダークマターの非球対称分布によって角運動量が発生することが示される。最近の詳しい研究によって，ダークハローの中心にガスが集中して銀河が形成されると，銀河の星の回転円盤の構造をよく説明できることが示されている。銀河の形成は，宇宙背景放射の温度揺らぎから推定されるダークマターの密度揺らぎをもとに，宇宙年齢で4億年頃から起き始めたと推定されている。

　ダークエネルギーは，現在，宇宙のエネルギーの大半(68.3%)を占め，宇宙の膨張に影響しており，この宇宙膨張への影響を通してダークマターの揺らぎの成長にも影響する。そのため，銀河形成過程にも影響するはずである。こうした影響を観測的に検出してダークエネルギーについて研究する可能性が検討されている。

5. 銀河の進化

　銀河の進化は，次の過程が関連している。①銀河のなかのガスから星が形成される，②星の中心の核融合で生成された重元素は星の進化によって放出される，③放出されたガスがまわりのガスと交ざり，次の新しい星が形成される，という①〜③の過程が繰り返される。そのほか，④大きな銀河同士の合体や大きな銀河に小さな銀河が吸収されるなどの変化により，銀河の重力が激しく変化し，銀河の合体とともにガスが新たに供給されたことにより銀河の構造や星形成に大きな影響が与えられるという銀河合体(口絵4参照)，⑤銀河中心の巨大ブラックホールにガスが流入することによって膨大なエネルギーが放出されるとともに巨大ブラックホールの質量が増大し，これらが銀河の構造に影響する，などである。我々の銀河では，重元素が少ない初期

の時代に形成された年齢の古い星が観測されている。星が形成される際には，さまざまな質量のものが形成され，そのなかには質量が小さく寿命の長い星もある。そのような星が銀河の重元素の少ない頃に形成されると，寿命が長いために現在まで存在して観測される。年齢の古い星の重元素の量が銀河系の重元素の進化の歴史を教えてくれるのである。

　宇宙年齢が現在の1/3の頃には，銀河合体が多く起きていた観測的証拠がある。また，この頃の銀河には，中心から膨大なエネルギーを放出している**QSO（クエーサー）**と呼ばれる銀河や活動的銀河が多い。こうした銀河の中心には巨大ブラックホールがあり，そこにガスが流入する際に解放された重力エネルギーが，電磁波や相対論的電子（光速近くまで加速された電子）に姿を変えて放出されていると考えられている。巨大ブラックホールを中心に持つ銀河は宇宙年齢10億年頃にはすでに存在しており，巨大ブラックホールは宇宙最初の星形成や銀河の形成と密接な関係にあると考えられているが，その詳細はよくわかっていない。

　宇宙年齢にわたるさまざまな時代の銀河について，ハッブル宇宙望遠鏡や国立天文台ハワイ観測所のすばる望遠鏡による長時間観測で研究されている。ハッブル宇宙望遠鏡は，Hubble Deep Field（HDF）と呼ばれる観測領域を長時間観測して，その領域のさまざまな時代の銀河を観測し，その星形成率から，宇宙年齢にわたる星形成を推定している。これを宇宙論的星形成史と呼ぶ。それによると，銀河が形成され始めた時期（宇宙年齢で4億年頃）から，現在の宇宙年齢138億年のおよそ半分の時期に向かって宇宙の星形成率は増加し，その後，現在に向かって減少している。この変化は，銀河の合体による星形成率の増加や，すでに形成された銀河による銀河進化への影響，さらに中心の巨大ブラックホールの成長と活動性による銀河の星形成に対する影響などが複雑に反映していると考えられている。これらを解明することが研究課題になっている。

6. 銀河・星研究の課題

　以上で紹介したように，銀河の形成と進化は宇宙論と深く関わった研究課

374 第IV部 宇宙と惑星

題である。ここでは，触れることができなかったが，膨大なエネルギーを放出しているガンマー線バーストを観測して宇宙年齢が5億年頃の初期宇宙を観測する可能性もある。また，宇宙論的星形成史，巨大ブラックホールの形成史，銀河と巨大ブラックホールの共進化など，銀河の形成と進化に関わる興味深い課題がたくさんある。銀河の形態の決定の過程もダークマターの性質や星形成過程と深く関わっていると考えられているが，未解明な点が多い。こうした研究のために，より遠くの宇宙を詳しく調べることが可能な次世代の観測装置が次々と計画されている。口径8mの次世代宇宙望遠鏡（JWST），地上の口径30m光学望遠鏡（TMT望遠鏡）などである。さらに，銀河が形成される以前の宇宙のガスの様子を観測するSKA計画も進んでいる。この計画は，宇宙の晴れ上がりで中性化した水素を直接観測して，ダークマターの密度揺らぎの影響を明らかにしようというものである。また，スーパーコンピュータの発展とともに，理論的な研究も進むであろう。銀河を対象にした研究は，こうした観測や理論の進歩とともに発展していくのである。

銀河についてより知りたい読者には下記をお薦めします。

Sparke, L.S. and Gallagher, III J.S. 2007. Galaxies in the Universe: An Introduction. 442 pp. Cambridge University Press.

Mo, H., van den Bosch, F. and White, S. 2010, Galaxy Formation and Evolution. 840 pp. Cambridge University Press.

[練習問題1]　銀河のダークハローの証拠は，中性水素ガスの回転曲線の観測から見つけられた。中性水素ガスの回転速度 v が 200 km s^{-1}，半径 R が 100 kpc のとき，ダークハローの質量 M_H は太陽の何倍になるか求めよ。ここで，$v^2/R = GM_H/R^2$ の関係を使いなさい。G は重力定数（6.67×10^{-11} m^3 kg^{-1} s^{-2}）である。太陽質量は $M_\odot = 2 \times 10^{30}$ kg としなさい。

[練習問題2]　質量が $10^{12} M_\odot$ のダークハローを，現在の宇宙の平均密度のダークマターで作ろうとすると，どれくらいの領域からダークマターを集める必要があるか，その体積を求めなさい。その領域を球として，この球の半径を求めなさい。第30章の宇宙の臨界密度と密度パラメータを参照しなさい。第30章の臨界密度はエネルギーなので質量密度に直すのには光速 c の2乗で割る必要がある。$c = 3 \times 10^8$ m s^{-1} としなさい。

[練習問題3]　質量 m kg の H が核融合して He が生成される際に発生するエネルギーは水素の質量エネルギー mc^2 の 0.7% として太陽質量の星の寿命を計算しなさい。このとき，太陽のエネルギー放出量 $L = 3.8 \times 10^{26}$ W は水素の核融合によるとしなさい。

第 32 章

太陽系の成り立ちと運動

　地球は孤独な天体ではない。地球の起源と進化，そしてそこで起こるさまざまな現象は，ほかの天体(太陽や惑星)の存在と密接に関係している。これらの関係を正しく理解するための基礎として，この章では，地球を含む太陽系天体の分布・運動・構成物質について理解を深める。そして，どのようにして太陽系が現在の姿を獲得したのか，太陽系の起源について学ぶ。ここで得る知識は，地球が宇宙でありふれた天体なのか，それとも特殊な天体なのかを洞察するための材料ともなる。

キーワード
隕石，エッジワース・カイパーベルト，オールトの雲，ケプラーの法則，原始太陽系星雲，視運動，重力圏，小惑星，彗星，太陽系，太陽系小天体，太陽系の起源，地球型惑星，地動説，天王星型惑星，天動説，木星型惑星，惑星，惑星集積

1. 惑星の視運動

　雲のない夜空には星々が輝いている。時間をおいて観察すると，それらは太陽や月と同様に，**日周運動**をしていることがわかる。その様子は，私たちを包む巨大な球殻があり，それが1日に1回転しているかのように捉えることができる。この仮想的な球殻を**天球**という。天球の回転軸と天球面の交点のごくそばに北極星がある。そのため北極星はほとんど日周運動せず静止して見える。

　星(恒星)は天球上で相対的位置関係がほとんど変化しない。したがって，天球には恒星の位置をもとに座標が定められる。太陽は1年の周期で天球上を1周する。天球上の太陽の通り道を**黄道**という。太陽の天球面上の位置の観測は，月の満ち欠けとあわせて，季節を知るのに欠かせない暦を提供した。

　水星や金星は太陽から一定角度の範囲内で天球座標を変えてゆく。その一

方，火星・木星・土星はそれぞれ天球を一周するが，およそ1年に1度**逆行運動**を起こす。これらの天体は，天球をさ迷っているように見えることから，**惑星**と総称されるようになった。

太古の多くの人間が，大地は不動であって，運動をしているのは天体であると考えたのは無理のないことである。この考えを**天動説**という。その一方で，動いているのは地球であるとする**地動説**も古代ギリシャの時代からあった。多くの人が天動説を信じていた16世紀初めに，コペルニクス(N. Copernicus)が地動説を説得力をもって示したことをきっかけとして，太陽系のつくりの正しい理解への路が切り拓かれた。見方や立場を入れ替えて考えるとまったく違った理解が得られることは，現在も「コペルニクス的転回」と呼ばれる。

コペルニクスの地動説の要点は，惑星は太陽を中心にそれぞれ一定の速さで円運動しており，地球もそのような惑星の一つである，ということである。この仮説を用いてコペルニクスは天球上での太陽・月・惑星の天球における見かけの位置の変化，つまり**視運動**を，かなりうまく説明することに成功した。しかし，後のより精密な観測と比較すると，円運動の理論では惑星の視運動が説明しきれないことが判明した。惑星の運動について正しい理解にたどり着いたのはケプラー(J. Kepler)で，17世紀初めのことである。

2. ケプラーの法則

太陽を回る惑星の運動はケプラー(J. Kepler)の法則に従う(Box 32.1 参照)。ケプラーの法則は，力学法則にもとづいて太陽の**万有引力**を受けた質点の運動を解くことで導くことができる。そのため，太陽を回る惑星以外の天体も基本的にケプラーの法則に従って運動する。

軌道の歪みの度合いは**離心率**によって表される(図32.1)。惑星の離心率は比較的小さくその軌道は円に近いが，小天体のなかには非常に大きな離心率を持つものもある。たとえば，彗星は太陽にきわめて接近して，やがて遠方に去ってゆく楕円軌道を持つ。面積速度一定の法則から，太陽に接近している期間は遠ざかっている期間よりも短くなる(図32.2)。第3法則から，公転

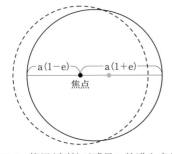

図32.1 楕円(実線)が惑星の軌道を表し，焦点の一つに太陽がある。a は軌道長半径(楕円の長軸の1/2)を表し，e が離心率を表す。参考のため，$e=0$ つまり半径 a の円の場合を破線で示した。

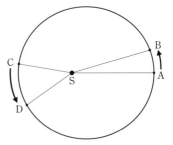

図32.2 惑星が軌道上を点Aから点Bまで運動する時間と，CからDに運動する時間が等しいとする。Sは太陽である。面積速度一定の法則によれば，扇型SABと扇型SCDの面積は等しい。つまり太陽からの距離が短いほど，惑星は速く運動する。

周期は軌道長半径の3/2乗に比例する。惑星の軌道長半径は太陽と地球間の平均距離($1.49597870691×10^{11}$ m)を単位にとるとわかりやすい。これを**天文単位**(AU)と呼ぶ。たとえば，軌道長半径がおよそ5.2天文単位の木星は公転周期が $5.2^{3/2}=11.9$ 年，およそ30.1天文単位の海王星は $30.1^{3/2}=165$ 年である。惑星同士や惑星が太陽にもたらす万有引力を考慮すると，ケプラーの法則は厳密には成り立たない。しかしながら，太陽系最大の惑星の木星でも，その質量は太陽の1,000分の1以下であるため，惑星の運動は太陽の万有引力の働きでほぼ決まっている。しかし，数万年といった非常に長い時間をかけると，惑星間の万有引力の影響により，惑星の軌道がやや変化する。たとえば，地球軌道の離心率はほぼ0と0.06の間を約10万年と約41万年の周期で変化し，地球の気候変動の要因の一つになっている(第17, 27章参照)。惑星の近傍では，太陽の万有引力よりも惑星の万有引力のほうが強くなる。そのような空間を惑星の**重力圏**と呼ぶ。重力圏のなかでは，惑星のまわりを公転する衛星が存在できる。もし衛星が存在すると，その軌道半径と公転周期を観測することで，惑星の質量を求めることができる。

3. 太陽系の家族

太陽系とは，太陽と太陽の重力に束縛された天体，およびそれらの運動する空間(惑星間空間)からなる系をいう。そのなかには8つの惑星と，軌道が決定されたものだけでも10万個を超える小天体(**太陽系小天体**)が存在する。また惑星と小天体には衛星を持つものが多数存在する。衛星については第33章で詳しく述べる。

3.1 惑　　星

太陽系の惑星は，内側から順に水星・金星・地球・火星・木星・土星・天王星・海王星である(図32.3，表32.1)。かつては冥王星も惑星に分類されていたが，質量が小さく，軌道の歪みが大きいことから2006年に惑星から除外された。惑星は太陽を除いた太陽系の総質量の大部分を占め，ほぼ同一の面内を同一の向きに公転している。地球の軌道の作る面のことを**黄道面**と呼ぶ。黄道面を天球に射影したものが天球上の**黄道**である。

惑星は主な構成物質の違いから3つのタイプに大別される。

地球型惑星(あるいは岩石型惑星)は，主に珪酸塩と金属鉄からなり，地球

図32.3 太陽系の8惑星の大きさを比較する(Hamiltonのホームページより)。各天体の大きさは実際の大きさにほぼ比例している。地球は4つの地球型惑星のなかで最大であるが，木星型惑星と天王星型惑星は地球よりはるかに大きい。とくに木星型惑星の巨大さが目立つ。これは太陽からの距離によって惑星の材料物質とでき方が異なることを反映している。

第32章　太陽系の成り立ちと運動　379

表32.1　惑星表

惑　星	軌道長半径 (天文単位)	公転周期 (年)	離心率	質量 (地球単位)	赤道半径 (地球単位)	平均密度 (g/cm³)	赤道重力 (地球単位)	自転周期 (日)	衛星 の数	太陽より受ける 輻射 (地球単位)
水　星	0.387	0.24	0.2056	0.055	0.383	5.43	0.38	58.65	0	6.67
金　星	0.723	0.62	0.0067	0.815	0.949	5.24	0.91	243.0	0	1.91
地　球	1	1	0.0167	1	1	5.51	1	0.9973	1	1
火　星	1.524	1.88	0.0935	0.107	0.532	3.93	0.38	1.026	2	0.43
木　星	5.204	11.9	0.0489	317.8	11.2	1.33	2.36	0.414	67	0.037
土　星	9.555	29.5	0.0565	95.2	9.45	0.69	0.92	0.444	62	0.011
天王星	19.20	84.0	0.0457	14.5	4.01	1.27	0.905	0.718	27	0.0027
海王星	30.05	164.8	0.0113	17.1	3.88	1.64	1.14	0.671	14	0.0011

(地球の主な定数は裏見返しを参照)

を含む内側の4惑星がこれにあたる。これらの惑星には水星を除いて大気が存在するが，それは各惑星の質量のごく一部を占めるにすぎない。

　木星型惑星(あるいは巨大ガス惑星)は主に水素ガスからなり，木星と土星の2惑星がこのタイプに属する。地球質量を単位にすると，地球型惑星の質量は1以下であるのに対して，木星型惑星はおよそ100～300もある。また木星型惑星の直径は地球のおよそ10倍である(図32.3, 表32.1)。ちなみに太陽はもっと大きく，その質量は地球のおよそ30万倍，直径はおよそ100倍である。

　天王星型惑星は H_2O を主要な成分とし，天王星と海王星の二つである。これらの惑星はその組成と起源から巨大氷惑星とも呼ばれるが，内部は高温高圧の状態にあり，H_2O などの氷が実際に存在しているわけではない(次節参照)。天王星型惑星の質量はおよそ地球の15倍で，直径はおよそ4倍である(表32.1)。地球型惑星は衛星がないか，あってもごく少数なのに対して，木星型惑星と天王星型惑星は多数の衛星を持つ。

3.2　太陽系小天体

　太陽系小天体とは，惑星とその衛星以外の天体のことをいう。これらは珪酸塩・酸化物・金属鉄・氷・有機物がさまざまな比率で交じった多様な組成を持っており，太陽系の形成当時の物質がそのまま保存されたタイムカプセルとしてたいへん重要である(Box 32.2参照)。太陽系小天体のうち，太陽熱の影響で氷が気化してガスを放出する活動を行う天体を**彗星**，それ以外を小

惑星と呼ぶ。彗星は太陽に接近するとガスとともに大量の珪酸塩などからなる塵を放出する。塵は彗星の軌道にそってチューブ状に分布するが，そこを地球が通過すると，多数の塵が大気に高速度で突入して摩擦熱で発光し**流星群**となる。小惑星同士の衝突でも塵や破片が放出されている。それがたまたま地球に到達すると**流星**となり，大きなものは燃え尽きずに地表まで落下して**隕石**となる。

　小天体はその軌道の特徴にもとづいて分類することができる。ここでは代表的なものを学ぶことにしよう。火星軌道と木星軌道の間の帯状領域には，主に岩石（この節では珪酸塩と金属鉄の混合物を岩石と総称する）からなる小天体が集まっている。この太陽から2〜4天文単位の領域を**メインベルト**（または小惑星帯）といい，この領域に軌道を持つ小惑星を**メインベルト小惑星**と呼ぶ（図32.4）。メインベルト小惑星のなかで最大のものはセレスで，その直径は地球の月の1/3弱である。

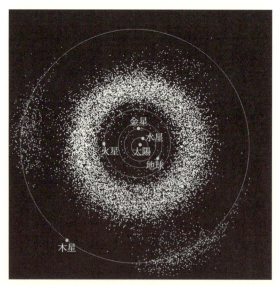

図32.4 火星軌道と木星軌道の間に存在する軌道の判明している小天体のある時刻における位置を示す。火星軌道と木星軌道の間には多数の小天体が存在する。また木星の軌道上に小天体が群れている領域が存在するが，これは太陽と木星の引力のバランスによって，安定な配置になっているものである。

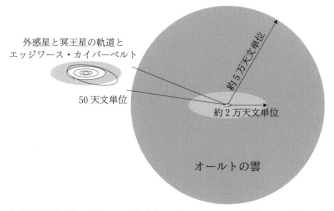

図 32.5 太陽系外縁天体の広がりを模式的に示す。もっとも外側には太陽を球殻状に包むように小天体が分布している(オールトの雲)。外惑星や冥王星の軌道，エッジワース・カイパーベルト(半径約 50 天文単位)はこのスケールでは非常に小さい。太陽から約 2 千天文単位から約 2 万天文単位の範囲ではオールトの雲は黄道面にそって円盤状に広がっている。

海王星の軌道の外側にも多数の小天体が存在しており，これらは岩石・氷・有機物の混合物からできている。これらの天体は**太陽系外縁天体**と総称される(図32.5)。そのうち，海王星軌道を外側から取り囲むように小天体が円盤状に集まっている，太陽から約 50 天文単位までの領域を**エッジワース・カイパーベルト**，そこに軌道を持つ小天体をエッジワース・カイパーベルト天体と呼ぶ。地球の月のおよそ 2/3 の直径を持つ冥王星は，それらのなかで最大級の天体である。太陽系外縁天体は離心率の比較的大きなものが多い。公転周期が 200 年以下の彗星の大部分は，海王星などの惑星の重力の影響でエッジワース・カイパーベルト天体が太陽に接近するようになったものである。

公転周期が 200 年を超える彗星は，軌道面が黄道面に対して大きく傾いているものが多い。このことから太陽を中心とする半径が数千〜数万天文単位の球殻状領域に，氷を含んだ多数の天体が漂っていると考えられている(**オールトの雲**)。この領域はほかの恒星や銀河の重力よりも太陽の重力が卓越する空間，つまり**太陽重力圏**のもっとも外側にあたる。公転周期の長い彗星は，オールトの雲を作る小天体がほかの恒星の重力などによってその軌道

が乱され，太陽に接近するようになったものと解釈される。

4. 太陽系の起源

惑星がほぼ同一の平面内を同じ方向に公転運動している事実は，これらの惑星が原始太陽を取りまいていたガスと塵(珪酸塩・氷・有機物などの固体微粒子)の円盤から形成されたことを示唆している(図32.6)。実際に，年齢の若い恒星のまわりにはガスと塵の円盤が観察されており，そこでは惑星が形成されつつあると考えられる。このような円盤を**原始惑星系円盤**という。

星(恒星)は塵を含んだ希薄な星間ガスのかたまりが，自己重力によって収縮することによって誕生する。**星間ガス**は乱雑に運動しており，そのために星間ガスのかたまりは初め弱く回転運動をしている。収縮が進むと，フィギアスケーターが腕を縮めることによってスピンを加速するのと同じ原理で，回転軸のまわりにガスが高速で回転するようになる。すると遠心力の働きで，やがて収縮がとまる。しかし，回転軸に平行な方向にはさらに収縮が進むため，結果的に原始星を取りまく平べったいガスと塵の円盤ができる。これが原始惑星系円盤である。

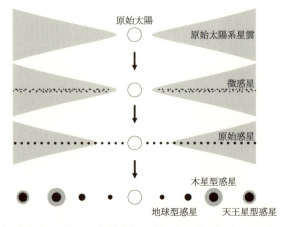

図 32.6 太陽系の形成過程を模式的に示す(小久保・井田，2003をもとに作成)。原始太陽系星雲の形成から惑星の誕生まで数千万年を要した。

太陽系の母体となった原始惑星系円盤(これをとくに**原始太陽系星雲**という)での惑星形成は，隕石の年代測定結果やシミュレーション研究，若い恒星のまわりの原始惑星系円盤の観測を組み合わせて，次のように理解されている(図32.6)。およそ45億6,700万年前に，原始太陽系星雲をまとった原始太陽が誕生した。円盤に浮遊している1μm以下の塵が互いに付着成長し，100万年程度かけて直径が数km〜数十kmの微惑星が形成された。微惑星は原始太陽を周回しつつ，互いの重力で引きつけあって衝突合体し，大きな天体に成長していった(**惑星集積**という)。さらにおよそ100万年後には地球型惑星の軌道領域に数十〜100個程度の月や火星と同様の大きさの原始惑星が形成された。やがてこれらの原始惑星間の重力の働きで互いの軌道が交わるようになって，原始惑星同士の巨大衝突が1,000万年程度の期間に次々と起こり，最終的な地球型惑星が誕生した。地球の月は地球に起こった最後の巨大衝突の副産物と考えられている。

太陽から数天文単位以遠では，星雲内で珪酸塩や鉄に加えてH_2Oも固体として凝縮し，惑星の材料となる。太陽を回る軌道が大きく，その分より多くの物質をはき集められることも助けになって，そこでは1,000万年〜1億年をかけて地球質量を超える巨大な原始氷惑星が成長した。原始木星と原始土星は自己重力で周囲の原始太陽系星雲ガスを引き込み，取り込んだガスの重力でさらに大量の星雲ガスを引きつけて，巨大ガス惑星となった。しかし，軌道運動の遅い天王星や海王星はゆっくりと成長したため，十分に成長した頃には，星雲ガスが大部分失われていた。そのために最終的に巨大氷惑星となった。

これらの惑星ができた当時は惑星に取り込まれていない微惑星も大量に残っていた。木星と土星の重力の影響を受けて，非常に大きな軌道長半径を持つようになった天体からオールトの雲ができた。また木星や土星の重力の働きで，海王星が数億年かけて外側へ移動し，太陽系外縁天体の軌道を現在の形に歪めた。火星よりも外側の現在の小惑星帯の領域にあった微惑星も，木星の重力の働きで軌道が歪み，相互の衝突速度が増したために，合体よりも衝突破壊が起こるようになって大きな惑星へ成長することができなくなった。これが**メインベルト小惑星**の起源である。それと同時に，木星は一部の

384　第Ⅳ部　宇宙と惑星

メインベルト小惑星の軌道をさらに乱し，それらが地球型惑星の領域に入り込んで，これらの惑星や月に頻繁な天体衝突をもたらした。これが現在の月や火星に残る衝突クレータの多くを作りだしたと考えられている**後期重爆撃**（15.1 節参照）である。

[練習問題1]　ケプラーの法則を用い，水星・金星・火星・土星・天王星の公転周期(年)を求めよ。ただし，それぞれの軌道長半径は表 32.1 を参考にせよ。
[練習問題2]　地球型惑星・木星型惑星・天王星型惑星の違いはなぜ生じたと考えられているか，説明せよ。
[練習問題3]　公転周期が約 200 年以下の彗星と，それよりも長い彗星について，軌道の特徴の違いを説明し，なぜそのような違いが生じたと考えられるのか，答えよ。

Box 32.1　ケプラーの法則

　ヨハネス・ケプラー(J. Kepler)はドイツの天文学者・数学者で，彼が助手として仕えていたデンマークの天文学者チコ・ブラーエ(T. Brahe)による詳細かつ長期にわたる惑星の位置観測の結果を丹念に研究し，1605 年頃に惑星運動について次の 3 つの法則を見い出した。
　第 1 法則：太陽を一つの焦点とする楕円軌道を運動する。
　第 2 法則：惑星と太陽を結ぶ線分が一定の時間当りに掃く面積は一定である(面積速度一定の法則，図 32.2)。
　第 3 法則：公転周期の 2 乗は軌道長半径の 3 乗に比例する。
　これらの法則の発見にとって一番の手がかりになったのは火星の見かけの位置変化である。ケプラーはまず，地球軌道を円軌道と仮定し，火星の見かけの位置変化を説明するには火星の軌道が楕円と考えることが妥当であることを見い出した。実際に地球の軌道は非常に円に近く，太陽からの距離は最大で 3%ほどしか変化しないのに対し，火星の軌道は歪みが大きく，20%近くも変化する。つまりケプラーの仮定はたいへんよかったといえる。
　当時のヨーロッパでは，占星術が政治の場においても広く信じられており，そのために惑星の位置の予測が重要視されていた。ケプラーの法則はやがてアイザック・ニュートン(I. Newton)による万有引力の法則の発見(1686 年に発表)につながった。1846 年には天王星の軌道がケプラーの法則から微妙にずれていることを手がかりとして，天王星の外側に未知の惑星が存在することを 2 人の科学者が独立に予想し，これが海王星の発見をもたらした。

第 32 章　太陽系の成り立ちと運動　　385

Box 32.2　日本の惑星探査「はやぶさ」と「はやぶさ 2」

　小惑星は，太陽系誕生時の塵が集合し，現在の惑星に成長するまでのさまざまな段階で進化が止まった天体であると考えられている。宇宙航空研究開発機構（JAXA）が打ち上げた小惑星探査機「はやぶさ」の科学目的は，世界で初めて小惑星から物質を採取し，地球に持ち帰り，最先端の科学分析を行うことにより，小惑星の正体を明らかにすることであった。

　「はやぶさ」は 2003 年 5 月 9 日に打ち上げられ，2005 年 11 月に近地球 S 型小惑星イトカワに着陸しサンプル採取の後，2010 年 6 月 13 日に地球に帰還した。回収した試料容器内には，イトカワ起源と思われる 10,000 粒を超える微粒子が確認され，現在（2014 年）も取り出し作業が進んでいる。これまで約 350 個がカタログ化され，最大の粒子サイズは 205 μm である。

　カタログ化された粒子の一部について，最先端分析が実施された。具体的には，X 線断層撮影，構成鉱物種解析，透過顕微鏡観察，岩石鉱物組成分析，酸素同位体分析，微量元素分析，希ガス分析，有機物分析がイトカワ微粒子 1 粒ごとに実施されたのである。その結果，次のようなイトカワの進化が明らかになった（図 1）。

　太陽系が誕生した直後，太陽を回っていた塵が集まり，直径数十 km の小天体を作った。その天体は 1,000 万年程度の間に約 800℃まで加熱された。この間にもともとの塵は再結晶した。その後，この小天体は他の小天体と衝突し，粉々に破壊された。その破片のごく一部が集まり，小惑星イトカワ（長径約 500 m）を形成した。この衝突の年代はまだ不明である。イトカワ形成後，その表面は太陽風や銀河宇宙線の照射，微隕石の衝突を受け続け，表層の色（反射スペクトル）が変化した（宇宙風化という）。この間に，隕石衝突による振動や YORP 効果（不均一形状天体上での太陽光の照射圧と熱放射のバランスの異方性で生じる回転力）でイトカワ表層はゆっくりと流動し，しかも 100 万年間に約 10 cm の割合でイトカワの大きさが小さくなっている。また，イトカワ微粒子は地球に降ってくる隕石のうちの普通隕石と同じであることがわかり，普通隕石はイトカワのような S 型小惑星を起源とすることが明らかになった。

　イトカワ形成以前の太陽系の進化を探るために，2014 年 12 月 3 日に後継機「はやぶさ 2」が打ち上げられた。「はやぶさ 2」が向かう近地球型小惑星（162173）1999 JU$_3$ は反射スペクトル観測によって，C 型小惑星に分類されている。

　「はやぶさ 2」はなぜ C 型小惑星をめざすのか。C 型小惑星は，イトカワのような高温加熱を経験していない炭素質隕石と呼ばれる隕石との関連が指摘されている。炭素質隕石には小惑星内で水と無水鉱物が反応してできた含水鉱物や，地球外有機物を含むものもある。すなわち，「はやぶさ 2」が採取する小惑星 1999 JU$_3$ の表面試料は，小惑星内での高温加熱を免れたことで，太陽系の誕生から微惑星（最初期小天体）形成までのイトカワ形成以前の初期進化過程を記憶し，また，水に関連する鉱物や有機物を含むことで，地球の海や生命の材料の宇宙での進化を記憶していることが期待される試料である。「はやぶさ 2」は 2018 年半ばに 1999 JU$_3$ に到達し，1 年半の滞在期間に多バンド可視カメラ，レーザー高度計，近赤外線分光計，中間赤外カメラを用いて小惑星を観測するほか，衝突装置による人工クレーター形成実験や小型着陸機による表面探査も行う。表面試料は「はやぶさ」同様に着陸時に弾丸を発射し，舞い上がった粒子を捕集する方式で，小惑星表面の異なる三地点で採取される予定である。採取試料は採取地点ごとに分けて，コンテナに格納され，コンテナは地球帰還時に大気の汚染がなく，また試料内の揮発性成分の損失がないように密封された状態で地球に帰還する。採取試料の地球帰還は 2020 年 12 月に予定されている。2020 年代の進歩した最先端技術による試料分析で，太陽系の起源や進化，海・生命の材

料物質の宇宙での進化に迫る成果が得られることが期待される。

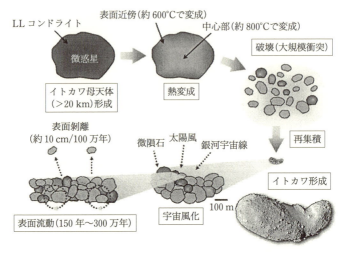

図1 小惑星イトカワ進化の模式図と「はやぶさ」が撮影したイトカワの写真(右下)(JAXA 提供)

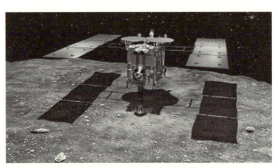

図2 「はやぶさ2」試料採取の想像図(©池下章裕)

惑星と衛星

第33章

　人類は宇宙を知るために，彼方の天体から地球に届く光を捉えて分析するだけでなく，探査機を送ることによって太陽系天体をより直接的に調べる試みを続けている。その結果，私たちは地球以外の惑星や衛星の姿や性質について，多くの知識を獲得しつつある。この章では，太陽系の惑星と衛星の大気・表層環境・内部構造・テクトニクスについて学ぶ。これらの知見は，各天体の起源・進化・構造・現象について理解するためのみならず，私たちが暮らす地球の宇宙における特殊性と普遍性を理解するためにも欠かせない手がかりとなる。

キーワード
オリンポス山，海王星，火星，ガリレオ衛星，金星，クレータ，固有磁場，水星，タイタン，潮汐加熱，月，天王星，土星，トリトン，冥王星，木星，惑星内部構造，惑星大気，惑星表層環境

1. 惑星の大気と表層環境

1.1　惑星大気の組成

　水星を除いた7つの惑星は大気を持っている。これらの大気の組成を求めるには，大きく分けて，探査機を投入してその場で直接分析する方法と，大気の放射スペクトルあるいは吸収スペクトルから間接的に求める方法がある。後者は探査機による接近観測だけでなく，地上からの望遠鏡観測でも行うことができる。そのようにして得られた各惑星と，衛星としては唯一濃い大気を持つ土星の衛星タイタンの大気組成を，そのほかの性質とあわせて表33.1に示す。

　金星の大気は地表面でおよそ90気圧とたいへん厚く，ほぼCO_2(96.5%)からなり，SO_2やH_2Oの光化学反応で生じた濃硫酸の雲で全体がおおわれている。火星の大気は金星と同様にほぼCO_2(95%)からなる。ただし，地

388　第Ⅳ部　宇宙と惑星

表 33.1　惑星と衛星の大気。タイタンは土星の衛星。木星・土星・天王星・海王星は 1 気圧面での値である。放射平衡温度とは，惑星の受け取る太陽放射と，惑星が宇宙空間へ放出する熱放射（惑星放射）が釣り合っていると仮定したときに，温室効果がない場合に得られる温度を表す（18.5 節参照）。

	金星	地球	火星	木星	土星	天王星	海王星	タイタン
表面気圧（気圧）	92	1	0.006	−	−	−	−	1.5
表面気温（K）	737	288	210	165	134	76	72	94
放射平衡温度（K）	232	254	210	110	81	58	47	82
大気成分（vol.%）	CO_2(96.5)	N_2(78)	CO_2(95)	H_2(90)	H_2(96)	H_2(83)	H_2(80)	N_2(95)
	N_2(3.5)	O_2(21)	N_2(2.7)	He(10)	He(3.3)	He(15)	He(19)	CH_4(4.9)
	SO_2(0.01)	Ar(0.9)	Ar(1.6)	CH_4(0.3)	CH_4(0.5)	CH_4(2.3)	CH_4(1.5)	H_2(0.1)

表面での大気圧は地球の約 1/200 と薄い。

　金星と火星の間に位置している地球では，大気に CO_2 がわずか（0.04％＝400 ppm）しか含まれていない。これは地球が海洋を持つ水惑星であり，化学風化を介して CO_2 が岩石に固定されたからである（Box 15.1 参照）。実際に地球の地殻中の炭酸塩岩には，およそ 50 気圧分の CO_2 が含まれている。これに対して，金星は太陽に近すぎるため，仮に初め海洋があったとしてもすべて蒸発してしまう条件にある。このために CO_2 の固定が起こらず，大気中に大量の CO_2 が残された。ただし，もし現在の地球表層と同じ量の H_2O が金星表面にあったとすると，金星にはおよそ 300 気圧の水蒸気を主成分とする大気ができることになる。太古の金星の大気には大量の水蒸気が含まれていたが，太陽紫外線によって分解し，水素は宇宙空間へ逃げ，酸素は地表の岩石と結合することによって失われたらしい。その一方，火星は太陽から離れすぎているため水が凍ってしまい，化学風化が起こりにくい条件にある。実際に火星の地表には炭酸塩岩はまれである。したがって，火星の CO_2 大気が薄い理由としては，この惑星の重力が弱いため CO_2 を含む大気成分が宇宙空間へ失われたことがもっとも重要と考えられる。

　木星型惑星は全体がガスの塊といってもよく，天王星型惑星も厚さ数千 km ものたいへん厚い大気層を持つ。表 33.1 に示した組成は，これらの惑星の 1 気圧面での値を示したものである。いずれも太陽と同様に水素とヘリウムが主成分となっており，これらの惑星の大気は原始太陽系星雲ガス（32.4 節参照）を取り込んでできたものであることを示している。大気深部に

は $H_2O \cdot NH_3 \cdot H_2S$ が CH_4 と同程度の割合で含まれている。しかし，これらの成分は上昇気流中で凝結を起こし，雨や雪として落下してしまうため，惑星の見かけの表面にあたる大気上層では微量にしか含まれていない。

太陽系小天体(32.3節参照)のなかでは大型の冥王星や土星の衛星タイタンも大気を持っており，どちらの大気も主に N_2 からできている。タイタンの大気は 1.5 気圧とかなり厚い。タイタンは全体がオレンジ色の靄でおおわれている。靄の正体は太陽紫外線の働きによる光化学反応によって CH_4 から生じた高分子有機物の微粒子である。同様の過程は生命の誕生以前の地球でも起きていたと考えられ，生命の誕生にいたる化学進化の過程の一つとして注目される。

1.2 惑星表面の熱収支

地球型惑星をはじめとする固体の表面を持つ天体の地表面温度は，基本的に**太陽放射**による加熱と惑星から宇宙空間への熱放射(**惑星放射**)の釣り合いによって決まっている(18.5節参照)。もちろん，**温室効果**ガスが大気に含まれている場合には，大気が存在しない場合よりも地表が高温に保たれる。大気の薄い火星では温室効果の大きさは数 K にすぎないが，地球ではおよそ 34 K(18.6節参照)，非常に厚い CO_2 大気を持つ金星では 500 K もの温室効果が生じている(表33.1，図33.1)。温室効果がない場合，太陽に近い金星の方が地球よりも地表面温度が低い(図33.1)。その理由は，厚い大気の存在によって金星のアルベド(反射率)が 0.75 と地球の 0.3 に比べて高いためである。大気の薄い火星では，温室効果は小さい。

木星型惑星と天王星型惑星では，太陽放射による加熱よりも宇宙空間への熱放射のほうが数十%大きい。これはこれらの惑星が現在も徐々に冷え続けていることを意味する。これらの惑星は質量が大きいため，形成時に蓄えた熱エネルギーがいまだに残っており，その熱が太陽放射の吸収と肩を並べるほどの大きさで今なお宇宙空間へ放出されているのである。

1.3 惑星大気の循環

気象観測網の充実している地球とは異なって，惑星大気の循環を知る手が

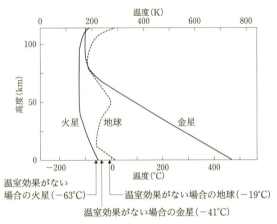

図 33.1 金星・地球・火星の平均気温の高度分布。大気の温室効果によって，とくに金星では地表面気温がいちじるしく上昇していることがわかる。

かりは限られている。そのもっとも代表的な手法は雲の模様の追跡である。大気観測装置をパラシュートなどで降下させて，その移動を追跡することでも大気の流れが推定できるが，これは金星・木星・タイタンに対して限られた回数しか行われていない。また気温分布を観測し，力学的な釣り合いを仮定して大気循環を推定することも行われている。また風によってできる砂丘などの地形も，風向を知る手がかりとなる。

金星の濃硫酸の雲層にはおよそ4日で金星を1周する気流があり，これは金星のゆっくりした自転(周期243日)よりもはるかに速い(図33.2)。この超回転と呼ばれる現象の発生機構については不明な点が多いが，基本的には金星本体の自転運動が大気に受け渡されることによると考えられている。地球とほぼ同じ自転周期(24.6時間)を持つ火星の大気循環には，中緯度での高気圧性や低気圧性の渦の発生など，地球との共通点が見られる。また地球同様に赤道面が公転面に対しておよそ25°傾いており，ドライアイスでできた**極冠**が冬に成長するなど四季の変化がみられる。一方で，火星は非常に乾燥した惑星であるため，水分の凝結は大気循環にそれほど影響をおよぼしていない。むしろ大気に浮遊する塵粒子が太陽放射や惑星放射を吸収し，大気の温度構造や循環に大きな影響を与えている(図33.3)。そのもっとも顕著な現象として，数年に一度火星全体が浮遊した砂塵に包まれる大ダスト嵐の発生

図 33.2 全体が濃硫酸の雲でおおわれている金星(ESA/MPS のホームページより)。画像は金星の主に北半球を雲の濃淡が判別しやすい波長 365 nm の紫外線で捉えたものである。よく見ると，細かい渦が無数にあることがわかるが，これらの渦は超回転を起こすしくみに密接に関係していると考えられている。

図 33.3 火星の大気と表面(NASA のホームページより)。画像は火星の南半球の地表の一部を捉えたものだが，地平線付近を見ると，ダストを含んだ大気におおわれていることが確認できる。ダスト嵐が発生すると地表はおおい隠されてしまう。

が挙げられる。

　木星と土星には，惑星を東西に取りまいている縞模様がめだつ。縞模様の暗くみえる部分を縞，明るくみえる部分を帯という(図33.4)。この縞帯構造は大気循環のパターンを反映しており，帯では上昇流，縞では下降流が起きている。多数の縞模様が発達するのはこれらの惑星の自転が速く(ともに自転周期およそ10時間)，これらの惑星ではコリオリ力が強いためと考えられている。上昇流にともなって大気成分の一部が凝結してH_2O・NH_4SH・NH_3の雲が発達する(図33.5)。帯が明るくみえるのは，もっとも上空に生じているNH_3の雲のためである。また巨大な渦の存在も木星や土星の大気の特徴である。渦の大きさや寿命はさまざまだが，木星でもっとも巨大な渦である大赤斑(図33.4)は少なくとも400年以上存在し続けている。

　天王星は雲や渦の特徴に乏しく，大気循環については不明な点が多い。天王星は自転軸がほぼ90°傾いており，現在は北極を太陽に向けている。このような北半球にかたよって日射があたっている状態は数十年にわたって続いているが，天王星の北半球と南半球では気温差はほとんどなく，内部の循環によって熱が運ばれているらしい。その一方で，天王星と大きさや質量のよく似ている海王星の大気は，より弱い太陽放射しか受け取っていないにもか

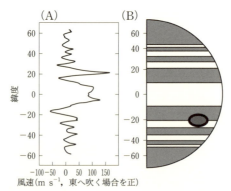

図 33.4 木星の雲の移動から求めた東西風の緯度分布(A)と縞帯構造の模式図(B)。灰色部は縞(下降流)，白部は帯(上昇流)。帯では東に向う風速が強い傾向がある。また縞と帯の境界では東西風が緯度方向に大きく変化し，渦が生じやすい。大赤斑は南半球にある縞と帯の境界に存在している。風速データはLimaye, 1986による。

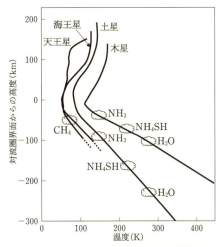

図 33.5 木星・土星・天王星・海王星の表層部の気温分布 (Lindal, 1992 をもとに作成)。さまざまな種類の雲が生じるおよその下限高度も示す。高度の原点は各惑星の対流圏界面である。天王星と海王星では大気の温度が低く，CH_4 の雲も生じる。これらの惑星の大気のより深部では H_2O・NH_4SH・NH_3 の雲ができていると予想される。

かわらず，変化に富んだ姿を示している。海王星には高速の気流が存在し，それは木星や地球の気流の数倍もの速度を持つ。また大小の渦が存在し，そのなかでも巨大で暗い色にみえるものは大暗斑と呼ばれている。一方，上空には白く輝いてみえる CH_4 の雲が点在している。

2. 惑星の内部構造とテクトニクス

2.1 内部構造の手がかり

天体の内部を知る手がかりには，天体の質量・大きさ・地震波速度・重力・地形・電気伝導度・固有磁場・地殻熱流量・表面組成などが挙げられる。もっとも基本的な量である質量については，探査機や隣接天体がその天体の重力によってどのくらい加速を受けるのかを測定することで得ることができる。大きさは地上あるいは探査機からの見かけの大きさの測定や，厚い大気を持つ固体天体では大気を透過する電波を用いた観測などから正確な値が得

られる。

　大きさと質量からは平均密度を求めることができ，その値からその天体を構成する物質を大まかに推定することができる。天体の重力加速度の詳しい測定からは，天体内部の質量分布についてもある程度手がかりを得ることができる。しかし，もっとも解像力に優れた地震波速度については，地球と月に対してしかデータが得られていない。そのために惑星や衛星の内部構造は，それらの材料物質とその分化過程についての理論的な予想を組み合わせて推定されている。

2.2　地球型惑星と月
(1) 水星

　地球型惑星のなかでもっとも小さな水星は地球とほぼ同じ密度を持つが，自己重力のために内部が圧縮されている効果を取り除いて比較すると，地球型惑星のなかではもっとも密度が高い。このことから水星には半径のおよそ3/4 を占める巨大な金属核があると推定されている。ちなみに地球の金属核の半径は地球半径のおよそ 1/2 である(図33.6)。水星は地球同様に残留磁気では説明の難しい強い固有磁場を持っている。そのため水星の核は一部溶けており，そこで生じているダイナモ作用によって磁場が作られていると考えられる。水星の表面には多数の衝突クレータが残されており，同時に水星全

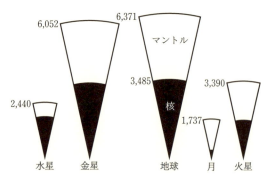

図 33.6　地球型惑星と月の大きさと内部構造。数字は各天体の平均半径(km 単位)。地球については核の半径の値も示す。全体の大きさの違いを除くと金星と火星は地球に近い内部構造を持つ。しかし，水星では核が相対的に大きく，逆に月では小さい。黒は金属核，白は岩石。

図 33.7 無数のクレータにおおわれた水星の表面(A)と特徴的な断崖地形(B)((A) NASA/Johns Hopkins University Applied Physics Laboratory/Carnegie Institution of Washington, (B) NASA/JPL のホームページより)。それぞれ水星の北半球の一部と南半球の一部である。(B)の断崖地形は直径が 35 km と 55 km のクレータを横切っており、断崖の最大高度差はおよそ 3 km である。

体が収縮したことを示す逆断層地形が広範に存在している(図33.7)。これらは水星が形成後急速に冷え、火成活動が不活発だったことを示している。

(2) 金星

金星は地球とほぼ同じ大きさと質量を持つことから、構成物質も内部構造も地球と似ていると考えられている。これまで金星表面の7地点で岩石組成が分析されているが、そのほとんどは地球の海洋玄武岩に似た組成を持っている。金星に固有磁場がない理由については、自転速度の遅さやマントル対流の不活発さなどいくつかの提案があるが、よくわかっていない。厚い大気を透過できるレーダーを用いた調査によって、金星表面には1,000個ほどの衝突クレータがランダムに存在することがわかっている。この個数から金星の地表の平均的な形式年代を推定すると、およそ4〜5億年前となる。また、金星ではプレート運動に特徴的な中央海嶺や沈み込み帯にあたる地形が存在しない。一方で、多数の火山や褶曲地形が存在していることから、金星では大小のマントルプルームの上昇と下降によって地殻変動が引き起こされているらしい。地球との違いの原因は、液体の水の有無によって、岩石の流動や

融解の特性が異なることによるとみられる。

(3) 火星

　火星の直径は地球のほぼ半分である(図33.6)。重力のデータから火星にも金属核が存在すると推定されている。クレータ密度が高く，形成年代が古い南半球の地殻には強い残留磁気があり，これは誕生直後の火星では磁場があったことを示唆する。現在では，火星内部はほぼ冷えきってしまい，ダイナモ作用に必要な核の対流運動が停止しているとみられる。火星の北半球は全体的に低地となっているため，堆積物におおわれて全体に平坦な地形となっている。赤道域には巨大な火山性の台地であるタルシス台地がある。そのなかにあるオリンポス山は裾野から測って25 km以上の標高を持つ楯状火山で，これは単独の火山としては太陽系でもっとも巨大なものである(図33.8)。火星にもプレート運動の痕跡はなく，巨大な火山台地や火山はホットスポット活動が長期間一定の位置で継続したことにより生じたとみられる。

　火星表面には多数の流水地形が残されており，この惑星が過去に温暖な気候を持っていたことを物語る。また地下には現在も液体の水があると考えられ，そこには原始的な生命が現在も存在する可能性があると期待されている。火星表面は赤くみえるが，これは火星の岩石には酸化鉄が高い濃度で含まれており，それが風化を受けて赤い色を示すようになったと考えられている。

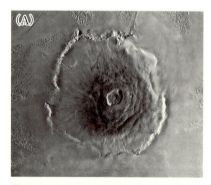
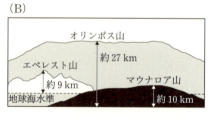

図 33.8　火星のオリンポス山(A)と地球の山との比較(B)(NASAのホームページより)。火星の平均的な地表面からの高さがおよそ27 kmに達する太陽系最大の火山である。裾野の直径は550 km以上ある。

(4) 月

　月は直径が地球の約1/4であり，母惑星に対する相対的な大きさとしては太陽系で最大である。月は，平均密度が地球のマントルの値に近いことから，ほぼ岩石のみでできていると考えられる。肉眼で月の明るく見える地域を高地，暗く見える平坦な地域を海という(図33.9)。高地はほとんど斜長石からなる斜長岩(斑れい岩の1種)，海は主に玄武岩からなる。ただし，海の玄武岩の厚さは2～3 kmで，その下には斜長岩が存在する。

　地球型惑星の地殻は，地球を除き，マントルの部分融解(8.4節参照)によって生じたマグマが地上あるいは地表付近まで上昇し，それらが固化することによって作られた。月の地殻のでき方はこれと異なる。月は誕生時にどろどろに溶け，表面はマグマの海(マグマオーシャン)におおわれていた。やがてマグマオーシャンが冷えて，結晶分化作用(8.5節参照)が進むと，マグマから斜長石が晶出するようになる。このとき生じた斜長石はマグマより密度が低いため月表面に浮上して，月全体をおおっている斜長岩の地殻を作った。これに対して，海は巨大な衝突クレータの内部に地下から玄武岩マグマが噴出して生じたものである。

　月は無数の衝突クレータにおおわれているが，月ではいろいろな地点から岩石が持ち帰られており，基盤地形の形成年代とクレータ密度の関係が明ら

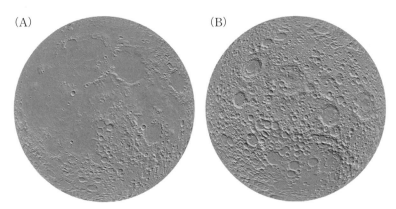

図33.9 月の表側(A)と裏側(B)の立体地形地図(JAXA/SELENEのホームページより)。表側に広く分布する平坦な地域が海に相当する。裏側には海はあまりなく，クレータによる起伏がめだつ。

かになっている。基盤地形の形成年代が古いほど，クレータの密度が高い。このため，月は太陽系のほかの天体の地質年代を推定するクレータ年代学の時間目盛りを提供している。

2.3 木星型惑星と天王星型惑星

木星と土星は惑星全体が主に水素とヘリウムからなる。その深部では水素が金属化しており，金属水素層で生じている熱対流によってダイナモ作用が起こって強い固有磁場が作り出されている。地球の100倍以上の質量を持つ木星と土星の内部は，自重によってきわめて高温高圧の状態になっている。物質を極度に圧縮すると，原子間距離が近づいて，隣り合う原子の電子軌道が重なり合うようになり，電子が特定の原子核に束縛されずに自由に動き回れるようになる。これが金属化である。木星と土星は，初め岩石と氷からできた原始惑星として成長し，その後，重力によって周囲の原始太陽系ガスを取り込むことで誕生した。したがって，その中心部には岩石と氷からなる核があると考えられる（図33.10）。ただし，通常の岩石や氷として存在しているのではなく，極端な高温高圧の下で原子配列の変化した高圧相や液体の状態になっていると予想される。

天王星や海王星の大気組成は木星や土星に近い（表33.1）が，平均密度が高いことから，惑星全体では水素とヘリウムよりも，むしろ岩石成分と氷成分

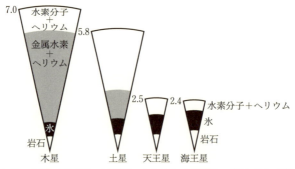

図33.10 木星・土星・天王星・海王星の大きさと内部構造。数字は各惑星の平均半径（1万km単位）。質量が大きな木星と土星の内部では，非常に高い圧力が生じ，水素の金属化が生じていると考えられている。一方，天王星と海王星はH_2Oをはじめとする氷成分のマントルと岩石の核が水素とヘリウムの大気をまとっている。

が質量の大半を占めていると思われる(図33.10)。これらの惑星は，形成時に溶けて分化し，中心に岩石成分が沈んで核を形成し，氷成分のマントルがそれを取り囲むようになった。マントルの氷成分にはいろいろなイオンが溶け込み電気伝導度が高くなっており，そこで生じる熱対流に駆動されるダイナモ作用によって，これらの惑星の固有磁場が作り出されている。

2.4 月以外の衛星と冥王星

木星型惑星・天王星型惑星の衛星の大部分は，その平均密度からH_2Oの氷と岩石からできていると推定される。これは，太陽からの距離が遠いほど原始太陽系星雲の温度が低く，H_2Oが氷として凝縮し，固体天体の材料になったためである。冥王星をはじめとする，木星以遠の，太陽のまわりを公転する小天体にも氷が含まれていることが確認されている。

(1) ガリレオ衛星(木星の衛星)

木星には多数の衛星が存在するが，衛星系の質量の大部分をイオ・エウロパ・ガニメデ・カリストの4大衛星が占めている。これらの衛星は発見者ガリレオ・ガリレイ(G. Galilei)の名から，ガリレオ衛星と総称されている(図33.11)。

もっとも内側を公転するイオはガリレオ衛星のなかで唯一氷を含まない衛

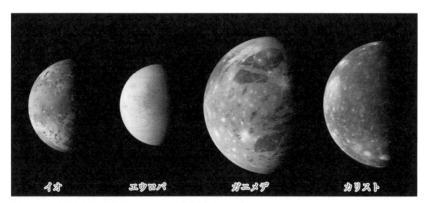

図 33.11 固有の表情を持つガリレオ衛星(NASA/Johns Hopkins University Applied Physics Laboratory/Southwest Research Institute のホームページより)。それぞれの大きさは実際の比率にそろえてある。

星で，太陽系でもっとも火山活動が盛んなことで知られている。この火山活動は**潮汐加熱**，つまり木星の潮汐力の働きでイオ内部が加熱されていることによって引き起こされている。月よりやや大きなイオには，全体で数十の火口が存在し，ときおり SO_2 の噴煙を数百 km の高度にまで噴き上げている。

イオの外側を公転するエウロパの表面は H_2O の氷でおおわれているが，平均密度から H_2O 層の厚さは 100〜200 km ほどで，それよりも内側は岩石からなる。エウロパの表面には，クレータがほとんどなく，無数の割れ目地形やドーム地形が存在し，活発な地殻変動が現在も進行していることを示す。これらの地形的な証拠から，エウロパの地下では H_2O が溶け，内部海が存在するとみられる。この地殻変動や内部海の形成も木星による潮汐加熱が原因である。

さらに外側を公転するガニメデは太陽系最大の衛星（直径 5,262 km）で，水星（直径 4,879 km）よりも大きい。これよりやや小さなカリストとほぼ同じ密度を持ち，内部は質量比でほぼ 1：1 の割合の H_2O の氷と岩石からなると推定される。重力のデータからこれらの衛星内部は岩石の核と，氷の地殻・マントルに分化していると考えられる。またガニメデには強い固有磁場が観測されている。これはガニメデの岩石核がさらに分化して中心に液体金属の核が存在し，そこでダイナモ作用で生じているためとみられる。カリストには無数の衝突クレータが存在し，地殻変動が不活発だったことを示している。これは木星からの距離とともに潮汐加熱が弱くなって，内部が冷えやすいためと考えられる。

（2）タイタンとエンセラダス（土星の衛星）

土星にも多数の衛星が存在するが，タイタンがひときわ巨大で衛星系の質量の 95％ 以上を占めている。タイタンは質量と密度がガニメデやカリストにほぼ等しく，似た内部構造を持つと推定される。しかし，表面にはクレータがほとんどなく地殻変動が活発なことを示している。極低温（94 K）のタイタン表面では液体 CH_4 が安定に存在でき，蒸発と降水による風化・侵食など地球における水と似た振る舞いをしている（図33.12）。大気中の CH_4 は1,000 万年程度で太陽紫外線の働きで分解して失われる。タイタンの内部にも CH_4 があり，これがときおり噴出することで大気に CH_4 が補給されてい

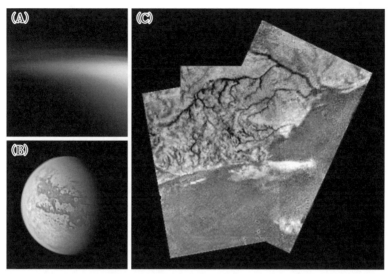

図 33.12 土星の衛星タイタン((A),(B) NASA/JPL/Space Science Institute, (C) NASA/JPL/ESA/University of Arizona のホームページより)。厚い窒素大気をまとっており、少量成分である CH_4 の光化学反応で生じる有機物エアロゾルが濃密に浮遊している(A)。そのため可視光では地表は判別できないが、大気を透過する特定の波長の赤外線を使うと、地表の画像を得ることができる(B)。タイタンの地表にはクレータはほとんど見られず、地殻変動や風化侵食が活発に起こっていることを物語る。またタイタンの大気中を降下させた観測装置によって、タイタンの地表には河川に似た侵食地形が存在することが明らかになった(C)。

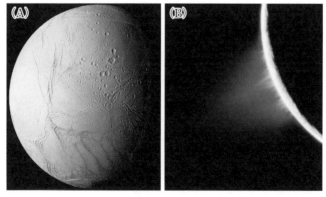

図 33.13 土星の衛星エンセラダス(NASA/JPL/Space Science Institute のホームページより)。南半球には数本の地溝帯が発達しており(A)、そこから水蒸気と氷粒子が噴出している(B)。

402 第Ⅳ部 宇宙と惑星

るらしい。

　土星の中型の衛星のなかで，内側から2番目の軌道を持つエンセラダスには，水蒸気と氷粒子の噴出活動が見い出されている(図33.13)。これは土星による潮汐加熱が原因となって，この直径500 kmの衛星の地下で氷が溶け，それが氷の地殻の割れ目からマグマのように噴出しているものとみられる。噴出した氷粒子は土星のリングの一部を作り出している。噴気にはN_2やCH_4が含まれており，この事実はタイタンの大気も衛星内部からの脱ガスに由来することを暗示する。内部に液体の水を持つとみられるエンセラダスは，エウロパと並んで地球外生命の存在可能性の高い天体として注目される。

(3) トリトンと冥王星

　天王星の衛星はもっとも大きなものでも月の半分以下の大きさしかない。これらの中型衛星は，土星系の衛星に比べると密度が高く，構成物質として岩石の割合がやや高いとみられる。公転の方向が惑星の自転方向と一致している衛星を順行衛星といい，逆方向に公転している衛星を逆行衛星という。ガリレオ衛星・タイタンと土星の中型衛星・天王星の中型衛星はすべて順行衛星で，これらは母惑星のまわりにできたガスと塵の円盤から，太陽系の形成と同様の過程をへて誕生したと考えられている。一方，海王星の最大の衛星トリトンは，逆行衛星である。月よりもやや小さいトリトンは密度が比較的大きく，岩石成分の割合が高いと推定される。トリトンはもともと太陽のまわりを公転していた天体が，海王星の重力に捕まったとみられている。

　冥王星は海王星と交差する軌道を持つが，大きさ・密度ともにトリトンとよく似ている。冥王星とトリトンには，タイタンのようにN_2を主成分とする大気が存在している。トリトンではガスが地下から噴出している様子が観察されており，地下の揮発性成分が，太陽熱や潮汐加熱などの働きによって蒸発し噴出しているとみられる。

[練習問題1]　地球・金星・火星の表層環境はどう違うか。またその違いの原因は何か述べよ。
[練習問題2]　地球・木星・土星・天王星・海王星・ガニメデでは，どのように固有磁場が生じていると考えられるか，内部構造の違いに着目して述べよ。
[練習問題3]　地球外生命が存在する可能性の高い天体を挙げ，それぞれの天体について，そう考えられる理由を述べよ。

太陽と宇宙空間

第*34*章

　惑星大気中における自然現象のエネルギー源をたどると，ほとんど例外なく太陽からの電磁放射あるいは粒子放射に行きあたる。これらの放射エネルギーは，地球をはじめとする惑星大気の超高層大気粒子と電離・解離などの量子過程によって作用し合う一方，大気の熱源として大気構造や力学的運動の要因として重要な役割を担っている。磁場を持つ惑星は磁気圏を形成し，太陽からのプラズマの流れと直接的あるいは間接的に相互作用することによって，オーロラ・磁気嵐・電離圏擾乱を引き起こす。すなわち，定常的な太陽コロナの吹き出しであるところの太陽風，あるいは太陽フレアにともなう粒子流などがそれらのエネルギーの供給源として考えられる。本章では主に太陽の諸特性，および太陽風と地球磁気圏との相互作用で生じる諸現象について学ぶ。

キーワード
オーロラ，光球，黒点，コロナ，彩層，磁気圏，シュテファン―ボルツマンの法則，太陽，太陽定数，太陽風，プラズマ，プランクの法則，フレア，プロミネンス，粒状斑，惑星オーロラ

1. 太陽の電磁放射

　太陽は恒星分類学上，G2V のスペクトルを持つ標準的な主系列恒星である。太陽は宇宙空間に向かってガンマ線から X 線・紫外線・可視光線・赤外線・電波までの広範囲なスペクトル域の電磁波(図18.3)を放射している。太陽の大気は，内側から外側に向かって，温度が約 6,000 K に達する**光球**，温度が 7,000 K 程度の**彩層**，および温度が 100 万 K と非常に高温な**コロナ**の 3 つの領域に大別され(図34.1)，それぞれ異なった性質の電磁放射を行っている。太陽電磁放射は，定常的なものだけでなくいろいろな時間スケールで変化するものを含み，これらの変動が黒点やフレアなど太陽面上に現れる種々の異常現象と密接な関連がある。

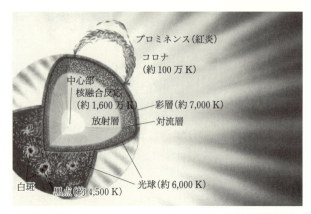

図 34.1 太陽の構造。中心部では水素と重水素による核融合反応が起こっており，温度は約 1,600 万 K と非常に高温状態にある。その外側は放射層と対流層があり，光球の表面には白斑や黒点などが出現する。さらにその外側では彩層とコロナが広がっている。

地球表面近くで観測できる太陽電磁放射は，波長(λ)＝380〜780 nm の可視光，λ＝780 nm〜10 μm の赤外線の一部，λ＝1 mm〜数百 m の電波，そして λ＜0.0001 nm のガンマ線である。一方，λ＝0.001〜300 nm の X 線および紫外線のすべては大気によって吸収されつくしてしまい，地上には到達できない。太陽が宇宙空間に放出している全電磁エネルギー量は，3.9×10^{26} J s^{-1} であり，これを地球上で太陽光に垂直な面内で受けるエネルギー束は 1.37×10^3 J m^{-2} s^{-1}（＝1.37×10^3 W m^{-2}）となるが，このエネルギーの大部分は，λ＝320〜780 nm の可視域で供給されている。1.37×10^3 J m^{-2} s^{-1} のエネルギー流入量は太陽活動に依存して周期的に変動するが，その変化量は 0.1％程度であり，ほぼ定数と扱える。このため，この値は**太陽定数**と呼ばれている(18.4 節参照)。

太陽スペクトルは，温度 5,800〜6,000 K の黒体が放射する電磁波のスペクトルでかなりよく近似することができる(図 18.4)。厳密にいえば，太陽は黒体ではないが，特定の波長範囲において**プランクの法則**をあてはめ，黒体相当温度を定義して近似スペクトル分布を数理的に求めておくと何かと便利である。プランクの法則より，温度 T (K) の黒体空洞の電磁放射密度 ρ は，

$$\rho = \frac{8\pi hc}{\lambda^5} \frac{1}{\exp(hc/\lambda kT) - 1}$$

で表される。ここに，λ は波長，h はプランク定数，c は真空中の光速度，k はボルツマン定数である。理想黒体としての光球輝度は等方的であるので，電磁放射強度は，

$$I(\lambda) = \frac{\rho c}{4\pi} = \frac{2hc^2}{\lambda^5} \frac{1}{\exp(hc/\lambda kT) - 1}$$

となる。これを全波長域で積分すると，

$$E = \int_0^\infty I(\lambda) d\lambda = \sigma T^4$$

となり，黒体放射の全エネルギー(E)が温度(T)の4乗に比例するという，**シュテファン―ボルツマンの法則**が得られる。ここで，$\sigma = 5.67 \times 10^{-8}$ W m^{-2} K^{-4} は，シュテファン―ボルツマン定数と呼ばれている。

　光球からの電磁放射は連続的なスペクトルを持つが，そのなかに無数の吸収線が存在する。これは**フラウンホーファー線**と呼ばれている。これらの線スペクトルは，光球上部の大気を構成する原子やイオンの固有な吸収によって生成される。地上から高い分解能を持つ分光器で太陽スペクトルを観測することによって，フラウンホーファー線の強さやスペクトルの幅を検出し，太陽光球大気の組成・温度・イオン化状態などを調べることができる。

2. 太陽面現象

2.1　粒状斑（白斑）

　太陽面の拡大写真を見ると，光球面上は無数の白斑でおおわれているのがわかる（図34.2A）。このような白い斑点のことを，**粒状斑**と呼ぶ。フラウンホーファー線のドップラー効果から，粒状斑の中心部では外向きに2～3 km s^{-1} の運動が認められることから，これらは光球ガスの対流細胞であることがわかる。粒状斑の平均的な直径は1,000 km 程度であり，中心における温度は周囲に比べて平均100 K 程度高くなっている。平均寿命は8分程度であり，常に新しい粒状斑が生まれては消えていくというサイクルを繰り

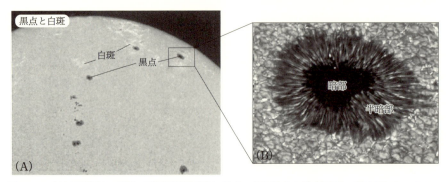

図 34.2 （A)光球面上に現れる粒状斑(白斑)と黒点。(B)黒点の拡大写真。(NASA ホームページより)

返している。

2.2 黒　　点

　黒点は太陽面現象としてはもっとも顕著なものであり，大きなものは肉眼でも観察できるため古くから知られていた。黒点は，図 34.2B に示すとおり，暗部と呼ばれる真黒の中心部とそれを取りまく半暗部からなっており，半暗部にはひげと呼ばれる線状構造が認められる。黒点の暗部および半暗部はそれぞれ 10,000 km および 20,000 km 程度の直径を持っている。黒点が黒く見えるのは，その場所の温度が周囲の光球温度に比べて相対的に低いためで，平均 1,500 K ほどの温度差がある。黒点の寿命は 1 週間から数か月間にもおよぶので，太陽自転とともに西から東へ，地球から見て約 27 日の周期で移動していく。したがって，寿命の長い黒点は約 27 日後に太陽面上のほぼ同じ場所に再び出現してくる。黒点付近のガスの運動は，粒状斑と同じように，フラウンホーファー線のドップラー効果から測定することができる。黒点の光球面付近では，ガスが中心部から外部に向かって水平に流れ，光球面の上の彩層では逆に中心部に向かって流れており，ともに 0.5〜1 km s^{-1} の速さを持っている。このことから，黒点も一種の対流構造を持っていることがわかる。

　太陽黒点の活動に約 11.1 年の周期があることは，19 世紀から知られていた。これを**黒点周期**と呼ぶ。黒点の活動状態を数値的に表すために，ウォル

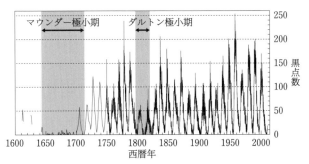

図 34.3 過去約400年間の太陽黒点数の変化（文部科学省：一家に1枚 太陽より）太陽の活動の変化を示す黒点数は約11年で周期的に増減している。17世紀後半には70年間ほども黒点がほとんどなかった（マウンダー極小期）。18世紀末から19世紀前半にはダルトン極小期がある。この時期は地球の寒冷期であったといわれており，黒点の増減と気候変動の関係が注目されている。

フ黒点数 (R) が定義されている。すなわち，黒点群の数を g，観測された個々の黒点の数を f，観測地点や計測方法によって変化する係数を k としたとき，

$$R = k(10g + f)$$

で表される半経験的な式である。黒点数の年変化については，古記録にもとづいて18世紀初頭にまでさかのぼって推定されている（図34.3）。黒点数 (R) は極小期には10以下に低下するが，極大期には200を超える値となる。黒点が出現する場所は光球面上に一様ではなく，太陽両半球で緯度にして5〜40°の範囲内に限られている。

黒点の重要な特性の一つとして，黒点磁場の存在が挙げられる。黒点磁場の強さは，スペクトル線のゼーマン効果によって測定することが可能で，10,000〜400,000 μT（T：テスラ，磁束密度の単位）にも達することがわかっている。地球表面での磁場の強さが約40 μT であるから，大変強いものであることがわかる。

2.3 プロミネンス（紅炎）

プロミネンスはコロナ下部領域に見られる激しい現象であり，太陽の下層

408　第IV部　宇宙と惑星

図 34.4 NASA の衛星が観測した太陽フレアの写真(NASA/LMSAL のホームページより)

大気である彩層の一部が，磁力線にそって上層大気のコロナ中に突出したものである(図34.1)。皆既日食の際に月に隠された太陽の縁から立ち上る赤い炎のようにみえることから名付けられた。プロミネンスは，その名前とはうらはらに輝度はそれほど高くなく，かつては日食時にのみ観測が可能であった。しかし，任意の波長を透過させ単色光の太陽像を撮像するスペクトロヘリオグラフや，狭帯域フィルタなどを用いたカメラ観測技術の向上から，現代では常時観測が可能になった。

プロミネンスの発生形態はさまざまであるが，比較的静かな静穏型プロミネンスでは，かなり安定した形状が数時間から数日にわたって見える場合もある。しかし，たまに見られる爆発形プロミネンスや噴流形プロミネンスなどの活動型プロミネンスでは，ガス塊が 700〜1,300 km s^{-1} もの高速でコロナ中へ流入していることがある。

2.4　フレア

スペクトロヘリオグラフの観測によると，水素原子による H$_\alpha$ などの彩層輝線が太陽面上の小領域で突如として異常な明るさを示すことがある。この突発的な励起現象を**フレア**と呼んでいる。図 34.4 は，NASA の TRACE

衛星によって 2005 年 9 月に観測された太陽フレアの写真である。典型的なフレアでは，発生後数分で光度が極大となり，その大きさは10,000～30,000 km に達し，その後は数分から場合によっては数時間もかかってゆるやかに消失していく。フレア発生と同時に，すべてのスペクトル領域で莫大な電磁波の放射が起こる。極端紫外域（$\lambda = 1 \sim 10$ nm）では普段の数十％増，X 線領域では数倍から数百倍にも増加する。これに加えて，フレア領域からは高エネルギーの電子と，主として陽子からなる高エネルギーイオンが同時に放出され，太陽宇宙線として地球近傍にまで飛来する。太陽フレアは地球の超高層大気におけるさまざまな擾乱現象を引き起こす。大きなフレアにともなう強い X 線放射によって電離圏が乱され，**デリンジャ現象**として知られる短波通信の障害を起こす。さらに，フレアからの高エネルギー粒子群がしばらく遅れて地球付近に到達し，極地域の電離圏に突入し，磁気嵐・電波通信障害などの特異な擾乱現象を引き起こす。

太陽フレアから発生する強力な放射線は，国際宇宙ステーションでの宇宙滞在者や高度数百 km～数千 km を周回する人工衛星にとって，大変危険な存在である。このため，フレアをはじめとする活発な太陽活動によって，どの程度の擾乱が地球周辺の宇宙環境で発生しうるかを予測する宇宙天気予報の研究が，近年精力的に進められている。

3. 太 陽 風

太陽風の存在はビエルマン（L. Biermann, 1951）によって，彗星の尾が太陽光の放射圧力以外の力を受けていることから最初に予測された。また，パーカー（E. Parker, 1958）は，太陽から吹き出す超音速流の存在を理論的に予言した。これを直接確かめたのは，1962 年に金星に向けて打ち上げられた探査機マリナー2 号だった。

太陽のコロナのガスは温度が 100 万℃以上にもなるため，水素原子はプラスの電気を持った陽子とマイナスの電気を持った電子に分解し，**プラズマ**と呼ばれる電離気体の状態になる。陽子と電子を主成分とするコロナガスは，ガス圧が太陽の重力を超えるため，惑星間空間に向かって高速度で吹き出す。

410 第IV部 宇宙と惑星

その速さは，300〜800 km s^{-1} にも達する。このガスの流れを**太陽風**と呼んでいる。太陽風はもっとも外側の惑星である海王星の軌道よりずっと外まで吹いていると考えられている。太陽風の成分のほとんどは陽子と電子からなるプラズマで構成されているが，そのほかに，ヘリウム・酸素・シリコン・鉄など重い原子のイオンが数%ほど交じっている。プラズマは磁力線を閉じこめる性質があるので，太陽風は太陽の磁力線を惑星間空間に引っ張り出してくる。つまり，太陽風は磁場と電気を帯びたガスの流れといえる。地球軌道周辺における太陽風の平均速度は約 450 km s^{-1}，イオンまたは電子の密度はおよそ 2〜5 cm^{-3} である。数 nT の磁場をともない，地球や惑星の磁気圏との相互作用に重要な役割を果たしている。

　また，コロナ質量放出と呼ばれる現象では，中程度の速度で高密度の太陽風が放出され，さらに，コロナホールと呼ばれる領域からは低密度だが，高速の太陽風が吹き出していることが，現在知られている。

4. 磁気圏の形成

　よく知られているように，地球はほぼ双極子(ダイポール)に近い磁場を持っている(1.3節参照)。この磁場は，宇宙空間に向かって無限に拡がっているのではなく，太陽から吹きつける太陽風によって有限の領域に閉じこめられている。この地球磁場が閉じこめられた領域を**地球磁気圏**という。磁気圏の形は，長い尾をもつ彗星と似ており，太陽方向に張り出した磁力線は太陽風によって圧縮され，逆にその反対側の磁力線は長く引き延ばされている。磁気圏の範囲は非常に大きく，地球の中心から太陽方向の境界面までの距離は地球半径の 11 倍，反対側の尾の長さはどこまで延びているのかまだ明らかにされていないが，少なくとも地球半径の 6,000 倍までは延びていると考えられている。地球磁気圏の存在は，1961 年アメリカの Explorer10 衛星による磁場観測によって初めて確認されたが，以後，衛星観測技術の向上とともに急速にその構造が解明されつつある。とくに近年では，日本が 1989 年に打ち上げた EXOS-D 衛星(あけぼの)や，1992 年に打ち上げた GEOTAIL 衛星などによって，オーロラに関連した磁気圏の物理現象や，地球磁気圏尾

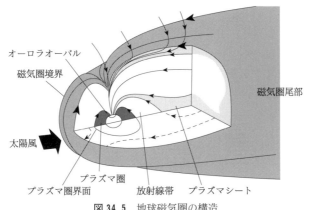

図 34.5 地球磁気圏の構造

部の構造とダイナミクスに関する研究が飛躍的に進んだ。

　図 34.5 は，これまでに明らかになった地球磁気圏の構造図である。磁気圏内部は主として陽子と電子からなるプラズマによって満たされているが，そのプラズマの性質の違いからいくつかの領域に分けられる。地球中心から地球半径の 4〜5 倍以内の領域は，エネルギーが 1〜10 eV 程度で，密度が 10^2〜10^3 cm^{-3} のプラズマによって満たされており，この領域を**プラズマ圏**と呼んでいる。プラズマ圏の磁力線の形は，ほぼ双極子型をしている。プラズマ圏の境界はプラズマ圏界面と呼ばれているが，この境界の外側では密度が 1〜10 cm^{-3} と急激に減少する。

　プラズマ圏の外側の双極子型磁場の領域は**放射線帯**と呼ばれ，高エネルギーのプラズマによって満たされている。密度は 1〜10 cm^{-3} と低いが，エネルギーは 100 eV〜100 keV と非常に高い。サブストーム(後述)と呼ばれる極域での激しい擾乱現象に伴い，その発達過程で作りだされた高エネルギーの粒子が放射線帯の磁力線に捕捉される。磁場がほぼ双極子型をしているために，捕捉された荷電粒子は双極子型磁場の北半球側付け根付近と，南半球側付け根付近で反射され，ミラー運動を繰り返し，ここに閉じ込められる。このようなプロセスによって，放射線帯に高エネルギー荷電粒子が存在すると考えられている。

　反太陽方向の磁気圏では，磁力線が太陽風によって吹き流されたような形

412 第Ⅳ部 宇宙と惑星

をしている。この領域を磁気圏尾部と呼んでいる。磁気圏尾部の磁気赤道面付近では，1 keV 程度の高エネルギープラズマが存在し，磁力線の向きは反平行な状態が維持されている。ここでは，磁気圧とプラズマ圧が釣り合った状態にある。この領域をプラズマシート(図34.5)と呼んでおり，オーロラを発光させる高エネルギー粒子の主要な供給源となっている。磁気圏昼側の境界では，太陽風に存在する磁場と地球磁場の再結合が起きており，太陽風中のプラズマが地球磁気圏内部に侵入してくる。

　磁場を持った惑星は，地球のほかに水星・木星・土星・天王星・海王星がある(33.2節参照)。基本的にこれらの惑星でも地球と同様に磁気圏が形成されていると考えられているが，磁気圏の形が地球と同じであるのかどうかは，はっきりとはわかっていない。

5. オーロラ

　地球では北極域および南極域において**オーロラ**を観測することができる(口絵5参照)。この原因は，次のような物理過程に起因する。すなわち，太陽風磁場が地球磁場と磁気圏昼側で再結合し，それによって太陽風中のプラズマが磁気圏へと侵入し，やがて磁気圏尾部のプラズマシート付近に蓄えられる。この粒子が磁力線にそって移動し，高度100〜400 km の電離圏に降り込んでくると，窒素や酸素などの分子や原子と衝突し励起させる。励起状態から基底状態に戻るときに，分子や原子はエネルギーを光として放出する。これがオーロラの光となる。

　磁気圏尾部からの粒子降下は，常にゆるやかに起こっており，このためオーロラは常に発生している。しかし，非常に明るいオーロラが出現した場合でもその明るさは数100 kR(R：単位面積に単位時間当りに入射する光子の数を表す単位)程度(「月に照らされた積雲の明るさ」程度)しかなく，このため肉眼では夜間にしか目撃することができない。一方，太陽風から磁気圏へのエネルギー流入量が増大し，磁気圏尾部のプラズマシートでプラズマ圧よりも磁気圧が高まるとそのバランスがくずれ，プラズマシートは圧縮される。さらにその状態が加速されると，北半球側から延びる磁力線と南半球側

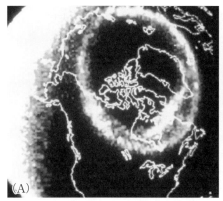 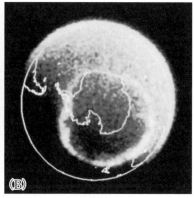

図 34.6 人工衛星によって観測された地球のオーロラ（アイオア大学ホームページより）。(A)北半球に出現しているオーロラ。(B)南半球に出現しているオーロラ。いずれも楕円状の形をしており，これをオーロラオーバルと呼ぶ。図 34.5 参照

から延びる磁力線が融合し，再結合を起こす。この磁力線の再結合にともなって，プラズマ粒子は高いエネルギー状態に加速され，かつ磁力線にそって南北両半球の極域電離圏に一気に流入し，オーロラを明るく輝かす。この一連の過程を，サブストームと呼んでいる。

磁気圏から降下してきた粒子は，エネルギーが高いほど低い高度まで侵入することができる。磁気圏起源の電子の降り込む高度とそこに存在する大気成分との関係で，オーロラの発光色は決まる。代表的なオーロラの発光色は，酸素原子の 557.7 nm の緑色であり，高度は 100～200 km で発光している。また，高度 300 km 付近では酸素原子の 630.0 nm が発光しており，ワインレッドのような深い赤色を示す。さらに，窒素分子による発光も強く，赤色を示す。

地上からのオーロラ観測は，全天カメラによる撮像観測や，フォトメタと呼ばれる光度計を用いた絶対強度測定観測などが行われている。しかし，地上の観測点がカバーできる領域は限られており，さらに観測点の季節や気象条件が観測可能時間に大きな制約をかけている。しかし，図 34.6 に示すように，人工衛星からはオーロラの全体像をつぶさに観測できるばかりでなく，ダイナミックに変動する様子も捉えることができる。1989 年に打ち上げら

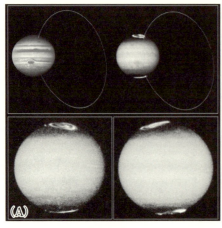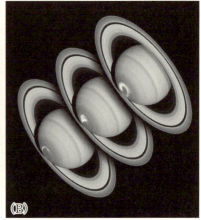

図 34.7 惑星で発生するオーロラ(Hubblesiteより)。ハッブル宇宙望遠鏡が観測した(A)木星のオーロラと(B)土星のオーロラ

れた日本のEXOS-D衛星は，オーロラの光学観測とオーロラを発生させるプラズマ粒子の直接観測を可能とし，オーロラ発生時の太陽風-磁気圏-電離圏の結合過程の研究を大きく前進させた。さらに，近年では高い時間・空間分解能でオーロラの光学・粒子観測を行うINDEX衛星(れいめい)が打ち上げられ，質・量ともに世界トップレベルのデータを取得することに成功している。

　オーロラは，地球のみならず磁場を持つ惑星にとって固有の現象である。NASAが打ち上げたハッブル宇宙望遠鏡を用いて，地球よりもはるかに規模の大きな磁気圏が存在している木星や土星で発生するオーロラが観測されている(図34.7)。地球とは異なり，木星や土星の大気の主成分は水素であるため，オーロラの発光は主に水素によるH_α線やH_β線である。将来的には，惑星で発生するオーロラを宇宙空間から定常的に観測し，その生成メカニズムを明らかにすることが重要な研究課題の一つとなる。

［練習問題1］　太陽定数について述べよ。
［練習問題2］　磁気圏の形成と構造について述べよ。
［練習問題3］　サブストームについて述べよ。

引用文献

［カバー後ろ袖］

NASA/SDO　http://sdo.gsfc.nasa.gov/assets/img/latest/latest_4096_0304.jpg：太陽表面の画像

Hamilton, C.J.　http://solarviews.com/cap/pia/PIA10231.htm：太陽と惑星系

［口絵］

American Geographical Society. 1974. The floor of the Oceans. Map 1:40,000,000, equatorial scale, based on studies by Heezen, B.C. and Tharp, M. New York, USA.

有馬　眞. 1991. 地学雑誌, 100(3)：表紙

Chandra X-ray Observatory http://chandra.harvard.edu/photo/2006/1e0657/index.html

Davies, J.H. and Davies, D.R. 2010. Earth's surface heat flux. Solid Earth, 1: 5-24.

Fukao, Y., Obayashi, M., Inoue, H. and Nenbai, M. 1992. Subducting slabs stagnant in the mantle transition zone. Journal of Geophysical Research, 97(B4): 4809-4822.

Hamilton, C.J.Views of the Solar System. http://solarviews.com/raw/earth/bluemarbleeast.jpg

長谷川　昭・趙　大鵬. 1991. 火山, 36(2)：口絵.

Intergovernmental Panel on Climate Change (IPCC) 2013. Climate Change 2013: The Physical Science Basis. IPCC Working Group I Contribution to Fifth Assessment Report of the IPCC. 1535pp. Cambridge University Press. http://www.climatechange2013.org/

Kottek, M., Grieser, J., Beck, C., Rudolf, B. and Rubel, F. 2006. World Map of the Köppen-Geiger climate classification updated. Meteorologische Zeitschrift, 15: 259-263. DOI: 10.1127/0941-2948/2006/0130

NASA/WMAP Science Team　http://map.gsfc.nasa.gov/media/060915/index.html

Rahmstorf, S. 2002. Ocean circulation and climate during the past 120,000 years. Nature, 419(6903): 207-214.

田中明子・山野　誠・矢野雄策・笹田政克. 2004. 日本列島及びその周辺域の地温勾配及び地殻熱流量データベース. 数値地質図(CD-ROM)DGM P-5. 産業技術総合研究所 地質調査総合センター.

東北地方太平洋沖地震津波合同調査グループ. 2011. 2011年東北地方太平洋沖地震津波に関する合同現地調査の報告. 津波工学研究報告, 28：129-133.

鶴岡　弘. 1998. WWWを用いた地震情報検索・解析システムの開発. 情報処理学会研究報告：データベースシステム, 115-9, 情報学基礎, 49(9)：65-70.

［第1章　地球の形と重力，地磁気，地殻熱流量］

植田義夫. 2005. 日本列島とその周辺海域のブーゲー重力異常(2004年版). 海洋情報部研究報告, 41：1-23.

［第2章　地球の内部構造と構成物質］

Dziewonski, A.M. and Anderson, D.L. 1981. Preliminary reference Earth model, Physics of the Earth and Planetary Interiors, 25: 297-356.

Green, D.H., Hibberson, W.O. and Jaques, A.L. 1979. Petrogenesis of mid-oceanic ridge basalt. In "The Earth: Its Origin, Structure and Evolution" (ed. McElhinny, M.W.), pp. 265-299. Academic Press.

Hirose, K. 2006. Postperovskite phase transition and its geophysical implications. Reviews of Geophysics, 44: RG3001, doi: 10.1029/2005RG000186

Kennett, B.L.N. 2001. The seismic wavefield, vol. 1. 370pp. Cambridge University Press.

Kennett, B.L.N. 2002. The seismic wavefield, vol. 2. 534pp. Cambridge University Press.

Ringwood, A.E. 1966. The chemical composition and origin of the Earth. In "Advances in Earth Sciences" (ed. Hurley, P.), pp. 287-356. M.I.T. Press.

Shearer, P.M. 2009. Introduction to Seismology (2nd ed.). 396pp. Cambridge University Press.

［第 3 章　地球を作る鉱物と岩石］

American Geological Institute 2006. The Geoscience Handbook, AGI Data Sheets, 4th Edition. 302pp.

Haeckel, E. 1904. Kunstformen der Natur, Leipzig and Vienna, Bibliographisches Institut. 日本語訳：エルンスト・ヘッケル（小畠郁生［日本語版監修］, 戸田裕之［訳］）2014. 生物の驚異的な形, 河出書房新社, 141pp.

Young, J.R., Davis, S.A., Bown, P.R., and Mann, M. 1999. Cocoolith Ultrastructure and Biomineralisation. Journal of Structural Biology, 126: 195-215.

［第 4 章　大陸移動とプレートテクトニクス］

Cox, A., Doell, R.R. and Dalrymple, G.B. 1964. Geomagnetic polarity epochs. Science, 143: 351-352.

Dewey, J.F. 1972. Plate tectonics. Scientific American, 226: 56-72.

Doel, R.R. and Dalrymple, G.B. 1966. Geomagnetic Polarity Epochs: A New Polarity Event and the Age of the Brunhes-Matuyama Boundary. Science, 152: 1060-1061.

Heirtzler, J.R., Le Pichon, X. and Baron, J.G. 1966. Magnetic anomalies over the Reykjanes ridge. Deep-Sea Research, 13: 427-443.

Maruyama, S. 1994. Plume tectonics. Journal of Geological Society of Japan, 100: 24-49.

Otofuji, Y., Matsuda, T. and Nohda, S. 1985. Opening mode of the Japan Sea inferred from the palaeomagnetism of the Japan Arc. Nature, 317: 603-604.

Pitman, W.C., Larson, R.L. and Harron, E.M. 1974. Isochron map and age map of ocean basins. Geological Society of America, Map and Chart Series, MC.6.

［第 5 章　海洋地殻と大陸地殻］

Hoffman, A.W. 1988. Chemical differentiation of the Earth: the relationship between mantle, continental crust, and oceanic crust. Earth and Planetary Sciene Letters, 90: 297-314.

Sverdrup, H.U., Johnson, M.W. and Fleming, R.H. 1942. The Oceans: Their Physics, Chemistry, and General Biology. 1087pp. Prentice-Hall, Inc. (p. 19, Fig. 2)

巽　好幸. 2003. 安山岩と大陸の起源. p. 142 図 5.3. ［213pp.］東京大学出版会.

［第 6 章　地震はどこで, なぜ起こるか？］

防災科学研究所　http://www.hinet.bosai.go.jp

気象庁　http://www.jma.go.jp/jma/index.html

Nakamura, M. and Ando, M. 1996. Aftershock distribution of the January 17, 1996 Hyogo-ken Nanbu Earthquake determined by the JHD method. Journal of Physics of the Earth, 44: 329-335.

気象庁　http://www.seisvol.kishou.go.jp/eq/EEW/kaisetsu/index.html, http://www.seisvol.kishou.go.jp/eq/EEW/kaisetsu/Whats_EEW.html(2008 年 11 月 7 日閲覧)

国立科学博物館地震資料室　http://research.kahaku.go.jp/rikou/namazu/index.html (2008 年 8 月 31 日閲覧)

［第 7 章　日本列島付近で生じる地震と地震津波災害・地震予知］

藤井敏嗣・纐纈一起(編). 2008. 地震・津波と火山の事典. 188pp. 丸善.

松田時彦・岡田篤正・藤田和夫. 1976. 日本の活断層分布図およびカタログ. 地質学論集, 12：185-198.

Okada, A., 1980, Quaternary faulting along the Median Tectonic Line of Southwest Japan. Memoirs of The Geological Society of Japan, No. 18, pp. 79-108.

Sagiya, T., Miyazaki, S. and Tada, T. 2000. Continuous GPS array and present-day crustal deformation. Pure and Applied Geophysics, 157: 2303-2322.

Satake, K. 2007. Tsunamis. In "Treatise on Geophysics, Vol. 4, Earthquake Seismology" (ed. Kanamori, H.), pp. 483-511. Elsevier.

島崎邦彦. 1991. 地震と地体構造. 日本列島の地震―地震工学と地震地体構造(萩原尊礼編著). 215pp. 鹿島出版会.

島崎邦彦・松田時彦(編). 1994. 地震と断層. 236pp. 東京大学出版会.

宇津徳治. 1971. 日本列島下の上部マントルの異常構造について. 北海道大学地球物理学研究報告, 25：99-127.

宇津徳治. 1972. 北海道周辺における大地震の活動と根室南方沖地震について. 地震予知連絡会報, 7：7-13.

［第 8 章　火山活動はどこで，なぜ起こるか？］

青木謙一郎. 1978. 日本列島第四紀の火山岩の岩石学的性質. 岩波講座地球科学 3(久城育夫・荒牧重雄編), pp. 153-170[260pp.]. 岩波書店.

勝井義雄・中村一明. 1979. 火山の分布. 岩波講座地球科学 7(横山泉・荒牧重雄・中村一明編), pp. 195-213[294pp.]. 岩波書店.

都城秋穂・久城育夫. 1977. 岩石学Ⅲ. 245pp. 共立出版.

中田節也. 2003. 火山の地下構造. マグマダイナミクスと火山噴火(鍵山恒臣編), pp. 11-25[224pp.]. 朝倉書店.

Schmincke, H.-U. 2004. Volcanism. 324pp. Springer.

［第 9 章　火山噴火と火山災害・噴火予知］

兼岡一郎・井田喜明(編). 1997. 火山とマグマ. p. 88 図 4.9 [240pp.]. 東京大学出版会.

気象庁. 2012. 火山―その監視と防災. 32pp. 気象庁.

Tilling, R.I. 1989. Volcanic hazards. Short Course in Geology, vol. 1. 123pp. American Geophysical Union.

有珠山火山防災マップ. 2002. 伊達市・虻田町・壮瞥町・豊浦町・洞爺村.

［第 10 章　河川の働きと地形形成］

Milliman, J.D. and Farnsworth, K.L. 2011. River Discharge to the Coastal Ocean: A Global Synthesis. 392pp. Cambridge University Press.

Pipkin, B.W., Trent, D.D. amd Hazlett, R. 2005. Geology and the Environment. Thomson Leaning, Inc. 473pp. (242p, Fig.9.7a; 243p, Fig.9.9)

Strahler, A.N., 1954. Physical geography. 442pp. John Wiley & Sons, Inc.

［第 11 章　堆積作用と堆積岩および変成岩］

浜島書店編集部. 2003. ニューステージ新訂地学図表. 161pp. 浜島書店.

418 引用文献

石井健一・後藤博弥・小泉　格・山崎貞治. 1982. 躍動する地球―その大陸と海洋底. p. 4 図 1.3[94pp.]. 共立出版.

西村祐二郎. 2002. 3.5 堆積岩と堆積作用. 基礎地球科学(西村祐二郎・鈴木盛久・今岡照喜・高木秀雄・金折裕司・磯﨑行雄編). p.77 図 3.25[232pp.]. 朝倉書店.

Isozaki, Y., Maruyama, S. and Furuoka, F. 1990. Accreted oceanic materials in Japan. Tectonophysics, 181: 179-205.

斎藤靖二. 1988. 17 地質年代表. 図説地球科学(杉村　新・中村保夫・井口　喜(編). p.159 図 17.4[266pp.]. 岩波書店.

[第 12 章　ランドスライド]

株式会社自治タイムス社　http://www.jiti.co.jp

国土防災技術株式会社. 2010. 土砂災害の見分け方. http://www.jce.co.jp/index.asp. (2010 年 9 月 6 日閲覧)

大八木規夫. 2004a. 分類／地すべり現象の定義と分類. 地すべり―地形地質的認識と用語(日本地すべり学会地すべりに関する地形地質用語委員会編), pp. 3-15[318pp.]. 日本地すべり学会.

大八木規夫. 2004b. 地すべり構造. 地すべり―地形地質的認識と用語(日本地すべり学会地すべりに関する地形地質用語委員会編), pp. 29-45[318pp.]. 日本地すべり学会.

Sekiya, S. and Kikuchi, Y. 1889. The eruption of Bandai-san. Tokyo Imperial University, College of Science, Journal, 3: 91-172.

宇井忠英・荒牧重雄. 1983. 1980 年セントヘレンズ火山のドライアバランシュ堆積物. 火山, 28：289-299.

[第 13 章　地球エネルギー資源]

相原安津夫. 1979. 石炭鉱床形成の地球化学. 岩波講座地球科学 14(佐々木昭・石原舜三・関　陽太郎編), pp. 68-82[300pp.]. 岩波書店.

British Petroleum. 2013. BP statistical Review of World Energy, June 2013.　https://www.bp.com/content/dam/bp/pdf/statistical-review/statistical_review_of_world_energy_2013.pdf#search='BP＋statistical＋review＋of＋WORLD＋energy＋2013'

OECD. 2008. OECD publication, Uranium. 422pp. OECD Publishing.

Pettijohn, F.J. 1975. Sedimentary rocks (3rd ed.). 718pp. Haper & Row.

Tegelaar, E.W., De Leeuw, J.W., Derenne, S. and Largeau, C. 1989. A reappraisal of kerogen formation. Geochimica et Cosmochimica Acta, 53: 3103-3106.

United Nations. 2013. The 2010 Energy Statistics Yearbook.　http://unstats.un.org/UNSD/energy/yearbook/default.htm

[第 14 章　金属鉱物資源と社会]

久保田喜裕・石田　聖・久家直之・棚瀬充史・水落幸広・吉野博厚. 1995. 4 章　地下資源. 新版地学教育講座 4　岩石と地下資源(地学団体研究会『新版地学教育講座』編集委員会編集責任), p. 158 図 4-1[201pp.]. 東海大学出版会.

Mason, B. 1966. Principles of geochemistry (3rd ed.). 329pp. John Wiley & Sons, Inc.

内田悦生. 2008. 6 鉱物・エネルギー資源. 地球・環境・資源　地球と人類の共生をめざして(内田悦生・高木秀雄編), p. 119-136. 共立出版.

USGS(米国地質調査所)ホームページ(鉱物資源関係)　http://minerals.usgs.gov/minerals/index.html

[第 15 章　地球の誕生と大気・海洋の起源]

Abe, Y. 1993. Physical state of the very early Earth. Lithos, 30: 223-235.

Catling, D.C. and Claire, M.W. 2005. How Earth's atmosphere evolved to an oxic state:

a status report. Earth Planetary Science Letter, 273: 1-20.

NASA http://apod.nasa.gov/apod/image/0303/lunarfarside_apollo11_big.jpg

Pepin, R.O. 1989. Atmospheric compositions: key similarities and differences, In "Origin and Evolution of Planetary Atmospheres", pp. 291-305. University of Arizona Press.

[第 16 章　地球環境の変遷と生物進化]

JAMSTEC Chikyu Hakken http://www.jamstec.go.jp/chikyu/eng/ChikyuImages/index.html

小林快次・栃内新. 2008. 中生代における爬虫類の進化. 地球と生命の進化学(沢田健・綿貫豊・西弘嗣・栃内新・馬渡峻輔編著), pp. 143-160[290pp.]. 北海道大学出版会.

西田治文. 2001. 裸子植物にみる多様性と系統. 植物の多様性と進化(第 4 版. 岩槻邦男・馬渡峻輔監修, 加藤雅啓編), pp. 105-130[334pp.]. 裳華房.

野崎義行. 1994. 地球温暖化と海. p. 132 図 6-14. [196pp.] 東京大学出版会.

沢田健. 2008. 超大陸の形成と生物大量絶滅. 地球と生命の進化学(沢田健・綿貫豊・西弘嗣・栃内新・馬渡峻輔編著), pp. 115-142[290pp.]. 北海道大学出版会.

Sepkoski, J.J.Jr. 1989. Periodicity inextinction and the problem of catastrophism in the history of life. Journal of Geological Society of London, 146: 7-19.

Zachos, J., Pagani, M., Sloan, L., Thomas, E. and Billups, K. 2001. Trends, rhythms, and aberrations in global climate 65 Ma to present. Science, 292: 686-693.

[第 17 章　人類進化と第四紀の環境]

Imbrie, J. et al. 1992. On the structure and origin of major glaciation cycles 1. linear responses to Milankovitch forcing. Paleoceanography, 7: 701-738.

黒田末寿・片山一道・市川光雄. 1987. 人類の起源と進化. 272pp. 有斐閣.

Ruddiman, W.F. 2003. The anthropogenic greenhouse era began thousands of years ago. Climatic Change, 61: 261-293.

スミソニアン国立自然史博物館ホームページ　http://humanorigins.si.edu/

Watanabe, T., Gagan, M.K., Corrége, T., Gagan, H.S. and Hantoro, W.S. 2003. Oxygen isotope systematics in Diploastrea heliopora: New coral archive of tropical paleoclimate. Geochimica et Cosmochimica Acta, 67: 1349-1358.

[第 18 章　大気の構造と地球の熱収支]

Goody, R.M. 1995. Principles of atmospheric physics and chemistry. 324pp. Oxford University Press.

浜島書店編集部. 2003. ニューステージ新訂地学図表. 161pp. 浜島書店.

小倉義光. 1999. 一般気象学(第 2 版). p. 22 図 2.1. [308pp.] 東京大学出版会.

[第 19 章　地球大気の循環]

日本気象学会(編). 1998. 気象科学事典. 637pp. 東京書籍.

Trenberth, K.E. and Caron, J.M. 2001. Estimates of meridional atmosphere and ocean heat transport. Journal of Climate, 14: 3433-3443.

Yamanouchi, T. and Charlock, T.P. 1997. Effects of clouds, ice sheet and sea ice on the earth radiation budget in the Antarctic. Journal of Geophysical Research, 102: 6953-6970.

[第 20 章　大気の運動の基礎]

Richardson, L.F. 1922. Weather prediction by numerical process. 236pp. Cambridge. University Press.

420　引用文献

［第21章　大気の熱力学と雲・降水形成過程］

Fujiyoshi, Y., Nakajima, S., Yamagata, S., Harimaya, T., Yamada T. and Matsui, I. 2005. Cloud formation and fractionation of stable isotope of water within Artificial Cloud Experimental System (ACES). Proceedings of International Association of Meteorological and Atmospheric Sciences (IAMAS), Beijing, P.R. China, 2-11 August, 2005.

藤吉康志. 2008. 雨滴の最大粒径の気候学（解説）. 日本大気電気学会誌, 2：8-18.

Junge, C.E., 1952, Die Konstitution des atmosphärischen Aerosols. Annalen der Meteorologie, 5: 1-55.

Kobayashi, T. 1961. The growth of snow crystals at low supersaturations. Philosophical Magazine, 6: 1363-1370.

［第22章　天気を支配する諸現象］

Houze, R.A., Jr. and Hobbs, P.V. 1982. Organization and structure of precipitating cloud systems. Advances in Geophysics, 24: 225-315.

Neumann, C.J. 1993. Global overview. Chapter 1 of global guide to tropical cyclone forecasting, WMO/TC-No. 560, Report no. TCP-31, World meteorological organization, Geneva, Switzerland.

日本気象学会（編）. 1998. 新 教養の気象学. 144pp. 朝倉書店.

Wallace, J.M. and Hobbs, P.V. 1977. Atmospheric science: an introductory survey. 467pp. Academic Press.

［第23章　海洋の組成と構造］

Rahmstorf, S. 2002. Ocean circulation and climate during the past 120,000 years. Nature, 419(6903): 207-214.

［Box 23.1］

蒲生俊敬（編）. 2007. 環境の地球化学（地球化学講座第7巻）. 235pp. 培風館.

［第24章　海洋の循環］

気象庁　http://www.data.kishou.go.jp/kaiyou/db/obs/knowledge/circulation.html

Niiler P.P., Maximenko, N.A. and McWilliams, J.C. 2003. Dynamically balanced absolute sea level of the global ocean derived from near-surface velocity observations. Geophysical Research Letters, 30: 2164, doi:10.1029/2003GL018628.

Stommel, H. 1958. The abyssal circulation. Deep-Sea Research, 5(1): 80-82.

Yoshikawa Y., Church, J.A. Uchida, H. and White, N.J. 2004. Near bottom currents and their relation to the transport in the Kuroshio Extension. Geophysical Research Letters, 31: L16309, doi:10.1029/2004GL020068.

［第25章　海洋の観測と潮汐］

Ebuchi, N., Fukamachi, Y., Ohshima, K.I., Shirasawa, K., Ishikawa, M., Takatsuka, T., Daibo, T. and Wakatsuchi, M. 2006. Observation of the Soya Warm Current using HF Ocean Radar. Journal of Oceanography, 62: 47-61.

Ohshima, K.I., Wakatsuchi, M., Fukamachi, Y. and Mizuta, G. 2002. Near-surface circulation and tidal currents of the Okhotsk Sea observed with satellite-tracked drifters. Journal of Geophysical Research, 107: 3195, doi: 10.1029/2001JC001005.

Ono, J., Ohshima, K.I., Mizuta, G., Fukamachi, Y. and Wakatsuchi, M. 2008. Diurnal coastal-trapped waves on the eastern shelf of Sakhalin in the Sea of Okhotsk and their modification by sea ice. Continental Shelf Research, 28: 697-709.

柳　哲雄. 2002. 海洋観測入門. 104pp. 恒星社厚生閣.

引用文献　421

[第 26 章　地球と陸域の水循環]
樋根　勇. 1980. 水文学. 272pp. 大明堂.
Lvovich, M.I. 1972. Hydrologic budget of continents and estimate of the balance of global fresh water resources. Soviet Hydrology, 4: 349-360.
Pinneker, E.V. 1980. General hydrogeology. 141pp. Cambridge University Press.
Shiklomanov, I.A. 1996. Assessment of water resources and availability in the world. Scientific and Technical Report, St.Petersburg, Russia, State Hydrological Institute. 127pp.

[第 27 章　氷河と氷河時代]
European Space Agency　http://www.esa.int/esaCP/index.html
Gillespie, A. and Molnar, P. 1995. Asynchronous maximum advances of mountain and continental glaciers. Review of Geophysics, 33(3): 311-364.
Intergovernmental Panel on Climate Change (IPCC) 2013. Climate Change 2013: The Physical Science Basis. IPCC Working Group I Contribution to Fifth Assessment Report of the IPCC. 1535pp. Cambridge University Press. http://www.climatechange 2013.org/
Lisiecki, L.E., and Raymo, M.E. 2005. A Pliocene-Pleistocene stack of 57 globally distributed benthic $\delta^{18}O$ records, Paleoceanography, 20, PA1003, doi:10.1029/ 2004PA001071.
Penck, A. and Brückner, E. 1901/1909. Die Alpine im Eiszeitalter, 3 vols. 1199pp. Leipzig, Leipzig Tauchnitz.
Strahler, A.N. 1951. Physical geography. 442pp. John Wiley & Sons.

[第 28 章　大気海洋相互作用とエル・ニーニョ，モンスーン]
Horel, J.D., and Wallace, J.M. 1981. Planetary-scale atmospheric phenomena associated with the Southern Oscillation. Monthly Weather Review, 109: 813-829.

[第 29 章　地球環境変動と水圏・気圏の変化]
Intergovernmental Panel on Climate Change (IPCC). 2007. Climate Change 2007: the physical science basis. Contribution of Working Group I to the fourth assessment report of the IPCC. 996pp. Cambridge University Press.
Intergovernmental Panel on Climate Change (IPCC) 2013. Climate Change 2013: The Physical Science Basis. IPCC Working Group I Contribution to Fifth Assessment Report of the IPCC. 1535pp. Cambridge University Press. http://www.climatechange 2013.org/

[第 30 章　宇宙とその進化]
Freedman, W.L., Madore, B.F., Gibson, B.K. et al. 2001. Final results from the Hubble space telescope key project to measure the Hubble constant. Astrophysical Journal, 553: 47-72.
NASA http://map.gsfc.nasa.gov/media/ContentMedia/990015b.jpg
NASA/WMAP Science Team http://map.gsfc.nasa.gov/news/index.html
Perlmutter, S., Aldering, G., Goldhaber, G. et al. 1999. Measurements of Omega and Lambda from 42 High-Redshift Supernovae. Astrophysical Journal, 517: 565-586.
Planck Collaboration: Ade, P.A.R. et al. (2014). Planck 2013 results. XVI. Cosmological parameters. Astronomy & Astrophysics, 571: A16 (arXiv:1303.5076v3).
Riess, A.G., Filippenko, A.V., Challis, P. et al. 1998. Observational evidence from supernovae for an accelerating universe and a cosmological constant. Astronomical

Journal, 116: 1009-1038.

［第 31 章　銀河・恒星］

ウィキペディア　フリー百科事典ウィキペディア日本語版(2014 年 11 月 20 日閲覧)

Max Planck 宇宙物理学研究所　http://www.mpa-garching.mpg.de/galform/millennium-II/

［第 32 章　太陽系の成り立ちと運動］

Hamilton, C.J. Views of the Solar System. http://solarviews.com/

小久保英一郎・井田茂. 2003. 惑星系の多様性の起源―原始惑星系円盤質量による惑星の住み分け. 天文月報，96：215-219.

［第 33 章　惑星と衛星］

ESA/MPS　http://sci.esa.int/science-e/www/object/index.cfm?fobjectid＝39678：図 33.2

JAXA/SELENE　http://wms.selene.jaxa.jp/selene_viewer/jpn/observation_mission/lalt/lalt_008.html：図 33.9

Limaye, S.S. 1986. Jupiter: new estimates of the mean zonal flow at the cloud level. ICARUS, 65: 335-352.

Lindal, G.F. 1992. The atmosphere of Neptune: an analysis of radio occultation data acquired with Voyager 2. Astrophys. J., 103: 967-982.

NASA http://pds-geosciences.wustl.edu/missions/viking/visedr.html：図 33.3, http://photojournal.jpl.nasa.gov/catalog/PIA02982：図 33.8

NASA/Johns Hopkins University Applied Physics Laboratory/Carnegie Institution of Washington http://photojournal.jpl.nasa.gov/catalog/PIA10176：図 33.7(A)

NASA/Johns Hopkins University Applied Physics Laboratory/Southwest Research Institute http://photojournal.jpl.nasa.gov/catalog/PIA09352：図 33.11

NASA/JPL http://photojournal.jpl.nasa.gov/catalog/PIA02417：図 33.7(B)

NASA/JPL/ESA/University of Arizona http://photojournal.jpl.nasa.gov/catalog/PIA07236：図 33.12(C)

NASA/JPL/Space Science Institute http://photojournal.jpl.nasa.gov/catalog/PIA06236：図 33.12(A), http://photojournal.jpl.nasa.gov/catalog/PIA06220：図 33.12(B), http://photojournal.jpl.nasa.gov/catalog/PIA06254：図 33.13(A), http://photojournal.jpl.nasa.gov/catalog/PIA08386：図 33.13(B)

［第 34 章　太陽と宇宙空間］

文部科学省. 一家に 1 枚　太陽. http://stw.mext.go.jp/common/pdf/series/sun/sun_a3.pdf

NASA http://apod.nasa.gov/apod/ap000223.html：図 34.2

NASA http://hubblesite.org/search/?query＝aurora&x＝0&y＝0：図 34.7

NASA/LMSAL　mm04.nasaimages.org/MediaManager/srvr?mediafile＝/Size4/NVA2-4-NA/5164/arcadenov9_trace_big.jpg&userid＝1&username＝admin&resolution＝4&servertype＝JVA&cid＝4&iid＝NVA2&vcid＝NA&usergroup＝NASA_Astronomy_Picture_of_the_Day_Collecti-4-Admin&profileid＝16, http://www.newscientist.com/articleimages/dn7858/0-new-technique-pinpoints-solar-flareups.html, http://news.bbc.co.uk/2/hi/science/nature/5371162.stm：図 34.4

University of Iowa http://www-pi.physics.uiowa.edu/sai/gallery/：図 34.6

索　引
太字は詳しく書かれている頁を示す

【ア行】

アイスコア　**213**,337
アイソスタシー　**8**,9,287,324
アインシュタイン方程式　354
アウストラロピテクス属
　（*Australopithecus*）　前見返し,**201**,
　202
アウトウォッシュ段丘　321,322
アウトウォッシュプレーン　321,322
アカスタ片麻岩　176
亜寒帯循環　**284**,288,290
亜寒帯前線ジェット気流　**235**,236
亜間氷期　209
秋雨前線　265,**267**
アジアモンスーン　**238**,333
足尾銅山鉱毒事件　174
アセノスフェア(低速度層)　19,**21**,40
圧縮力　71,**72**
圧密作用　125
圧力傾度(力)　**285**,286,288
亜熱帯高圧帯　232,331
亜熱帯ジェット気流　**233**,234,235,
　326
亜熱帯循環　**284**,**287**,288,289
亜氷期　209
雨粒(雨滴)　255,256
天の川銀河(銀河系)　365,366
アメダス(AMeDAS：地域気象観測シ
　ステム)　269
霰(あられ)　257
アリューシャン低気圧　336
アルカリ長石　28,30
アルゴ計画　294,298
アルゼンチノサウルス　193
アルベド(反射率)　207,**225**,228,**316**,

389
アルベド効果(氷床の)　324
暗黒時代(宇宙史の)　　カバー前袖,361
安山岩(質マグマ)　33,53,85,89,94
アンサンブル予報　248
安定同位体　212
アンモナイト　131,187,**193**,198
イオ(木星の衛星)　399,400
異常震域　84
硫黄酸化物(SO_x)　156
伊豆―小笠原海溝　45,46,88,**272**
伊豆―小笠原弧　55,56,89
移送域(ランドスライドの)　137,138
移送堆積域　137,138
異相反応　347,348
遺存種(レリック)　190,207
一次大気　180
イチョウ(類)　190,194,207
一般相対論　354
遺伝子人類学　203
緯度　4,**5**
糸魚川―静岡構造線　45,46,72,76,77
移動性高気圧　263
イトカワ(小惑星)　385,386
イリジウム　187
印象化石　186
隕石　**380**,385
インド亜大陸　55,196,333,335
インドネシア多島海　326,327
インド洋　271,281
インフレーション宇宙モデル　360
ウェッジーディラミネーション構造(鰐
　口構造)　58
ウォーカー循環　**327**,335
雨期・乾期　335

424　索　引

有珠山　99,103,105,108
渦巻銀河　362,364
宇宙原理(コペルニクス原理)　354
宇宙線　385,409
宇宙測地学　5
宇宙定数(宇宙項)Λ　354
宇宙天気予報　409
宇宙の距離梯子　362
宇宙の大規模構造　364
宇宙の晴れ上がり　カバー前袖
　361,374
宇宙(マイクロ波)背景放射　355,**356**,
　369,370,372
宇宙風化　385,386
宇宙論的星形成史　373,374
宇宙論パラメーター　359
雨滴(雨粒)　256,257,258
海(月の)　397
海風　238
ウラン鉱床　**157**,171,184
雨量　306
ウルム氷期(最終氷期)　322
雲形　249
運搬作用　31,122,**124**
雲粒　**249**,253,254,255,257
雲量　249
エアリー・ハイスカネンモデル　8,9
エアロゾル　105,207,**225**,**254**,257,
　270,345
永久(水温)躍層　278
栄養塩　**274**,329,344,345
エウロパ　399,400,402
液状化　**80**,83,139
液体金属　399,400
エクマン吹送流　287
エクマン層　**287**,289,290
エクロジャイト　17
エスカー　321
エッジワース・カイパーベルト　381
エディアカラ動物群　前見返し,**189**,
　198

エネルギーの解放　178
エル・ニーニョ(現象)　248,278,**329**,
　330,331,333,336,350
エル・ニーニョ/南方振動　328
縁海(縁辺海)　44,272
遠隔結合パターン　332
塩化物イオン　273
沿岸湧昇　326
塩基性岩(苦鉄質岩)　31,32,33
猿人(アウストラロピテクス属)　前見
　返し,201,203
遠心力　**6**,245
塩水(陸水中の)　305
円石藻　34,**186**
エンセラダス(土星の衛星)　401,402
塩素酸化物(ClO$_X$)　348
鉛直混合　274,276
鉛直シア(風の)　246
鉛直線偏差　8
円盤銀河　363,364
円盤構造　365
塩分(海水の)　口絵20,**273**,275,276,
　278,279,280,294
縁辺海 → 縁海
オイラー的手法(海洋観測の)　295
オイル　150
オイルサンド　153
オイルシェール　153
黄土(レス)　120,122
応力　60,65,71,72,76
大潮　298,302
大森公式　62
小笠原気団(小笠原高気圧)　262
オキシダント　348
オゾン(O$_3$)(層)　184,219,**220**,221,
　234,**345**
オゾン(層)破壊　340,345,**346**,347,
　348
オゾンホール　347
オフィオライト　口絵15,51,**52**
オフィオライト層序　53

索 引 425

オホーツク海　272,277,295
オホーツク海気団(オホーツク海高気圧)
　262
親潮　284
オリンポス山(火星の)　396
オールトの雲　381,383
オルドバイイベント(地磁気の)　200
オルドバイ渓谷　201
オーロラ　口絵5,**219**,**412**,413,414
温室効果　178,183,221,225,**226**,228,
　337,389,390
温室効果ガス　156,207,210,337,338,
　340,389
温室世界　194
温泉　169,303
温帯低気圧　236,237,**262**
温暖化係数(温室効果ガスの)　340
温暖湿潤気候　238
温暖前線　264,**265**
温暖氷河　315,319
温度風　246
温度風の関係　234,**246**,262,286
温度揺らぎ(宇宙の)　356,357,359,
　372

【カ行】
海王星　378,**379**,384,388,392,393,
　398,402
外核　12,19,**22**
海岸段丘　78,124
海溝　43,45,89,272
海溝型地震　43,**72**,75,81,82,83
海山　171
海食　124
海食台(波食台)　78,124
海水　**273**,303,305
海水温　275,278,279,280
海水膨張(温暖化による)　343
海水面低下　207
海底コア　197,205,206,324
海底地すべり(乱泥流)　127

海底扇状地(堆積物)　122,127
海底噴気堆積鉱床　168,170
回転楕円体　**3**,5,6,301
海氷　277
界面(大気構造の)　218
海面気圧(または海面更正気圧)　238,
　241
海面更正　241
海面高度計　297,298
海面上昇(温暖化による)　343
海面風応力　287
海洋コンベヤー・ベルト　口絵20,
　279,**281**,**291**,344
海洋酸素同位体ステージ(MIS)
　205,206
海洋性気団　261
海洋(大)循環　230,**283**,284,288,316
海洋地殻　17,40,43,48,**49**,50,51,53
海洋底拡大(説)　**38**,42,53,197
海洋底拡大速度　40,42,**53**
海洋底掘削　48,197
海洋底の年代　41
海洋プレート　14,40,42,44,46,**49**
海陸風　238,334,335
海流　**283**,295
外惑星　177
カオス(大気状態の)　248
化学化石　182,**186**
化学岩　126
化学進化　**183**,389
化学(的)風化　**123**,176,388
河岸段丘　77,**114**
鍵層　129
核(地球の)　17,20,**22**,176,179
核(惑星の)　394,400
核・マントル境界(CMB)　19,**22**
核エネルギー　156
核形成　179
角肉石　26,28,94
確認可採埋蔵量　158
核融合(反応)　367,368,369

426 索　引

崖崩れ　135,138,139
花崗岩　**33**,53,130,131,143,157
花崗岩質地殻　53
可降水量　251
下刻作用　111,114
火砕岩　→　火山砕屑岩
火砕丘　101
可採年数　158
可採埋蔵量　158
火砕流　**99**,100,103,104
火砕流台地　102,105
火山ガラス　32
火山岩(噴出岩)　30,32
火山災害　102,104
火山砕屑岩(火砕岩)　124,125,126
火山砕屑物(火砕物)　98,121
火山泥流　**103**,143
火山灰　99,100,105,107
火山灰(降下火砕物)　124
火山フロント(火山前線)　14,43,**88**,89,90
火山噴火予知　106,107
可視光　222
河床　112,113
過剰揚水　314
渦状腕　365,366,369
ガス(石油の)　150
加水分解(鉱物の)　123
火星　378,379,388,390,**396**
火成岩　**30**,31,32,33
火成鉱床　167
化石　**186**,198,200
河跡湖(三日月湖)　114
化石鉱脈　198
化石による地層同定の法則　129
化石年代(相対年代)　**130**,187
化石燃料　**147**,282
河川流出量　308,**309**,310
加速度(地震の)　68,79
加速膨張(宇宙の)　359,362
家畜生産　211

活火山　**102**,103
活断層　59,**75**,76,77
活断層の活動度　78
滑動(土砂粒子の)　115,124
滑動(ランドスライドの)　138
活動的大陸縁　52,55
ガニメデ(木星の衛星)　399,400
下部(大陸)地殻　31,50,53,57,58
下部マントル　21
下方侵食　111,123
過飽和(空気中水蒸気量の)　250
過飽和度　259
カーボナタイト鉱床　168
カーボン・ニュートラル　344
カリスト(木星の衛星)　399,400
ガリレオ衛星(木星の衛星)　399
カルデラ　90,**102**
過冷却(雲粒の)　257
カレドニア造山運動　127,195
岩塩ドーム　151,171
寒気吹き出し　262,**268**,269
間隙水(圧)　80,125,**146**,157
完新世　前見返し,209,211
乾性ガス　152
岩石型惑星(地球型惑星)　378
岩石圏　110,121,176
岩屑なだれ(堆積物)　103,135,138,144,145
乾燥断熱減率　**252**,259
寒帯気団　261
関東大地震　136
貫入関係　130,131
岩盤崩壊　135,137,**139,142**
間氷期(interglacial stage)　195,206,320,321,322
カンブリアの大爆発　189
干満差　301,302
涵養域(氷河の)　**317**,318
涵養量(氷河の)　**317**,318,319
かんらん岩　17,31,33,43,51,53,55,90,92,96

索　引　427

かんらん石　20,21,28,29,94
寒冷前線　264,**265**
寒冷氷河　316
気圧(大気圧)　220,**239**
気圧傾度(力)　**240**,244,245
気圧の谷　263
気温極大層　218,219,220
希ガス元素　180
貴金属　162
気圏(大気圏)　121,176,217
気候変動　197,201,205,206,207
気候変動に関する政府間パネル(IPCC)
　340
気候レジーム・シフト　336
気象衛星　270
気象庁震度階級　79
輝石　20,26,28,33,94
季節(水温)躍層　278
季節風(モンスーン)　238,333
北アメリカプレート　45,46,72
北赤道反流　283,**291**
北大西洋海流　284,292
北大西洋深層水　209,281,**291**,343
北太平洋高気圧　**262**,265,266,267
北太平洋中層水　281
気団　261
気団変質　269
起潮力　300,301,302,372
基底流出(量)　**309**,310
希土類元素　162,168,170
揮発性元素　16
揮発性成分　85,97,167
揮発性物質　180
基盤岩　118,119,312,313
逆行衛星　402
逆断層　71,**72**,77
逆転層(大気の)　348
逆行運動(惑星の)　376
キャップロック(石油トラップの)
　151
キャリアーベッド(石油トラップの)

151
級化成層　127,128
吸収線(星スペクトルの)　355
旧人　前見返し,202,203,204
旧赤色砂岩　127
球相当直径　256
ギュンツ氷期　322
凝結核　254
凝結加熱　252
凝結高度　253
凝結成長　254,255
凝結熱　259
強震動(計)　68,**79**,80
京都議定書　342
恐竜(類)　131,**192**
極移動曲線　39
極渦　**234**,347
極冠　390
極気団　261
極循環　233
極成層圏雲　347
極夜ジェット　234
曲率効果　**253**,255
巨大ガス惑星　379,383
魚類　190
霧　249
銀河　358,363,365,369,372
銀河回転　372
銀河合体　口絵4,372,373
銀河系(天の川銀河)　365,366
銀河衝撃波　369
銀河団　357,358,**364**
銀河の形成　369
緊急地震速報　63,**70**,79
金星　378,379,388,390,395
金属核(惑星の)　394,396
金属元素　162
金属資源　162
金属水素　398
金属鉄　176,179,181,378,379,380
キンバーライト　27

428　索　引

空白域(地震の)　73,74
クエーサー(QSO)　373
クォーク　358
屈折波　57
屈折法　56
苦鉄質岩(塩基性岩)　32,33
雲　249
雲の種類　250
雲凝結核　**254**,257,259
雲粒　**249**,253,254,255,257
雲水量　259
クラウドクラスター　266
クラトン(楯状地)　21,**55**,132
グラニュライト　133
グラファイト(石墨)　**27**,29,156,182
グリーンランド氷床　210,**315**,343
クレータ　**177**,394,395,397
クレータ年代学　398
黒雲母　28,33,94
黒鉱型鉱床　48,170
黒潮　283,284
黒潮続流　284,285
グロッソプテリス　36,**189**,190
傾圧不安定　263
軽元素　22,355,358
珪酸アルミニウム鉱物($Al_2S_iO_5$)
　27,28
珪酸塩(鉱物)　26,27,28,163,378,
　379,380
珪酸塩溶融体　162
珪藻(土)　126,186
計測震度　79
珪長質岩(酸性岩)　32,33
経度　**4**,5
傾度風　245
係留系システム　295
結晶　25
結晶分化型鉱床　167
結晶分化作用　**93**,94,167,397
結晶片岩　133
ケッペンの気候区分　口絵19,238

ケプラーの法則　376
ケーラー曲線　255
ケロジェン　**148**
ケロジェン起源説(石油の)　151
減圧溶融　92
原岩　132
嫌気性生物　169
原始海洋　**181**,184
原始大気　181,**182**,183
原始太陽　178,382,383
原始太陽系星雲　176,383
原始太陽系(星雲)ガス　388,398
原始大陸地殻　54
原始地球　**16**,178,181
原始氷惑星　383
原始惑星　178,383
原始惑星系円盤　382
原人　前見返し,202,203,204
懸垂氷河　315
原生代　前見返し,131
顕生(累)代　前見返し,**131**,187
元素合成　355
元素鉱物　26
源頭部(河川の)　112
顕熱輸送　230
玄武岩　51,134,395,397
玄武岩質地殻　53
玄武岩質本源マグマ　90
コア(堆積物)　197,206,212
コア(氷床)　206,209,210,212
広域変成岩　133
広域変成作用　133
広域変成帯　133
豪雨　314,342
鉱液　169
高温高圧実験　19
紅海　42,43,53
鉱害　173
光化学スモッグ　156,**348**,349
光化学反応　182,348
光化学平衡　346

索　引　429

降下火砕物　98,124
鉱化化石　186
高気圧　261
後期重爆撃　前見返し,**177**,178,384
光球　403,405
光合成　170,274,275,342
鉱山排水　174
鉱床　163
更新世　前見返し,200
洪水説　320
降水量　278,303,305,306,308,309
恒星(星)　367,375
鉱石　163
鉱石鉱物　163,164
降雪量　306
高層気象観測　269
高層天気図　234,241
交代作用　132
公転軌道　207,323
公転周期(惑星の)　377,379
光度　367
黄道(面)　375,378
鉱毒ガス　174
光年(ly)　361,364
後氷期　207,211,**321**
鉱物　25
鉱物資源　162
鉱脈型鉱床　169
氷雲　251
古環境　187
古気候変動　187
黒体(放射)　222,223,356,405
黒点(活動)　207,406
黒点周期　406
谷頭部　112
小潮　298,302
湖沼水　305
古人類　200
古生代　前見返し,130
古第三紀　前見返し,194
5大絶滅事件　187

古地磁気(学)　39,48
古地磁気層序　200
コペルニクス体系(地動説)　354
固溶体　**29**,30
コリオリ因子　**243**,245,288,289
コリオリ力(転向力)　242,**243**,244,
　245,285,288,334,392
コールドプルーム　47
コールベッドメタン　153
コロナ　**403**,408
コロナガス　409
混合層(海洋の)　**277**,278
混合比(空気中水蒸気の)　250
混成作用(マグマの)　93
コンデンセート　150
コンドライト(隕石)　16,162
ゴンドワナ植物群　189
ゴンドワナ大陸　**35**,36,189,195,196

【サ行】

サイクロン　267
再結晶作用　132
歳差運動　207,208,323
最終氷期(ウルム氷期)　204,**206**,207,
　209,**323**
最終氷期最盛期　50
最初の生命　183
再生可能資源　161
再生不可能資源　161
砕屑物(砕屑岩)　121,**125**,126
彩層　403,408
最大達成過飽和度　259
在来型石油資源　153
再来周期(地震の)　74
砂岩　126,128,131,134
座屈(ランドスライドの)　137,139
ざくろ石　20
砂鉱床(漂砂鉱床)　170
砂州(ポイント・バー)　112
サブストーム(オーロラの)　413
三角測量　5

430　索　引

山岳氷河　**315**,343
酸化鉱物　26,163
酸化鉄　127,396
サンゴ　34,189
産状　**129**,130,187
酸性雨　349
酸性岩(珪長質岩)　31,32,33
酸性霧　349
酸素(海水中の)　275
酸素(大気中の)　184,221
酸素同位体比($\sigma^{18}O$)　194,202,205,**212**,323,324,337
酸素同位体比曲線　195,197
山体崩壊　135,139,**144**
三辺測量　5
三葉虫　131,187,189
残留磁気　38,394,396
三稜石　123
シアノバクテリア(藍藻)　口絵17,**170**,182,184
視運動(惑星の)　376
ジェラシアン期　前見返し,200
シェールガス　153
ジオイド　**6**,8,297
ジオイド高　7
ジオポリマー　148
紫外線　184,219,220,**222**,346
磁気嵐　409
磁気圏(地球の)　410
磁気圏尾部　412
資源循環システム　172
資源の枯渇　172
支笏火山　98,129
子午面循環　232
示準化石(標準化石)　131,187,193
地震のエネルギー　66,67
地震波　15,**17**,71
地震波速度構造　18,**50**,56,61,176
地震波速度層序　53
地震波トモグラフィー　口絵9,7,**23**,47

地震モーメント M_o　66,68,83
地すべり　口絵18,119,135,136,139,141,146
地すべり移動体　136,137,138,140,141,143
沈み込み(帯)　7,14,24,31,**43**,52,86,132,133,166
始生代　前見返し,131
自然災害　**135**
自然堤防　113,114
示相化石　**132**,187
始祖鳥　**193**,198
シダ種子植物　189
シダ植物　36
湿潤断熱減率　**252**,259
失水河流　312
湿性ガス　152
実体波　17
自転軸　207,208
磁場(地球の)　11,37,38
磁場(惑星の)　394,396,398,399,400,407,410,414
自噴井　312
シベリア気団　**262**,268
シベリア高気圧　238,241,**262**,268
縞状構造(木星の)　392
縞状磁気異常　37,38
縞状鉄鉱層　**170**,184
斜交層理(斜交葉理)　125,128
斜長岩　397
斜長石　28,30,33,94,397
シャドーゾーン　18,22
蛇紋岩　51,53
ジャワ原人　前見返し,203
褶曲　口絵13B,60,130,395
重元素　355,368,372,373
自由振動　18,22
集積エネルギー(地球初期の)　178
収束(プレート)境界　**43**,46,55,86
終端落下速度　255
自由地下水面　311,312

索　引　431

集中豪雨　143,266
周氷河作用　**123**,316
10万年周期(氷期・間氷期サイクルの)
　206
重力　**6**,7
重力異常　9
重力圏(惑星の)　377
重力分離　179
重力ベクトル　6,8
重力補正　9
熟成作用(石油の)　**147**
主系列(星)　362,367,368,369,403
シュテファン―ボルツマンの法則
　405
主要動　79
順行衛星　402
準地衡風モデル　247
準変動域(ランドスライドの)　137,
　138
昇華凝結　257
昇華凝結成長　257
衝撃波(銀河の)　369
条件付き不安定(空気塊の)　252
蒸散　304
衝上断層　口絵13A
小天体　378,**379**,380
小天体衝突　177
衝突・併合過程(雨粒の)　**255**,256,
　258
衝突型造山帯　58
衝突クレータ　177
衝突脱ガス　**181**,182
蒸発　278,304
蒸発岩(エバポライト)　170
蒸発岩鉱床　171
蒸発散(量)　304,308,309
小氷期　319
上部(大陸)地殻　50,53
上部マントル　**21**,30,55
消耗域(氷河の)　317,318
消耗量(氷河の)　317

小惑星　379,385
小惑星帯(メインベルト)　380,383
昭和新山　101
初期微動継続時間　62
触媒反応　346
植物プランクトン　150,186,274,275,
　344,345
初源水平の法則　128
初動(地震の)　63
シーラカンス　**190**,207
シリカ(SiO_2)　125
人為起源二酸化炭素　342
震央　**62**,84
深海底堆積物(層)　51,134
真核生物　184
進化論　200
親気元素　162
震源　62
震源域　66,**73**,80,81
震源距離　62
浸潤　308
侵食基準面　114
侵食作用　111,122,**123**
新人(*Homo sapiens*)　前見返し,
　203,204
深成岩　31,**32**,33
新生代　前見返し,130,**194**
親石元素　162
新赤色砂岩　191
深層循環　344
深層水　口絵20,**291**,343
深層西岸境界流　291
新第三紀　前見返し,194
親鉄元素　162
震度　63,**79**,84
親銅元素　162
震度計　79
深発地震　24,66
深発地震面　口絵10,**65**
人類進化　203
水温　275,276,278,279,280

432 索 引

水温躍層　**278**,285,286,326,330,331
水塊(海水の)　277
水圏　110,121
水準測量　6
水蒸気噴火　**101**,145
水蒸気量(空気中の)　250,251
水星　378,394
彗星　376,379,381
水素ガス　379
水素分子ガス　365,366,**369**
垂直抗力　318
随伴ガス　152
水平気圧傾度力　**242**,243
水溶性ガス　152
水理水頭　312,313
スヴェルドラップの関係　290
スヴェルドラップ輸送　330
数値予報(モデル)　246
スカルン鉱床　157,167,**170**
スカンジナビア氷床　323
スケールハイト　241
スティショバイト　27
ステップ・プール構造(河床の)　112
ストームトラック　236
ストロマトライト(ラン藻類)
　口絵17,182,**184**
スノーボールアース仮説　228
すばる望遠鏡　373
スピネル構造　22
すべり(ランドスライドの)　137,138,
　139
すべり面(ランドスライドの)　137,
　138,141,144
すべり量(断層の)　80,83
スマトラ島沖(巨大)地震　66,80,81
スラブ　口絵10,24,31,60,65,72,90
スラブ内地震　73
ズリ(鉱山の)　174
スレート　133
瀬(河道の)　112,113
斉一説　185

星雲ガス　180
静岩圧(封圧)　132
星間雲　183
西岸海洋性気候　238
星間ガス　**368**,369,382
西岸強化(西方強化)　**283**,288
西岸境界流　283,284,**290**
正規重力　9
整合　129
西高東低型　268
生痕化石　186
静水圧　146
静水圧平衡　**240**,268
静水面　312
脆性破壊　24
成層火山　89,102
成層圏　184,218,**219**,234
成層圏界面　218,219,221
成層圏突然昇温　234
成層構造(地球の)　176
生体鉱物(あるいはバイオミネラル)
　34
正断層　42,61,71,**72**,73
西南日本弧　46,89
生物岩　126
生物起源ガス(有機起源ガス)　152
生物圏　110
生物大量絶滅　187
生物ポンプ　275
静力学平衡　240
製錬・精錬　172,174
世界測地系　8
石英　26,27,28,33,94
赤外線　**222**,229
赤色巨星　362,368
赤色砂岩　**127**,184,191
石炭　126,**154**
石炭化度　155
石炭系列　155
石炭鉱床　189
脊椎動物　188,190

索　引　433

赤鉱鉱　184
赤道湧昇　326
赤方偏移　354
石墨　→　グラファイト
石油　150
石油根源岩　150
石油トラップ　151
石灰岩　**126**,131,134,184
石基　32
雪食溝　124
接触変成岩　133
接触変成作用　131,**133**,169
絶対安定(空気塊の)　252
絶対等級　367
絶対年代(放射年代)　213
絶対不安定(空気塊の)　252
節理　123,138
セファイド変光星　362
セメント作用(膠結作用)　125
遷移層　17,19,**21**,22
先カンブリア時代　前見返し,130
全球凍結(スノーボールアース)　前見
　返し,228
線状構造　133
扇状地　**111**,125,143,311
全磁力　12
鮮新世　前見返し,199,200,201
前線　**263**,264,265
せん断応力　**71**,80,140,141,318
せん断強度　140,141,146
せん断破壊　**140**,141,146
せん断変形　318
せん断面　138
前展　口絵18,137,139,141
潜熱　225,252,303
潜熱放出　325,327,335
潜熱輸送　230
素因(ランドスライドの)　141
造岩鉱物　**26**,163
双極子(磁場)　**11**,410
双極子モデル　39

層厚(大気の)　**242**,246
造山運動　54,195
造山帯　55,133
走時　**17**,57,62
走時曲線　57
層状構造(地球の)　17,54,163,176
層状性(雲の)　249
層状分化貫入岩体　93,**167**
層序学　129
層序(区分)　**128**
相対湿度　**250**,251,254
相対年代(化石年代)　130
霜点　251
相転移(鉱物の)　**21**,24,132
層理面　**128**,138
続成作用　31,122,**125**,147,198
側方侵食　**111**,114,123
底付け(マグマの)　55
塑性変形　56,60
塑性流動(地すべりの)　139
粗粒等粒状組織　32,33
ソールマーク(底痕)　125
存在度(元素の)　162,164,165

【タ行】
第1種の空白域　73
体化石　**186**,198
大気　217
大気(惑星の)　387,388,390
大気-海洋-陸面相互作用　335
大気汚染　348
大気海洋結合モデル　328
大気海洋相互作用　328
大気圏　110,121,**217**
大気大循環　**229**,230
大気の組成　221
大気の窓　223,224
大気波動　233,234
大気微量成分　**221**,226
帯水層　119,311
大西洋　271,279,280

434 索　引

大西洋中央海嶺　39,41,46
堆積域(ランドスライドの)　137,138
堆積岩　31,32,**121**,122,**125**,126,128
堆積環境　122,127,132
堆積鉱床　157,167,170
堆積構造　127
堆積作用(狭義)　124
堆積作用(広義)　122
大赤斑　392
堆積物　**121**,122,126
タイタン(土星の衛星)　387,389,400,
　401
ダイナモ作用　**13**,394,398,399
第2種の空白域　73
台風　267
太平洋　271,279,280
太平洋／北米(Pacific/North
　American)パターン　332
太平洋高気圧　342
太平洋プレート　45,72,83
タイムプレディクタブル
　(time-predictable)モデル　74
ダイヤモンド　19,29
ダイヤモンドアンビルセル装置　19,
　20
太陽　　カバー裏袖,403
大洋　271
太陽系　　カバー裏袖,378
太陽系外縁天体　381
太陽系小天体　379
太陽重力圏　381
太陽スペクトル　404
太陽大気　403
大洋底　37
太陽定数　**222**,228,**404**
太陽電磁放射　403,**404**
太陽入射　222
太陽入射量　229,327
太陽風　219,385,**409**,410,412
太陽風磁場　412
太陽放射(短波放射)　**222**,224,225,

226,228,277,325,337,389
太陽放射エネルギー(太陽放射量)
　222
太陽放射スペクトル　222,**223**
第四紀(学)　　前見返し,76,194,**199**,
　205
大陸-大陸衝突(帯)　44,58,196
大陸移動説　**35**,39
大陸斜面　50,127
大陸性気団　261
大陸棚　**50**,127,207
大陸地殻　17,**49**,53,132,176
大陸の成長　53,54,55
大陸氷河　→　氷床
大陸プレート　49
大理石(結晶質石灰岩)　131
対流(海水の)　276
対流圏　**218**,220,325
対流圏汚染　348
対流圏界面　**219**,231,**339**
対流性(雲の)　249
大量絶滅(事件)　187,188
楕円銀河　362,363,364
楕円体高　7,8
ダークエネルギー　358,361,362,364
ダークハロー　363,364,367,370,371,
　372
ダークマター　358,361,363,364,370,
　371,372,374
多形(同質異像)　27,34
蛇行　112
ダスト嵐(火星の)　390,391
多地域進化説(古人類の)　203,204
脱ガス(初期地球の)　179,**181**,184,
　273
脱ガス(マグマからの)　85,97
脱ガス(惑星内部からの)　402
脱水反応　169
楯状地　36
縦波(P波)　17,**61**
棚氷　319

索　引　435

谷氷河　315
タービダイト　**127**,128,134
ダルシーの法則　312
ダルトン極小期　407
単一進化説(古人類の)　203,204
炭化水素　150,182
短期水収支法　310
段丘　114,321
段丘崖　114,115
段丘面　114,115
炭酸イオン($CO_3{}^{2-}$)　275
炭酸塩岩　184,388
炭酸塩鉱物　26,163
炭酸カルシウム($CaCO_3$)　123,275
炭酸水素イオン($HCO_3{}^-$)　275
淡水(陸水中の)　305,314,316
暖水プール(熱帯太平洋域の)　327
ダンスガード―オシュガー・サイクル
　209
弾性波探査法　56
弾性反発　78
端成分(鉱物の)　30
弾性変形　60
単層　128
断層　60,71,72,131
断層運動　60,63,66
断層関係　130,131
断層面　63,66,68,71,75,138
炭素質隕石　385
炭素循環　341
断熱減圧(マグマ発生の)　92
断熱昇温(下降気流の)　268
断熱膨張(空気塊上昇の)　252,254
短波放射(太陽放射)　222,345
短波放射エネルギー　225
断流　120
断裂帯(フラクチャーゾーン)　**37**,44
地温曲線　91
地温勾配　31,**132**
地殻　**17**,20,30,49,50,53,163,165
地殻熱流量　口絵8,口絵11,**13**,157

地殻の部分溶融　94
地殻の融解　54
地殻変動　40,106,130,131
地下資源　106,**161**
地下水　101,141,303,**305**,308,309,
　311,312
地下水位　80
地下水汚染　314
地下水面　117,312
地下水流動系　311,313
地下等温線　133
ちきゅう(地球深部探査船)　197
地球温暖化　226,339
地球型惑星　378,383
地球磁気圏　410,411,412
地球磁場　11,410,412
地球大気　218,220
地球楕円体　**3**,8
地球表層系　224,226
地球放射(長波放射)　223,224,226,
　337
地球放射スペクトル　223
地球放射量　229
地溝帯(リフトバレー)　31,42,48,87
地衡風　**244**,245,246
地衡風バランス　334
地衡風平衡　244
地衡流(海洋の)　285,288,290,297
地衡流平衡　285
地磁気　**11**,37,410
地磁気永年変化　12
地磁気逆転　12,38
地磁気極性年代尺度　38
地軸の傾き　207,323
千島―カムチャツカ海溝　272
千島海溝　41,45,46,88
地上気象観測　269
地層　128
地層の対比　128
地層累重の法則　**129**,134
地中海　272

436　索　引

地中隔離(二酸化炭素の)　345
窒素(N_2)(海水中の)　275
窒素(N_2)(大気中の)　184,221
窒素酸化物(NO_X)　156,348,349
地動説　354,376
地熱エネルギー(資源)　106,157
地表地震断層　75
地表水　303,305
地表面摩擦による力　245
チベット高原　口絵16,236,335
チャート　126,134
中央海嶺　口絵7,14,17,31,37,40,44,
　52,53,86,166
中央構造線　76
中間圏　219
中間圏界面　219
中軸谷(中央海嶺の)　37
宙水　312
中性岩(中間質岩)　31,32,33
中性子星　358,368
中性水素原子ガス　365,369
中生代　前見返し,130
沖積層　313
沖積平野　311,313
中層大気　219
超塩基性岩(超苦鉄質岩)　31,32,33
超回転(金星の)　390,391
長期水収支法　309
長期予報　248
超新星　362,368
超新星爆発　368
長石　26,28,30,123
潮汐　298,299
潮汐加熱(木星・土星による)　400,
　402
超大陸パンゲア　35,196
超長基線電波干渉法(VLBI)　5
跳動(土砂粒子の)　**116**,124
長波放射(地球放射)　223,225,345
鳥盤類　192
超臨界状態　168

超臨界水(熱水)　168,169
鳥類　193
直接波(地震波の)　57
直接流出(量)(河川の)　117,**309**,310
貯留岩　150,151
対曲構造　46
月　397
月の海　177,397
対馬海流　268
津波　口絵1,79,80,**81**
津波地震　72
津波堆積物(層)　81,**127,128**
梅雨明け　266
低角逆断層　72,77
泥岩　**126**,128,130
定常渦輸送　235
定常宇宙論　355
定常ロスビー波　**234**,235,236
低速度層(アセノスフェア)　19,**21**,40
停滞前線　264,**265**
泥炭(ピート)　128,**155**
底面流動(氷河の)　318,319
データ同化　298
テチス海　36,44,196
鉄-ニッケル溶融体　162
鉄散布　345
デリンジャ現象　409
テレ・コネクション(遠隔結合)・パター
　ン　332,333
電気伝導度　**273**,294
天球　375
転向力　→　コリオリ力
電磁波　222,403
天水(地表水)　165,169,304
転倒(ランドスライドの)　139
転動(土砂粒子の)　115,124
天動説　354,376
天然アスファルト　150
天然ガス　152
天然資源　161
天王星　378,384,393,398

索　引　437

天王星型惑星　379,388,389
天文単位（AU）　カバー前袖,377,379
電離圏　409,412
電離層　219
等圧面　234,236
等圧面高度　234,236,241
同位体（アイソトープ）　156,212
同化作用（マグマの）　93
島弧　86,88
島弧-海溝系　43,45
島弧-海溝系（沈み込み帯）　31,32,43,
　166
島弧-島弧衝突　57
統合国際深海掘削計画（IODP）　197
等高度面（天気図の）　234
等重力ポテンシャル面　6
透水係数 K_s（ms^{-1}）　312,313
淘汰作用　113,**125**,128,170
東北地方太平洋沖地震　口絵1,66,**83**
東北日本弧　14
動物のプランクトン　150,186
トクサ類　154
得水河流　312
都市鉱山（アーバンマイン）　172
土砂災害　**135**,143
土砂の分類　116
土壌　**118**,119,140
土壌水　305,308
土壌層　308
土壌の構造　119
土壌有機物　148
土星　378,392,393,398
土石流　103,135,138,139,142
ドップラー効果　270,354,405,406
トランスフォーム断層　37,40,**45**
トリトン（海王星の衛星）　402
トレンチ調査　78

【ナ行】
内核　18,19,**22**
内陸型地震　75,76,141

流れ山　145,146
ナキウサギ　207
ナトリウムイオン（Na^+）　123,273
南海トラフ　45,46,72,74,88,89,282
難揮発性元素　16
南極中層水　280
南極底層水　280,**291**
南極氷床　210,305,**315**,316,343
南西諸島（琉球）海溝　89,**272**
ナンセン採水器　293
南大洋（南極洋）　271
南方振動　328
南北熱輸送　**230**,237
新潟―神戸歪集中帯　77,78
二酸化炭素（海水中の）　275,350
二酸化炭素（大気中の）　184,221,339
二酸化炭水（人為起源）　341,342
二次移動（石油の）　151
二次大気　**181**,184
二重深発地震面　口絵10,73
日射量　207,208,323
日周運動　375
日本海　48,272
日本海拡大　**48**,170
日本海溝　45,46,88,**272**
日本海東縁変動帯　45,46
日本海盆　48
ネアンデルタール人（*Homo
　neanderthalensis*）　前見返し,201,
　203
熱塩循環　291,**292**
熱圏　**219**,220
熱収支（地球表層部の）　224
熱水　51,144,157,158,**165**,168,169,
　303,314
熱水性鉱床　157,**168**
熱水噴気孔　**168**,183
熱水変質　140
熱帯気団　261
熱帯収束帯（ITCZ）　**325**,326,328,
　331

438 索　引

熱帯太平洋　326,327,328,330
熱帯低気圧　267
熱対流(大気の)　220,**230**,232,325
熱伝導率　14
熱分解起源ガス　152
熱分解反応(熱クラッキング)　149,150
熱輸送　220,**230**
粘性変形　318
粘土化作用　123
粘土鉱物　123,144
農耕生産　211
濃尾地震　60

【ハ行】

梅雨前線　265,**266**,342
ハイエトグラフ　309
バイオ燃料　344
バイオポリマー　147
バイオミネラリゼーション　34
背弧海盆(縁海)　**44**,166
排他的経済水域(EEZ)　153,171,**272**,282
ハイドログラフ　309
パイロライト　17
白色矮星　362,368
爆発的な噴火　98
ハザードマップ　106,**107**
バージェス動物群　189,198
波食台　→　海食台
パーセク(PC)　357,361
爬虫類　192
発散型(プレート)境界　**40**,86
発生域(ランドスライドの)　137
発生確率(地震の)　73
ハッブル宇宙望遠鏡　373,414
ハッブル定数　355
ハッブルの法則　**355**,362
ハドレー循環　**232**,**325**,326,327,331
はやぶさ　385
はやぶさ2　385

バリオン　**358**,364,370
ハリケーン　267
バルジ構造(銀河系の)　365
斑岩鉱床　166,**169**
パンゲア(超大陸)　35,36,196
半減期　214
反射波　57
反射法　56
反射率　→　アルベド
斑晶鉱物　32
斑状組織　32,33
万有引力　354,376
万有引力の法則　384
氾濫原　**113**,114
斑れい岩　33,51,52
被圧　311
被圧帯水層　311,312
被圧地下水　311,312
ヒカゲノカズラ類　154,189
東アフリカ(大)地溝帯(グレートリフトバレー)　42,87,201
東シナ海　272
東太平洋海嶺　40,41
微化石　186
非活動的大陸縁　52
光解離　220
非金属元素　162
非金属資源　162
非在来型石油資源　**153**,159
被子植物　36,154,191,194
比湿　250
非自噴井　312
比重(鉱物の)　28
非晶質物質　25
非生物起源ガス(無機起源ガス)　152
微生物起源ガス　152
ヒ素　314
非双極子磁場　11
日高山脈　57,58,207
ビチューメン　148
ビッグバン宇宙モデル　**355**,356,361

索　引　439

引張り力　71,**72**
非定常渦輸送　237
ビトリナイト反射率　155
非爆発的噴火　98
非変動域(ランドスライドの)　137
ヒマラヤ山脈　口絵16,8,44,55,196
氷河　36,127,194,205,303,305,**315**,
317,319
氷河湖決壊　317
氷河作用　316
氷河時代(ice age)　194,**320**
氷河説　320
氷河の質量収支　317
氷河変動　319
氷河融解　343
氷期(glacial stage)　195,**205**,206,
320,321,322
氷期・間氷期サイクル　**205**,209,323
標高　**6**
兵庫県南部地震(*M* 7.3)　**67**,75,77,
79,80
氷山分離(カービング)　318,319
標準化石(示準化石)　**131**,187
標準光源　357,359,362
氷床(大陸氷河)　36,194,228,**315**,
319,321
氷晶　249,**257**
氷晶核　257
氷床コア　206,209,210
氷食(作用)　**124**,120
表層クリープ　135,138,139
表層水(海の)　口絵20
表層地盤　**79**,84
表層ブイ　295
氷堆石　→ モレーン
氷帽　315
表面張力　256
表面波(地震の)　**17**,79
氷流(氷河の)　319
氷礫岩　36,**127**,191
微量成分(大気の)　221,225

微惑星　178,180,383
微惑星集積　54,**178**,181,383
品位　163
不圧帯水層　311,312
不圧地下水　311,312
ファンクレベレン図　149
フィリピン海プレート　45,46,72
封圧(静岩圧)　132
風化作用　31,118,**122**
風化残留鉱床　157,**171**
風食　123
風成層　120,122
フェレル循環　**233**,234,235,237
フェロペリクレス　21,22
付加(造山帯成長における)　43,55
付加(地殻下部へのマグマの底付け)
31,55
付加作用(沈み込み帯の)　134
付加体(沈み込み帯の)　133,**134**
不規則銀河　362,**363**,364
ブーゲー異常(重力の)　10
ブーゲー補正(重力の)　10
腐植炭　154
腐植物質　148
フズリナ(紡錘虫)　126,189
不整合　**129**,130,131
不整合関係　131
不整合面　129,**130**,131,138
付属海　272
淵(河道の)　112,113
付着凍結　257
伏角　**11**,12,13
腐泥炭　154
不透水層　146,312
プトレマイオス体系(天動説)　354
部分融解　397
部分溶融　21,31,43,52,53,55,**90**,91,
92
フミン　148
フミン酸　148
浮遊(土砂粒子の)　116

440　索　引

浮遊土砂流出量(河川の)　119
腐葉層(土壌の)　118,119
フラウンホーファー線　405
プラズマ　**409**,410,411,412,413
プラズマ圏(界面)　411
プラズマシート　411,**412**
プラズマ粒子　219
ブラックスモーカー　168
ブラックホール　358,**367**,368,372,
　373,374
プラット・ヘイフォードモデル　8,9
プランクの法則　222,404
フリーエア異常(重力の)　9
フリーエア補正(重力の)　9
ブリッジマナイト　21,22
フリードマン方程式　354,357
プリニー式噴火　98
プリミティブモデル(天気数値予報の)
　247
浮流(土砂粒子の)　**116**,124
浮力　252
フルボ酸(腐植物質の)　148
プルーム(マントル中の上昇流)　47,
　92,395
プルームテクトニクス　47
フレア(太陽の)　カバー後ろ袖,**408**,
　409
プレート　40,**49**
プレート境界　**40**,65
プレートテクトニクス　**40**,47
ブロッキング高気圧　**235**,262
プロファイリングフロート(海洋観測の)
　294
プロミネンス(紅炎)　**407**,408
フロン(CFC)　221,340,341,**347**
噴煙柱　98,99
噴火の規模　98
噴火の熱エネルギー　105
噴火様式　97,107
噴火履歴　107
分級作用(土砂粒子の)　113

分子雲　368,**369**,371
噴出岩(火山岩)　30,32
分水界　307
噴石　104,105
分別結晶作用　93
分裂(雨滴の)　256
平均海(水)面　**6**,297
平衡海面　**301**,302
平行岩脈群　51,**52**
平衡水蒸気圧　253,254
平衡線(氷河の)　317
平行不整合(地層の)　130
閉塞前線　264,**265**
へき開(鉱物の)　27
北京原人　前見返し,203
ヘクトパスカル(hPa)　240
ペグマタイト(巨晶花崗岩)　168
ペグマタイト鉱床　168
ベースメタル(卑金属)　162
β 効果　289
ベーリング海　272
ベーリンジア　**204**,207
ペロブスカイト(構造)　22
偏応力　133
偏角　**12**,13
変形スピネル構造　21
変質作用　123,144
変成岩　31,33,132,**133**
変成鉱床　167,170
変成作用　31,43,**132**
偏西風　**237**,246,267,283,287
変動域(ランドスライドの)　137
変動帯　**31**,40,166
偏東風 → 貿易風
扁平率(地球の)　4
片麻岩　133
片理面　**133**,138
ボイド(宇宙の)　357
棒渦巻(円盤)銀河　364,365,**366**
貿易風(偏東風)　231,267,287,325,
　326,327,329,330,333

索　引　441

貿易風(偏東風)帯　283
方解石　34
崩壊定数　213
崩壊熱　157
放散虫　34,126,134,**186**
放射強制　口絵21,**339**
放射性元素　157,**213**
放射性同位体　212
放射線(太陽フレアからの)　409
放射線帯　411
放射年代　54,131,**213**
放射平衡　224
放射平衡温度　**224**,226,339,**388**
放射冷却　262
暴走温室状態　228
包有物　19
崩落　138,139
飽和混合比　251
飽和水蒸気圧　**251**,257
飽和水蒸気量　**250**,251
保温効果(原始大気の)　178
捕獲岩　19,91,**96**
ボーキサイト　171
星(恒星)　363,**367**,375,382
ポストペロブスカイト相(鉱物の)　22
保存量(海水における)　277
北極海　271
北極洋　271
ホットスポット　**47**,52,**86**,87,396
ホットプルーム　47
哺乳類　194
ホモ・エレクトス(*Homo erectus*)
　前見返し,201,203
ホモ・ハビリス(*Homo habilis*)
　前見返し,201
ホモ属(*Homo* 属)　201,203
ポリサーマル氷河　315
ホルンフェルス　131,134
ホワイトスモーカー　168
本源マグマ　90

【マ行】
迷子石　320
埋蔵量　158
マウンダー極小期　407
マグニチュード *M*　63,**64**,66,75,79
マグマ　30,**85**,165,166,397
マグマオーシャン　16,47,**178**,**181**,
　228,397
マグマ混合　94
マグマ水蒸気噴火　101
マグマ性鉱床　167
マグマ溜り　30,40,52,**93**,95,97
マグマの底付け　55
マグマの分化　93
マグマ不混和型鉱床　167
枕状溶岩　51,**52**,176
摩擦力(風の)　244,245
マーシャル・パルマー分布(雨粒の)
　256
マスムーブメント(ランドスライド)
　137
マセラル(石炭の)　155
マツヤマ(松山)逆磁極期　前見返
　し,200
マリアナ海溝　88
マンガンクラスト　171
マンガン団塊　126,**171**
マントル　17,**20**,50,91,96,399
マントルウェッジ　**24**,31,32,**43**,48,
　90
マントル最上部　**20**,30,40,49,51
マントル対流　7,**47**,48,52
マントルと核の分化　176
マントルプルーム　395
マンモス　198,207
見かけの等級　367
三日月湖(河跡湖)　113,114
水雲　251
水資源　305,307,314,317
水収支　303,**304**,308,311
水循環　**303**,305,307

442 索 引

密度(海水の) **275**,276,279,280
密度(岩石の) 33,132
密度(惑星の) 394
密度成層(海洋の) 277
密度波(銀河内の) 369
密度パラメーター(宇宙の) 358,359,363
密度躍層(海洋の) **278**,286
密度揺らぎ(宇宙初期の) 359,361,370,372
ミトコンドリア・イブ 204
ミトコンドリア DNA(古人類の) 203,204
南太平洋収束帯(SPCZ) 326
脈(鉱床の) 169
脈石(鉱床の) 163
ミランコビッチ説 **323**,324
ミランコビッチ・サイクル **208**,323
ミンデル氷期 322
無機層(土壌の) 118
無脊椎動物 189
眼(台風の) 268
冥王星 378,381,389
冥王代 前見返し,**131**,175
明治三陸地震 72
メインベルト 380
メインベルト小惑星 380,383
メキシコ湾流 209
メタン(ガス)ハイドレート 140,153,**282**
眼の壁雲(台風の) 268
面積速度一定の法則 376,**384**
木星 378,392,393,**398**
木星型惑星 379,388,**389**
モホ面(モホロビチッチ不連続面) 口絵15,**20**,50,51,57,93
モラッセ 127
モレーン(氷堆石) 125,**321**,322
モンスーン(気候) 196,238,**333**,335
モンスーン気流 265

【ヤ行】

ヤンガードリアス期 209
誘因(ランドスライドの) 141
有機層(土壌の) 118
有光層(海洋の) **274**,275
有孔虫 34,126,134,**186**,194,206,212,324
融氷水 321
有用元素 163
遊離酸素 184
雪結晶 257,260
油徴(油兆) 151
ユーラシアプレート 45,46,72
溶液滴 **254**,255,259
溶岩ドーム 89,**100**,101
溶岩流 99,**100**,101
溶質効果 254,255
溶食(侵食の) 123,**124**
溶存酸素(地層中の) 154,157
溶存鉄(海水中の) **274**,345
羊背岩 124
溶融曲線(かんらん岩の) 91
溶流 124
横ずれ断層 44,71,**72,76**
横波(S 波) **17**,61
余震 66,**73**

【ラ行】

ラ・ニーニャ **330**,333
ラグランジュ的手法(海洋観測の) 295
ラジオゾンデ 269
裸子植物 36,154,**189**,191
ラテライト 123,**171**
ラン藻類(シアノバクテリア) 口絵17,170,182,**184**
乱泥流 **127**,140
ランドスライド 135,**137**
陸風 238
陸弧(大陸縁辺部) **86**,87,88,89
陸上植物(最古の) 189

索　引　443

陸水　**303**,305,314
離心率　207,208,323,376
リス氷期　322
リソスフェア　19,**20**,30,40,**49**
陸橋　204,207
リニアメント(地形の)　76
リモートセンシング(気象観測の)　270
流域　307
流域スケール(河川の)　308
硫化鉱物　26,163
琉球海溝　45,88
粒状斑(太陽表面の)　405
流星(群)　380
流動(ランドスライドの)　138
竜盤類　193
領海　272
両生類　190,191
臨界温度(水の)　168
臨界密度 ε_c(宇宙の)　357
燐酸塩鉱物　26
類人猿　202
レアメタル(希少金属)　**162**,172
冷水舌(赤道海域の)　326
レオロジー　60
礫(岩)　116,**126**
歴史地震　79
レゴリス(土壌の)　**118**,119
レス(黄土)　**120**,122
レーダー　256,296
レプトン　358
レリック(遺存種)　190,**207**
レンズ状銀河　364
ロスビー波　**289**,330
ロゼット採水システム　294
露点　251
ローラシア大陸　35,36,190,195,196
ローレンタイド氷床　209,323

【ワ行】
惑星　**376**,378,382,384

惑星集積　54,**178**,383
惑星大気　**387**,388,389
惑星の内部構造　393
惑星放射　389
鰐口構造　58
湾流　283,284

【数字】
400 km の不連続面　21
670 km の不連続(面)　**21**,22,24,66

【A】
ADCP(Acoustic Doppler Current Profiler)　295,296
AU(天文単位)　377

【B】
BPT(Brownian Passage Time)　73
BPT モデル　74

【C】
CFC(Chlorofluorocarbon)　340
CMB(Core-Mantle Boundary)　22
CMB(Cosmic Microwave Background Radiation)　356,358
CTD(Conductivity・Temperature・Depth)　294

【D】
D″ 層(D-double-prime)　19,21,22
DSDP(Deep Sea Drilling Project: 国際深海掘削計画)　197

【E】
ENSO(El Niño-Southern Oscillation)　328

【G】
Geo-engineering　344
GNSS(Global Navigation Satellite System)　5

444　索　引

GPS(Global Positioning System)
　5,77,106
GRS80　8

【H】
Hertzsprung-Russell 図(H-R 図)
　367
heterogeneous reaction(異相反応)
　347
HF(High Frequency)レーダー　296
Hubble Deep Field(HDF)　373

【I】
Inter-Tropical Convergence Zone
　(ITCZ：熱帯収束帯)　325,326,
　327,328,331
Intergovernmental Panel on Climate
　Change(IPCC：気候変動に関する政
　府間パネル)　340
IODP(Intergrated Ocean Drilling
　Project：統合国際深海掘削計画)
　197

【K】
K-Ar 法　214
K-Pg境界　187

【M】
main sequence(主系列)　367
MIS(Marine Isotope Stage：海洋酸素
　同位体ステージ)　205
MORB(Mid-Oceanic Ridge Basalt：
　中央海嶺玄武岩)　17

【O】
ODP(Ocean Drilling Project：海洋掘
　削計画)　48,197

【P】
P-T 境界　187
P 波(縦波)　**17**,61
P 波の初動　63,64
PNA(Pacific/North American)パター
　ン　332
PREM(Preliminary Reference Earth)
　18
PSU(practical salinity unit)　274

【Q】
QSO(クエーサー)　373

【R】
radiative forcing(放射強制)　339

【S】
S 波(横波)　**17**,61
SiO₄ 四面体　27
SiO₆ 八面体　27
SPCZ(South Pacific Convergence
　Zone：南太平洋収束帯)　326,327

【T】
TAO/TRITON アレイ　331

【U】
U 字谷　124

【V】
V 字谷　124
virial 平衡　370
VLBI(Very Long Baseline
　Interferometry)　5

【W】
WMAP(Wilkinson Microwave
　Anisotropy Probe)　356

執筆者一覧（五十音順）

在田一則（ありた かずのり）
　別　記

池田元美（いけだ もとよし）
　北海道大学名誉教授
　第 29 章・Box 29.1 執筆

石渡正樹（いしわたり まさき）
　北海道大学大学院理学研究院教授
　第 18 章・Box 18.1 執筆

稲津　將（いなつ まさる）
　北海道大学大学院理学研究院教授
　第 19 章・第 20 章・第 22 章・
　Box 19.1 執筆

伊庭靖弘（いば やすひろ）
　北海道大学大学院理学研究院准教授
　Box 16.2 執筆

大島慶一郎（おおしま けいいちろう）
　北海道大学低温科学研究所教授
　第 25 章執筆

小高正嗣（おだか まさつぐ）
　元北海道大学大学院理学研究院助教
　第 33 章執筆

川島正行（かわしま まさゆき）
　北海道大学低温科学研究所助教
　第 22 章執筆

川野　潤（かわの じゅん）
　北海道大学大学院理学研究院准教授
　Box 3.1 執筆

川村信人（かわむら まこと）
　元北海道大学大学院理学研究院准教授
　第 11 章・第 12 章執筆

久保川厚（くぼかわ あつし）
　北海道大学名誉教授
　第 24 章執筆

倉本　圭（くらもと きよし）
　北海道大学大学院理学研究院教授
　第 15 章・第 32 章・第 33 章・
　Box 32.1 執筆

小笹隆司（こざさ たかし）
　北海道大学名誉教授
　第 30 章・Box 30.1 執筆

小林快次（こばやし よしつぐ）
　北海道大学総合博物館教授
　第 16 章執筆

佐藤光輝（さとう みつてる）
　北海道大学大学院理学研究院教授
　第 34 章執筆

沢田　健（さわだ けん）
　北海道大学大学院理学研究院教授
　第 16 章・Box 16.1 執筆

446 執筆者一覧

白岩孝行(しらいわ たかゆき)
北海道大学低温科学研究所准教授
第27章執筆

杉山　慎(すぎやま しん)
北海道大学低温科学研究所教授
第27章執筆

鈴木徳行(すずき のりゆき)
北海道大学名誉教授
第13章執筆

高波鐵夫(たかなみ てつお)
特定非営利活動法人北海道総合地質学
研究センター理事
第5章・第7章執筆

竹下　徹(たけした とおる)
別　　記

橘　省吾(たちばな しょうご)
東京大学大学院理学系研究科教授
Box 32.2執筆

谷岡勇市郎(たにおか ゆういちろう)
北海道大学大学院理学研究院附属地震
火山研究観測センター特任教授
第7章・Box 7.1執筆

谷本陽一(たにもと よういち)
北海道大学大学院地球環境科学研究院
教授
第28章執筆

知北和久(ちきた かずひさ)
北海道大学北極域研究センター研究員
第10章・第26章・Box 26.1執筆

角皆　潤(つのがい うるむ)
名古屋大学大学院環境学研究科教授
第23章・Box 23.1執筆

永井隆哉(ながい たかや)
北海道大学大学院理学研究院教授
第3章執筆

中川光弘(なかがわ みつひろ)
北海道大学大学院理学研究院特任教授
第8章・第9章・第12章執筆

新井田清信(にいだ きよあき)
元北海道大学大学院理学研究院准教授
第3章・第8章執筆

長谷部文雄(はせべ ふみお)
北海道大学名誉教授
第29章執筆

羽部朝男(はべ あさお)
北海道大学名誉教授
第31章執筆

藤野清志(ふじの きよし)
北海道大学名誉教授
第2章執筆

藤吉康志(ふじよし やすし)
北海道大学名誉教授
第21章・Box 21.1・Box 21.2執筆

藤原正智(ふじわら まさとも)
北海道大学大学院地球環境科学研究院
教授
第18章執筆

古屋正人(ふるや まさと)
北海道大学大学院理学研究院教授
第1章執筆

日置幸介(へき こうすけ)
北海道大学名誉教授
第1章執筆

執筆者一覧　447

前田仁一郎（まえだ じんいちろう）
　　元北海道大学大学院理学研究院准教授
　　第4章・第5章執筆

松枝大治（まつえだ ひろはる）
　　北海道大学名誉教授（2019年　逝去）
　　第14章執筆

三寺史夫（みつでら ふみお）
　　北海道大学低温科学研究所教授
　　第24章執筆

南川雅男（みながわ まさお）
　　北海道大学名誉教授
　　第17章執筆

見延庄士郎（みのべ しょうしろう）
　　別　　記

宮坂省吾（みやさか せいご）
　　株式会社アイピー代表取締役
　　第12章執筆

山崎孝治（やまざき こうじ）
　　北海道大学名誉教授
　　第19章・第20章・Box 19.1執筆

山本順司（やまもと じゅんじ）
　　九州大学大学院理学研究院教授
　　Box 8.1執筆

圦本尚義（ゆりもと ひさよし）
　　北海道大学大学院理学研究院教授
　　Box 32.2執筆

吉本充宏（よしもと みつひろ）
　　山梨県富士山科学研究所研究管理幹
　　第9章執筆

蓬田　清（よもぎだ きよし）
　　北海道大学名誉教授
　　第2章・第6章・Box 6.1・Box 6.2・
　　Box 7.1執筆

渡部重十（わたなべ しげと）
　　別　　記

渡邊　剛（わたなべ つよし）
　　北海道大学大学院理学研究院講師
　　第17章・Box 17.1執筆

在田　一則（ありた　かずのり）
　元北海道大学大学院理学研究院教授
　第5章，第11章・第14章・Box 4.1・Box 7.2・Box 11.1・
　Box 12.1・Box 15.1・Box 17.2執筆

竹下　　徹（たけした　とおる）
　北海道大学名誉教授
　第4章・第5章・第7章・Box 4.1執筆

見延庄士郎（みのべ　しょうしろう）
　北海道大学大学院理学研究院教授
　第23章・第28章・Box 28.1執筆

渡部　重十（わたなべ　しげと）
　北海道大学名誉教授
　第34章執筆

地球惑星科学入門　第2版

2010年11月10日　初　版第1刷発行
2015年 3 月10日　第2版第1刷発行
2024年 3 月25日　第2版第5刷発行

編 著 者　在田一則・竹下　徹
　　　　　見延庄士郎・渡部重十
発 行 者　櫻井義秀

発行所　北海道大学出版会
札幌市北区北9条西8丁目 北海道大学構内（〒060-0809）
Tel. 011（747）2308・Fax. 011（736）8605・https://www.hup.gr.jp/

アイワード　　　Ⓒ 2010　在田一則・竹下　徹・見延庄士郎・渡部重十

ISBN978-4-8329-8219-2

地球と生命の進化学 ―新・自然史科学Ⅰ―	沢田・綿貫・ 西・栃内・ 編著 馬渡	A5・290頁 価格3000円
地球の変動と生物進化 ―新・自然史科学Ⅱ―	沢田・綿貫・ 西・栃内・ 編著 馬渡	A5・300頁 価格3000円
水 中 火 山 岩 ―アトラスと用語解説―	山岸 宏光著	A4変・208頁 価格8500円
地 球 温 暖 化 の 科 学	北海道大学大学院 環境科学院 編	A5・262頁 価格3000円
オゾン層破壊の科学	北海道大学大学院 環境科学院 編	A5・420頁 価格3800円
環境修復の科学と技術	北海道大学大学院 環境科学院 編	A5・270頁 価格3000円
雪と氷の科学者・中谷宇吉郎	東 晃著	四六・272頁 価格2800円
札幌の自然を歩く[第3版] ―道央地域の地質あんない―	宮坂省吾他編著	B6・322頁 価格1800円
北 海 道 自 然 探 検 ジオサイト107の旅	日本地質学会 北海道支部 監修 石井・鬼頭・ 田近・宮坂 編著	四六・372頁 価格2800円
北海道の地すべり地形 デ ジ タ ル マ ッ プ	山岸宏光編著	A5・112頁 価格6000円
地震による斜面災害 ―1993～94年北海道三大地震から―	地すべり学会 北海道支部 編	A4・304頁 価格25000円
空 中 写 真 に よ る マスムーブメント解析	山岸 宏光 志村 一夫著 山崎 文明	A4変型・232頁 価格20000円
マスムーブメントの デジタル空間解析	山岸宏光 志村一夫 編著	B5・176頁 価格4600円

北海道大学出版会　　　　　　　価格は税別

【SI 単位接頭語】

接頭語	記号	倍数	接頭語	記号	倍数
デカ (deca)	da	10	デシ (deci)	d	10^{-1}
ヘクト (hecto)	h	10^2	センチ (centi)	c	10^{-2}
キロ (kilo)	k	10^3	ミリ (milli)	m	10^{-3}
メガ (mega)	M	10^6	マイクロ (micro)	μ	10^{-6}
ギガ (giga)	G	10^9	ナノ (nano)	n	10^{-9}
テラ (tera)	T	10^{12}	ピコ (pico)	p	10^{-12}
ペタ (peta)	P	10^{15}	フェムト (femto)	f	10^{-15}
エクサ (exa)	E	10^{18}	アト (atto)	a	10^{-18}

【ギリシャ語アルファベット】

A	α	alpha	アルファ	N	ν	nu	ニュー
B	β	beta	ベータ	Ξ	ξ	xi	グザイ
Γ	γ	gamma	ガンマ	O	o	omicron	オミクロン
Δ	δ	delta	デルタ	Π	π	pi	パイ
E	ε	epsilon	イプシロン	P	ρ	rho	ロー
Z	ζ	zeta	ゼータ	Σ	σ	sigma	シグマ
H	η	eta	イータ	T	τ	tau	タウ
Θ	θ	theta	シータ	Υ	υ	upsilon	ウプシロン
I	ι	iota	イオタ	Φ	ϕ	phi	ファイ
K	κ	kappa	カッパ	X	χ	chi	カイ
Λ	λ	lambda	ラムダ	Ψ	ψ	psi	プサイ
M	μ	mu	ミュー	Ω	ω	omega	オメガ

【地球の主な定数】

平均半径	$(2a+b)/3 = 6,371.012 \ \mathrm{km}$
赤道半径 (a)	$a = 6,378.137 \ \mathrm{km}$
極半径 (b)	$b = 6,356.752 \ \mathrm{km}$
扁平率 (f)	$(a-b)/a = 1/298.257$
赤道全周	$40,075.0355 \ \mathrm{km}$
子午線全周	$40,007.8817 \ \mathrm{km}$
表面積	$5.100656 \times 10^8 \ \mathrm{km^2}$
体積	$1.083207 \times 10^{12} \ \mathrm{km^3}$
質量	$5.9726 \times 10^{24} \ \mathrm{kg}$
平均密度	$5,514 \ \mathrm{kg \, m^{-3}}$
赤道における正規重力	$978.033 \ \mathrm{gal \, (cm \, s^{-2})}$
極重力	$983.218 \ \mathrm{gal \, (cm \, s^{-2})}$
平均自転角速度 (Ω)	$7.292115 \times 10^{-5} \ \mathrm{rad \, s^{-1}}$
アルベド (反射率) (年平均)	0.367
平均公転半径 (1 天文単位:AU)	$1.496 \times 10^8 \mathrm{km}$ (GRS80 による)